苹果现代生物发酵加工技术

康三江 等 编著

科 学 出 版 社
北 京

内 容 简 介

苹果是我国第一大水果，但目前加工率较低。本书从苹果生产和加工概况，苹果酒、苹果白兰地、苹果醋、食用苹果酵素、苹果益生菌饮品和苹果加工副产物现代生物发酵技术等方面系统反映了当前行业关注的苹果深加工方面的现状和最新进展。

本书汇集了作者所在学科团队多年的科研积累和实践经验，专业性和实用性较强，既可作为农产品加工、果蔬加工、食品工程等专业的教学参考书，也可供生产企业的技术和管理人员参考。

图书在版编目 (CIP) 数据

苹果现代生物发酵加工技术/康三江等编著. —北京：科学出版社，2020.12

ISBN 978-7-03-066953-7

Ⅰ. ①苹… Ⅱ. ①康… Ⅲ. ①苹果–发酵食品–水果加工 Ⅳ. ①TS255.4

中国版本图书馆 CIP 数据核字(2020)第 228593 号

责任编辑：李秀伟 / 责任校对：郑金红
责任印制：吴兆东 / 封面设计：无极书装

科学出版社 出版
北京东黄城根北街 16 号
邮政编码：100717
http://www.sciencep.com
北京凌奇印刷有限责任公司印刷
科学出版社发行　各地新华书店经销
*
2020 年 12 月第 一 版　开本：B5 (720×1000)
2025 年 1 月第三次印刷　印张：20 1/2
字数：413 000

定价：198.00 元

前　言

苹果是我国第一大水果，栽培面积和产量均居世界首位，但其加工率较低，深加工产品中除浓缩苹果汁外，其余规模普遍偏小，对苹果产业健康稳定发展和提质增效的推动作用尚未完全发挥。苹果现代生物发酵加工技术是近几年来果蔬加工领域发展较快的技术，特别是在苹果酒、苹果白兰地、苹果醋、苹果益生菌饮品、苹果酵素等产品发酵菌种筛选、生产工艺优化、特征性香气成分检测分析、产品澄清、功能因子与营养保健功能挖掘、智能加工装备的设计制造等方面不断推陈出新，为苹果产业和果蔬加工行业的转型升级注入了一份新的动力。

本书从苹果生产和加工概况、苹果酒现代生物发酵技术、苹果白兰地现代生物发酵酿造技术、苹果醋现代生物发酵技术及产品开发、食用苹果酵素现代生物发酵技术、苹果益生菌饮品生物发酵和苹果加工副产物开发利用技术等方面系统阐述了当前该行业的发展现状和研究进展。本书以作者及所在学科团队 10 多年来的研究思路、技术成果等为基础，试验研究过程得到国家现代农业产业技术体系建设专项资金（CARS-27）的资助。全书共分 7 章，由康三江研究员主持编制大纲、组织编写和统稿。其中第 1 章由康三江、宋娟编写，第 2 章由曾朝珍、慕钰文编写，第 3 章由曾朝珍、康三江编写，第 4 章由张霁红编写，第 5 章由张海燕编写，第 6 章由袁晶编写，第 7 章由黄玉龙、张芳编写。同时，在编写过程中参考了国内外有关专家学者的专著和学术论文，书中给予了标注并附录了参考文献，在此表示衷心的感谢。

由于作者水平有限，书中难免有疏漏和不足之处，恳请读者批评指正。

康三江

2020 年 12 月

目　录

第1章　苹果生产和加工概况

1.1　苹果生产概况

1.1.1　世界苹果生产概况

1. 世界苹果生产的规模和分布

苹果是世界四大水果之一，据有关资料显示，全世界共有93个国家和地区生产苹果，其中年产量超过100万t的国家有13个，依次为中国、美国、伊朗、土耳其、俄罗斯、意大利、印度、法国、智利、阿根廷、巴西、德国和波兰（韩明玉和冯宝荣，2011）。据美国农业部公布的数据，近几年世界苹果总产量稳定在7000万t以上。世界苹果主产国（地区）2015～2019年苹果生产情况如表1-1所示。

表1-1　世界苹果主产国（地区）2015～2019年苹果产量　（单位：万t）

国家或地区	2015年	2016年	2017年	2018年	2019年
中国	3890.00	4039.00	4139.00	3923.00	4243.00
欧盟	1245.30	1272.30	1001.40	1503.00	1147.70
美国	454.60	501.00	508.50	448.60	482.10
土耳其	274.00	290.00	275.00	300.00	300.00
伊朗	247.00	209.70	209.70	209.70	209.70
印度	252.00	225.80	192.00	237.10	237.00
俄罗斯	131.10	150.90	136.00	161.10	171.40
智利	133.50	131.00	133.00	123.00	114.40
乌克兰	109.90	107.60	107.60	107.60	107.60
巴西	104.90	130.10	130.10	130.10	130.10
其他	621.50	585.50	589.20	579.50	583.60
合计	7463.80	7642.90	7421.50	7722.70	7726.60

数据来源：United States Department of Agriculture，2020；国家统计局农村社会经济调查司，2020

2. 世界苹果生产中主要品种结构分布

（1）苹果主栽品种生产结构

据国家苹果产业技术体系公开的资料显示，目前全世界富士产量占苹果产量的 20%，已经成为世界第一主栽品种，其次是金冠、元帅系、嘎拉、澳洲青苹和乔纳金等。欧洲苹果的主产国主要为法国、德国、意大利、荷兰、西班牙、波兰、俄罗斯、乌克兰、匈牙利和罗马尼亚等，是世界上金冠苹果栽培面积最大的生产区域，产量占其总产量的 40%，其次是嘎拉、元帅系、乔纳金和澳洲青苹。以法国为例，栽培的金冠约 40%，嘎拉约 18%，接下来为布瑞本和澳洲青苹，富士不到 5%。意大利主栽的苹果品种金冠占 25%，嘎拉约 20%，再其次为元帅和布瑞本。德国的主栽品种为布瑞本、嘎拉和艾尔斯塔。北美洲苹果主产国为美国、加拿大和墨西哥。美国的主栽品种为元帅系、金冠、澳洲青苹、嘎拉、富士和蜜脆等。加拿大以元帅系、斯巴坦等为主栽品种。南美洲苹果主产国为阿根廷、智利、巴西和秘鲁等。其中智利的主栽品种以元帅系、澳洲青苹和嘎拉为主。亚洲苹果主产国以中国、韩国和日本为主。韩国主要以富士、津轻等品种为主，其中富士品种占到 75%以上。日本的主栽品种以富士、津轻、王林、乔纳金等为主。大洋洲的苹果主产国主要包括澳大利亚和新西兰。澳大利亚栽培的苹果主要以元帅系、嘎拉、澳洲青苹、金冠和粉红女士等为主。新西兰主栽苹果品种有皇家嘎拉、布瑞本、太平洋皇后、富士、爵士、粉红女士、艾娃等，其中皇家嘎拉栽培面积最大，其次为火箭、艾娃和爵士等（王大江等，2019）。

（2）苹果加工品种结构分布

不同的苹果加工产品，对原料的要求差异很大（白凤岐等，2014a），加工苹果果脯需要果肉金黄色或浅黄色，有弹性、不返砂；加工苹果果酱则需要富含果胶和有机酸，且原料肉厚、可食部分多；加工罐头类产品则需要原料不发绵、果肉致密、白色；加工苹果汁类则需要原料糖、酸含量高，香味浓且出汁率高的品种。

青岛农业大学苹果育种团队研究认为：加工品种多数是在鲜食品种选育过程中产生，即选育鲜食/加工兼用型品种。国际上主要有法国、美国、澳大利亚、德国等国开展苹果加工品种选育研究工作。选育出的新的加工品种进入市场也是一个十分困难的过程，尤其是对具有固定生产工艺的加工产业，其替代产品更需较长时间来适应市场。国外加工制汁苹果品种有瑞林、瑞拉、瑞丹、瑞连娜、上林和酸王等；鲜食/加工兼用型苹果品种有澳洲青苹、乔纳金、红玉、格罗斯、晨阳等；酿酒专用品种有美那、甜麦、小黄、大比耐、贝当、酸王、苦开麦、甜格力、苦绯甘、铃铛果等。

1.1.2 我国苹果生产概况

1. 我国苹果生产的规模及分布

我国是世界苹果第一生产大国，以 2019 年为例，全球苹果总产量 7726.6 万 t，我国为 4243 万 t，占世界苹果总产量的 54.91%。从近 5 年的统计数据来看，除 2018 年中国产区遭受花期极端低温冻害、冰雹等严重自然灾害导致减产外，其余年份产量一直处于稳定缓慢增长态势，近 5 年来我国和世界苹果产量对比见图 1-1。

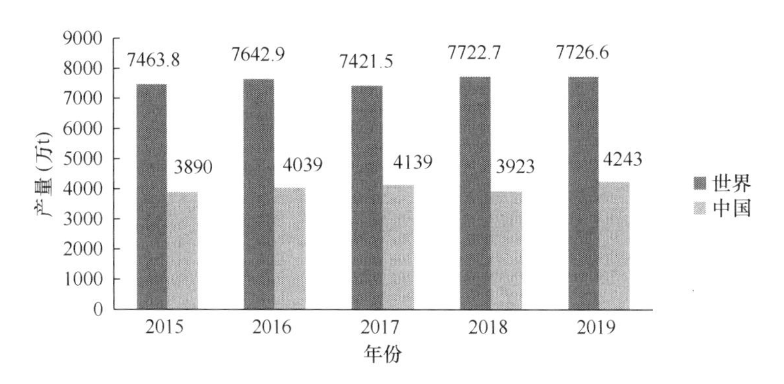

图 1-1　2015～2019 年世界苹果和中国苹果产量对比
数据来源：United States Department of Agriculture，2019；
国家统计局农村社会经济调查司，2020

苹果在我国境内栽培范围广、产量大，自 1978 年有苹果栽培统计资料数据至 2017 年年底，一直稳居我国第一大水果地位，除上海、浙江、江西、湖南、广东、广西、海南等省（自治区、直辖市）几乎没有栽培之外，其余省（自治区、直辖市）均有苹果的生产栽培。有关统计资料显示，2018 年和 2019 年连续两年园林水果中柑橘的总产量超过了苹果。2019 年全国主要园林水果产量比较如图 1-2 所示。

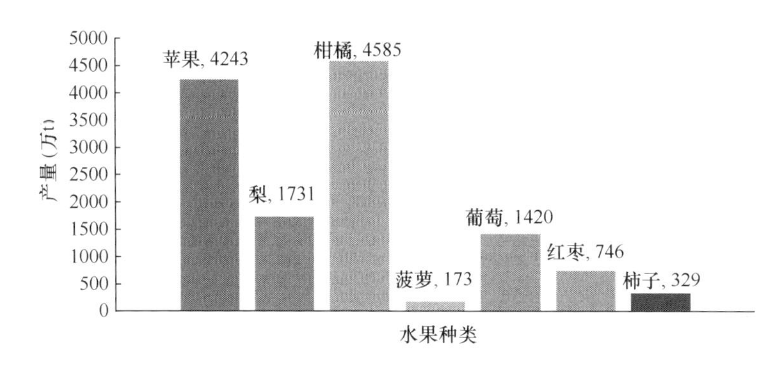

图 1-2　2019 年全国主要园林水果产量
数据来源：国家统计局农村社会经济调查司，2020

国内苹果的主产区主要集中在陕西、山东、河南、山西、甘肃、辽宁、河北、新疆等区域，其中陕西省为我国最大的苹果生产区域，以 2017 年统计数据为例，陕西苹果产量为 1092.46 万 t，其次为山东 939.52 万 t、山西 444.94 万 t、河南 434.53 万 t、甘肃 311.13 万 t 等（图 1-3）。

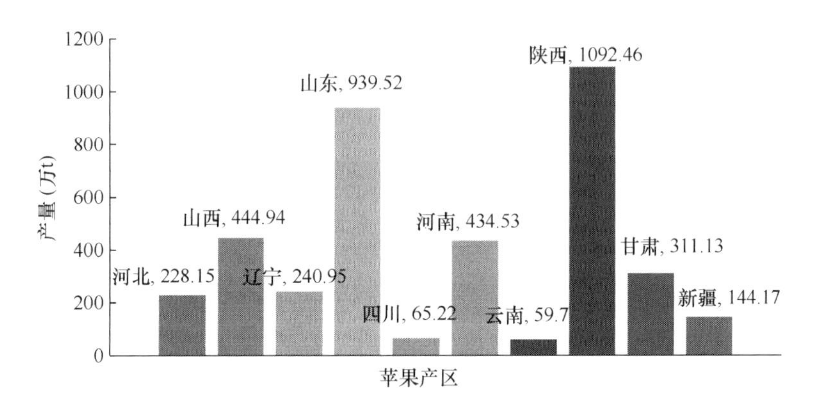

图 1-3　2017 年全国苹果主要产区产量分布

数据来源：中华人民共和国农业农村部，2019

2. 我国苹果生产中品种结构概况

我国第一大苹果主栽品种为富士，占我国苹果总产量的 70%左右，其余主栽品种有国光、元帅系、秦冠、嘎拉、华冠、金冠、乔纳金和寒富等（赵德英等，2016）。以国家农业部 2017 年统计数据和苹果产业有关专家学者研究结果为例，主要苹果产区的品种结构分布情况如下所述。

（1）陕西省：我国苹果生产第一大省，栽培面积 58.617 万 hm^2，占全国栽培总面积的 30.1%；产量 1092.46 万 t，占全国总产量的 26.4%。陕西苹果主栽品种为红富士、秦冠、嘎拉、新红星等，澳洲青苹、金帅、甜黄魁等也有一定的规模，品种布局尚未形成区域优势、品种结构和果实色泽单一，口感以甜为主，不利于均衡上市和形成较强的市场竞争力（郭民主，2011）。

（2）山东省：苹果栽植面积 26.536 万 hm^2，占全国栽培总面积的 13.63%；产量 939.52 万 t，占全国总产量的 22.7%。山东苹果主栽品种较为单一，红富士苹果面积和产量约各占山东苹果栽培面积和产量的 70%，嘎拉等早中熟品种所占比例偏低，晚熟品种过多，成熟期过于集中，销售压力过大。早熟品种主要有皇家嘎拉、珊夏、藤牧一号等，中熟品种主要包括红将军、新红星、乔纳金、西施红、金帅、明月等，晚熟品种有红富士、粉红女士、小国光等（朱海燕和刘学忠，2018）。

（3）甘肃省：苹果栽植面积 23.028 万 hm^2，占全国栽培总面积的 11.83%；产量 311.13 万 t，占全国总产量的 7.52%。甘肃省苹果主产区主要集中在平凉市、庆阳市、天水市和陇南市礼县等区域。甘肃苹果产区早熟品种极度缺乏，中熟品种严重不足，晚熟品种相对过剩（王田利，2017）。富士苹果一支独大较为突出，元帅系、秦冠品种规模较大，富藤金果、红将军、嘎拉、蜜脆等均有栽培。甘肃省天水市目前已成为世界最大的元帅系苹果基地，当地主要栽植的元帅系品种有新元帅、新红星、矮红、好矮生、天汪 1 号、艳红、玫瑰红、首红、魁红、俄矮 2 号、阿斯、矮鲜、瓦里短枝、栽培 1 号、栽培 2 号等（汪景彦和裴宏州，2018）。张莲英和杨世勇（2016）提出应将天水产区元帅系、富士系、金冠系、早熟加工类品种比例由现在的 76∶18∶4∶2 逐步调整为 55∶30∶10∶5，形成“花牛特色突出，富士区域鲜明，黄色品种搭配，早熟加工补充”的合理结构。

（4）山西省：苹果栽培面积 15.206 万 hm^2，占全国栽培总面积的 7.80%；产量 444.94 万 t，占全国总产量的 10.75%。山西苹果生产主要集中在运城市、临汾市和晋中市，吕梁市、忻州市、晋城市、太原市、朔州市、长治市、阳泉市、大同市有零星栽培。山西苹果主栽品种有富士系、嘎拉系、元帅系、秦冠、华冠、美国 8 号等，其中富士系苹果的栽培面积占全省苹果种植总面积的 65.47%（刘丽等，2019）。其他零星栽培品种 20 多个。

（5）河南省：苹果栽植面积 14.739 万 hm^2，占全国栽培总面积的 7.57%；产量 434.53 万 t，占全国总产量的 10.50%。河南省苹果集中产区主要包括豫西黄土高原苹果区和豫东黄河故道苹果区。其中豫西黄土高原苹果区是河南省主要优势产区和典型代表区域，该区域主要包括三门峡市的灵宝市、陕州区及洛阳市的洛宁县。河南省苹果产区以富士系、新红星、新乔纳金等为主的优良品种占全省苹果种植面积的 70%以上，尤其是富士系列占比为 60%。早中熟品种有藤木 1 号、华硕、嘎拉、美国 8 号、金冠等，晚熟品种有富士、秦冠等（许世杰，2018）。

（6）辽宁省：苹果栽植面积 14.001 万 hm^2，占全国栽培总面积的 7.19%；产量 240.95 万 t，占全国总产量的 5.82%。辽宁主栽苹果品种不再以红富士、元帅、金冠为主，寒富和其杂交系列品种及国外引进的信浓黄金等优良品种再一次兴起（宋哲等，2018）。

（7）河北省：苹果栽植面积 12.221 万 hm^2，占全国栽培总面积的 6.28%；产量 228.15 万 t，占全国总产量的 5.51%。河北省的苹果品种以晚熟红富士和国光为主，而其他中早熟品种较少，且主栽品种多为鲜食品种，适于加工的专用品种很少。坚持以鲜食为主，培育优质、多抗、不同成熟期的新品种，将是河北省苹果今后育种研究的重点（张朝红等，2015）。

（8）新疆维吾尔自治区：苹果栽植面积 7.109 万 hm^2，占全国栽培总面积的 3.65%；产量 144.17 万 t，占全国总产量的 3.48%。新疆维吾尔自治区苹果产区中，以烟富 6 号、长富 2 号等为代表的富士系列品种已成为南疆苹果的主栽品种，而作为北疆伊犁河谷苹果的主要栽培品种有：富士系占 80%，首红、嘎拉、寒富、金冠、乔纳金等占 20%。乔化果树占总面积的 99.1%，矮化果树占 0.90%（尚振江，2017）。

（9）云南省：苹果栽植面积 7.069 万 hm^2，占全国栽培总面积的 3.63%；产量 59.70 万 t，占全国总产量的 1.44%。云南冷凉高地苹果主产区主要为昭通地区，主栽品种主要为红富士，代表品种还有昭锦、红将军等。近几年，华硕苹果作为昭通苹果产业发展品种结构调整引进的新品种，在当地推广面积逐年扩大，有望成为将来的主栽品种。

（10）四川省：苹果栽植面积 3.659 万 hm^2，占全国栽培总面积的 1.88%；产量 65.22 万 t，占全国总产量的 1.58%。四川苹果以川西高原产区的盐源、茂县、小金等产区为主，并已辐射至西藏林芝地区等。主栽品种以红富士、红将军、金冠等为主。其中“盐源苹果”品牌在国内享有较高的知名度，果面色泽、品质俱佳。

3. 我国苹果加工品种及选育概况

我国苹果产区栽培的加工品种有瑞林、瑞丹、澳洲青苹和鲁加系列等几十种之多，大多数加工专用品种均为制汁专用。国内开展此项研究工作的主要有中国农业科学院果树研究所、青岛农业大学等科研单位。国内很多学者对苹果加工品种的加工特性、品质分析、适宜性评价和品种遗传多样性等方面开展了较为深入的研究。

聂继云等（2013）对 122 个苹果品种进行了加工鲜榨汁的适宜性评价，结果表明：果实与鲜榨汁间可滴定酸含量、可溶性糖含量、可溶性固形物含量、糖酸比和固酸比 5 项指标均呈极显著相关，依据因子分析结果将果实可溶性固形物含量、固酸比、出汁率、单宁含量 4 项指标确定为苹果品种鲜榨汁加工适宜性评价指标，筛选出的 58 个优良品种中，红富士、乔纳金、津轻等 43 个品种适于加工鲜榨汁，澳洲青苹、金冠、红玉等 15 个品种极适于加工鲜榨汁。

高源等（2014）采用 TP-M13-SSR 荧光标记方法，构建出 19 个适宜加工苹果脆片和 25 个适宜榨汁的苹果品种。44 个苹果品种中除瑞光、红月、马空、珍宝、蜜脆、赤阳和短枝金冠外，其余适宜制汁的品种均聚到了一起，而适宜加工苹果脆片的品种聚类比较分散。制汁品质可能偏向于多基因控制的数量性状控制，而加工苹果脆片的特性可能偏向于寡基因控制的数量性状控制。

纪君超等（2010）应用 IT-ISJ 标记技术，对旭、特拉蒙、鲁加 1 号～8 号、瑞林、瑞丹、上林、酸王、澳洲青苹、瑞拉、小黄、贝当等 31 个加工品种，研究分析了其遗传关系。结果显示，供试的 31 个苹果品种的相似系数平均值为 0.49，变异系数为 0.49±0.37。其中，倭锦和邦扎相似系数最小，仅为 0.26；鲁加 2 号和鲁加 6 号相似系数最大，达到了 0.86。供试苹果品种中相似系数大于 0.50 的组合有 182 个，占供试组合总数的 39.3%，而相似系数小于 0.50 的组合有 283 个，占供试组合总数的 60.7%，说明供试苹果品种之间存在较大的遗传差异。

宋烨等（2006）通过聚类分析和主坐标分析，研究了 18 个苹果加工品种和

2 个鲜食品种的遗传差异。聚类分析结果将供试苹果品种分为四大类群，第 1 类是酸王，与其他加工品种相似系数均小于 0.42；第 2 类是龙丰和铃铛果，都含有中国小苹果的遗传因子；第 3 类包括大比耐、苦绯甘、苦开麦、美那和甜格力，都是单宁含量高的酿酒品种；第 4 类包括 12 个品种，主要是制汁品种和鲜食品种。各品种的相似系数分布在 0.14～0.83。研究分析表明，加工品种之间存在丰富的遗传多样性，酿酒品种与鲜食及制汁品种之间、中国小苹果与西欧小苹果之间有较大的遗传差异，而制汁品种与鲜食品种的遗传背景较为接近。

鲁玉妙等（2005）通过对粉红女士、信浓红、澳洲青苹和富士的果实鲜食品质和果汁品质比较分析表明：粉红女士果肉硬脆，风味酸甜浓郁，有香气，耐贮藏，果汁品质好，鲜食和榨汁品质优良；澳洲青苹质脆，含酸量高，耐贮藏，榨汁品质优良；信浓红果肉松脆多汁，风味酸甜，较耐贮藏，果汁含酸量高，鲜食和榨汁品质较好；富士苹果果肉细脆多汁，风味甜，淡香，较耐贮藏，鲜食品质优良，榨汁品质较差。

田兰兰等（2011）以乔纳金、寒富、红王将、新乔纳金、澳洲青苹、华冠 6 个苹果品种为原料，研究了不同苹果品种在加工过程中果肉色度、果汁颜色和果汁澄清度的差异及果皮对果汁变色的影响。结果表明：从果肉颜色的角度考虑，华冠、寒富、新乔纳金、红王将是加工罐头和浑浊汁等产品的优选原料，在维生素 C 护色处理中，华冠、寒富、红王将极易发生褐变，添加维生素 C 后，果汁颜色有显著改善，而乔纳金、新乔纳金、澳洲青苹果汁本身颜色较好，维生素 C 的添加与否对其果汁颜色影响不大；加热能使苹果汁浊度增加；澳洲青苹总酸和维生素 C 含量较高，适合加工高酸果汁。

左卫芳等（2018）对杂交育种培育出的新疆野苹果回交群体酿酒适宜性进行评价，筛选出适于酿酒的新疆野苹果回交株系。通过测定新疆野生苹果回交群体红心系列苹果的 144 个株系的可溶性糖、可滴定酸、总多酚、总黄酮、可溶性固形物、抗氧化活性及矿质元素等指标，并结合因子分析、层次分析、聚类分析、判别分析等建立了苹果品种酿酒适宜性评价技术，发现 144 个株系中有 27 个株系适宜酿酒，有 73 个株系较适宜酿酒，有 44 个株系不适宜酿酒。

1.2　苹果加工概况

1.2.1　世界苹果加工及贸易概况

据美国农业部公布的数据显示，2017 年全球苹果加工量 1115.60 万 t，占苹果总产量的 15.03%；2018 年全球苹果加工量 1162.1 万 t，占苹果总产量的 16.38%。但苹果各主产国苹果加工率差异巨大，排除 2018 年自然灾害十分严重的年份数据波动较大外，从 2017 年的统计结果来看，苹果加工率美国为 30.31%、欧盟 32.27%、俄罗斯 25.66%、智利 23.31%、中国 11.60%。全球苹果主产国（地区）苹果加工量见表 1-2。

表 1-2 世界苹果主产国（地区）2014～2019 年苹果加工量 （产量：万 t）

国家或地区	2014 年	2015 年	2016 年	2017 年	2018 年	2019 年
中国	320.00	400.00	440.00	480.00	250.00	200.00
欧盟	413.90	360.10	381.70	322.90	615.10	360.10
美国	152.40	140.40	149.70	154.00	137.20	136.10
俄罗斯	37.00	33.50	45.90	34.90	45.50	46.00
智利	33.20	32.00	31.00	31.00	28.60	25.60
阿根廷	30.00	23.00	23.20	21.60	22.00	22.10
加拿大	15.10	14.20	17.20	15.10	16.60	16.40
其他	59.70	58.50	50.80	56.10	47.10	45.40
合计	1061.30	1061.60	1139.50	1115.60	1162.10	851.70

数据来源：United States Department of Agriculture，2019

1.2.2 我国苹果主要加工技术及产品

1. 浓缩苹果汁

浓缩苹果汁是我国苹果加工的主要产品，也是世界上仅次于橙汁的第二大水果汁品种。全球苹果加工以浓缩苹果汁为主，我国浓缩苹果汁加工长期以来占苹果加工产品的 95%以上，但近年来因受国际市场影响，以及苹果脆片、苹果酒等多元化加工产品的兴起，浓缩苹果汁加工量逐年萎缩，目前在苹果加工产品中的占比约为 70%。

随着科学技术的发展，各种新型食品加工技术已广泛应用到浓缩苹果汁的生产中，如超滤技术、酶技术、大孔树脂吸附技术、超高温瞬时灭菌技术等，这些新技术应用使得苹果汁加工产业得以迅速发展，同时也增强了我国苹果汁产业在国际贸易中的出口能力。苹果汁加工工艺一般包括苹果原料清洗、破碎、压榨、巴氏杀菌、酶解、吸附、超滤、浓缩、无菌灌装、密封、冷藏等环节。近年来，食品非热杀菌技术因其对果汁品质保持较好，已成为研究的热点。随着制汁工艺的不断完善，各种新型的、成熟的、完善的技术逐步应用于苹果汁的实际生产中。陈瑞剑和杨易（2012）认为我国浓缩苹果汁在品质、原料成本控制、加工专用苹果基地建设、加工能力利用效率、反倾销诉讼应对和国内市场开拓等方面还存在诸多不足。

（1）浓缩苹果汁原料加工特性研究

我国苹果各产区主栽品种以红富士居多，榨汁多以红富士、秦冠等诸多鲜食品种杂混为主，而且多选用的是小果、残次果和落果，致使果汁质量整体不高。苹果加工专用原料基地建设因受市场、产量、售价过低等因素制约，发展长期滞后。现有加工专用品种大多以制汁性状指标为选育目标，引进和选育的加工品种非常多，不同品种的加工性状差异巨大。白凤岐等（2014b）研究了不同苹果品种在加工过程中果汁颜色、果汁浊度、果汁稳定系数及果汁固酸比的差异，结果显示：王林苹果鲜榨果汁颜色、总酸含量显著高于其他果汁；富士果汁的浊度显著低于其他果汁，稳定系数、可溶性固形物含量显著高于其他果汁；短枝红星果汁糖酸比最高，富士、王林、红香蕉苹果汁糖酸比差异不显著，然而黄香蕉与红香蕉苹果汁糖酸比差异性显著。聂继云等（2013）运用相关分析、因子分析、概率分级、层次分析、*K* 均值聚类、判别分析等方法，建立了苹果品种鲜榨汁加工适宜性评价技术，筛选出一批可用于鲜榨汁加工的苹果品种，结果显示：苹果果实与鲜榨汁之间可滴定酸含量、可溶性固形物含量、可溶性糖含量、固酸比、糖酸比 5 项指标均呈极显著相关。用建立的判别函数从 122 个苹果品种中筛选出 58 个适合榨汁的品种，其中，红富士、乔纳金、津轻等 43 个品种适于加工鲜榨汁，澳洲青苹、红玉、金冠等 15 个品种极适于加工鲜榨汁。张晓华等（2007）研究发现，津轻、红星、乔纳金 3 种苹果都具有良好的香气特征和加工特性，津轻硬度较低，果汁香气组分较浓，不易褐变，但酸度不高；红星硬度较高，果汁香气浓郁，但酸度不够，褐变也比较严重；乔纳金的酸度较高，但香气成分较少，也比较容易褐变。李莉和田士林（2006）对红富士、秦冠、黄元帅、粉红女士和澳洲青苹 5 个供试品种的口味、色泽、褐变速度、硬度等一些品质分析后认为，澳洲青苹、粉红女士在鲜榨汁方面有一定优势，特别是澳洲青苹酸度高、硬度大，符合国际流行的偏酸口味，且具有鲜亮的色泽和高清澈度。

（2）生产加工工艺及营养品质方面

1）生产工艺的改进对品质的影响

Kebede 等（2018）采用化学计量学方法比较了脉冲电场（PEF）、高压（HPP）和热巴氏灭菌处理苹果汁货架期挥发性变化。结果发现，巴氏灭菌后，PEF 处理可以更好地保留气味活性挥发物，如（*E*）-2-己烯醛和乙酸己酯，而热处理则降低了它们的含量。Dziadek 等（2019）同样研究 PEF 处理对苹果汁货架期和营养价值的影响。结果表明，PEF 对生物活性物质维生素 C、多酚、抗氧化活性的含量没有影响。经 PEF 处理的果汁在冷藏 72h 后，维生素 C 和总多酚含量未发生变化。PEF 处理是一种有效的灭活多种常见食品腐败微生物的方法。PEF 工艺可以作为一种有效的食品保存方法，延长保质期，保护营养价值。Xu 等（2019）采用正交试验法对富硒益生菌的制备及益生菌发酵混合汁的工艺进行了优化，在果汁中添加 1%富硒嗜热链球菌发酵剂，会使硒含量显著增加 13 倍，发酵后还原糖含量明显下降，游离氨基酸和有机酸含量呈下降趋势（乳酸除外）；同时，研究显示富硒工艺对发酵饮料的气味有潜在的影响，利用 GC-MS 和 GC-O 对发酵过程中的风味成分及发酵前后的特征性香气活性成分进行鉴定，共鉴定出 11 种香气活性物质，其中 7 种为特征性香气成分。

Belgheisi 和 EsmaeilZadeh Kenari（2019）通过超声波（40℃、60℃下 15min、30min 及 60min）与超声波探针（40℃、60℃下 10min、15min 及 20min）及壳聚糖处理苹果汁。结果发现，超声波处理对苹果汁的酸碱度无影响，而总固形物含量高于壳聚糖处理的对照组（$P<0.05$）；超声波探针处理的苹果汁样品总多酚含量高于超声波处理（$P<0.05$），总抗氧化能力有改善（$P<0.05$），且样品的 L^*（亮度）增加，但是壳聚糖包裹率显著下降（$P<0.05$）。对照样品的浊点与壳聚糖的浊点存在显著性差异（$P<0.05$），使用超声波处理可以改善样品质量，且超声波探针更有效。

A. 在提高苹果出汁率研究方面

吴定等（2012）认为采用固定化果胶酶处理红富士苹果浆最佳工艺条件为苹果浆适宜 pH 3.43、固定化果胶酶与苹果浆质量比为 1∶15、酶促反应温度 49.4℃、酶促反应时间 3.50h。固定化果胶酶反复使用 10 次时，苹果浆的出汁率为 62.421%，与对照组相比仍提高约 13%。于乐谦等（2012）研究以外源乙烯为主的预处理对秦冠苹果果实细胞壁物质降解和出汁率的影响，采用 500mg/L 乙烯利处理 12 天后，果实细胞壁多糖中，果胶类多糖以 CDTA-2 溶性部分降解、半纤维素类多糖以 KOH-1 溶性部分降解最多，含量分别降为对照的 82.1%、81.2%；细胞壁物质总体较对照降低 88.1%；出汁率较对照增加 4.7%～5.6%，是一种节能、简便且有效的可持续提高秦冠苹果出汁率的措施。刘颖平和任勇进（2011）以红元帅苹果残次果为原料，利用液体生物酶对苹果浆进行处理，采用二次压榨技术，最佳的工艺参数为 pH 4、温度 30℃、果浆酶的添加剂量为 60mg/kg、处理时间 1h，测得出汁率为 94.5%，果浆酶处理果浆对提高出汁率效果明显。卢燕燕等（2012）认为鹅源草酸青霉果胶酶能显著提高苹果出汁率，并利用响应面法筛选的鹅源草酸青霉果胶酶酶解苹果浆最佳条件为温度 32.91℃、酶解时间 90.02min、酶添加量 0.197ml/kg、pH 3.96 工艺条件下，苹果出汁率达到 91.34%。王成荣等（1990）利用果胶酶制剂处理国光苹果果浆、果汁，结果表明：0.1%的 Pectinex Ultra SP 果胶酶处理可明显地提高出汁率、可溶性固形物和透光度；降低 pH 和相对黏度，处理效果随作用时间增加而增加，对不同贮藏期的苹果处理效果不同。

大量的试验研究结果表明，酶解可显著提高多种水果的出汁率。杨辉等（2018）

采用催熟、复合酶酶解和大曲糖化等技术提取柿汁，果胶酶用量 0.03%、纤维素酶用量 0.015%、酶解温度 50℃、对柿子果浆酶解 2.5h；然后于大曲用量 2%（*m*/*m*）、温度 60℃糖化 2.5h，柿子出汁率可达 64.43%，与不经过酶解、糖化处理的柿子相比出汁率提高了 25.85%。罗进等（2018）研究了酶解条件对火龙果甜菜红素含量和出汁率的影响，当果胶酶添加量为 285U/g、酶解温度 46℃、底物 pH 3.7、酶解时间 2h 时，火龙果中的甜菜红素保留率可达到 80.8%，出汁率可达到 64.4%，透光率可达到 89.5%。于振林等（2018）利用实验室筛选菌种白地霉发酵所得红枣果胶酶处理红枣浆，酶解温度 52℃、酶解时间 112 min、果胶酶添加量 25mg/100g，出汁率为 82.96%，与未加果胶酶的红枣浆相比提高近 20%。菅蓁等（2018）研究确定蓝莓果浆最佳酶解工艺条件为酶解温度 55℃、酶解时间 2h、酶用量 0.3%，该条件下蓝莓出汁率可达 62.05%。吴庆智等（2017）研究了果胶酶处理番茄优化工艺参数为酶解温度 55℃、酶解时间 70min、酶添加量 0.04%，此时番茄的出汁率为 51.1%。孙俊杰等（2017）以甜橙全果为原料制备甜橙全果浊汁，果胶酶添加量 0.01%、蛋白酶添加量 0.2%、酶解时间 40min、酶解温度 40℃，该条件下果浆含量 30%的全果果汁的出汁率为 83.27%，660nm 处的 OD 值为 0.431。任博等（2015）研究得到桑葚果汁最优酶解浸提工艺条件为果胶酶添加量 0.04%、酶解温度 50℃、酶解时间 90min，桑葚果的出汁率达到 73.26%。刘小莉等（2016）采用果胶酶与纤维素酶（酶活比为 1∶1）对复合果蔬浆进行酶解处理，结果表明，加酶量对出汁率的影响极显著，而酶解温度和酶解时间对出汁率的影响不显著，各因素的二次项及加酶量、酶解温度交互对出汁率也有显著的影响，且在加酶量 0.13%、酶解温度 42.64℃、酶解时间 2.49h 条件下，复合果蔬的出汁率可达 81.34%±2.16%。

B. 在苹果汁澄清技术研究方面

澄清是果汁加工过程中一个关键的环节，添加澄清剂或采用不同的澄清方法，改善果汁的感官品质，关系着果汁饮料的色泽、形态、口感等。Ma 等（2018）采用静态沉降、离心和果胶酶 3 种澄清方法对苹果汁进行澄清，结果显示果胶酶对果汁的澄清度降低了 50%，而静态沉降和离心使大多数氨基酸的浓度提高了 83%。所有澄清处理都降低了果汁中总多酚的浓度（从 60%降低到 30%，$P<0.05$），并影响了果汁中的单个多酚的变化。武娇阳等（2019）研究了壳聚糖-聚谷氨酸聚电解质复合物对苹果汁饮料澄清体系的影响，结果表明，苹果汁的最佳澄清工艺为反应温度 50℃、聚合物添加量 2.0ml、絮凝时间 30min。阙小峰等（2014）研究表明聚丙烯酰胺澄清果汁的机理是利用极性基团破坏果汁中微粒对其吸附并利用长链结构“桥联”形成絮凝共聚物；聚丙烯酰胺澄清苹果汁的最佳条件为聚丙烯酰胺用量 20μg/ml 果汁、温度 40～50℃、pH 4.0，澄清后果汁还原糖和总酸保留率在 95%以上。于东华等（2013）选取早期不成熟富士苹果为原料，比较 4 种澄清

稳定工艺对酚类物质、蛋白质的去除能力，改善果汁二次沉淀问题。结果表明：膨润土、明胶、硅溶胶组合澄清剂与树脂工艺相结合，可以实现不成熟苹果直接加工成稳定的浓缩清汁，直接加工出的浓缩苹果汁色值大于 80（11.5Brix，440nm）；98%以上批次无二次沉淀产生；0～4℃储存时，日褐变量小于 0.05，浊度在 0.2～0.5NTU，部分果汁浊度低于 0.2NTU。朱丹（2014）利用乳清分离蛋白（whey protein isolate，WPI）表面带有正电荷的特性，与带负电荷的多酚、果胶等易引起果汁浑浊的物质相互作用形成沉淀，再经超滤处理，则可获得更加透亮清澈的果汁。章斌等（2013）以透光率为指标，以壳聚糖澄清和活性炭澄清为对照，探讨活性炭负载壳聚糖澄清剂在不同添加量、温度、时间和 pH 条件下对苹量汁的澄清效果影响，结果表明：经活性炭负载的壳聚糖澄清剂对苹果汁有较好的澄清效果，且明显优于对照组，最优澄清条件为负载澄清剂用量 12g、澄清时间 9.6min、澄清温度 55℃、pH 2.56 下的透光率为 96.47%。吕丽爽等（2011）研究了何首乌粗多糖对苹果汁澄清的影响，通过响应面分析，确定苹果汁澄清的最佳工艺条件为粗多糖浓度 1.1g/L、时间 65min、温度 29℃、pH 3.5，在此条件下苹果汁的透光率最高可达 75.5%。王楠等（2010）通过试验确定了控制苹果汁的褐变、提高产品澄清度与稳定性复合褐变抑制剂及其用量，最佳工艺为 0.05%维生素 C 加 1.5%的氯化钠护色鲜切苹果 15min，0.2%的多聚磷酸钠、3ml 蜂蜜/100ml 果汁、0.8%的草酸和 0.12%的维生素 C 组成的复合剂抑制榨汁的褐变；每 100g 果汁中添加 160mg 果胶酶和 20mg 葡萄糖氧化酶，调果汁 pH 至 4.4，50℃水浴酶解 1～1.5h，5000r/min 离心 10min。张雪等（2009）对壳聚糖和果胶酶在苹果汁澄清中的作用进行了研究，确定了不溶性壳聚糖脱色和澄清的最佳工艺条件：用量 0.4%、温度 40℃、pH 4.0，而且不溶性壳聚糖对鲜榨苹果汁的脱色和澄清效果明显优于果胶酶和酸溶性壳聚糖。

C. 苹果汁褐变机理及控制研究

褐变是指在加工和贮藏过程中果汁颜色发生改变的一种现象，褐变不仅影响加工制品的外观、风味，而且还会造成营养物质的丢失，甚至食品变质。因此，探讨褐变发生的原因与解决途径具有重要的应用价值。褐变包括酶促褐变和非酶促褐变两种类型。非酶促褐变又包括美拉德（Maillard）反应，主要是氨基酸与糖、有机酸作用，最终形成黑色素。Paravisini 和 Peterson（2018）研究活性羰基（RCS）在苹果汁贮藏过程非酶促褐变中的作用。果汁贮藏过程中的非酶促褐变导致了棕色和非风味物质的产生，最终导致消费者的可接受性下降。研究发现，苹果汁在 35℃贮藏 10 周时间内，观察到棕色显著增加，并与 RCS 浓度呈正相关。此外，确定了特定的 RCS 和褐变之间的因果关系，鉴定出乙二醛和甲基乙二醛是苹果汁褐变的关键中间产物。另外，探索出苹果二氢查尔酮-根皮素是一种有效的褐变抑制剂，它能显著降低 RCS 水平，抑制贮藏期间的颜色形成。Zhang 等（2018）研究发现苹果和果汁中的褪黑素可以抑制苹果汁中的褐变和微生物生长。合成褪黑素（*N*-乙酰-5-甲氧基色胺，MT）作为保健补充剂在美国和亚洲市场很受欢迎。通过试验确定了 18 个苹果品种均存在褪黑素，苹果皮可食部分褪黑素含量最高，富士苹果汁中的褪黑素含量与其果肉中的含量相当。褪黑素在榨汁过程中由于与氧化剂相互作用而被消耗掉。褪黑素的加入显著减缓了果汁颜色变为棕色（褐变）的程度，其作用机理是褪黑素提高了 ASBT 自由基的清除能力，从而抑制了邻二酚类化合物向醌类化合物的转化。最重要的是，褪黑素在果汁中表现出强大的抗微生物活性，然而这种作用的具体机制目前还不清楚。研究结果表明，褪黑素的这些作用可以保持苹果汁的品质，延长其保质期，为苹果汁的商业化加工和贮藏提供了有价值的信息。

D. 微观结构研究

以微观组织结构为依据，利用苹果汁流变参数间的定量信息化手段来控制其品质，对开发新型、高价值果汁类产品具有重要的意义和广阔的前景。Sarabandi 等（2018）研究不同载体对浓缩苹果汁喷雾干燥后微结构和物理特性的影响。试验的进气温度、雾化器转速、进料流量、进料温度和雾化器压力分别保持在 160℃、18000r/min、15ml/min、（25±1）℃和（4.2±0.1）bar。从粉体产量的结果看，木塑复合材料作为助干剂比果胶更有效。载体类型及其组合对粉体的水分含量、溶解度、润湿性、吸湿性和颜色参数也有影响。喷雾干燥粉末的微观结构表现出不同的颗粒尺寸，有球形和不规则形状（表面上有收缩和凹痕）。考虑到所有参数，采用了 10%的木塑复合材料和麦芽糊精（maltodextrin，MD），在生产出产量最高（60.85%）且具有适当的物理结构、流动性和功能性的粉末方面取得了最好的效果。

2）营养品质研究方面

苹果汁与原料果的活性成分是一致的，可分为水溶性物质和非水溶性物质两大类，其中，水溶性物质有单糖和双糖、有机酸、果胶、单宁等，非水溶性物质有淀粉、纤维素、半纤维素、原果胶等。其中，糖、酸及其比例影响果汁风味和口感，多酚含量影响果汁的色泽及风味。多酚化合物的分子结构中含有多个酚羟基，对自由基有明显的清除效果，具有抗氧化、抗菌、抗癌等多种生物活性。

A. 果胶

在食品工业中，苹果果胶是一种亲电的乳化剂、胶凝剂和增稠剂，目前主要研究酶水解法从苹果汁中提取果胶工艺。Silva 等（2019）以海藻酸钙微珠为载体共价固定化曲霉菌（URM4953）的多聚半乳糖醛酸酶（PG），研究其水解苹果汁中果胶的动力学和热力学。结果发现，在 20℃时，苹果汁中的固定化 PG 活性最高，最高水解率为 58.2mg/（ml·min），催化常数为 166.2/s，亲和常数为 113.0mg/ml，由于该酶表现出变构行为，由希尔方程作为果胶浓度的函数准确度高。当温度从 20℃升高到 50℃时，希尔系数从 3 增加到 5，证明了一种积极的协同机制。与动力学结果一致，PG 催化的果胶水解在 20℃下进行最大限度的自发性，活化吉布斯自由能、焓和熵分别为 59.3kJ/mol、77.9kJ/mol 和 63.4J/（mol·K）。结果表明，固定化 PG 可成功地水解果胶，且需要低温才能达到最佳的水解效果。

B. 酚类物质

苹果汁中多酚的种类、含量和抗氧化性得到了较为广泛的研究。Zielinski 等（2019）研究了低温浓缩工艺对苹果汁中酚类化合物及抗氧化活性的影响。结果发现，每次冷冻浓缩循环，酚类物质含量均显著升高（P<0.05）。此外，该过程导致酚类物质浓度平均增加 1.9 倍、2.9 倍和 3.8 倍。与酚类化合物相比，通过自由基清除活性和还原力来评价抗氧化能力，其抗氧化能力也随着低温浓度的增加而增加。酚类化合物对体外抗氧化活性的影响，通过抗氧化试验与总酚类化合物、黄酮类化合物、黄烷-3-醇和黄酮醇之间的显著相关性得到证实（r>0.70）。结果表明，抗氧化剂活性的提高可能是苹果汁中酚类化合物含量的增加所致。冷冻浓缩是一种在浓缩果汁加工过程中保存生物活性化合物的替代方法，可以提高产品感官、营养和抗氧化性能。Li 等（2018）研究了提高植物乳杆菌 ATCC14917 发酵苹果汁的酚类物质的抗氧化活性。液相色谱-质谱联用/质谱（LC-MS/MS）分析表明，发酵后 5-*O*-咖啡酰奎宁酸（5-CQA）、槲皮素和具有较强抗氧化活性的根皮素的含量显著增加，DPPH、ABTS 自由基清除活性和细胞抗氧化活性提高，但是发酵降低了总酚和黄酮的含量。结果表明，植物乳杆菌 ATCC14917 发酵是提高酚类化合物生物利用率、保护细胞免受氧化应激的有效途径。

多酚氧化酶是广泛分布在植物中的一种含酮酶。Murtaza 等（2018）研究了苹果汁中天然和热处理多酚氧化酶的聚集和构象变化。试验以邻苯二酚和邻苯三酚为底物，在 70℃下 10min 的 PPO 活性仍然较强，并且在 20～60min 后急剧下降。荧光光谱和圆二色性光谱结果表明，短时间和长时间的升温可导致 PPO 二级结构的重组，并分别破坏了 PPO 的原有结构。与天然 PPO 相比，所有热处理的 PPO 在 70℃下处理 10min 后，随着颗粒尺寸逐渐向第三部分移动，所有热处理 PPO 的活性都有所降低。聚丙烯酰胺凝胶电泳（PAGE）分析表明，在 70℃下处理 10min，蛋白质含量增加，分子量为 35kDa。因此，经高温短时间纯化的热处理果汁可引起蛋白质聚集，对 PPO 失活效果不明显。对多酚氧化酶而言，较长时间的高浓度处理可导致酶的失活。

C. 酯类物质

酯类物质的成分、含量和比例等发生微小变化时，都会对苹果汁的风味产生巨大影响，因此对苹果汁酯类物质的研究具有重要意义。Niu 等（2019）用气相色谱-嗅觉测定法、定量测定法、气味阈值法、香气强度法和电子鼻法（E-nose）对苹果汁酯类气味进行了表征分析。采用气相色谱-嗅味剂（GC-O）和气相色谱-质谱（GC-MS）对 3 个不同品种苹果汁中的 20 种酯类化合物进行了鉴定和定量分析，筛选出 6 种酯类化合物作为主要的气味活性化合物。通过测定 6 种酯类和 15 种二元混合物的气味阈值和气味强度，研究了酯类之间的知觉相互作用，这些混合物中的大多数都遵循添加行为，丁酸乙酯和乙酸丁酯具有协同作用。感官分析表明，添加丁酸乙酯和乙酸丁酯（E&B）的二元混合物可显著增强果味、酸味和绿色。电子鼻法数据显示，与单个酯相比，4 个传感器的 E&B 响应值有所增加。

（3）苹果汁质量安全及微生物毒素控制技术研究

为保障消费者的权益，近年来欧盟和日本等地区和国家对出口苹果汁农药残留、棒曲霉毒素和防腐剂等的限量要求都相当苛刻，提出了严格的检测标准。

1）棒曲霉毒素控制技术研究

棒曲霉毒素（patulin，PAT）是一种天然产生的具有潜在致癌特性的毒素，主要是由扩展青霉产生的次级代谢产物，具有致癌、致畸、致突变等危害。主要污染水果及其制品，是苹果汁中最常见的有毒污染物之一，在苹果加工业中曾引起过严重的食品安全问题，严重威胁着人类健康和苹果产业的发展。浓缩苹果汁因其使用的原料大多为等外果及残次果，PAT 含量超标是影响浓缩苹果汁出口的瓶颈之一。因此，PAT 控制成为浓缩苹果汁生产过程中重要的关键控制点。

对 PAT 的识别和定量检测对于苹果汁产品安全具有重要意义。Li 等（2018）通过液-液微萃取-液相色谱-质谱联用法测定苹果汁中棒曲霉毒素的含量，将系统参数优化后，整个样品预处理仅包括单次提取，可大大降低富糖基质的干扰，检测限为 0.5μg/L，定量限为 2μg/L。此外，线性范围在 2～2000μg/L 有三个数量级，为高糖复合基质中痕量污染物的富集开辟了新的前景。Khan 等（2019）研制了一种用于苹果汁中 PAT 无标签检测的阻抗式适配传感器，开发出一种适体检测平台，采用电化学阻抗谱定量检测 PAT，在 1～25ng 获得了良好的线性范围。检出限为 2.8ng/L，定量限为 4.0ng/L。通过食物中常见的真菌毒素证实了适体传感器的选择性，毒素回收率高达 99%。El Hajj Assaf 等（2019）研究了添加抗坏血酸有助于确保苹果汁产品的低 PAT 水平。李卫华等（2007）利用全自动凝胶渗透色谱净化系统净化、在线浓缩样品，采用高效液相色谱分离、紫外检测器检测建立了浓缩苹果汁中 PAT 的检测方法。王家升（2018）利用臭氧技术降解苹果汁中污染的 PAT 取得了较好的效果，并探讨了臭氧降解 PAT 影响因素，测定了臭氧处理对果汁品质的影响，并对臭氧降解前后 PAT 的安全性进行评价。Diao 等（2019）研究臭氧处理后苹果汁中 PAT 的浓度从 201.06μg/L 降低至 50μg/L 以下，但是臭氧处理对苹果汁中主要酚类化合物和有机酸的破坏较对照严重。Bevardi 等（2018）使用 250μg/ml 的 SO_2 作为 PAT 最佳降解浓度，虽然用 SO_2 和冷冻处理不能完全去除 PAT，但在 12 周的储存期内是高效的，PAT 降低 33%左右。Sajid 等（2018）研究发现，酸枝链霉菌 DSM 451（A51）的热灭活（heat inactivation，HI）细胞和孢子在 24h 的最大 PAT 吸附量分别为 12.621μg/g 和 11.751μg/g，而且 PAT 的生物吸附作用不影响果汁的品质。

国内外诸多学者就如何去除苹果汁中的 PAT 开展了大量的研究，Bayraç 和 Camizci（2019）研究了巯基封端磁珠吸附去除水溶液和苹果汁中 PAT，吸附效率分别为 99%和 71.25%，对苹果汁的最终品质参数、糖度、色泽、澄清度、总糖和可滴定酸度无任何负面影响。Zoghi 等（2019）利用植物乳杆菌 ATCC8014 可以将冷藏 6 周的苹果汁中的 PAT 去除效率提高到 95.91%，而且检测到优化的益生元苹果汁和对照品的风味和色泽没有显著差异。Liu 等（2019）采用新型半胱氨酸功能化金属有机骨架吸附剂试验发现，它对苹果汁中的 PAT 最大吸附量（4.38μg/mg）是微生物基生物吸附剂的 10 倍，可以作为潜在吸附剂，且质量变化不大。秦敏丽等（2014）对超声波去除浓缩苹果汁中 PAT 技术条件进行了优化，在超声波功率 600W、处理时间 90min、PAT 初始浓度为 200μg/L 时，PAT 降解率可达最大值 72.87%，表明超声波法可有效降低浓缩苹果汁中 PAT 的含量。陈楠等（2009）开展了几种大孔吸附树脂吸附浓缩苹果汁中 PAT 的研究，结果表明，ATF-31 型树脂对 PAT 的吸附率为 60.41%，果汁的透光率和色值分别提高 4.4%和 88.3%，吸附最佳操作条件为 pH 4.2，吸附流速为 10ml/min，PAT 初始浓度为 35.20μg/L。ATF-31 型树脂是 PAT 的良好吸附材料，并能较好地提高浓缩苹果汁的色值与透光率。

2）柔红霉素控制技术

柔红霉素引起的变质在苹果汁贮藏的早期很难鉴别，对柔红霉素的灭活和测定可以为果汁产品口味评价提供参考依据。Xiang 等（2018）研究介质阻挡放电（dielectric barrier discharge，DBD）等离子体对柔红霉素合子灭活，结果表明，DBD 血浆有助于柔红霉素失活，且对苹果汁的酸碱度、可滴定酸度和某些颜色参数有显著影响，但对苹果汁中总可溶性固形物、还原糖和总酚类物质的含量没有影响。Wang 和 Sun（2019）利用电子舌结合化学计量学分析早期检测苹果汁中柔红霉素合子的腐败，在 12h 后对被污染的果汁进行鉴定，发现电子舌系统中的 4 个化学传感器阵列（HA、ZZ、BB 和 BA）对苹果汁整体口味的变化比较敏感。此外，采用偏最小二乘回归模型，可以较好地定量测定细胞数，其测定系数为 0.98～0.99。

3）农药残留超标检测

农药残留超标是苹果汁质量安全的突出问题，Chen 等（2018）采用顶空固相微萃取（solid phase micro-extraction，SPME）和表面增强拉曼光谱（surface enhanced Raman scattering，SERS）相结合的方法，对苹果汁中的挥发性农药芳菲（Fonofos）进行了检测，水和苹果汁中的 Fonofos 含量低于 5μg/L，而纤维针式固相微萃取（dip-SPME）法检测到的 Fonofos 含量低于 10μg/L，苹果汁中的

Fonofos 含量低于 50μg/L，证明了顶空 SPME-SERS 方法在复杂基质中快速（30min）检测挥发性和可蒸发化合物的潜在能力。该方法可作为气相色谱法的一种潜在替代方法。

4）酸性杆菌控制

在低酸度下仍能长期存活的酸土脂环酸芽孢杆菌（*Alicyclobacillus acidoterrestris*）是使苹果汁发生浑浊、沉淀和腐败变质的重要因素之一，而对酸土脂环酸芽孢杆菌的控制和快速检测是目前很多苹果汁生产厂家较为棘手的难题。Song 等（2019）采用乳链球菌素共价固定多巴胺修饰的氧化铁纳米颗粒（iron oxide nanoparticle，IONP），抑制苹果汁中酸土脂环酸芽孢杆菌的生长。离子交换柱复合物对苹果酸土脂环酸芽孢杆菌细胞和孢子的最低杀菌浓度分别为 1.25mg/ml 和 2.5mg/ml。复合材料预处理苹果汁 10min 后，结果表明，复合材料预处理后苹果汁中细胞和孢子的浓度从 10^6CFU/ml 下降到了 10CFU/ml，且复合材料对苹果汁中多酚、有机酸、挥发性化合物的影响不显著。细胞（hepg2、caco2、sh-sy5y 和 bv2 细胞）毒性和急性毒性试验结果表明，该复合材料具有生物安全性和无毒性，表明该复合材料有望应用于苹果汁工业中对酸土脂环酸芽孢杆菌的控制。

2. 苹果脆片生产加工技术

苹果中含有大量水分，在运输和贮藏过程中容易腐败变质。干燥可以脱除物料中的大部分水分，并最大限度地减少物料贮运过程中的物理化学变化，延长产品的货架期，被广泛用于果蔬加工中。常见的果蔬脱水加工方式主要有热风干燥、真空冷冻干燥、压差闪蒸联合干燥等。热加工是传统的果蔬干燥方法，操作简单且效果较好，但热加工处理温度较高，易导致食品发生褐变、风味改变及营养物质损失。苹果干燥产品也是苹果加工产业的发展方向，有助于改变产品质构，丰富产品类型，而且苹果干燥能较好地保持苹果原有的碳水化合物、蛋白质、脂肪、维生素及矿物质等营养成分，味道香甜，而且还可以大幅减少贮藏运输空间和能耗，延长贮藏期。在苹果片产品中，苹果脆片具有营养丰富、纤维素含量高、口感酥脆等特点，是一种理想的健康休闲食品。目前市场上较多的是油炸苹果脆片产品，由于含油量较高，不利于人体健康、营养物质破坏严重，“非油炸”苹果脆片为当前消费者非常欢迎的一种休闲食品，具有口感酥脆、低脂高纤、富含维生素及多种矿物质、携带方便、保质期长等特点。

（1）苹果脆片生产工艺技术

张永茂等从 1999 年开始，提出将微波膨化与压差膨化技术相互结合、组合配套，有效地克服了微波膨化和瞬间减压膨化单独应用时出现的产品膨化程度低、口感差、膨化时间长等弊端，使优势互补、膨化性能累加，膨化率达到 100%；

与微波膨化和压差膨化技术单独使用比较，产品膨化率提高 30%～40%，水分含量不超过 3%。生产的苹果脆片，能够保持苹果营养成分、生鲜风味，脱水彻底、口感酥脆、形态饱满、膨化均匀。并提出了全新的生产工艺流程：脱水苹果片→选料→复水→层积均衡→微波预膨化→装盘→入罐→排气→升温加压→减压膨化→真空脱水→冷却、固化→破除真空→分级、包装（张永茂等，2007，2008）。

王沛等（2012）对 20 个早熟品种苹果脆片的 16 项品质进行了评价，不同原料品种加工的脆片指标测定值有较大差异，变异系数均达到 10%以上，在有第三方影响因素情况下，膨化度与含水率仍具备显著的相关关系，而脆度与膨化度、脆度与含水率无明显相关关系。苹果脆片在货架期内易出现返潮是行业内的一大难题，袁越锦等（2017）以马铃薯和苹果脆片作为果蔬脆片典型代表，以温度、湿度等作为试验因素进行返潮试验，得到了不同温度和不同湿度等条件下的返潮规律曲线和平衡含水量曲线，并建立了果蔬脆片平衡含水量数学模型，在同一温度下，返潮平衡含水量随相对湿度增大而增大，在不同的相对湿度区间平衡含水量变化不同。马超等（2015）以富士苹果为原料，开展了热风干燥和微波干燥相结合膨化苹果脆片加工工艺研究，苹果经预处理后，切片厚度 7mm，热风温度 60℃，转换点含水率 40%，微波功率 540W 时，所得苹果脆片含水率 21.6%，膨化率达 70.3%。李伟昆等（2015）以红富士苹果为原料，开展了冻干苹果脆片的工艺技术研究，采用冷冻干燥和热风干燥相结合，确定了护色剂的最佳配比及工艺参数：护色剂的最佳配比为异抗坏血酸钠 0.3%，柠檬酸 0.9%，植酸钠 0.018%，预冻温度为–30℃，预冻时间为 2h，冻干时间为 48h，烘干温度为 70℃，时间为 1.5h，切片厚度为 10mm。卢亚婷等（2015）针对压差膨化前处理中苹果的酶促褐变进行了无硫护色方面的研究，试验中确定的最佳复配护色剂组合为柠檬酸 0.4%、抗坏血酸 0.04%、氯化钠 1.0%；护色温度为 25℃，时间 20min，该方法能较好地抑制膨化前的酶促褐变。卢晓会等（2011）对微波膨化苹果脆片进行响应面法优化分析，认为切片厚度、膨化时间和微波功率，膨化时间和微波功率的交互作用都对苹果脆片膨化率影响显著；微波膨化苹果脆片的最佳工艺条件为切片厚度 6mm，含水量 18%，微波功率中档，膨化时间 30.0s。韩清华等（2009）开展微波真空干燥条件对苹果脆片感官质量的影响研究，认为高品质苹果脆片的最佳工艺条件为微波功率 11.7W/g、真空度 0.089MPa、初始含水率 75%，感官质量预测得分可达到 9.51。张炎等（2009）研究了糖液种类、浓度、温度和浸渍时间对气流膨化苹果脆片品质的影响，认为采用浓度为 250g/L、温度为 50℃的麦芽糊精液浸泡苹果片 15min，可有效提高苹果脆片品质。

Chauhan 等（2018）优化了脉冲电场（pulsed electric field，PEF）对苹果片质地和干燥时间的工艺。采用中心复合旋转设计，使用的变量水平在 1～2kV/cm、25～

75℃和 60～80℃，分别用于电场强度、脉冲数和高压脉冲电场辅助热烫预处理期间的水温条件。在 1.25kV/cm、50℃和 80℃条件下，分别推导了电场强度、PEF 辅助热烫预处理过程中脉冲温度的优化条件，期望值为 0.85。在变量优化条件下的响应预测值与实际值之间具有很高的相关性，可用于低能量投入脱水苹果片的生产。Al Faruq 等（2019）研究发现将超声辅助或超声复合微波真空油炸（ultrasonic composite microwave vacuum frying，UMVF）技术应用于油炸苹果片，可以减少油炸时间，提高油炸食品的色泽和脆度。通过两个微波功率级（800W 和 1000W）分别结合固定超声功率（600W）和频率（28kHz）使用，油炸 16min。结果发现，与微波真空油炸（microwave vacuum frying，MVF）技术相比，UMVF 技术的应用显著提高了水分蒸发率，缩短了油炸时间，提高了油炸的质地脆度，并产生了更理想的黄色。UMVF 产品的最终吸油量与 MVF 产品相似，但是 UMVF 产生的美拉德反应产物更少。Shen 等（2018）研究超声波预处理对真空油炸苹果片抗氧化性的影响。在真空油炸前分别在 150W、250W、400W 的超声功率下对苹果片进行 10min、20min、30min 的预处理。检测结果表明：超声波处理显著改变了苹果切片的介电性能。随着超声波功率的增加和超声波时间的延长，苹果切片的水分和油脂含量降低，苹果片的保色性提高，其抗氧化性能得到改善。

（2）苹果脆片干燥特性研究

随着互联网技术的突飞猛进，基于计算机视觉的图像分析系统广泛应用于食品加工过程中的质量变化评价，可研究苹果脆片干燥过程的色泽、β-胡萝卜素的空间分布、褐变率及水分转运状态等物料特性。

Aghilinategh 等（2016）利用间歇微波对流干燥法，结合计算机实时视觉技术，对苹果片间歇微波对流干燥过程中的颜色变化进行实时监测，在 40～80℃、1～2m/s 风速、200～600W 微波功率和 2～6 脉冲比的条件下进行检测，其中微波功率和脉冲重复频率对光亮度和颜色变化的影响大于其他参数。Santacruz-Vázquez 和 Santacruz-Vázquez（2015）利用图像分析和分形分析方法，研究了苹果切片中 β-胡萝卜素的空间分布。采集了苹果干切片的扫描电镜图像，得到了苹果干切片纹理的分形维数（fractal dimension，FD）。结果表明，浸渗食品的微观结构对浸渗现象有重要影响，生成了不规则的 β-胡萝卜素浓度分布，且与扩散过程有关。Gao 等（2017）通过计算机视觉图像分析系统，对脱水苹果片在热风-压差闪蒸联合干燥（instant controlled pressure drop-assisted hot air drying，AD-DIC）不同阶段褐变率、5-羟甲基糠醛（5-HMF）和荧光化合物（FIC）进行监测。结果发现，苹果片在整个干燥过程中 L^*（亮度）值和多酚氧化酶活性降低，而 A^*、B^*、ΔE 和 C^*值等其他颜色指标升高；苹果片的褐变率在干燥过程中有所增加，同时由于美拉德反应，5-HMF 和 FIC 的变化与褐变率呈相同的趋势，而且 5-HMF 和 FIC 的浓度均与褐变率具有良好的二次相关（R^2>0.998）。采用核磁共振氢谱 T2 弛豫法，Khan 等（2018）研究了干燥过程中细胞水的转运，解释了苹果组织中细胞破裂机制。结果表明，苹果组织干燥过程中，细胞间水分主要通过细胞膜破裂从细胞内迁移到细胞空间。细胞膜破裂发生在干燥的不同阶段，而不是一次破裂。有趣的是，细胞膜破裂的趋势大体上是一致的，因为破裂几乎是在一个有规律的间隔发生的。在细胞内和细胞间的压力梯度下，热能的穿透率是导致细胞膜破裂的主要因素。

（3）苹果脆片干燥过程褐变机理控制

苹果组织变褐是多酚氧化酶作用于酚类物质氧化引起的，苹果制品褐变的研究旨在改变加工制品的外观、颜色、风味等。Li 等（2015）研究了浸盐对鲜切苹果片低温贮藏过程中表面褐变形成的影响。结果发现，盐对褐变的延迟更大，氯化物＝磷酸盐>硫酸盐>硝酸盐，钠、钾、钙离子无差异。卤盐对褐变的有效性为氟化物>氯化物＝溴化物>碘化物＝对照，而从氯化物和氟化物处理过的苹果片中提取的多酚氧化酶（PPO）活性与对照组无明显差异，但当添加到分析溶液中时，NaF>NaCl 在 pH 3～5 下的 PPO 活性均低于对照缓冲液。表明苹果片浸盐是一种低成本的处理方法，商业应用时可替代其他抗褐变添加剂，从而减少多酚的氧化。Song 等（2013）采用含有抗褐变剂的芦荟凝胶制备可食性涂料，以保持鲜切苹果在贮藏过程中的品质。通过芦荟凝胶和含有 0.5%半胱氨酸的芦荟凝胶处理鲜切苹果，然后在 4℃下贮藏 16 天后与对照相比，涂覆芦荟凝胶的鲜切苹果片可以明显延迟褐变和减少重量损失及软化程度，而且芦荟凝胶涂层也有效地减少总需氧菌和酵母菌及霉菌的种群。此外，含有 0.5%半胱氨酸的芦荟凝胶在延缓褐变和减少处理中的微生物种群方面更有效。

（4）苹果脆片营养保健功能方面

苹果脆片因具有营养丰富、纤维素含量高等特点，使用后对机体某些代谢有积极的影响。Sansone 等（2018）研究了食用苹果干对健康个体代谢和认知反应的急性影响。对 21 名健康、正常体重的受试者，采用随机交叉设计和重复测量，禁食 10h 后，食用标准尺寸的苹果干或松饼。食用试验食品前和食用后 2h 进行认知测试发现，苹果干的酚类含量和抗氧化活性明显高于松饼（$P \leqslant 0.05$）。在餐后 30min、45min、60min 和 120min 的时间点，葡萄糖浓度显著降低。15min 时间点的胰岛素浓度比松饼高。这些发现表明，食用苹果干可以降低餐后血糖，并可能提高健康个体胰岛素反应的有效性，但在抗氧化状态、饱腹感和认知功能方面几乎没有一致性差异。

3. 苹果酒的发酵酿造技术

苹果酒是由苹果或苹果汁生产的一种低酒精度的发酵果酒，是仅次于葡萄酒的世界第二大果酒，具有较高的营养成分和保健价值，备受人们的关注和喜爱。国外的这类饮料是用传统方法生产的，即经过原料破碎、酒精发酵、陈酿和澄清等工序。其消费无性别区分，酒精度低，风味柔和，价格低廉，消费量近几年呈明显的上升趋势。苹果酒保留了苹果中大部分营养成分，如各种氨基酸、芳香物质和对人体代谢有益的多种无机矿物质等，含有苹果和生物发酵所形成的双重营养成分，经常适量饮用能促进人体排毒，降低血脂血糖，具有美容养颜等功效。苹果酒酿造过程是一个复杂的微生物代谢过程，产品成分及品质受原料品种、菌种、发酵工艺等因素影响较大。苹果酒生产主要包括原料破碎榨汁、果汁酶解、成分调配、酒精发酵、陈酿及澄清等工艺。

（1）苹果酒发酵菌种筛选研究

传统苹果酒的生产是通过连续的苹果汁提取和自然发酵完成的，通常采用酿酒酵母发酵剂生产酒精类饮料，使苹果汁除具有本身的营养、芳香外，还赋予了特殊的风味特征，并具有了另外的营养保健功能，因而更受到广大消费者的青睐。

Sukhvir 和 Kocher（2019）利用本地酵母分离技术从金冠苹果品种中开发苹果酒，金冠苹果发酵后酒精度最高为 24.61%，含有大量的总糖 9.6%、还原糖 6.03%（*m*/*V*）。微生物分析分离出一种酵母菌株（A2），该菌株在 GenBank 被分子鉴定为 *Saccharomyces cerevisiae* KY069279。采用响应面法优化乙醇发酵，结果表明，温度为 20℃，接种量 7.08%（*V*/*V*），磷酸氢二铵 154.4mg/100ml 为苹果酒生产的最佳添加量，可以生产出酒精度为 10.73%（*V*/*V*）的苹果酒。气相色谱-质谱分析表明，苹果酒中含有 38 种挥发性化合物，包括高级醇、酸、酯等。Satora 等（2018）采用酿酒酵母（Johannisberg Riesling-LOCK 105）、巴亚努斯酵母（DSMZ 3774）、帕拉多斯酵母（CBS 7302）和裂殖酵母（DSMZ 70576）在纯培养基和混合培养基，添加蔗糖（高达 22%），接种特定体积（0.6g 干重/L）的纯酵母或混合培养物（比例为 1∶1、1∶1∶1 或 1∶1∶1∶1），在 22℃下发酵 28 天，得到了酵母菌和裂殖酵母菌菌株及其混合培养物的苹果酒。Nadai 等（2018）对 14 株苹果芽孢杆菌采后抗真菌活性及其在苹果汁中的单菌种发酵和连续发酵及酿酒酵母的发酵性能进行了测试，选择了 4 株能显著减轻蓝霉病症状、提高发酵过程中甘油含量的菌株。杨越（2018）开展了优良苹果酒发酵菌株筛选与苹果酒酿造工艺研究，通过响应面法优化得到了最佳酿造工艺：蔗糖添加量 15.9%，pH 3.5，发酵时间 11 天，酒精度 13.9%，残糖（可溶性糖）1.14mg/ml；在最优工艺下进行酵母菌双菌株混合发酵实验，苹果酒的外观呈淡黄色，液体澄清透亮，底部有微量沉淀，苹果香气和酒香协调，无异味，酸甜适中。感官评分是 85.7，酒精度 10.6%。Kim 等（2019）从 512 株酵母菌（非酵母菌 422 株）中，筛选出 *Wickerhamomyces anomalus* CS7-16（用于苹果酒），采用单菌或混合菌与酿酒酵母 W-3 进行发酵，根据挥发性酯类化合物的测定和感官评价结果表明，*W. anomalus* CS7-16 作为苹果酒发酵的起始菌具有很好的开发潜力。对 6 种糖（果糖、葡萄糖、麦芽糖、蔗糖、棉子糖和海藻糖），4 种溶液（蒸馏水、1×磷酸盐缓冲盐水、0.85%NaCl 和 1%蛋白胨水）和 2 种抗氧化剂（L-抗坏血酸和谷胱甘肽）进行了检测，对鼓风干燥酵母细胞在 4℃下保存两个月的可贮存性评估表明，抗氧化处理有助于维持风干细胞的生存能力。

（2）苹果酒澄清技术

苹果汁酒精发酵后由于果酒中的蛋白质和果胶物质与多酚物质共存产生浑浊的胶体，导致苹果酒容易浑浊和沉淀，严重影响了苹果酒的感官和品质。李坤娜（2018）认为引起苹果酒浑浊的主要因素是生物和非生物因素，加入澄清剂可以凝聚酒样中胶体微粒和悬浮的杂质颗粒，使沉淀形成并迅速沉降得到澄清的酒液，从而改进苹果酒的感官和稳定特性。通过不同澄清剂处理苹果酒澄清效果的各项指标对比表明，处理苹果酒的澄清效果依次为壳聚糖>皂土>琼脂>明胶，其中壳聚糖的澄清效果最好。张兆国（2019）开展了苹果冰酒生产工艺流程研究及澄清试验，认为苹果冻果酿酒比鲜果酿造效果更佳，使用富士冻果和鲜果为原料，采用果汁、浸渍这两种发酵方式进行试验，发现冻果果酒品质最好，其感官评定在 90 分以上，酒精度达到 12.5%（*V*/*V*），颜色金黄透亮，符合冰酒质量标准。选用皂土、交联性聚乙烯基吡咯烷酮（crosslinked polyvinylpyrrolidone，PVPP）、果胶酶三种澄清剂对四种处理进行澄清实验，三种澄清剂中，用量 0.8g/L 时的皂土作用效果最好，澄清度达到 90.66%。其澄清度高于 0.5g/L 时 PVPP 的 88.50%和 0.04g/L 时果胶酶的 83.07%。

（3）苹果酒营养物质及香气成分分析研究

原花青素广泛分布于植物界中，是一种强力抗氧化剂。苹果中主要的原花青素为儿茶素、表儿茶素或儿茶素与表儿茶素形成的二聚体，果肉原花青素含量与苹果酒的单宁含量、澄清度、色泽等相关。Millet 等（2019）研究了氧化原花青素的自聚集有助于苹果酒中热可逆雾的形成。为了评估单宁氧化对其自结合的影响，在模型溶液中氧化低聚原花青素，并利用光散射研究其聚集动力学。在试验条件下，只有氧化的原花青素参与薄雾的形成。随着原花青素氧化程度和聚合度的提高，聚集性增强。用液相色谱-质谱联用技术对原花青素氧化产物进行解聚，并在整个聚合过程中监测其标记物的演变，这揭示了分子内耦合在可逆薄雾形成中的作用，模型溶液中形成的雾在高温下部分是可逆的。

苹果酒中的酚类物质含量和种类因品种、成熟度、贮藏过程、发酵菌株等因素不同而异。Laaksonen 等（2017）研究了 4 个不同的爱沙尼亚苹果品种、成熟期（未成熟、成熟和过熟）和酵母菌株[包括酿酒酵母、贝酵母（*Saccharomyces bayanus*）、德尔布有孢圆酵母（*Torulaspora delbrueckii*）]对苹果酒酚类成分的影响。采用液相色谱法对苹果汁和苹果酒中的羟基肉桂酸和黄酮类化合物进行了研究。结果表明，苹果品种的酚类含量和组成也有显著差异，未成熟苹果榨的汁含有更多的酚类化合物。商业酵母菌株在酵母发酵过程中释放游离羟基苯乙烯基甲酸（HCA），特别是 *p*-香豆素酸方面存在差异。酚类物质对人体健康具有良好的抗菌抗氧化潜力，其含量控制着苹果酒的质量（收敛性、苦味、颜色和香气）。Fratianni 等（2012）从 Annurca 苹果（*Malus domestica* var. *annurca*）中提取苹果酒酚类物质，发现儿茶素和咖啡酸是最丰富的多酚类物质，分别占总酚类物质的 35.5%和 36.6%。通过超高效液相色谱法对提取物进行生化分析，发现提取物对实验中使用的所有菌株都具有明显的抗菌活性，还抑制了阪崎肠杆菌的生长。Verdu 等（2014）进行了苹果多酚含量的 QTL 分析及候选基因定位。用反相液相色谱法对 5 组酚类化合物中 32 种化合物进行了 3 年多的鉴定和定量。采用间苯三酚法结合高效液相色谱法，测定了果实中黄酮类化合物的平均聚合度。利用 SSR 和 SNP 标记建立亲本图谱，并用于 QTL 分析。在 14 个连锁组和 11 个连锁组中，分别检测到 69 个和 72 个 QTL，大多数 QTL 是特定的，在育种中有潜在应用价值。Ye 等（2014）研究了苹果酒发酵过程中多酚和有机酸含量均呈恒定变化，发酵后儿茶素、表儿茶素、绿原酸、肉桂酸、对香豆素酸、没食子酸、咖啡酸、阿魏酸、芦丁、根皮苷含量均有不同程度的下降，而原儿茶酸在发酵后有所增加；发酵对有机酸含量也有影响，苹果酸、乳酸、奎尼酸、丙酮酸和柠檬酸的含量均有不同程度的增加，但琥珀酸含量下降。Guo 等（2019）采用顶空固相微萃取和气体萃取的方法，研究了表儿茶素和根皮苷等酚类物质对典型香气成分挥发性的影响。结果表明，酚类化合物浓度的增加对大多数香气化合物的顶空浓度有显著影响。表儿茶素和根皮苷等酚类物质能使大多数疏水性芳香化合物的挥发性降低，而通过盐析一些亲水性醇则表现出相反的行为。苹果酒中多酚和芳香化合物的理化性质和空间构象影响了果酒中芳香多酚相互作用，有助于苹果酒的香气品质的提高。

苹果的芳香物质是苹果在成熟过程中形成的各种挥发性芳香组分，这些组分混合在一起构成其芳香物质。目前，采用气相色谱和质谱等现代分析方法可分析和测定出食品中的多种组分，芳香物质使食品具有典型的滋味和香味。孙庆扬等（2018）认为适当减少二氧化硫的使用量可在一定程度上改善苹果酒的香气品质，采用顶空固相微萃取-气相色谱-质谱联用法（HS-SPME-GC-MS）对“减硫法”和常规法酿造的小国光苹果酒中的挥发性香气物质进行测定和分析，与常规法酿造相比，“减硫法”酿造有助于提升苹果酒中酯类物质，特别是具有丰富果香和花香的乙基酯类物质的含量，增加了 36.11mg/L；同时还能有效降低苹果酒中的高级醇，特别是具有酒精味和溶剂味的异戊醇的含量，降低了 14.68mg/L；但也会降低苹果酒中脂肪族类、芳香族类和萜烯类物质的含量（分别降低了 9.98mg/L、10.77mg/L 和 1.54mg/L），造成苹果酒中乳酪香、烘烤香和部分花香的减弱。程晓燕等（2019）采用顶空固相微萃取结合气相色谱-质谱联用技术对静宁富士苹果酒中的香气成分进行分析，共分离鉴定出 58 种挥发性物质，其中酯类 29 种、醇类 14 种、酸类 9 种、醛类 3 种、烃类 2 种、酮类 1 种，确定了 8 种贡献较大的香气组分为异戊酸乙酯、乙酸乙酯、丁酸乙酯、已酸、乙酸异戊酯、辛酸、戊酸乙酯和己酸乙酯，其中异戊酸乙酯、乙酸乙酯及丁酸乙酯是静宁红富士苹果酒的主要特征香气成分。Qin 等（2018）对英国和斯堪的纳维亚地区 14 种商用苹果酒的风味特征进行了分析。采用动态顶空进样（DHS）气相色谱-质谱联用技术（GC-MS）对 14 种苹果酒中 72 种挥发性成分进行了鉴定，结果表明，苹果酒中主要的挥发性成分是酯类和高级醇，其次是醛类和脂肪酸。主成分分析（PCA）表明，花和水果（新鲜苹果、香蕉和梨）的气味与甜味高度相关，与更复杂的香气属性（酵母、乳酸等）和酸味相反。大多数英国苹果酒的特点是具有这些复杂的味道（酸、涩和苦），醋酯含量显著的苹果酒具有熟/鲜苹果、柑橘和热带水果的气味。

（4）苹果复合果酒的发酵技术

近年来，为了改变苹果的单一风味，苹果与其他水果或蔬菜混合发酵的复合果酒已成为一种新的潮流。曾朝珍等（2019a，2019b）以苹果和树莓为原料，通过单因素和正交试验确定苹果树莓混合果汁酶法浸提工艺和混合果酒发酵工艺的条件。结果表明，苹果树莓适宜混合原料比为 100∶30，采用果胶酶处理取汁最佳工艺参数为果胶酶酶解温度 40℃、酶添加量 0.13%、酶解时间为 2h，其中果胶酶酶解温度对出汁率具有极显著影响（$P<0.01$）。酿酒酵母 32168 发酵苹果树莓果酒的最佳发酵工艺参数为发酵温度 28℃、糖添加量 4%、接种量 5%。其中，发酵温度和糖添加量对酒精发酵力具有极显著影响（$P<0.01$），此条件下苹果树莓复合果酒酒精度达到 11.2%（V/V）。郭丽等（2006）研究了柑橘苹果复合果酒发酵工艺条件，采用复合果汁发酵工艺制取的复合果酒，以柑橘汁∶苹果汁=2∶1 的配比效果最好，复合果酒质量较好。王正荣和马汉军（2016）以新鲜的苹果和红皮白肉型火龙果果实为原料，进行复合果酒发酵工艺的研究，在接种量、糖度和发酵时间单因素试验的基础上，利用响应面设计优化复合果酒的发酵工艺条件，实验结果表明，以苹果和火龙果的纯果汁，按 2∶1 的比例混合发酵，在 pH 4.0、酵母接种量 0.95%、初始糖度 19.23%、时间 7.3 天的工艺下，酿造出品质优良、酒体透亮、具有清雅和谐的果香和酒香的复合果酒。刘润萍等（2018）以苹果和杏鲍菇为原料，选用安琪酵

母作为发酵菌种，优化的最佳工艺参数为苹果汁和杏鲍菇汁混合体积比为 2∶1、初始糖度 16%、初始 pH 4.8、接种量 6%、发酵温度 36℃，此时酒精含量为 6.3%。王汉屏等（2012）通过试验确定了苹果菠萝复合果酒的最佳酿造工艺：苹果汁与菠萝汁的体积比为 3∶2，初始糖度 25%、初始 pH 4.5、发酵温度 24℃、酵母菌用量 0.015%。所得复合果酒清澈透明、具有浓郁的苹果菠萝混合果香。李慧芸（2012）以苹果和山楂为原料，对复合果酒的加工工艺进行了研究。结果表明，山楂最佳浸提条件为浸提温度 75℃、浸提时间 2h、料水比 1∶5；苹果山楂复合果酒的最佳酿造工艺为初始糖度 24%、初始 pH 4.0、发酵温度 25℃、酵母菌用量 0.015%。李湘利等（2011）以香椿和苹果为原料，以高活性葡萄酒干酵母为菌种，研究了香椿苹果复合果蔬酒的生产工艺。结果表明：香椿榨汁前用 0.10%的维生素 C 与 0.05%的柠檬酸协同护色效果较好；香椿汁与苹果汁按 1∶1 混合，接种 0.7%的酵母菌，在 pH 5.3、25℃条件下发酵 7 天，经 0.5%～1.0%蛋清液结合低温静置澄清可得干型复合果蔬酒。王晓丽等（2016）以新鲜胡萝卜、苹果为原材料，研究确定胡萝卜苹果复合酒最佳发酵工艺条件为酵母接种量 0.8g/L，发酵温度 26℃，胡萝卜汁∶苹果汁=1∶2（*V*/*V*），初始糖度 24%。在此条件下，可得酒精度为 13.6%（*V*/*V*），感官评分为 95 分，颜色呈淡橘黄色、酒体澄清透亮、酒质醇厚、口味纯正的胡萝卜苹果复合酒。

（5）苹果酒发酵中组学技术的应用研究

随着分子生物学的发展，分子标记技术的出现使果酒的深度研究有了更可靠的工具。Leforestier 等（2015）研究了苹果酒和甜苹果品种差异的基因组，揭示了品种多样化过程中的差异基因，对理解进化有着重要的意义。甜味苹果用于直接消费，而苦味苹果则用于生产苹果酒。已知有几个重要的性状可以区分这两个品种类型，特别是由于多酚含量较高而导致的果实大小、两年生与一年生的结果及苦味差异。试验使用了一个 Illumina 8K SNP 芯片，以确定苹果酒和甜苹果之间存在差异的基因组区域。结果表明，苹果酒和甜苹果的全基因组遗传分化水平较低，尽管 17 个候选区域显示出不同选择的特征，显示出 ST 值异常或与表型特征（苦果和甜果）显著相关。此外，这些候选区域包含 420 个参与多种功能和代谢途径的基因，包括一些与多酚化合物的 QTL 共定位。Lerma-García 等（2019）通过组合肽配体库和质谱分析对苹果酒进行蛋白质组学指纹图谱分析。组合肽配体文库与质谱联用对市售苹果酒进行了检测，在苹果酒中只发现一种苹果过敏原，这表明工业生产过程并没有受敏感受试者的影响。

（6）苹果酒质量调控技术

苹果酒从原料到产品是一个比较复杂的生物学变化过程，其危害物包括生物危害物、化学危害物、物理危害物，尤其是棒曲霉毒素（PAT）和呋喃，目前对它们降低或者抑制的研究仍然少之又少。

1）PAT 控制研究

随着苹果生长期的延长及苹果和苹果浓缩汁出口能力的提高，PAT 摄入污染产品的可能性也相应增加。尽管在果汁果酒生产过程中对 PAT 的检测方法有很多，但如何降低 PAT 还是一个难题。Dong 等（2010）研究发现紫外辐射可以降低苹果酒中 PAT 的含量。试验结果表明，紫外线照射 14.2～99.4mJ/cm^2，导致 PAT 水平显著线性下降，同时苹果酒的化学成分（pH、总酸）或感官特性没有可量化的变化。在测试的紫外线剂量范围内，PAT 水平下降了 9.4%～43.4%；在紫外线照射不到 15s 后，PAT 水平大大降低了。紫外线辐射法（Cidersure 3500 系统）是一种易于实施、高通量和成本效益高的方法，能够同时对苹果酒和果汁产品进行紫外线巴氏杀菌，减少和消除 PAT，且不会改变最终产品的品质。

2）呋喃控制技术

呋喃是一种对人体有致癌危险的物质。Hu 等（2013）采用固相萃取-高效液相色谱-二极管阵列检测器测定苹果酒中呋喃类化合物，研究发现了苹果酒中有 10 种呋喃衍生物（5-羟甲基-2-糠醛、4-羟基-2, 5-二甲基-3(2H)-呋喃、2-糠酸、2-糠醛、3-糠醛、2-乙酰呋喃、5-甲基-2-糠醛、2-糠酸甲酯、2-丙酰呋喃和 2-糠酸乙酯），与上述化合物的常规浓度相比，固相萃取-高效液相色谱-二极管阵列检测器的检测限（lod）和定量限（loq）较低（lod 0.002～0.093mg/L，loq 0.01～0.31mg/L）。此外，在不同的添加量（0.5～50mg/L）下，所有化合物的绝对回收率均高于 77.8%（大部分为 80.5%～103%）。Hu 等（2018）研究了在糖溶液和苹果酒的紫外-可见光处理过程中，抗氧化剂抑制呋喃的形成。研究结果表明，在紫外-碳处理过程中，通过向模拟果汁或苹果酒中添加抗氧化剂，如丁基羟基甲苯、抗坏血酸或没食子酸，呋喃的含量显著降低。

4. 苹果白兰地发酵酿造技术

苹果白兰地是以苹果为原料，经破碎榨汁、酒精发酵、蒸馏、橡木桶陈酿、勾兑调配而成的苹果蒸馏酒。国际上以法国和美国生产的苹果白兰地最为著名，国际上著名的生产商有法国布兰德酒厂（Maison Boulard）、美国赖尔德公司（Laird）和新查塞公司（New Jersey）等。我国在苹果白兰地方面的研究起步较晚，开展试验研究的科研机构较多，据报道山东、陕西、河南、甘肃等地已建成多家苹果白兰地生产企业，但在市场上除大量的以葡萄为原料生产的白兰地产品外，苹果白兰地产品却难觅其踪，产品开发仍处于市场空白。

孙俊良等（2002）对苹果白兰地的生产工艺条件进行了研究，结果表明，发酵初始糖度为 14°Bx，稀释倍数为 1，常温除渣后 25℃发酵 13 天，经蒸馏出酒率为 47.8%（*V/V*），60℃和 25℃交替人工老熟 14 天可以生产出色泽金黄、酒香纯正、果香宜人的优质苹果白兰地。康三江等（2014）采用顶空固相微萃取（HS-SPME）-

气相色谱-质谱联用（GC-MS）技术分析添加氯化铵及无添加对照发酵苹果白兰地酒中的香气成分，结果显示：酯类和醇类相对含量较高，发酵中添加氯化铵有助于提高主要酯类物质的相对含量，其中乙酸乙酯、3-甲基-乙酸-1-丁酯、乙酸己酯、己酸乙酯、辛酸乙酯、癸酸乙酯、3-甲基-1-丁醇和乙醇等相对含量较高。曾朝珍等（2015）采用顶空固相微萃取-气相色谱-质谱联用技术分析添加氯化铵及生物素与无添加氮源对照发酵苹果白兰地酒中的香气成分。结果表明，250mg/L 氯化铵与 10μg/L 生物素的交互作用使苹果白兰地发酵中酯类物质的相对含量从 40.95%提高至 64.94%，异戊醇的相对含量从 14.79%降低至 3.69%；辛酸乙酯在主要酯类物质中相对含量最高且随着生物素添加量的增加从 17.07%增加至 22.43%，构成了苹果白兰地特有的香味。曾朝珍等（2017，2018）通过构建酿酒酵母与异常汉逊酵母在富士苹果汁中的共培养发酵体系，采用两种酵母混合接种和顺序接种的发酵方式，比较不同培养体系中的生物量和发酵力的变化，分析两种酵母之间的相互作用。结果表明，共培养发酵体系中，异常汉逊酵母的生长受到了酿酒酵母生长的抑制，酿酒酵母的接种方式对共培养体系发酵力的影响大于异常汉逊酵母。比较了不同菌种发酵的苹果白兰地中风味物质种类及其含量的差异，采用液液萃取和气相色谱-质谱联用技术对 5 种不同接种方式发酵的苹果白兰地中风味物质进行测定，并就风味物质和不同发酵方式分别进行对应分析和聚类分析。结果表明：不同接种方式发酵的苹果白兰地共检测到 69 种香气成分，其中酯类 19 种、醇类 31 种、酸类 10 种、醛酮类 3 种、酚类 4 种、烯烃类 2 种；而顺序混合发酵Ⅰ（先接种异常汉逊酵母 24h 后接种酿酒酵母）在异常汉逊酵母与酿酒酵母的协同作用下有效促进了更多酯类、醇类物质的合成，降低了脂肪酸的含量，增加了香气成分的种类，发酵的苹果白兰地风味物质最复杂，改善了苹果白兰地的品质及风味。蔡婷等（2016）采用顶空固相微萃取和气相色谱-质谱联用方法，对苹果白兰地不同馏分中的香气成分进行分析表明：不同蒸馏段的苹果白兰地中共鉴别出 48 种香气物质，包括 27 种酯类、7 种醇类、7 种有机酸类，还有少量醛、酮和烯萜类化合物。其中，酯类中的辛酸乙酯、癸酸乙酯、正己酸乙酯和苯甲酸乙酯，醇类中的正己醇、异戊醇和苯乙醇是不同馏分中重要的香气成分。在蒸馏过程中，苹果白兰地不同馏分的香气物质种类和含量不断发生变化，酯类和醇类呈现先增加后减少的趋势。康三江等（2018）对苹果白兰地蒸馏工艺及蒸馏过程中挥发性物质变化进行分析。结果表明，苹果白兰地蒸馏采用二次蒸馏：一次蒸馏不截取酒头、酒尾，馏出液酒精度为 23%～25%（*V/V*），体积约为原液的 35%；二次蒸馏截取 1%的酒头和 25%的酒尾，二次馏出液酒精度约为 54%（*V/V*）。苹果白兰地不同馏分中共检测出 20 种香气物质，其中包括 10 种酯类、6 种醇类、1 种酸类及 3 种其他化合物，在蒸馏过程中，苹果白兰地不同馏分的挥发性成分种类和含量不断产生变化，酯类和醇类整体显现降低的趋势。曾朝珍等（2019a，2019b）

分析苹果白兰地橡木桶陈酿过程中挥发性香气成分的变化，采用液液萃取和气相色谱-质谱联用技术对不同陈酿时间的苹果白兰地中风味物质进行测定，并就风味物质进行聚类分析。结果表明，陈酿过程中苹果白兰地共鉴定出90种化合物，其中酯类物质43种、醇类物质32种、酸类物质15种。随着陈酿时间的延长，苹果白兰地共同酯类及酸类香气物质的种类数量和总含量呈现增加的趋势，共同醇类香气物质总含量呈现减少的趋势；而酸类香气成分的种类数量呈现先增后减的趋势。陈酿过程中，苹果白兰地中的香气成分发生着生成、更替、消失的动态变化。聚类分析结果表明，整个陈酿过程挥发性物质随变化规律聚集为3类，不同大类的苹果白兰地呈现出不尽相同的风味特征。

5. 苹果醋生物发酵技术

苹果醋是以新鲜苹果汁或渣作为原料，经过酒精发酵和醋酸发酵后获得的具有酯香、果香的醋，经稀释调配后即为苹果醋饮料，为苹果精深加工中的一类重要产品。苹果醋不仅具有苹果的营养，而且具有降低胆固醇、消除疲劳、抗衰老等功效。目前，市场上常见的苹果醋以果汁和醋酸等调配的居多，完全采用新鲜果汁经酒精发酵后再添加醋酸菌（acetic acid bacteria）发酵制得的苹果醋较少。发酵型苹果醋生产成本较高的原因是采用苹果原汁经液态发酵而成，虽然口感好，但由于苹果出汁率不高，需消耗大量苹果原料。

（1）苹果醋发酵菌种筛选及工艺优化研究

苹果醋一般采用液体发酵法生产，采用的微生物主要有酿酒酵母（*Saccharomyces cerevisiae*）和醋酸菌，特别是在醋酸菌发酵阶段，由于醋酸具有较强的抑菌能力和耐高温及耐乙醇特性，使得普通微生物较难生长，目前多采用菌种混合发酵果醋。张霁红等（2011）对苹果汁酒精发酵相关影响因素的效应进行评价，并筛选出有显著效应的3个主要因素，用响应面分析方法确定主要影响因素的最佳条件为发酵温度28.12℃、接种量8.20%、种龄14.45h，酒精含量可达6.34%。在此工艺基础上进行醋酸发酵，醋酸含量为54.9g/L。Liu等（2019）采用热带假丝酵母和芳香化酵母混合酒精发酵，来改善苹果醋的风味。结果表明，混合培养苹果醋的总有机酸含量均高于纯培养苹果醋（热带假丝酵母）。混合培养苹果醋中的无甜味氨基酸含量明显高于纯培养苹果醋，总酯类、总醇和总酚类含量也有显著增加（分别为282.36g/L、254.22g/L和47.49g/L），且果香和花香均有所提高。在主成分分析（PCA）中，混合培养苹果醋的综合评分高于纯培养苹果醋，热带假丝酵母和芳香酵母在酒精发酵中的混合培养可以有效地提高苹果醋的风味和品质。游剑等（2019）采用富士苹果作为原材料，经过60h酒精发酵、6天醋酸发酵得到的全发酵型苹果醋酸度为7.22%、糖度为10.2%，果香浓郁，酸甜可口。

全发酵型苹果醋饮料的最佳配方为苹果醋酸度 2%、糖度 8%、浓缩苹果汁添加量 11%、蜂蜜添加量 2%。李华敏等（2018）从自然发酵的苹果醋和苹果园土壤中筛选到 19 株醋酸菌，菌株 YT06、YT10、YT12、YT14 和 YT17 的产酸能力较好，在乙醇浓度为 6%时产酸量最大，其中菌株 YT17 在第 8 天时产酸量达到 27.91g/L。高鹏岩等（2019）比较了两种不同酵母菌参与发酵的苹果酒和苹果醋各阶段风味物质的差异，苹果醋 R 中苹果酸、柠檬酸、必需氨基酸及挥发性物质含量较高，风味浓郁；苹果醋 S 中风味物质相对较少，风味柔和淡雅。研究发现酵母菌能够通过其代谢特征显著影响苹果醋各阶段风味物质的形成。

（2）苹果醋营养及香气成分分析

张霁红等（2013）研究发现鲜榨苹果汁发酵苹果醋挥发性成分中乙酸（33.59%）、苯乙醇（15.07%）、3-甲基丁酸（10.84%）、2-苯乙基乙酸酯（10.41%）、3-甲基-1-丁醇乙酸酯（5.24%）等物质相对含量较高。魏晋梅等（2017）采用固相微萃取-气相色谱-质谱联用法从 4 种市售苹果醋饮料中分离鉴定得到 111 种化合物，其中酮类 10 种、醇类 18 种、酸类 3 种、酯类 39 种、醛类 16 种、烃类 12 种、其他化合物 13 种。相对含量较高的物质是酯类、醛类、醇类和其他杂环类化合物。其中乙酸乙酯、乙酸丙酯、3-甲基丁酸乙酯、乙酸异戊酯、2-甲基丁基乙酸酯、3-甲基丁酸戊酯、己醛、苯甲醛和 2, 3-二氢呋喃 9 种化合物是 4 个品牌苹果醋饮料中的共有化合物。4 个品牌的苹果醋挥发性风味物质方面有很大的差异。宋娟等（2019）研究了 L-苯丙氨酸对苹果醋发酵过程中的特征性香气成分乙酸-2-苯乙酯的合成途径及关键酶活的影响，结果表明，不同添加量的 L-苯丙氨酸有明显促进乙酸-2-苯乙酯及其相关合成基质生成量积累的作用，并且对乙醇脱氢酶（ADH）、醇酰基转移酶（AAT）的酶活性也有一定的促进作用，而对酯酶的酶活性有抑制作用。其中当 L-苯丙氨酸添加量为 8g/L 时，乙酸-2-苯乙酯生成量显著提高了 43.76%～86.59%。

（3）苹果醋生物发酵过程中的微生物多样性研究

微生物在食品发酵中构成了一个小型的生态系统，在经过工艺处理之后由原始的微生物个体慢慢发展为具有一定数量的菌落，同时在这一过程中对食品进行发酵。随着高通量测序的出现，可以进一步研究和分析微生物对食品发酵的影响，才能够更全面地了解其特性并予以高效利用。

Štornik 等（2016）对有机苹果醋和传统苹果醋中可培养醋酸菌群进行了比较分析。试验从有机苹果醋中分离出 96 种细菌，从传统苹果醋中分离出 72 种细菌。通过对 16S～23S rRNA 基因 ITS 区的序列分析，鉴定出了巴氏醋杆菌（*Acetobacter pasteurianus*，71.90%）、加纳醋杆菌（*Acetobacter ghanensis*，12.50%）、温驯驹形杆菌（*Komagataeibacter oboediens*，9.35%）和食蔗糖驹形氏杆菌（*Komagataeibacter saccharivorans*，6.25%），以及鉴定的两个不同的 *Hae*Ⅲ和两个不同的 *Hpa*Ⅱ限制性图谱对传统的苹果醋有限制性，它们分别属于巴氏醋杆菌（66.70%）和科玛加泰双杆菌（33.30%），但是鉴定的 4 种不同的 *Hae*Ⅲ和 5 种不同的 *Hpa*Ⅱ对有机苹果醋细菌分离株有限制性。同时，鉴定了 16S～23S rRNA 基因 ITS 区的从乙酸生产阶段分离出能够抵抗 30g/L 乙酸的酵母，并通过对 ITS1-5.8S rDNA-ITS2 区的序列分析进一步鉴定为乙醇假丝酵母、毕赤酵母和路德类酵母。表明在传统苹果醋工业生产中，有机苹果醋工业生产中的细菌微生物群明显比细菌微生物群更具异质性。Trček 等（2016）通过变性高压液相色谱（DHPLC）和 16S rRNA 基因可变区的 Illumina Miseq 测序进行的微生物分析发现，苹果醋中乙酸和乳酸菌是苹果醋中两大类细菌。醋酸菌群由醋酸杆菌和小松杆菌组成，氧化循环结束时，所有苹果醋样品中的小松杆菌属均比醋杆菌强。在乳酸菌群中，鉴定出两个主要属：乳杆菌属和嗜热菌属，嗜热菌属占优势，乙酸在发酵中的浓度增加。有趣的是，有机苹果醋中乙酸菌群的一个小属是葡萄糖酸杆菌，这表明葡萄糖酸杆菌群可能发展到对乙醇和乙酸有耐受性。Song 等（2019）通过 16S rDNA 测序分析了苹果醋发酵过程中的微生物多样性。结果表明，苹果醋动态发酵过程中细菌多样性丰富，表现出一定的变异性。此外，苹果醋预发酵（酒精发酵）中以乳球菌和大肠杆菌为主，而中后期发酵（醋酸发酵）中以乳球菌和醋杆菌为主。另外，在苹果醋的整个发酵过程中，乳酸菌是最主要的优势菌，酒精发酵阶段的独特菌种是原球菌，醋酸发酵阶段的醋酸菌迅速增加。

6. 食用苹果酵素及益生菌发酵类技术研究

依据《酵素产品分类导则》（QB/T 5324—2018），酵素（Jiaosu）是以动物、植物、菌类等为原料，添加或不添加辅料，经微生物发酵制得的含有特定生物活性成分的产品。酵素产品依据应用领域可分为食用酵素、环保酵素、日化酵素、饲用酵素、农用酵素和其他酵素六大类。其中食用酵素（edible Jiaosu）是以动物、植物、食用菌等为原料，添加或不添加辅料，经微生物发酵制得的含有特定生物活性成分可供人类食用的酵素产品。近年来，酵素类产品已成为行业内研究的热点。目前市场上的酵素类产品较为混乱，概念不清、与益生菌类产品混淆，故意夸大其营养保健功能，“天价”销售等乱象不断，亟须行业管理和规范。

在应用酵母菌发酵苹果汁的过程中，果汁等发酵液内包含的葡萄糖转化成酒精，其他的营养成分通常为酵母等微生物所用，进而产生类似于氨基酸等多种小分子营养物质。因此，微生物不仅在苹果汁发酵中起着重要的作用，而且可以通过微生物多样性鉴定果汁品种之间的差异。Lorenzini 等（2018）用基于培养的方法证明苹果汁的酵母种类多样性。利用 BLAST 算法对 10 个不同属的 20 种酵母进行了配对序列比较和系统发育鉴定。结果发现，苹果汁中非酵母菌种类繁多。有趣的是，在苹果环境的酵母群落中首次发现了 *Candida railenensis*、*Candida cylindracea*、*Hanseniaspora meyeri*、*Hanseniaspora pseudoguilliermondii* 和 *Metschnikowia sinensis*。系统发育分析显示，与使用 GenBank 或 Yeastip 基因数据库进行比较分析相比，鉴定 *Metschnikowia* 和 *Moesziomyces* 分离株的分辨率更好。

在苹果酵素试验研究方面鲜有文献报道，杨小幸等（2017）对天然苹果酵素发酵过程中 pH、总酸、有机酸（乳酸、醋酸、苹果酸）、糖类（蔗糖、葡萄糖、果糖）、乙醇、总酚含量、DPPH 自由基清除率的变化进行分析。结果表明，发酵过程中 pH 从 5.05 降至 3.88，总酸、乳酸含量呈不断上升趋势，乙酸质量分数由 0.018%升至 0.23%，苹果酸质量浓度在发酵前 14 天由初值 0.67g/L 上升至 2.45g/L 后略微下降；葡萄糖、果糖质量浓度呈先升后降趋势，且二者均在发酵第 21 天达到最大值 130.6g/L、177.2g/L，蔗糖质量浓度不断下降趋于 0g/L；乙醇在发酵 14～21 天过程中产生，发酵 4 周后乙醇体积分数可达 6.6%；总酚质量浓度与 DPPH 自由基清除率呈先升后降趋势，均在发酵第 21 天达到最大值 259.4mg/L、90.9%。崔国庭等（2018）优化了苹果酵素的发酵工艺并研究了体外抗氧化活性和酶活性，获得的苹果酵素的最佳发酵工艺：接种量为 1.0%、发酵时间为 15h、发酵温度为 30℃。体外抗氧化试验表明苹果酵素具有羟自由基清除能力（79.6%）、DPPH 自由基清除能力（88.7%）、超氧阴离子自由基清除能力（74.3%）和还原力（0.383），其体外抗氧化能力随着贮藏时间的延长有不同程度的降低。酶活性测定表明 SOD 活性最强，脂肪酶次之，淀粉酶活性最低。冯红芳等（2019）以苹果皮为原料开展了苹果皮酵素试验研究，在单因素试验基础上，通过正交试验确定苹果皮添加量为 250g/L、采用复合甜味剂黄糖∶黑糖∶蜂蜜=1∶2∶1 加入量为苹果皮质量的 50%、发酵时间为 150 天，制得的苹果皮酵素感官评分最高。

7. 干装苹果罐头生产加工技术

依据行业标准《苹果罐头》（QB/T 1392—2014），苹果罐头依据汤汁不同分为糖水型、果汁型、混合型、干装型、清水型和甜味剂型等。干装苹果罐头不同于传统的糖水苹果罐头，干装型苹果罐头的固形物含量不应低于 95%，其他苹果罐头优级品的固形物含量不应低于 55%，合格品的固形物含量不应低于 50%。

张海燕等（2013）采用质地多面分析方法（TPA），以清水处理为对照，研究碱性钙（氧化钙、氢氧化钙）、无机钙（氯化钙、碳酸钙、硫酸钙）、有机钙（乳酸钙、醋酸钙、丙酸钙）对干装苹果罐头质地参数（硬度、回复性、弹性指数、咀嚼性、内聚性）的影响，并对 TPA 参数之间及其与感官品质间的相关性进行了研究。与对照相比，除硫酸钙以外，各处理对干装苹果罐头质地均有明显的影响，经碱性钙（氧化钙和氢氧化钙）处理的干装苹果罐头硬度适中，回复性、弹性指数、咀嚼性、内聚性、感官品质均较好。回复性、弹性指数、咀嚼性、内聚性之间的相关性均显著，硬度与感官品质之间呈显著正相关关系。表明碱性钙对干装苹果罐头有较好的作用，并保持良好的质构。张永茂等（2013）采用正交试验法，研究柠檬酸质量浓度、Ca^{2+}质量浓度和D-异抗坏血酸钠质量浓度对干装苹果罐头感官品质和色泽的影响，优化固化护色剂最佳配方。与其他处理相比，经碱性钙（氧化钙和氢氧化钙）处理的干装苹果罐头硬度适中，回复性、弹性指数、咀嚼性、内聚性、感官品质较好，果胶含量显著降低，果胶酸钙含量显著升高。固化护色剂的最佳配方为 25g/L 柠檬酸+2.8g/L 氧化钙+3g/L D-异抗坏血酸钠。张芳等（2013）为了优化干装苹果罐头加工工艺和稳定产品质量，采用新工艺使干装苹果罐头的杀菌公式优化为“5′-25′-30′，杀菌温度 98℃”，杀菌时间缩短 16.7%，新工艺生产的干装苹果罐头质量明显优于传统工艺生产的干装苹果罐头。张海燕等（2019）为控制干装苹果罐头果肉组织软化，以秦冠苹果为原料，通过单因素试验考察 Ca^{2+}质量浓度、预抽真空度和预抽液 pH 对不同钙形态（水溶性钙、氯化钠溶性钙、醋酸溶性钙、盐酸溶性钙）含量、细胞壁组分（水溶性果胶、螯合剂溶性果胶、碳酸钠溶性果胶、半纤维素）含量的影响。在此基础上，采用 Box-Behnken 试验设计方法和 Design-Expert 8.0 数据分析软件，以氯化钠溶性钙含量和螯合剂溶性果胶含量为响应值优化干装苹果罐头减压预抽辅助碱性钙处理工艺。氯化钠溶性钙含量和螯合剂溶性果胶含量在干装苹果罐头果肉组织中的含量最高，且各因素对二者的影响显著；当 Ca^{2+}质量浓度 2.0g/L、预抽真空度 0.08MPa、预抽液 pH 2.8 时，干装苹果罐头氯化钠溶性钙含量为 55.26mg/kg，螯合剂溶性果胶含量为 17.45mg/g，与预测值的相对误差较小。

8. 苹果皮渣综合利用发酵方面

苹果渣的成分主要包括 70%的水、16%的碳水化合物、7%的纤维素、5%的蛋白质，以及许多具有抗氧化性能的有价值的多酚。而且，苹果渣是生产果胶、柠檬烯和 D-半乳糖醛酸、可溶性糖（葡萄糖）等各种化合物的优良资源；此外，苹果渣也是发酵的理想基质。在大规模的苹果加工业中，Shalini 和 Gupta（2010）认为废弃物可分为两类：第一种是由于部分碰伤/损坏而被丢弃到分拣带中的水果，第二种是大约 75%的苹果被用于榨汁剩下的 25%（果皮、果干、种子和果肉）是副产品，即苹果渣。近年来，苹果渣只有 20%作为动物饲料被回收，剩下的 80%被填埋、焚烧或送往堆肥场。因为苹果渣含有大量的水，容易发酵，快速变质，生物降解需氧量（BOD）高，将这类废物一起作为废料倾倒在环境中会造成污染，而且这类废物的处理需要大量成本。据报道，在美国，苹果渣的处理费每年超过 1000 万美元。苹果渣富含有益健康的营养素，包括矿物质、膳食纤维、抗氧化剂和熊果酸，苹果渣及其分离提取物改善了脂质代谢、抗氧化状态和胃肠功能，并对代谢紊乱（如高血糖、胰岛素抵抗等）有积极作用（Skinner et al.，2018），因此可以用于蛋糕制品、膨化制品、酱制品及馅料、冷饮制品、乳酸发酵咀嚼片、苹果可溶性纤维火腿肠、牲畜功能饲料等产品的生产。然而，苹果渣利用率却很低，有报道在印度苹果渣的总产量约为每年 100 万 t，只有大约 1 万 t 的苹果渣被利用。人类食用苹果渣的商业开发需要更多的研究，重点是营养报告的标准化方法、机械研究和人类临床试验，为农业食品工业实现其主要副产品的更加多样化和可持续的解决方案铺平了道路。

苹果渣富含纤维素等活性物质，可以开发新型生物环保材料。Gustafsson 等（2019）通过引入一种新的环保方法，从苹果渣中生产出可持续生物材料，其中含有 55.47%的游离糖和 29.42%±0.44%的半纤维素、38.99%±0.42%的纤维素和 22.94%±0.12%的木质素。分别采用溶液浇铸法和压缩成型法形成生物基薄膜和三维物体（纤维板）。以甘油为增塑剂，得到了拉伸强度高、延伸率低的致密膜[分别为（16.49± 2.54）MPa 和（10.78±3.19）%]。相比之下，苹果渣中天然存在的糖在薄膜中表现出更强的塑化作用，并导致更蓬松的连接结构，延伸率显著提高（分别为 37.39%±10.38%和 55.41%±5.38%），所得纤维板的拉伸强度为 3.02～5.79MPa，延伸率为 0.93%～1.56%。Zhang 等（2019）制备了磁性苹果渣生物炭。在氮气环境下，将苹果渣在 600℃高温下热解，然后在铁（Ⅱ）/铁（Ⅲ）水溶液中浸泡老化，制备了磁性生物炭。由此产生的磁性生物炭（称为 m600apb）的特征表明，m600apb 的饱和磁化值和 Brunauer-Emmett-Teller（BET）比表面积分别为 9.52emu/g 和 102.18m^2/g。分批吸附实验表明，m600apb 在室温下对 Ag（Ⅰ）-Pb（Ⅱ）-Cu（Ⅱ）-Ni（Ⅱ）- Zn（Ⅱ）水体系中的低浓度 Ag（Ⅰ）有较好的富集效果，最大吸附量为 818.4mg/g。柱吸附实验表明，m600apb 能有效地富集和分离同一水溶液中的 Ag（Ⅰ）。Ag（Ⅰ）在 m600apb 上的吸附机理主要包括颗粒内扩散、配位、离子交换和还原。苹果渣可作为生产氢气的燃料，这将有助于对能源预算做出重大贡献（Silva et al.，2018），可以降低化石燃料和苹果渣处理成本。以腰果-苹果渣为原料，采用玫瑰梭菌发酵法和黑暗发酵法生产生物氢。采用碱性过氧化氢（CAB-AHP）对原料进行预处理，并考虑酸水解和酶水解的影响，对 H_2 收率进行了评价。结果表明，从 CAB 中得到的酸水解产物比 CAB-AHP 中的酸水解产物（4.99mmol H_2/L 水解液）产生更高的 H_2 摩尔产率（HMY）（15mmol H_2/L 水解液），这些 HMY 明显高于 CAB-AHP 中的酶解产物（1.05mmol H_2/L 水解液）。利用来自 CAB 的酸水解产物[H_2 含量约为 72%（*V/V*）]实现了最大的生物氢生产率 12.57ml H_2/（L·h），考虑到沼气的高能应用，这一结果令人满意。

苹果渣在生物乙醇的生产和纺织、果汁、造纸、纸浆等各种工业中也具有重要的商业意义。利用生物质转化技术将苹果渣回收利用，获得有价值的产品。Singha 和 Muthukumarappan（2018）确定了苹果渣浓缩混合物的单螺杆挤出物特性和最佳工艺条件。采用抽象响应面法研究了苹果渣脱脂大豆粉-玉米粉混合物的单螺杆挤出过程及其产品性能。以不同桶温、模温（100～140℃）、螺杆转速（100～200r/min）和饲料含水量（14%～20%湿基）对5种0%～20%（*m*/*m*）苹果渣进行挤压熟化。试验发现，当显著提高共混物中苹果渣含量（$P<0.05$），可以提高挤出物的体积密度、总酚含量和抗氧化活性。在较高的含果渣量（10%～20%）下，膨胀率随着含果渣量的增加而增加（$P<0.05$）。水分含量对吸水率和溶解度指数有影响。结果表明，在桶模温度140℃、饲料水分20%、螺杆转速200r/min的最佳挤压蒸煮条件下，苹果渣与淀粉在膨胀过程中发生了积极的相互作用，最有可能生产苹果渣浓缩膨化零食。Bravo等（2019）以苹果渣作为巴塔哥尼亚葡萄酒酵母生物量繁殖的基质，采用Plackett-Burman设计和响应面分析法，统计分析了一种以苹果渣为基质的巴塔哥尼亚传统和非传统葡萄酒酵母的生长参数，并将苹果渣培养基与生物量开发常用培养基甘蔗糖蜜进行了比较。对培养基组成进行了优化，并对模型进行了验证。结果表明，无论从营养角度还是从经济角度来看，苹果渣对巴塔哥尼亚本地酵母的繁殖都优于甘蔗糖蜜，是更有利的基质。

参考文献

白凤岐, 马艳莉, 李笑颜, 等. 2014a. 6个品种苹果品质及加工适宜性研究. 食品科技, 39(9): 66-71.

白凤岐, 马艳莉, 李笑颜, 等. 2014b. 不同品种苹果鲜榨汁品质特性研究. 食品工业, 35(8): 95-98.

蔡婷, 张广峰, 卢倩文, 等. 2016. 基于HS-SPME/GC-MS对苹果白兰地不同馏分中香气物质的分析. 食品工业科技, 37(22): 62-67.

陈楠, 鲁伟, 莫晓燕. 2009. 大孔吸附树脂吸附浓缩苹果汁中棒曲霉毒素的研究. 食品与机械, 25(3): 106-108.

陈瑞剑, 杨易. 2012. 中国浓缩苹果汁加工、贸易现状与问题分析. 农业展望, 8(11): 45-48+54.

程晓燕, 赵宾宾, 刘雅楠, 等. 2019. ‘静宁富士’苹果酒的香气成分分析. 甘肃农业大学学报, 54(2): 186-192.

崔国庭, 王锻, 刘向丽, 等. 2018. 响应面法优化苹果酵素的发酵工艺及其生物活性初探. 食品工业, 39(6): 187-192.

冯红芳, 张晓黎, 吕连营, 等. 2019. 寒富苹果副产物苹果皮酵素的研制. 辽宁农业科学, (3): 51-54.

高鹏岩, 刘瑞山, 张晓娟, 等. 2019. 酵母对苹果汁发酵果醋不同阶段风味影响的分析. 中国调味品, 44(7): 20-24.

高源, 王昆, 刘凤之, 等. 2014. 适宜加工用苹果品种TP-M13-SSR指纹图谱构建及遗传关系分析. 园艺学报, 41(5): 946-956.

郭丽, 朱林, 王巧珍. 2006. 柑橘苹果复合酒发酵工艺的研究. 食品与发酵工业, (7): 140-143.

郭民主. 2011. 加快陕西苹果品种布局调整和结构优化的建议. 西北园艺(果树), (2): 11-12.

国家统计局农村社会经济调查司. 2020. 中国农业统计资料(1949—2019). 北京: 中国统计出版社.

韩明玉, 冯宝荣. 2011. 国内外苹果产业技术发展报告. 咸阳: 西北农林科技大学出版社.

韩清华, 李树君, 毛志怀, 等. 2009. 微波真空干燥条件对苹果脆片感官质量的影响. 农业机械学报, 40(3): 130-134.
纪君超, 王传堂, 张玉刚, 等. 2010. 应用 IT-ISJ 标记分析加工苹果品种的遗传关系. 青岛农业大学学报(自然科学版), 27(3): 200-204.
菅蓁, 侯景文, 陈志超. 2018. 蓝莓果浆酶解条件的筛选. 中外葡萄与葡萄酒, (6): 64-67.
康三江, 展宗冰, 曾朝珍, 等. 2018. 苹果白兰地蒸馏过程控制及香气物质变化研究. 酿酒科技, (6): 47-51.
康三江, 张永茂, 曾朝珍, 等. 2014. 氯化铵对苹果白兰地挥发性香气成分的影响. 中国酿造, 33(12): 47-51.
李华敏, 李林, 黄萍萍, 等. 2018. 苹果醋发酵用醋酸杆菌的筛选与鉴定. 中国调味品, 43(10): 22-25+36.
李慧芸. 2012. 苹果山楂复合果酒的工艺研究. 农产品加工(学刊), (3): 77-79.
李坤娜. 2018. 苹果酒发酵澄清剂的选择. 内蒙古科技与经济, (12): 102-103.
李莉, 田士林. 2006. 不同品种苹果鲜榨汁特性比较. 江苏农业科学, (5): 157-158.
李伟昆, 农绍庄, 胡悦, 等. 2015. 冻干苹果脆片的护色及工艺优化. 食品工业, 36(3): 129-132.
李卫华, 杜利君, 宋欢. 2007. 高效液相色谱法测定浓缩苹果汁中棒曲霉毒素. 食品科学, (8): 408-410.
李湘利, 刘静, 朱九滨, 等. 2011. 香椿苹果复合酒的生产工艺及澄清技术研究. 食品科技, 36(12): 87-91.
刘丽, 李捷, 王玺, 等. 2019. 山西苹果品种现状分析及发展建议. 山西果树, (4): 11-15.
刘润萍, 李超, 李同祥. 2018. 苹果杏鲍菇复合果酒的工艺研究. 甘肃农业科技, (11): 73-76.
刘小莉, 汤莉莉, 刘安虎, 等. 2016. 酶解条件对提高复合果蔬汁出汁率的影响研究. 食品工程, (2): 29-31+45.
刘颖平, 任勇进. 2011. 果浆酶提高苹果残次果出汁率工艺条件优化研究. 商品与质量, (S2): 213-214.
卢晓会, 黄午阳, 李春阳. 2011. 微波膨化苹果脆片的响应曲面法优化分析. 南方农业学报, 42(2): 188-191.
卢亚婷, 罗仓学, 王东方. 2015. 压差膨化苹果脆片的无硫护色研究. 食品研究与开发, 36(1): 13-16.
卢燕燕, 王宝维, 葛文华, 等. 2012. 鹅源草酸青霉果胶酶提高苹果出汁率工艺. 食品科学, 33(24): 36-41.
鲁玉妙, 高华, 王雷存, 等. 2005. 几个苹果品种的鲜食加工品质分析. 陕西农业科学, (1): 41-43.
吕丽爽, 翟蓉, 冯娜, 等. 2011. 响应面分析何首乌多糖对苹果汁澄清效果的影响. 食品与机械, 27(1): 113-117.
罗进, 刘芳梅, 赵雷, 等. 2018. 酶解条件对火龙果甜菜红素含量和出汁率的影响. 现代食品科技, 34(5): 167-173+122.
马超, 李新胜, 安东, 等. 2015. 热风联合微波干燥膨化苹果脆片工艺研究. 食品工业, 36(3): 31-34.
聂继云, 毋永龙, 李海飞, 等. 2013. 苹果品种用于加工鲜榨汁的适宜性评价. 农业工程学报, 29(17): 271-278.
秦敏丽, 盛文军, 韩舜愈, 等. 2014. 超声波去除浓缩苹果汁中棒曲霉毒素技术条件的优化. 甘肃农业大学学报, 49(2): 150-154.
阙小峰, 缪建芹, 司文会, 等. 2014. 聚丙烯酰胺澄清苹果汁工艺及其机理分析. 江苏农业科学, 42(11): 310-312.
任博, 岳田利, 王周利. 2015. 桑葚果汁酶解浸提工艺条件优化. 农产品加工, (24): 32-35.
尚振江. 2017. 新疆苹果新品种栽培现状与发展建议. 新疆林业, (2): 35-37.
宋娟, 张霁红, 康三江, 等. 2019. 苹果醋发酵过程中 L-苯丙氨酸促进乙酸-2-苯乙酯的合成. 现代食品科技, 35(1): 58-64+108.
宋烨, 翟衡, 姚玉新, 等. 2006. 苹果加工品种遗传多样性分析. 中国农业科学, (1): 139-144.
宋哲, 王颖达, 于年文, 等. 2018. 辽宁省苹果发展与新型运营模式初探. 北方园艺, (11): 172-177.
孙俊杰, 付复华, 李绮丽. 2017. 复合酶解制备甜橙全果浊汁工艺优化. 食品与机械, 33(8): 189-193.
孙俊良, 赵瑞香, 李刚, 等. 2002. 苹果白兰地的研制. 食品工业, (04): 16-17.
孙庆扬, 赵悦, 杨雪峰, 等. 2018. “减硫法”酿造对苹果酒中挥发性香气成分的影响. 中国酿造, 37(9): 135-139.
田兰兰, 郭玉蓉, 段亮亮, 等. 2011. 6 个苹果品种加工特性分析. 食品工业科技, 32(4): 123-124+128.
汪景彦, 裴宏州. 2018. 甘肃省天水市已建成世界最大的元帅系苹果基地. 果树实用技术与信息, (7): 40-42.
王成荣, 周山涛, 蔡同一. 1990. 果胶酶制剂在澄清苹果汁加工中的应用研究. 食品与发酵工业, (5): 29-35.
王大江, Bus Vincent G M, 王昆, 等. 2019. 新西兰苹果生产现状和新品种简介. 中国果树, (3): 113-116.
王汉屏, 李慧芸, 李芝婷, 等. 2012. 苹果菠萝复合果酒加工工艺的研究. 陕西农业科学, 58(2): 13-16.
王家升. 2018. 苹果汁中棒曲霉毒素臭氧降解及安全性评价. 山东农业大学硕士学位论文.
王楠, 幸胜平, 肖华志. 2010. 苹果汁的褐变控制与澄清技术研究. 落叶果树, 42(1): 28-31.
王沛, 毕金峰, 白沙沙, 等. 2012. 不同原料品种的苹果脆片品质评价及其相关性分析. 食品与机械, 28(2): 9-14+26.
王田利. 2017. 我看苹果品种结构调整. 西北园艺(果树), (1): 15-16.
王晓丽, 续繁星, 张恒慧, 等. 2016. 胡萝卜苹果复合酒发酵工艺的初步研究. 中国酿造, 35(12): 180-183.
王正荣, 马汉军. 2016. 火龙果苹果复合果酒发酵工艺的研究. 酿酒科技, (3): 96-99.
魏晋梅, 刘彩云, 张丽, 等. 2017. 4 种市售苹果醋饮料的挥发性风味物质分析. 中国调味品, 42(12): 147-151+157.
吴定, 孙嘉文, 黄卉卉, 等. 2012. 固定化果胶酶提高苹果出汁率的研究. 食品科学, 33(16): 40-44.
吴庆智, 毛晓英, 马慧丽, 等. 2017. 果胶酶处理对番茄出汁率的影响研究. 安徽农学通报, 23(Z1): 73-75+81.
武娇阳, 关桦楠, 王丹丹, 等. 2019. 聚电解质复合物对苹果汁澄清效果的研究. 哈尔滨商业大学学报(自然科学版), 35(1): 60-64.
许世杰. 2018. 河南省苹果产销形势分析及发展建议. 河南农业, (10): 12-13.
杨辉, 荆雄, 苏文, 等. 2018. 复合酶解及大曲糖化对柿子出汁率和还原糖度的影响. 陕西科技大学学报, 36(4): 52-56+62.

杨小幸, 周家春, 陈启明, 等. 2017. 苹果酵素天然发酵过程中代谢产物的变化规律. 食品科学, 38(24): 15-19.
杨越. 2018. 优良苹果酒发酵菌株筛选与苹果酒酿造工艺研究. 河北工程大学硕士学位论文.
游剑, 杜鹏举, 祝叶蕾. 2019. 全发酵型苹果醋加工工艺及其调配研究.中国调味品, 44(8): 137-141.
于东华, 刘芳, 曲昆生, 等. 2013. 不同澄清稳定工艺对浓缩苹果汁品质的影响. 食品科技, 38(11): 103-107.
于乐谦, 杨力, 马惠玲, 等. 2012. 2 种预处理方法对'秦冠'苹果果实细胞壁物质降解和出汁率的影响. 西北农林科技大学学报(自然科学版), 40(11): 159-164+171.
于振林, 刘亚琼, 陈雪洋, 等. 2018. 响应面优化白地霉果胶酶液化红枣浆工艺. 食品工业, (2): 3-8.
袁越锦, 雷昱鹏, 徐英英, 等. 2017. 果蔬脆片返潮试验研究. 食品工业, 38(11): 57-61.
曾朝珍, 康三江. 2019. 苹果酒发酵工艺技术研究综述. 甘肃农业科技, (2): 74-78.
曾朝珍, 康三江, 李明泽, 等. 2017. 苹果白兰地酿造中酿酒酵母与异常汉逊酵母的相互作用. 酿酒科技, (8): 32-37.
曾朝珍, 康三江, 张霁红, 等. 2018. 异常汉逊酵母与酿酒酵母混菌发酵对苹果白兰地风味物质的影响. 食品工业科技, 39(5): 250-255.
曾朝珍, 康三江, 张霁红, 等. 2019a. 不同陈酿时间苹果白兰地主要香气成分变化分析. 食品科学技术学报, 37(3): 76-85.
曾朝珍, 康三江, 张霁红, 等. 2019b. 苹果树莓复合果酒酿造工艺研究. 酿酒科技, (4): 96-103.
曾朝珍, 康三江, 张永茂, 等. 2015. 氯化铵及生物素对苹果白兰地挥发性香气成分的影响. 中国酿造, 34(6): 72-76.
张朝红, 赵同生, 杨凤秋, 等. 2015. 河北省苹果育种研究现状与展望. 河北果树, (6): 1-4+8.
张芳, 张永茂, 张海燕, 等. 2013. 干装苹果罐头加工工艺. 食品与发酵工业, 39(1): 99-102.
张海燕, 康三江, 张芳, 等. 2019. 干装苹果罐头减压预抽辅助碱性钙处理工艺优化. 食品科学, 40(14): 304-311.
张海燕, 张永茂, 张芳, 等. 2013. 钙处理对干装苹果罐头质地的影响. 食品工业科技, 34(5): 93-96.
张霁红, 张永茂, 韩舜愈, 等. 2011. 混菌发酵及曲面响应法优化苹果醋发酵工艺. 酿酒科技, (6): 38-41.
张霁红, 张永茂, 曾朝珍, 等. 2013. 发酵苹果醋挥发性成分的 GC/MS 分析. 酿酒科技, (5): 94-96.
张莲英, 杨世勇. 2016. 天水苹果品种结构调整建议. 西北园艺(果树), (5): 17-18.
张晓华, 张东星, 李阳, 等. 2007. 不同榨汁苹果的香气研究. 饮料工业, (7): 15-18.
张雪, 向瑞平, 李和平. 2009. 不同澄清剂对苹果汁澄清作用的研究. 郑州牧业工程高等专科学校学报, 29(2): 7-8+11.
张炎, 姚开, 贾冬英. 2009. 浸糖工艺对气流膨化苹果脆片的影响. 食品与发酵科技, 45(2): 45-47.
张永茂, 康三江, 张芳, 等. 2008. 微波-压差膨化苹果脆片工艺技术研究. 农业工程技术(农产品加工业), (10): 31-32.
张永茂, 庞中存, 颉敏华, 等. 2007. 微波-压差膨化苹果脆片生产的设备与工艺研究. 食品科学, (11): 210-214.
张永茂, 张海燕, 张芳, 等. 2013. 正交试验优化干装苹果罐头固化护色剂配方. 食品科学, 34(14): 51-56.

张兆国. 2019. 苹果冰酒生产工艺流程研究及澄清试验. 西北农林科技大学硕士学位论文.

章斌, 罗志, 凡芳华. 2013. 活性炭负载壳聚糖对苹果汁的澄清效果研究. 食品研究与开发, 34(17): 15-19.

赵德英, 袁继存, 徐锴, 等. 2016. 近 10 年来国内外苹果产销分析. 中国果树, (3): 87-93.

中华人民共和国农业农村部. 2019. 中国农业统计资料(2017). 北京: 中国农业出版社.

朱丹. 2014. 乳清分离蛋白对苹果汁的褐变抑制以及澄清作用. 陕西科技大学硕士学位论文.

朱海燕, 刘学忠. 2018. 苹果产业供给侧存在的问题分析及对策——以山东省为例. 林业经济, 40(7): 67-70.

左卫芳, 许琳, 许海峰, 等. 2018. 新疆野生苹果回交群体酿酒适宜性评价. 食品工业科技, 39(18): 64-69+98.

Aghilinategh N, Rafiee S, Hosseinpour S, et al. 2016. Real-time color change monitoring of apple slices using image processing during intermittent microwave convective drying. Food Science and Technology International, 22(7): 634-646.

Al Faruq A, Zhang M, Adhikari B. 2019. A novel vacuum frying technology of apple slices combined with ultrasound and microwave. Ultrason Sonochem, 52: 522-529.

Bayraç C, Camizci G. 2019. Adsorptive removal of patulin from apple juice via sulfhydryl-terminated magnetic bead-based separation. Journal of Hazardous Materials, 366: 143-422.

Belgheisi S, EsmaeilZadeh Kenari R. 2019. Improving the qualitative indicators of apple juice by Chitosan and ultrasound. Food Sciences and Nutrition, 7(4): 1214-1221.

Bevardi M, Petrović M, Markov K, et al. 2018. How sulphur dioxide and storage temperature contribute to patulin degradation in homemade apple juice. Arhiv Za Higijenu Rada i Toksikologiju, 69(3): 258-263.

Bravo S M E, Morales M, Del Mónaco S M, et al. 2019. Apple bagasse as a substrate for the propagation of *Patagonian* wine yeast biomass. Journal of Applied Microbiology, 126(5): 1414-1425.

Chauhan O P, Sayanfar S, Toepfl S. 2018. Effect of pulsed electric field on texture and drying time of apple slices. Brazilian Archives of Journal of Food Science and Technology, 55(6): 2251-2258.

Chen H, Wang C, Zhang Z, et al. 2018. Combining headspace solid-phase microextraction and surface-enhanced raman spectroscopy to detect the pesticide fonofos in apple juice. Journal of Food Protection, 81(7): 1087-1092.

Diao E, Wang J, Li X, et al. 2019. Effects of ozone processing on patulin, phenolic compounds and organic acids in apple juice. Journal of Food Science and Technology, 56(2): 957-965.

Dong Q, Manns D C, Feng G, et al. 2010. Reduction of patulin in apple cider by UV radiation. Brazilian Archives of Biology and Journal of Food Protection, 73(1): 69-74.

Dziadek K, Kopeć A, Dróżdż T, et al. 2019. Effect of pulsed electric field treatment on shelf life and nutritional value of apple juice. Journal of Food Science and Technology, 56(3): 1184-1191.

El Hajj Assaf C, De Clercq N, Van Poucke C, et al. 2019. Effects of ascorbic acid on patulin in aqueous solution and in cloudy apple juice. Mycotoxin Research, 35(4): 1-11.

Fratianni F, De Giulio A, Sada A, et al. 2012. Biochemical characteristics and biological properties of Annurca apple cider. Journal of Medicinal Food, 15(1): 18-23.

Gao K, Zhou L, Bi J, et al. 2017. Evaluation of browning ratio in an image analysis of apple slices at different stages of instant controlled pressure drop-assisted hot-air drying (AD-DIC). Journal of the Science of Food and Agriculture, 97(8): 2533-2540.

Guo J, Yue T, Yuan Y. 2019. Impact of polyphenols on the headspace concentration of aroma compounds in apple cider. Journal of the Science of Food and Agriculture, 99(4): 1635-1642.

Gustafsson J, Landberg M, Bátori V, et al. 2019. Development of bio-based films and 3D objects from apple pomace. Polymers (Basel), 11(2): 289-300.

Hu G, Hernandez M, Zhu H, et al. 2013. An efficient method for the determination of furan derivatives in apple cider and wine by solid phase extraction and high performance liquid chromatography—diode array detector. Journal of Chromatography A, 1284: 100-106.

Hu G, Liu H, Zhu Y, et al. 2018. Suppression of the formation of furan by antioxidants during UV-C light treatment of sugar solutions and apple cider. Food Chemistry, 269: 342-346.

Kebede B, Lee P Y, Leong S Y, et al. 2018. A chemometrics approach comparing volatile changes during the shelf life of apple juice processed by pulsed electric fields, high pressure and thermal pasteurization. Foods, 7(10): 169-180.

Khan M I H, Nagy S A, Karim M A. 2018. Transport of cellular water during drying: an understanding of cell rupturing mechanism in apple tissue. Food Research International, 105: 772-781.

Khan R, Ben Aissa S, Sherazi T A, et al. 2019. Development of an impedimetric aptasensor for label free detection of patulin in apple juice. Molecules, 24(6): 1017-1029.

Kim D H, Lee S B, Jeon J Y, et al. 2019. Development of air-blast dried *non-Saccharomyces* yeast starter for improving quality of Korean persimmon wine and apple cider. International Journal of Food Microbiology, 290: 193-204.

Laaksonen O, Kuldjärv R, Paalme T, et al. 2017. Impact of apple cultivar, ripening stage, fermentation type and yeast strain on phenolic composition of apple ciders. Food Chemistry, 233: 29-37.

Leforestier D, Ravon E, Muranty H, et al. 2015. Genomic basis of the differences between cider and dessert apple varieties. Evolutionary Applications, 8(7): 650-661.

Lerma-García M J, Nicoletti M, Simó-Alfonso E F, et al. 2019. Proteomic fingerprinting of apple fruit, juice, and cider via combinatorial peptide ligand libraries and MS analysis. Electrophoresis, 40(2): 266-271.

Li X, Li H, Ma W, et al. 2018. Determination of patulin in apple juice by single-drop liquid-liquid-liquid microextraction coupled with liquid chromatography-mass spectrometry. Food Chemistry, 257: 1-6.

Li Y, Wills R B, Golding J B, et al. 2015. Effect of halide salts on development of surface browning on fresh-cut'Granny Smith' (*Malus* × *domestica* Borkh) apple slices during storage at low temperature. Journal of the Science of Food and Agriculture, 95(5): 945-952.

Li Z, Teng J, Lyu Y, et al. 2018. Enhanced antioxidant activity for apple juice fermented with *Lactobacillus plantarum* ATCC14917. Molecules, 24(1): 51-63.

Liu M, Wang J, Yang Q, et al. 2019. Patulin removal from apple juice using a novel cysteine-functionalized metal-organic framework adsorbent. Food Chemistry, 270: 1-9.

Liu Q, Li X, Sun C, et al. 2019. Effects of mixed cultures of *Candida tropicalis* and aromatizing yeast in alcoholic fermentation on the quality of apple vinegar. 3 Biotech, 9(4): 128-138.

Lorenzini M, Simonato B, Zapparoli G. 2018. Yeast species diversity in apple juice for cider production evidenced by culture-based method. Folia Microbiologica, 63(6): 677-684.

Ma S, Neilson A, Lahne J, et al. 2018. Juice clarification with pectinase reduces yeast assimilable nitrogen in apple juice without affecting the polyphenol composition in cider. Journal of Food Science, 83(11): 2772-2781.

Millet M, Poupard P, Guilois-Dubois S, et al. 2019. Self-aggregation of oxidized procyanidins contributes to the formation of heat-reversible haze in apple-based liqueur wine. Food Chemistry, 276: 797-805.

Murtaza A, Muhammad Z, Iqbal A, et al. 2018. Aggregation and conformational changes in native and thermally treated polyphenol oxidase from apple juice (*Malus domestica*). Frontiers in Chemistry, 6: 203-213.

Nadai C, Fernandes Lemos W J J, Favaron F, et al. 2018. Biocontrol activity of *Starmerella bacillaris* yeast against blue mold disease on apple fruit and its effect on cider fermentation. PLoS One, 13(9): e0204350.

Niu Y, Wang R, Xiao Z, et al. 2019. Characterization of ester odorants of apple juice by gas chromatography-olfactometry, quantitative measurements, odour threshold, aroma intensity and electronic nose. Food Research International, 120: 92-101.

Paravisini L, Peterson D G. 2018. Role of Reactive Carbonyl Species in non-enzymatic browning of apple juice during storage. Food Chemistry, 245: 1010-1017.

Qin Z, Petersen M A, Bredie W L P. 2018. Flavor profiling of apple ciders from the UK and Scandinavian region. Food Research International, 105: 713-723.

Sajid M, Mehmood S, Niu C, et al. 2018. Effective adsorption of patulin from apple juice by using non-cytotoxic heat-inactivated cells and spores of *Alicyclobacillus* Strains. Toxins, 10(9): 344-360.

Sansone K, Kern M, Hong M Y, et al. 2018. Acute effects of dried apple consumption on metabolic and cognitive responses in healthy individuals. Journal of Medicinal Food, 21(11): 1158-1164.

Santacruz-Vázquez C, Santacruz-Vázquez V. 2015. The spatial distribution of β-carotene impregnated in apple slices determined using image and fractal analysis. Journal of Food Science and Technology, 52(2): 697-708.

Sarabandi K, Peighambardoust S H, Sadeghi Mahoonak A R, et al. 2018. Effect of different carriers on microstructure and physical characteristics of spray dried apple juice concentrate. Journal of Food Science and Technology, 55(8): 3098-3109.

Satora P, Semik-Szczurak D, Tarko T, et al. 2018. Influence of selected *Saccharomyces* and *Schizosaccharomyces* strains and their mixed cultures on chemical composition of apple wines. Journal of Food Science, 83(2): 424-431.

Shalini R, Gupta D K. 2010. Utilization of pomace from apple processing industries: a review. Journal of Food Science and Technology, 47(4): 365-371.

Shen X, Zhang M, Bhandari B, et al. 2018. Effect of ultrasound dielectric pretreatment on the oxidation resistance of vacuum-fried apple chips. Journal of the Science of Food and Agriculture, 98(12): 4436-4444.

Silva J C, De França P R L, Converti A, et al. 2019. Pectin hydrolysis in cashew apple juice by Aspergillus aculeatus URM4953 polygalacturonase covalently-immobilized on calcium alginate beads: A kinetic and thermodynamic study. International Journal of Biological Macromolecules, 126: 820-827.

Silva J S, Mendes J S, Correia J A C, et al. 2018. Cashew apple bagasse as new feedstock for the hydrogen production using dark fermentation process. Journal of Biotechnology, 286: 71-78.

Singha P, Muthukumarappan K. 2018. Single screw extrusion of apple pomace-enriched blends: Extrudate characteristics and determination of optimum processing conditions. Food Science and Technology International, 24(5): 447-462.

Skinner R C, Gigliotti J C, Ku K M, et al. 2018. A comprehensive analysis of the composition, health benefits, and safety of apple pomace. Nutrition Reviews, 76(12): 893-909.

Song H Y, Jo W S, Song N B, et al. 2013. Quality change of apple slices coated with Aloe vera gel during storage. Brazilian Archives of Journal of Food Science, 78(6): 817-822.

Song J, Zhang J H, Kang S J, et al. 2019. Analysis of microbial diversity in apple vinegar fermentation process through 16s rDNA sequencing. Food Science and Nutrition, 7(4): 1230-1238.

Song Z, Wu H, Niu C, et al. 2019. Application of iron oxide nanoparticles @ polydopamine-nisin composites to the inactivation of *Alicyclobacillus acidoterrestris* in apple juice. Food Chemistry, 287: 68-75.

Štornik A, Skok B, Trček J. 2016. Comparison of cultivable acetic acid bacterial microbiota in organic and conventional apple cider vinegar. Food Science and Biotechnology, 54(1): 113-119.

Sukhvir S, Kocher G S. 2019. Development of apple wine from Golden Delicious cultivar using a local yeast isolate. Journal of Food Science and Technology, 56(6): 2959-2969.

Trček J, Mahnič A, Rupnik M. 2016. Diversity of the microbiota involved in wine and organic apple cider submerged vinegar production as revealed by DHPLC analysis and next-generation sequencing. International Journal of Food Microbiology, 223: 57-62.

United States Department of Agriculture. 2019. Fresh apples, grapes, and pears: World markets and trade. https://public.govdelivery.com/accounts/USDAFAS/subscriber/new[2019-07-29].

United States Department of Agriculture. 2020. Fresh Apples, Grapes, and Pears: World Markets and Trade. https://www.fas.usda.gov/data/fresh-apples-grapes-and-pears-world-markets-and-trade [2020-07-2].

Verdu C F, Guyot S, Childebrand N, et al. 2014. QTL analysis and candidate gene mapping for the polyphenol content in cider apple. PLoS One, 9(10): e107103.

Wang H, Sun H. 2019. Potential use of electronic tongue coupled with chemometrics analysis for early detection of the spoilage of *Zygosaccharomyces rouxii* in apple juice. Food Chemistry, 290: 152-158.

Xiang Q, Liu X, Li J, et al. 2018. Effects of dielectric barrier discharge plasma on the inactivation of *Zygosaccharomyces rouxii* and quality of apple juice. Food Chemistry, 254: 201-207.

Xu X, Bao Y, Wu B, et al. 2019. Chemical analysis and flavor properties of blended orange, carrot, apple and Chinese jujube juice fermented by selenium-enriched probiotics. Food Chemistry, 289: 250-258.

Ye M, Yue T, Yuan Y. 2014. Evolution of polyphenols and organic acids during the fermentation of apple cider. Journal of the Science of Food and Agriculture, 94(14): 2951-2957.

Zhang H, Liu X, Chen T, et al. 2018. Melatonin in apples and juice: inhibition of browning and microorganism growth in apple juice. Molecules, 23(3): 521-538.

Zhang S, Ji Y, Dang J, et al. 2019. Magnetic apple pomace biochar: Simple preparation, characterization, and application for enriching Ag(I) in effluents. Science of the Total Environment, 668: 115-123.

Zielinski A A, Zardo D M, Alberti A, et al. 2019. Effect of cryoconcentration process on phenolic compounds and antioxidant activity in apple juice. Journal of the Science of Food and Agriculture, 99(6): 2786-2792.

Zoghi A, Khosravi-Darani K, Sohrabvandi S, et al. 2019. Patulin removal from synbiotic apple juice using *Lactobacillus plantarum* ATCC 8014. Journal of Applied Microbiology, 126(4): 1149-1160.

第 2 章　苹果酒现代生物发酵技术

2.1　苹果酒加工原料

2.1.1　苹果营养成分和理化性状

苹果的化学成分主要由水和干物质两大部分组成。干物质包括水溶性物质和非水溶性物质。水溶性物质能够溶于水，主要包括果胶、糖、多酚、有机酸和一些能够溶于水的含氮物质、矿物质、维生素、色素等。非水溶性物质是不能溶于水的固形物，主要包括纤维素、半纤维素、淀粉、脂肪、原果胶和一些不能溶于水的含氮物质、矿物质、维生素、色素（徐怀德和仇农学，2006；Zheng et al.，2012）。

1. 水分

水分对苹果新鲜度和口感有重要的影响。苹果中 80%～85%是水分，品种间稍有差异。果实采摘后，水分供应被断绝，而新陈代谢仍然继续，呼吸作用依旧可以带走一部分水分，由此引起失水减重。水分损失达到收获时重量的 5%时，会直接影响苹果的新鲜度，使果实光泽消失，严重时果面出现皱缩，同时分解酶的活性大大增强，糖和果胶等物质水解，降低了苹果的贮藏性和抗病性。

2. 质地

通常将食品食用时感觉到的脆、硬、绵等称为质地。苹果的质地与细胞结构有关，是反映品质好坏的重要因素之一。与质地有关的化学成分有果胶、木质素、纤维素、半纤维素等，而硬度指标通常是判断苹果成熟度、品质好坏及贮藏效果的重要指标。

3. 味道

果品具有甜、酸、涩、苦等味道。糖和酸组成了果实的基本味道，糖分是构成苹果甜味的物质，有机酸则是影响果实风味品质的重要指标。果实中糖、酸含量的不同和配比，使果实具有淡甜、微甜、甜、甜酸、酸甜和酸等不同的口味。

4. 色素

苹果品种众多，外观呈现出不同的颜色，这些颜色是由许多色素相互作用而形成的。果实在未成熟时均为绿色，成熟时一般由绿变为黄、橙、紫、红等色。少数绿色品种成熟后仍为绿色。色素是鉴定果实品质的重要指标，是决定采收时间的依据，与贮藏质量的控制密切相关。

5. 香味

果实的香气来源于果品中含有的挥发性芳香物质。芳香物质系油状的挥发物质，种类较多，有的芳香物质是一种成分，有的则是由不同组分构成，主要有酯、内酯、醇、酸、醛、烃类和萜烯类等。由于它们的含量和主体组成成分不同，散发的香气也不同，苹果的香气主要是酯类。在果实成熟的时候可以明显感受到香气的芬芳，而在衰老的时候则生成异臭。元帅系、青香蕉苹果充分成熟时后熟期都会产生芬芳的香气。果实成熟过程中产生的乙烯，也具有香味。

6. 维生素

维生素的种类很多，果实中也含有多种维生素，苹果中富含维生素 C。还原型维生素 C 在贮存、烧煮或盐渍时易被破坏，在维生素酶的作用下，转化成氧化型或遭到分解。在贮藏和加工过程中，随着果实品质的下降，还原型维生素 C 含量会逐渐减少，而氧化型维生素 C 含量会有所增加。因此还原型维生素 C 含量的变化是衡量果实新鲜度和营养值的一个重要指标。

7. 纤维素、半纤维素和木质素

纤维素、半纤维素均为多糖化合物，不能被人体直接吸收，但可以促进胃肠的蠕动和刺激消化腺的分泌，帮助对其他营养的吸收，也有助于排出代谢废物。半纤维素是 D-木糖的多聚物，含有其他糖构成的侧链。木质素也是维持果实质地的重要成分。纤维素通常与半纤维素一起构成细胞壁，与木质素、角质、果胶等结合成复合纤维素，起保护作用。

8. 果胶

果胶属于多糖类化合物，其基本单位为半乳糖醛酸，是构成细胞壁的主要成分，也是影响果实质地软硬或绵的重要因素。果胶的变化与果实的硬度密切相关。果胶物质以原果胶、果胶和果胶酸三种不同形态存在于果实组织中。未成熟果实中的果胶物质大部分是原果胶，原果胶不溶于水，而结持性强。果实组织的细胞间层中原果胶通过纤维素紧密地粘结果实细胞，使果实呈脆、硬的质地，吃起来有组织感。随着果实的逐渐成熟，在原果胶酶的作用下，原果胶与纤维素分离，分解成能溶于水的果胶。于是细胞间的结合变得松弛，果实随之变软、发绵，果实硬度下降，耐贮性也降低。果实的返砂、发绵实质是果肉组织的解体。果胶进一步分解成果胶酸，失去黏性，果实呈水烂状态。果胶分解酶是影响果实硬度的重要酶类，高温条件增强果胶分解酶的活性；霉菌和细菌都能分泌可分解果胶物质的酶，破坏果实组织，造成腐烂。为了延缓果胶物质的分解，需要降低贮藏温度，同时对仓储设备进行清洁和灭菌。

9. 多酚类化合物

苹果中的多酚物质主要包括黄烷-3-醇类、黄酮醇类化合物、羟基苯甲酸类、二氢查耳酮、花色苷类五大类。苹果中多酚类物质含量与苹果品种、栽培条件、采收时期等条件相关，尤其是未成熟苹果中的多元酚含量为成熟苹果的10倍甚至更多。苹果中的多酚类化合物对苹果酒的品质起着重要作用。

2.1.2 苹果酒加工原料的选择

苹果酒是以新鲜苹果或苹果汁为原料发酵得到的低酒精度的饮料酒，同时保留了部分苹果原有的糖类、氨基酸、矿物质、维生素等营养物质，具有较强的抗氧化性和保健功能，市场发展前景良好。

酿酒原料的种类和品质对苹果酒的风味和质量起着决定性作用。用于苹果酒酿造的苹果原料品种很丰富，几乎所有品种的苹果都可以用来酿造苹果酒，但是要酿造出品质优良的苹果酒，对苹果原料则有着更高的要求。含有相对高浓度的多酚类物质作为苹果酒的一个显著特征，主要包括单宁、原花青素、绿原酸、根皮苷等，可以赋予果酒丰满的酒体。多酚还能抑制果胶的分解，提高榨汁效率，而且具有抑制部分微生物的特性（Lea and Drilleau，2003）。上好的苹果酒均由酸和单宁含量较高的苹果酿造出来。酸和单宁含量较高的苹果品种较鲜食苹果品种香味更加浓郁，酿造出的苹果酒酒体丰满、风味诱人。根据苹果酸和单宁含量高低可将酿酒用苹果分为甜、甜涩、酸和酸涩四种类型（表2-1）。

表 2-1 四种类型苹果酒单宁和酸的含量

类型	单宁	酸
甜	小于 0.2%	小于 0.45%
甜涩	高于 0.2%	小于 0.45%
酸	小于 0.2%	高于 0.45%
酸涩	高于 0.2%	高于 0.45%

不同苹果品种间的加工特性差异较大，苹果酒酿造很少只用单一品种，这主要是因为单一品种难以满足酿造所需要的糖、酸和单宁等。国外苹果酒的酿造更倾向于采用专用的酿酒苹果为原料，这些酿酒苹果大多果实较小，糖、酸含

量较高，苹果香气浓郁。但我国缺乏酿酒专用苹果品种，只能在现有苹果品种的基础上选择成分和发酵特性接近酿酒专用苹果的品种进行苹果酒的酿造。通过对33个不同苹果品种(系)的果汁及发酵苹果酒的理化分析和感官评价，其中95-109、95-152、红玉、瑞林、94-9-11w、7-c-104、95-117 表现出良好的酿酒特性，出汁率和糖度较高，发酵原酒澄清透明，果香、酒香良好，酒体协调，纯正无杂，风味典型性明显（王玉莹等，2012）。

2.1.3　苹果汁的加工

目前，用于苹果酒酿造的苹果汁主要包括苹果鲜榨汁和浓缩汁，经过长期研究和生产实践证明，苹果鲜榨汁在发酵性能、发酵成品感官、风味等方面存在明显优势，因此苹果酒的酿造应以苹果鲜榨汁为宜（朱传合和杜金华，2003）。但是，刚榨出的苹果汁存在一定的缺陷，不适于酿造品质优良的苹果酒，主要表现为，刚榨出的苹果汁中含有大量的果胶，果胶为保护性胶体，会阻碍酒液的澄清；果肉碎屑、多糖等固形物过多，影响成品酒的风味与口感；果汁容易发生酶促褐变和非酶褐变，影响最终产品的色泽、口感和品质；果汁的糖度和酸度不适宜，影响成品苹果酒的质量。因此，对于刚榨出的苹果汁需要进行处理，常见的处理主要有：添加二氧化硫、氯化钙、果胶酶、膨润土、壳聚糖等澄清剂进行澄清处理；添加维生素 C、柠檬酸、氯化钠、亚硫酸钠、半胱氨酸等护色剂进行护色处理。另外，根据酿造产品类型需要进行果汁成分调整，现阶段苹果酒酿造中缺乏有效的苹果汁处理措施也是影响酿造优质苹果酒的一个重要因素。

1. 苹果汁的主要成分

苹果汁中主要含有糖类（果糖、葡萄糖、蔗糖和多糖）、酸类（苹果酸、奎宁酸、柠檬酸）、可溶性果胶、维生素 C、多酚、酰胺、矿物质和各种酯（特别是乙基异戊酸酯和甲基异戊酸酯，它们产生典型的苹果特征香气）。它们之间的相对含量主要取决于苹果的品种、生长环境和栽培条件、成熟状态、物理和生物损伤的程度（如因霉菌而腐烂）等。

2. 苹果清洗和分选

苹果在采收后通常需要贮存几周待完全成熟后进行果汁加工，这样有利于淀粉转化成糖，并且让风味前体物质发生必要的变化。充分后熟的苹果在破碎前需进行清洗和分选，通过清洗果实将原料表面携带的微生物量降低至原来的 2.5%～5%；通过分选可以有效清除腐烂、有机械损伤的果实和树叶等杂物，以保证产品的质量和减少洗涤中的污染传播。

3. 苹果破碎和榨汁

为了提高苹果原料的出汁率，在榨汁前往往需要进行破碎，且破碎的果肉大小要适宜均匀，一般果块直径保持在3～4mm为宜。如果果块较大，会由于压力不易作用到中心部分而造成出汁率低；果块较小，榨汁时苹果外层的果汁容易被榨出，而果渣则被压实，造成设备通道堵塞。对于易发生褐变的苹果，还要对其进行护色处理，防止其产生褐变而品质变劣。在榨汁时，要尽可能地提高榨汁率，减少榨出的汁液中含有过多的空气和果肉颗粒，保持营养成分。

4. 苹果汁成分的调整

由于苹果品种、气候条件、栽培管理等因素的影响，苹果汁的成分会有一定的差异，为了使酿成的酒成分一致，就需要对苹果汁进行成分调整。一般苹果汁成分的调整主要包括糖分调整和酸度调整。苹果汁中的糖分含量可以使苹果酒发酵酒精含量达到8%左右（*V/V*），通过加糖可以使产品酒精含量更高，以满足不同的产品需求。常见的调整糖分是通过添加白砂糖、葡萄糖浆、转化糖等实现。同时为了得到协调而细腻的果酒风味，苹果汁中的酸度应控制在一定的范围，如果酸度达不到要求会使酒的风味变淡、发酵过程中易被微生物污染、苹果酒不易保存、游离二氧化硫达不到要求，酸度过高则会产生令人不愉悦的风味，难以下咽。果汁酸度过低时，可以将含酸量较低的果汁与含酸量较高的果汁混合或直接添加酸味剂来实现；果汁酸度过高时，可用化学试剂将过多的酸中和或与含酸量较低的果汁混合，也可以在酒精发酵完成后利用苹果酸-乳酸发酵降酸。

5. 酵母营养物的添加

苹果汁与葡萄汁和啤酒糟相比，游离氨基氮含量少，严重限制了酵母的生长。因此，通常需要添加硫酸铵、磷酸氢二铵和氯化铵等来补充氮源。苹果汁中用于酵母生长的维生素通常也是有限的，一般通过添加硫胺素、泛酸盐、吡哆醇和生物素等进行补充。如果苹果汁是由可发酵的辅料（不含任何营养成分）组成，这些添加剂则尤其重要。同时，大部分最初的氨基氮和含氮维生素在贮存过程中与果糖发生美拉德反应而损失，美拉德反应产生许多对酵母有强烈抑制作用的氧和氮杂环化合物，其中包括5-羟甲基糠醛（HMF），而HMF是一系列相关抑制剂中最有代表性的指标（孙海翔等，2002）。

6. 苹果汁的澄清

苹果果肉经研磨后装入桶中，在5℃下放置24～48h。在此期间，大量果胶从苹果细胞壁的中间薄层溶解并浸出到果汁中。这种果胶也被水果的天然果胶甲基酯酶（PME）部分脱甲基。同时，多酚氧化酶作用于水果多酚，形成可溶性颜色，如果这种氧化继续下去，被氧化的多酚（特别是原花青素）被“鞣制”回果肉上，可溶性多酚和颜色可能会降低。因此，可以通过改变桶中的包装密度来控制果汁的颜色和苦味/涩味，从而控制果肉与多酚氧化酶结合，抑制氧化程度。

果胶是由半乳糖醛酸脱水聚合而成的高度亲水多糖类物质，不溶于乙醇。果汁、发酵醪液和果酒中的果胶也不能通过过滤方式除去，因为果胶容易堵塞滤膜，从而导致果酒在酿造后期出现絮状沉淀，因此可通过添加果胶酶有效降解果汁中的果胶物质（Sandri et al.，2011）。

7. 二氧化硫的添加

在现代酿酒中往往需要添加二氧化硫或亚硫酸盐，主要作用是控制醋酸菌和乳酸菌的生长并抑制除酵母属以外的微生物在其自然种群中的活性以控制发酵。在果酒发酵中分子态二氧化硫最为重要，它可以有效抑制微生物污染、防止果酒变质，但是果酒中分子态二氧化硫的比例与果酒中的 pH 密切相关，苹果汁一般是在二氧化硫加入之前加入苹果酸，调整其 pH 低于 3.8。因此，对于只含有少量亚硫酸盐结合成分的水果，应保留足够的分子态二氧化硫，以便在 12h 后添加酵母接种物时提供有效的杀菌作用。如果原料状况不佳，它可能含有大量来自细菌活性的 5-酮果糖或二酮葡萄糖酸，将结合添加的大部分二氧化硫并降低其作用效力。浓缩苹果汁中含有相对大量的游离半乳糖醛酸，虽然这只是一种弱亚硫酸盐黏合剂，但在高浓度的情况下，其作用效力也会减弱。

当二氧化硫加入果汁中，会与果汁中的天然化合物包括葡萄糖、木糖和二甲苯等结合，变为结合态。而当果实腐烂时，就会形成其他结合态化合物，包括 2, 5-二氧葡萄糖酸和 5-氧代果糖，如果要有效控制野生酵母和其他微生物，就要增加二氧化硫的添加量。在发酵汁中加入二氧化硫会导致其与发酵酵母产生的乙醛、丙酮酸和 α-氧代戊二酸快速结合。发酵苹果酒中存在的亚硫酸盐结合化合物的多少取决于苹果原料的品质、果汁类型及是否用果胶酶澄清、酵母菌株及其产生亚硫酸盐化合物的能力、发酵条件及酵母营养物的添加程度。

2.2　苹果酒发酵及微生物多样性

2.2.1　苹果酒发酵技术

苹果酒的发酵主要包括酵母菌将糖发酵成乙醇，以及在成熟过程中由乳酸菌发酵的苹果酸-乳酸发酵。首先，在乙醇发酵过程中，糖主要被酵母菌转化为乙醇和二氧化碳，原料的品种选择和成熟度会影响起始果汁的含糖量，从而影响最终的乙醇含量。然后，苹果酸-乳酸发酵包括苹果酸转化为乳酸和二氧化碳。

传统苹果酒酿造过程中的微生物主要来源于苹果、生产设备和地窖。在发酵温度上升到 10℃以上时，自然发酵会在几个小时内开始，自然发酵过程通常较慢，主发酵需要至少 2～3 周，成熟则需要几个月。熟化一般在木制、聚酯或不锈钢桶中进行，温度控制在 3～12℃。

2.2.2 苹果酒的风味

苹果酒的非挥发性风味主要受到苹果品种及苹果汁加工条件的影响，因为氧化原花青素会“鞣制”到苹果果肉上，苦味和涩味都显著减少。普遍认为，在没有果肉的情况下，果汁的氧化倾向于简单地通过随机氧化聚合来增加原花青素的分子大小，从而平衡从苦味变为涩味的过程。还有研究表明，苦味和涩味之间的平衡可以通过乙醇来调节，乙醇更倾向于增强苹果酒的苦味，并抑制涩味。

苹果酒的挥发性风味与其他所有果汁发酵饮料的性质类似，很大程度上依赖于酵母菌。酵母种类和菌株对挥发性风味成分的形成有显著影响，同时挥发性风味成分也受到温度、营养状态等的影响。未澄清的低营养成分的慢速发酵一定会比高营养成分的快速发酵产生更多的风味（汪立平，2004）。研究野生酵母和人工培养酵母作为发酵菌种酿造的苹果酒的风味，发现野生酵母能够产生较多的挥发性物质，形成具有典型风格的苹果酒，而人工培养的酵母产香能力弱，适合生产香气淡雅的苹果酒。非酿酒酵母中的柠檬形克勒克酵母（*Kloeckera apiculata*）、美极梅奇酵母（*Metschnikowia pulcherrima*）、法尔皮有孢汉生酵母（*Hanseniaspora valbyensis*）对果酒有增香效果，但其发酵能力一般较低。因此，用酿酒酵母和非酿酒酵母进行混菌发酵已成为一个发展趋势（李国薇，2013）。

发酵果酒中含有较多的有机酸，其来源有两个方面：一个是用于发酵的水果原料本身含有不同种类及数量的有机酸，如水果中柠檬酸、苹果酸含量较多；另外一个就是在发酵过程中经过复杂的代谢途径产生有机酸。有机酸的存在，不但影响生产菌及其分泌各种酶的活性，还直接影响到果酒的风味。苹果酸-乳酸发酵也影响着苹果酒的风味，双乙酰是由明串珠菌属（*Leuconostoc*）从丙酮酸合成的，对苹果酒的“黄油”味道有积极的贡献；“辛辣”和“酚类”的风味主要来源于“苦甜型”的苹果酒中的苹果酸-乳酸发酵。这些物质的典型代表是乙基苯酚和乙基儿茶酚，它们分别由对香豆酰奎宁酸和绿原酸的水解、脱羧和还原产生（祝战斌和马兆瑞，2005；潘海燕，2004）。

2.2.3 苹果酒的主发酵

通过检测苹果酒发酵过程中酵母生长变化情况来研究发酵，从发酵醪送入发酵容器到新酒分离的过程称为主发酵，是发酵的主要阶段，也称为前期发酵。主发酵一般分为四个阶段，即迟滞阶段、生长阶段、发酵阶段和衰亡阶段（莱金特和马兆瑞，2004）。

1. 迟滞阶段

酵母菌在接种到苹果汁中后，起初一段时间内细胞数目增加不明显，糖的消耗速度也较慢，但酵母胞内代谢速度加快，细胞内 RNA 尤其是 rRNA 的含量增高，被称为迟滞阶段，也称为适应期。迟滞阶段是由于接种到新鲜苹果汁中的酵母缺乏分解或催化相关底物的酶，或是缺乏充足的中间代谢产物，且对醪液中的二氧化硫缺乏适应性。因此，产生诱导酶或合成有关中间产物就会出现一段时间的适应期，从而出现生长的迟滞阶段。在工业生产中，应尽量缩短迟滞阶段，该阶段过长，会延长生产时间，增加生产成本，生产时间长也增加染杂菌的机会、加大染菌的概率。

2. 生长阶段

经过迟滞阶段，酵母积累了足够的能量，就开始进入生长阶段，通常也称之为有氧呼吸阶段。该阶段酵母细胞繁殖迅速，呈指数增加，新生酵母的细胞数远远超过死亡酵母细胞的数量。随着酵母利用发酵醪中的氧气进行有氧呼吸产生酸性代谢产物，发酵醪 pH 降低，同时产生二氧化碳，使发酵醪表面形成一层泡沫。值得注意的是，在利用新鲜苹果汁为原料时，在榨汁过程中已溶入充足的氧气，酵母的有氧呼吸不会受到影响，而在利用浓缩苹果汁进行发酵时，由于浓缩果汁中氧气已被去除，因此应考虑向果汁中补充一定量的氧气以供酵母的生长繁殖。

3. 发酵阶段

酵母菌在生长阶段消耗大量的氧气，同时发酵罐中残存的氧气也被发酵产生的二氧化碳冲出罐外，使发酵醪处于厌氧状态，从而进入发酵阶段。在该阶段发酵醪中大量糖分转化为乙醇、二氧化碳和其他风味物质。为了保证酵母菌的数量，发酵醪中的糖分必须迅速发酵，快速产生乙醇。在此阶段酵母大多悬浮于发酵醪中，最大限度扩大与发酵醪的接触，迅速地进行着发酵转化。随着发酵的进行，发酵醪中的营养物质逐渐被消耗，尤其是生长限制因子的消耗，导致酵母细胞的死亡率逐渐超过出生率，当新增酵母数与衰亡酵母数呈现动态平衡时，酵母菌体产量达到最高点。该阶段开始直至装瓶结束均应该尽量避免苹果酒与氧气的接触。

4. 衰亡阶段

随着乙醇浓度的升高和可发酵性糖含量的减少，酵母菌数量逐渐减少，发酵减弱，苹果皮渣和大部分酵母下沉，发酵醪逐渐澄清，乙醇浓度达到最高值，即进入衰亡阶段。酵母菌的新陈代谢受到乙醇的抑制，随着乙醇浓度逐渐升高，酵母数量逐渐减少，发酵速度减缓，最终酵母细胞沉降至发酵罐底部，一部分进入休眠状态，一部分死亡。

2.2.4 苹果酒的成熟和二次发酵

生产商品苹果酒的优选方法是接种选定的酵母菌株，在使用亚硫酸盐或巴氏杀菌法控制本地和外来微生物之后，将发酵汁转移到不同的熟化和贮存容器中可能会导致微生物的二次发酵，这种发酵在常用的传统橡木桶中自然发生。这可能对最终苹果酒的化学成分和功能特性产生有益或有害的变化。

传统意义上，苹果酒桶是由木头（通常是橡木）制成的，橡木桶是微生物的贮存库，如酵母和乳酸菌，它们在苹果酒的二次发酵中很重要；也可能出现不利于苹果酒发酵的微生物，如醋酸菌等。如果需要二次发酵，有必要用适合苹果酒的苹果酸-乳酸生物培养物接种桶，或者使用后发酵工艺。熟化桶中应充满滤出的苹果酒，并设有二氧化碳覆盖层或密封以防止空气进入，空气会引起成膜酵母和好氧细菌生长。

苹果酸-乳酸发酵是苹果酒中的次级发酵，几乎所有的传统型苹果酒都进行苹果酸-乳酸发酵，在苹果酸-乳酸发酵中起主要作用的是乳酸菌。发酵和贮存过程中缺乏硫化物，以及苹果酒在酒糟中未被分解的酵母自溶会释放出一定量的营养物质。在传统苹果酒生产中，初级发酵非常缓慢，苹果酸-乳酸变化可能与酒精发酵同时发生。

苹果酸-乳酸发酵变化最明显的外部特征是苹果酸脱羧成乳酸，随后产生气体。在传统的苹果酒酿造中，这一过程经常发生在春天气候变暖的时候，也正好是树木开花的时候。这让人们相信苹果酒和树在某种程度上产生了共鸣。酸度也下降，味道变得圆润，这也是苹果酒中的苹果酸会被微生物转化为乳酸的原因。

2.2.5 苹果酒发酵的微生物学

发酵的主要目的是生产乙醇，各种中间代谢产物可以转化成各种各样的其他终产物，主要包括甘油（高达 0.5%）、二乙酰和乙醛等。特别是发酵过程被过量的亚硫酸盐抑制或发生乳酸发酵时，随着长链和短链脂肪酸、酯、内酯等的形成，其他代谢途径也同时进行。苹果汁中最重要的含氮化合物是天冬酰胺、天冬氨酸、谷氨酰胺和谷氨酸，也存在少量脯氨酸和 4-羟甲基脯氨酸，苹果汁中几乎没有芳香族氨基酸。除脯氨酸和 4-羟甲基脯氨酸外，氨基酸在发酵过程中被酵母大量同化，而酵母自溶过程中氨基氮含量显著增加。

1. 酵母菌种类选择

酵母菌种类繁多，在苹果酒酿造中起重要作用的有酿酒酵母（*Saccharomyces cerevisiae*）、贝酵母（*Saccharomyces bayanus*）、毕赤酵母（*Pichia pastoris*）和汉逊酵母（*Hansenula polymorpha*）等。苹果汁中存在的酿酒酵母大多来源于工厂设备、环境和苹果原料，在传统苹果酒发酵中，通常不添加酵母，也不使用亚硫酸盐，在发酵的最初几天主要是非酵母属菌种快速繁殖产生气体和乙醇的快速释放，同时产生一系列独特的风味，其中以乙酸乙酯、丁酸乙酯和相关酯为主。随着乙醇含量的上升，最初的发酵微生物开始死亡，随后酵母菌开始发酵，完成了可发酵性糖向乙醇的转化。

在苹果酒酿造中，酿酒酵母起着关键作用。酿酒酵母是一类单细胞真核微生物，具有易培养、生长代谢速度快、发酵性能优良、生物量大、简单廉价、遗传背景清楚和较高的生物安全性等优点，酿酒酵母作为大多数工业发酵过程中最主要的微生物菌种之一，广泛应用于食品发酵领域，如面团发酵、酿酒（苹果酒、清酒及龙舌兰酒等的发酵酿造）。

在发酵过程中酵母细胞的生长速率和活性受环境（如高温、高酸及不断积累的乙醇）的影响较大，导致生物代谢过程发生一系列动态的变化，包括基因、蛋白质和代谢物的变化，以尽快地适应环境的变化。在酿酒酵母中，海藻糖不仅可以作为重要的能源物质储存在细胞内，而且它能够增强酿酒酵母细胞对热的耐受性。此外，通过对葡萄糖摄取速度发现，在糖源充足时，酿酒酵母会快速将葡萄糖转化为乙醇，在提高葡萄糖代谢速度的同时，代谢环境中积累的乙醇会对其他属的酵母产生很大的毒害作用，使其生长停滞甚至死亡。这一特性有利于酿酒酵母利用环境中的糖源。当环境中的糖源耗尽时，酿酒酵母则会启动酒精代谢，维持自身存活。

2. 影响酵母菌生长的因素

影响酵母菌发酵过程中代谢产物形成及其活性的因素较多，主要包括温度、酸碱度、糖浓度、果汁酸度和二氧化硫含量等。

（1）温度

发酵过程中发酵液温度对酵母活性有直接影响。普通酵母生长和增殖的最佳温度为 30℃，通常在高于 32℃时生长受到抑制。在苹果酒发酵中，推荐发酵温度为 15～18℃。当温度下降至 11～14℃时，发酵速度减慢，较难起酵；温度高于

20℃时，由于膜流动性增加，细胞对乙醇毒性作用的敏感性随温度增加而增加。当温度大于25℃时，对苹果酒风味产生不利的影响，并且会造成乙醇和其他代谢物的损失。同时，酵母菌的活性也可能被抑制，导致发酵停滞和腐败菌的生长。发酵结束时，通过降低发酵温度可以使酵母细胞絮凝并沉淀到桶底，且发生一定量的细胞自溶，将细胞成分释放到苹果酒中。

（2）发酵液pH

最佳的酸碱度对酵母的生长也非常重要。一般水果中含有高浓度的酸，因此在配制阶段校正pH很重要。通常通过稀释果汁或加入碳酸钙使发酵混合物的pH保持在3.5～4.5。

（3）糖浓度

在一定范围内，糖浓度越高，则发酵酒体中乙醇的产生量也会越高。当糖浓度过高时，发酵速率和乙醇的产生量会降低。生产中可以选择特殊类型的酵母菌并对其进行调节，使其在较高糖浓度（>30%糖）下生长。但需注意的是，一味追求乙醇的产量则会使酒体单薄、风味寡淡，品质严重下降。

（4）乙醇浓度

乙醇浓度随所用酵母的菌株、对乙醇的适应性及添加到发酵混合物中的生长阶段变化而变化。酵母菌可产生的最大乙醇浓度一般在10%～19%。与耐受性较差的菌株相比，耐受高浓度乙醇的菌株储存的脂类和碳水化合物相对较少。

（5）二氧化硫

目前，由于硫是酵母生长的基本成分，不添加二氧化硫很难酿造出高品质的果酒。二氧化硫被用作果酒中的防腐剂，如防止果汁的酶促氧化等，具有多种功能。它还对抑制腐败微生物在苹果酒中的生长起重要作用。

2.2.6 苹果酒发酵的微生物多样性

1. 酵母和霉菌多样性

真菌（酵母菌和霉菌）自然存在于苹果中，在苹果酒生产的每一步都会被发现。在花蜜中，酵母水平可以达到4×10^8个细胞/ml，其丰度与蜜蜂访花的比例直接相关，因此蜜蜂是果园中作为酵母从一朵花到另一朵花的潜在传播载体（Herrera et al.，2009）。然而，对于大多数植物蜜腺来说，酵母菌群落的多样性较低。在苹果花上，从柱头和托杯表面分离到的酵母数量多于细菌（Pusey et al.，2009）。

苹果表面也是真菌的天然贮存库，在鲜切的苹果中，真菌含量在 3.6～7.1 log CFU/g。鲜切苹果中鉴定的优势菌种是清酒假丝酵母（*Candida sake*）和发酵毕赤酵母（*Pichia fermentans*）。苹果上的一些真菌为植物病原菌，主要包含在座囊菌纲（Dothideomycetes）中，其中约 95%属于能对苹果造成破坏性损伤的煤炱目。苹果酒中主要是酵母菌，一项对来自法国西北部未经巴氏杀菌的不同苹果酒和苹果酒霉变的研究报道了 15 种主要酵母菌种，其中贝酵母（*Saccharomyces bayanus*）占分离菌株的 34.5%，酿酒酵母（*Saccharomyces cerevisiae*）占分离菌株的 16%。从发酵过程的开始到中间阶段，贝酵母起主要作用，占所选菌株的 41%，而酿酒酵母则在发酵的最后阶段发挥作用，法尔皮有孢汉生酵母（*Hanseniaspora valbyensis*）则总是出现在发酵结束时。不同酵母比例的变化与整个苹果酒生产过程中酵母种类的相继发生有关（Coton et al.，2006）。

苹果酒生产过程中的三个阶段，基于主要酵母种类呈现。第一阶段被称为“水果酵母阶段”，主要有孢汉逊酵母（*Hanseniaspora uvarum*）及一些酿酒酵母。第二阶段，即产生乙醇的“发酵阶段”，其特征在于用强发酵酵母如贝酵母和酿酒酵母代替氧化或轻度发酵的非酵母。第三阶段“成熟阶段”主要由酒香酵母（*Brettanomyces*）、德克酵母（*Dekkera*）组成。由苹果酒酒窖中构成“常驻分枝菌丛”的主要酵母种类比例的变化，以及构成“短暂分枝菌丛”的某些种类的间歇性变化中可以看出，酵母数量在生产过程中是保持动态变化的（Bedriñana et al.，2010）。

2. 细菌多样性

细菌在苹果花到采收的苹果果实当中都存在。通过焦磷酸测序研究了苹果花微生物群，并描述了从花蕾到果实的不同进化过程中各种细菌群落的变化，苹果花携带的细菌主要是乳酸菌参与了整个苹果酒的制作过程。Alonso 等（2015）以苹果酒为研究对象，利用聚合酶链反应-变性梯度凝胶电泳（PCR-DGGE）技术研究了苹果酒酿造过程中常用的 5 个苹果品种的天然微生物群落，发现大肠杆菌普遍存在。苹果表面的微生物可能不是发酵过程中的决定因素，苹果酒的微生物群落受到其他因素的影响，如采收技术、质量分类、贮藏条件和加工前预处理等。

Sánchez 等（2012）调查了苹果酒酒窖中苹果酸-乳酸发酵过程中乳酸菌的变化，其中大部分为短乳杆菌（*Lactobacillus brevis*）和酒酒球菌（*Oenococcus oeni*）。根据对所选菌株的发酵能力评价发现，酒酒球菌菌株是最有效的。Salih 等（1988）强调了酒酒球菌在苹果酸-乳酸发酵过程中的重要性，以及短乳杆菌在苹果酒中的作用。而乳酸菌的发酵特性主要取决于苹果原料的种类，Sternes 和 Borneman（2016）通过对 191 个酒酒球菌菌株进行全基因组分析发现，其中只有 4 个菌株是从苹果酒中分离出来的。

2.2.7 影响苹果酒发酵微生物多样性的因素

苹果酒发酵的微生物多样性是由苹果品种、气候和水果的生长条件决定的。栽培措施对水果微生物组成的丰度和多样性都有影响。有机苹果细菌群落和传统苹果细菌群落表现出明显不同，有机苹果叶层的细菌大于常规苹果叶层。有机苹果中丝状真菌的丰度明显更高，总真菌和分类单元多样性更丰富。因此，果园管理方式会影响苹果酒生产中苹果果实表面的微生物群落。苹果品种也对果实的微生物组成有影响，不同苹果品种之间总需氧细菌和真菌种群在酸碱度、可溶性固形物和可滴定酸度方面存在显著差异。可滴定酸度低、酸碱度和可溶性固形物含量高的苹果品种的微生物浓度（≥2.5 log CFU/g）较高（Keller et al.，2004）。

苹果酒生产加工设备和酒窖的墙壁、地板和表面也构成了苹果酒加工过程中细菌和真菌的储库。微生物多样性和微生物群落演替在很大程度上取决于细菌和真菌菌株抵抗或适应工艺条件的能力，如氧气、亚硫酸盐、二氧化碳和醇的产生及必需营养物的浓度等。同时还受到特定生长率、糖吸收能力、细胞死亡、絮凝和自然沉淀特性等的差异影响（Fleet，2003）。

2.2.8 微生物对苹果酒感官质量的贡献

1. 酵母菌类微生物对酒体的贡献

在苹果酒中乙醇的发酵形成过程中，许多副产物作为次级代谢产物产生，如酯、高级醇和酚类化合物。酯类主要提供水果和花香味，高级醇提供“背景风味”，而酚类化合物会产生令人愉快或不愉快的芳香气味。酯类是苹果酒中的主要挥发性化合物，其中乙酸乙酯占总酯的90%，仅次于乙醇。Xu 等（2006）比较了贝酵母和酿酒酵母产生挥发性化合物的潜力，表明贝酵母能产生更高浓度的乙酸乙酯和2-苯乙基乙酸酯，而酿酒酵母则产生更多的游离（未酯化）异戊醇和异丁醇。苹果酒酯浓度的微小变化可能会对其最终感官质量产生重大影响，大多数酯类是苹果酒的果味特征。然而，过量的乙酸乙酯可能会导致不愉快的气味。高级醇直接来源于酵母的新陈代谢，它们在发酵过程中由氨基酸和糖代谢合成。在苹果酒中，它们主要由异戊烷醇（2-甲基丁醇和3-甲基丁醇）代表，其次是异丁醇、丙醇、丁醇或己醇。尽管高级醇在总物质中的含量相对较低，但它们可能会极大地影响感官特性。一些高级醇，特别是异戊醇，发出令人不快的风味。另外一类次级产品，即酚类化合物，也通过其含量或形态对苹果酒的颜色、苦味和涩味产生重要影响。苹果果肉中原花青素含量与苹果酒的色泽显著正相关，原花青素含量越高，苹果酒的颜色越深，酒体颜色越红。苹果果肉中原花青素的含量与苹果酒中单宁的含量相关不显著，因此原花青素的含量对苹果酒的收敛性无显著影响。除了非挥发性酚类化合物之外，发酵过程中主要通过酶脱羧形成的挥发性酚类化合物也有助于产生香气。

据报道，在发酵的早期阶段，克勒克酵母（*Kloeckera*）的过度生长会产生高水平的酯和挥发性酸。在葡萄酒中，香气特征受到酒香酵母的负面影响，产生不愉快的气味。Buron 等（2012）发现酒香酵母能够从咖啡酸、对香豆酸和阿魏酸中分别产生 4-乙基儿茶酚、4-乙基苯酚和 4-乙基愈创木酚，这些挥发性酚与感官缺陷有关。相比之下，在一些啤酒中，这种酵母被认为是必不可少且有益的。在工业规模的葡萄酒和苹果酒生产中，对酒香酵母的控制通常是通过向发酵培养基中添加二氧化硫来实现的。在苹果酒生产中，发酵醪的 pH 一般为 3.0～3.8，二氧化硫的浓度保持在 50～150mg/ml，最大不超过 200mg/ml。然而，一些酒香酵母菌株对二氧化硫具有天然抗性，通过物理处理（过滤）消除这种酵母的效率有限，并且不能防止随后的再污染。

2. 细菌类微生物对苹果酒酒体的影响

乳酸菌会引起苹果酸的转化，总酸度降低。在苹果酸-乳酸发酵过程中，苹果酸强烈的涩口“草青味”，与其他味道冲突。乳杆菌、明串珠菌、酒酒球菌和小球菌能够在苹果酒环境中（低酸碱度、高乙醇含量和低营养）生存，目前研究主要集中于酒酒球菌和乳杆菌，在苹果酸-乳酸发酵后，酵母发酵乙醇过程中的一些香气成分会消失或改变。例如，根据所用菌株的类型，一些酯的浓度可以通过苹果酸-乳酸发酵增加或减少。除酯外，芳香化合物如高级醇、脂肪酸、内酯及硫和氮化合物可以由乳酸菌生产。

运动发酵单胞菌（*Zymomonas mobilis*）是从苹果酒和啤酒中分离的革兰氏阴性兼性厌氧菌，是一种非常有希望用于工业乙醇生产的微生物，因为它的分解代谢遵循 ED 途径，从而可以从葡萄糖、果糖和蔗糖（唯一支持其生长的碳和能源）中获得接近理论产量的乙醇。作为苹果酒腐败微生物，运动发酵单胞菌的生长与大量乙醛的产生和产品的浑浊显著相关。Bauduin 等（2006）研究发现，苹果酸-乳酸发酵与苹果酸转化为乳酸相关的酸碱度增加相关，而不是与乳酸菌产生的营养因子相关。事实上，苹果酒中残留氮的含量可能是控制运动链球菌生长的主要因素。因此，防止这种变化的解决方案包括尽快减少残留氮的量。

2.2.9 苹果酒中可能会出现的病原微生物和腐败微生物

病原微生物中的细菌病原体一般源自果园土壤、农场和加工设备，苹果汁中偶尔也会出现大肠杆菌和金黄色葡萄球菌。食物中毒的发生是新鲜压榨的未经高温消毒的苹果汁中的大肠杆菌 O157：H7 菌株引起的。正常情况下，苹果汁和发酵苹果酒的酸度都会阻止野生菌的生长，一般野生菌只能存活几个小时。然而，与食物中毒有关的特定大肠杆菌菌株对酸有更强的耐受性，在20℃苹果汁中可存活30天。芽孢杆菌属和梭菌属细菌内生孢子的存在可能表明植物卫生状况不佳，它们可以存活很长时间，经常在苹果酒中被发现。然而，由于其低酸碱度，它们不会造成腐败或健康威胁。榨汁厂内被污染的水果和果汁的汁液可能会受到微生物的污染，如扩展青霉（*Penicillium expansum*）、皮落青霉（*Penicillium crustosum*）、黑曲霉（*Aspergillus niger*）、构巢曲霉（*Aspergillus nidulans*）、烟曲霉（*Aspergillus fumigatus*）、拟青霉（*Paecilomyces varioti*）、纯黄丝衣霉（*Byssochlamys fulva*）、红色红曲霉（*Monascus ruber*）、甘瓶霉（*Phialophora mustea*）等。在苹果酒生产中，并不是所有的微生物都能存活下来，尤其在经过巴氏杀菌后，只有那些耐热微生物的孢子（如芽孢杆菌属）才能存活下来。

苹果上膨胀假单胞菌的生长导致苹果汁中霉菌毒素展青霉素的产生，大多数国家对苹果汁中展青霉素的最高限量标准为50μg/kg。在苹果酒发酵过程中，酵母菌对扩展青霉有显著的拮抗活性，同时在厌氧发酵条件下展青霉素在几天内代谢形成其他化合物。因此，展青霉素不会出现在苹果酒中，除非添加受展青霉素污染的果汁来使发酵苹果酒变甜。

在发酵和成熟后期发生的苹果酒的腐败中，大多为酒香酵母属和木醋杆菌等生物体的作用。同样值得关注的还有路德类酵母，它通常能耐受高达1000～1500mg/L的二氧化硫水平。路德类酵母作为苹果酒的污染物，在发酵和成熟的所有阶段都会缓慢生长。它在大量苹果酒中的存在不会引起明显的问题。然而，如果它能在装瓶时污染清亮的苹果酒，它的生长将导致丁酸味和浑浊的存在，破坏产品的外观。如苹果酒最终产品受到环境污染（可能存在酵母菌），酿酒酵母、贝酵母可能会在产品中出现。这些酵母在有残余的糖存在时，会再次发酵产生更多的乙醇，尤其是二氧化碳浓度的增加，导致跳塞和酒瓶爆裂。因此，在苹果酒灌装时必须加入一定量的游离态二氧化硫。同时，由于这些微生物对二氧化硫有一定的抗性，在灌装时也可以添加苯甲酸或山梨酸等允许使用的防腐剂。

2.3 苹果酒的品质调控技术

2.3.1 苹果酒发酵的改进方法

1. 合理设计起始培养基

选择合适的起始菌株是控制苹果酒发酵过程和产品质量的关键，酒酒球菌在苹果酒生产中的使用要少于葡萄酒生产，但它对于最终产品的质量至关重要。这导致许多研究集中在起始菌株的选择，通过与其他乳酸菌的混菌发酵，使用分离的酿酒酵母是保持苹果酒质量和稳定性的策略。已有研究表明，使用当地筛选的酵母菌株比使用商业菌种更有效，因为这些地方性菌株比工业用菌种更能适应环境条件。因此，筛选本地酵母菌株是提高苹果酒品质的有效方法。同时，发酵菌种的选择对于提高苹果酒品质和风味物质都起到了非常重要的作用。在苹果酒发酵过程中添加汉逊酵母能够增加苹果酒中的酯和醇，提升水果的感官味道。通过使用贝酵母和酿酒酵母的混菌发酵，可以明显改善苹果酒的发酵性能。

苹果酒发酵过程中使用的菌株需要考虑的另外一个特征是它们抵抗噬菌体的能力。Costantini 等（2017）描述了酒酒球菌噬菌体的特性及其对葡萄酒苹果酸-乳酸发酵的影响，酸碱度和乙醇影响酒酒球菌噬菌体的裂解活性，尤其是当乙醇含量较低时，苹果酒中噬菌体尚未被检测到。因此，抗酒酒球菌噬菌体可能影响由噬菌体敏感的酒酒球菌驱动的苹果酸-乳酸发酵，成为导致苹果酒发酵产生问题的根源。尽管如此，噬菌体可用作杀菌剂中抗腐败菌和致病菌的抗菌剂，有助于控制苹果酒的安全性和质量。噬菌体疗法在食品工业中已经被广泛研究。然而，噬菌体在苹果发酵饮料中的应用很少。它们有效抗菌的一个主要障碍是它们对苹果产品中酸性的潜在敏感性。

2. 发酵过程参数的控制

苹果汁或苹果酒中的腐败和致病微生物可以通过物理方法来减少。发酵过程参数的控制，如混合培养物的接种时间、接种顺序和发酵温度，是整个苹果酒加工过程中的关键因素，也是最终产品质量的关键因素。苹果酒发酵过程中的香气产生在很大程度上取决于存在的酵母种类及它们在整个过程中的接种顺序。异常威克汉姆酵母（*Wickerhamomyces anomalus*）和酿酒酵母共培养有助于提高苹果酒的质量和增加复杂性。在发酵过程中控制菌株关键参数，即接种时间、顺序或同时混合培养，对于优化所需类型的苹果酒至关重要。

酵母代谢在很大程度上取决于发酵过程中的温度，发酵温度的变化对最终苹果酒的香气特征有直接影响，在 20℃发酵的苹果酒品质更优、风味更佳，受到消费者的欢迎。这可能是由于微生物代谢的改变，导致酯类、挥发性化合物和醇的产量随发酵温度变化而变化。温度的升高可能导致微生物代谢途径的改变，从而产生不利于苹果酒品质的物质。同样，果胶酶应用、海藻酸盐固定化细胞酵母和发酵类型都对苹果酒的抗氧化能力、多酚含量和挥发性成分有显著影响。优选的处理如果肉发酵，诱导形成更高产量的乙醇、原花青素、表儿茶素和儿茶素，并导致比非果肉发酵的苹果酒具有更高的抗氧化活性。细胞固定化对乙醇含量有积极影响，但降低了苹果酒的抗氧化活性。与接种的工业菌种相比，自发发酵获得的苹果酒含有更多的酯和甲醇。苹果酸-乳酸发酵也是苹果酒生产过程中的一个瓶颈问题，寻找控制和改善这种自然现象的方法对苹果酒生产至关重要。

3. 乳酸菌对苹果酒质量的控制

乳酸菌发酵产生的有机酸、抗菌肽和过氧化氢有助于提高苹果酒的质量。细菌素由细菌产生，通常对系统发育相关物种具有抑制作用，关于细菌素对酵母活性的抑制鲜见报道。乳酸菌生产的细菌素往往用作食品中的生物防腐剂以减少化学防腐剂的使用，受到学者的广泛关注，但是，从乳酸菌中提取的细菌素在控制苹果酒或葡萄酒中不良酵母生长方面的有效性鲜有报道。因此，从苹果酒中分离的乳酸菌中筛选新的细菌素是对苹果酒品质控制的一个新思路。

细菌素也能有效对抗腐败菌，低浓度的细菌素肠素 AS-48（一种由粪肠球菌产生的广谱抗菌肽）会使导致苹果酒腐败的两种 3-羟丙基丙酸产生菌快速失活。当某些细菌合成胞外多糖时苹果酒的黏度也会增加，胞外聚合物在组成、分子量和结构上表现出很大的变化，一旦分泌到培养基中，对苹果酒的流变性和质地发挥重要作用，可以自然增强质地和黏度。胞外多糖除了是一种生物增稠剂外，同时也具有益生元的效果，但是苹果酒中胞外多糖的产生不利于产品的感官质量。Grande 等（2006）发现粪肠球菌肠素 AS-48 在培养基或苹果酒中对胞外多糖产生菌有抑制作用，表明肠素可用于防止黏性的产生。

研究表明，乳酸菌产生的各种有机酸（如乳酸、乙酸、己酸、甲酸、丙酸、苯基乳酸和丁酸）、脂肪酸和肽具有抗真菌活性。乳酸菌也成为苹果发酵饮料中一种有效的生物控制剂。Zoghi 等（2017）发现嗜酸乳杆菌和植物乳杆菌能够通过它们的表层蛋白质或低聚果糖有效去除苹果汁中的棒曲霉素，且保持感官特性没有显著差异。

4. 现代生物技术提升苹果酒品质

苹果酸-乳酸脱氢酶也部分存在于果酒或某些细菌中，如植物乳杆菌或干酪乳杆菌降解苹果酸。固定化细胞在苹果酸降解中的潜在用途及固定化生物催化剂在烯醇化中的应用受到了特别关注。固定化技术是用物理或化学的方法将游离的酶或细胞定位于限定的空间区域，使其成为既保持本身催化活性，又可在连续反应之后回收和反复利用的一种生物催化剂。传统的酒精发酵工艺，采用游离细胞发酵，酵母随发酵醪不断流走，造成发酵罐中酵母细胞浓度不够大，使乙醇发酵速度慢，发酵时间长，而且所用发酵罐也多，设备利用率不高。而采用固定化细胞，在发酵罐中的酵母细胞浓度就很大，发酵速度比游离细胞发酵快得多。固定化酵母既具有发酵产乙醇的能力，又易回收、反复使用，能够达到连续应用于发酵的目的，但酵母细胞经过固定化后其催化反应的性质有所改变。

基因工程改造法，即利用基因工程的方法，将具有耐有机酸、降解有机酸能力的基因导入酿酒酵母中，表达后使得该酿酒酵母具有耐酸性，或是通过有针对性地降解果汁中的某种有机酸，使得果汁中的有机酸含量降低，从而利于酵母的生长繁殖，提升果酒品质。

2.3.2　苹果酒的倒酒和贮存

主发酵结束后，要进行倒酒以除去酒脚，并使桶中酒质混合均匀。倒酒时要尽量避免与氧接触，最好用虹吸法，在天气晴朗、气压高、冷而干燥的天气进行。倒酒次数取决于苹果酒的品种和质量，具体倒酒次数和时间如表 2-2 所示（朱宝镛，1995）。

表 2-2　倒酒次数及时间

换桶次数	倒酒时间	倒酒方式
第一次	第一年 11～12 月	开放式
第二次	第二年 2～3 月	密闭式
第三次	第二年 10～12 月	密闭式
第四次	第三年 10～12 月	密闭式

倒酒完成后在贮存期间为了防止酒液发生质变，须保证酒液不与空气接触，所以新酒必须添满酒桶密封、贮存，或在酒液表面放一层高度酒精以隔氧。而胡远峰（1999）认为在后发酵阶段采用“保鲜工艺”，即不满的酒桶采用充二氧化碳或二氧化硫的方法效果更好。根据苹果酒的品种不同，贮存时间长短不一，干酒要求有较好的新鲜感，可贮存 6～10 个月，甜酒则根据糖度不同可贮存 2～4 年。

2.3.3　苹果酒的调配

对成熟原酒的主要成分进行调整，使其达到质量标准称为调配。调配时可参照产品标准对不同品种苹果酒的要求调整其酒精度和糖度。调配时应先调小样，后调生产样，并经反复品尝修改配方。调整酒精度可使用不同批次的苹果酒进行勾兑，也可使用皮渣白兰地或食用酒精进行调配，所用食用酒精经脱臭处理，自来水经软化处理；调整糖度时最好用蔗糖和苹果酒制作的糖浆。混合后所得成品经化验可转入下道工序。

2.3.4　苹果酒的澄清

苹果酒的澄清度是消费者关注的首要感官指标，如果瓶内的苹果酒浑浊不清或瓶底具有沉淀物，那么消费者则不管产品的口感如何，都会认为这种苹果酒有一定的变质。因此，苹果酒仅具有良好的风味是不够的，还必须具有良好的澄清度。虽然有少量沉淀并不影响苹果酒的口感和风味，但从商业化经营的角度看，必须有良好的澄清度，以满足顾客的要求。

苹果酒在其加工及销售过程中易出现失光、浑浊、沉淀等现象，严重影响了苹果酒的感官质量和品质，成为困扰生产厂家的一大难题。悬浮状的粒子会在品尝过程中影响触觉，很多浑浊现象也是变质的象征，如破败病、微生物病等。苹果酒是多种有机成分的复合体，在长期存放中，发生着复杂的物理、化学、生物变化，要想苹果酒永远保持原有的色泽和稳定度是不可能的，酿造工作者所追求的是让果酒在一定的期限内保持并发展其良好品质，不出现浑浊沉淀现象（彭德华和王作仁，1994）。事实上，苹果酒最后的澄清及稳定不只是依靠澄清剂来完成的，苹果酒生产过程中的各个环节都会对其有影响，如苹果品种的选择、苹果汁的灭菌、苹果酒用水、苹果酒的过滤等。一些技术人员只重视下胶的过程，而忽略了上述步骤对最终结果的影响，从而导致苹果酒的感官及品质下降。有一些技术人员在果汁澄清的研究中采用的澄清剂多是传统的明胶、硅胶、明胶-单宁、明胶-酶-硅胶、高岭土、皂土、硅藻土等，不断地改变澄清剂的用量以期待得到更好的澄清度和高度的稳定性。但是，至今没有一种方法达到了这样的目标，不是果汁的澄清度低就是果汁不够稳定，装瓶后容易析出沉淀或出现浑浊。而苹果酒是比果汁更复杂的胶体溶液，不能简单地把果酒看作果汁，对苹果酒澄清、稳定性的研究也绝不能简单地套用果汁的澄清、稳定方法。人们最先接触的果酒是葡萄酒，葡萄酒的生产工艺和澄清工艺现已基本成熟。有人希望套用葡萄酒的澄清方法来澄清苹果酒，但是苹果酒中酚类物质的种类与葡萄酒有所不同，照搬葡萄酒的澄清方法是不可行的。因此我们必须研究出针对苹果酒的澄清、稳定方案。据报道，在山东曾有几家苹果酒厂，就是因为不能解决苹果酒澄清及稳定的问题，相继被迫关闭。因此，在生产过程中使之澄清且澄清度稳定成为苹果酒生产过程中关键的一环。不能解决这个问题，产品就没有销路，就没有办法使企业生存下去，从而会影响整个苹果酒产业的发展。

综上所述，解决苹果酒浑浊的问题已经迫在眉睫。然而，沿用传统老套的澄清剂是不够的，只研究澄清剂添加量的变化对澄清的影响也是不够的。我们迫切需要的是在苹果酒澄清方面，寻找更好的澄清工艺，寻找一种更佳的新型澄清剂或复合澄清剂，使苹果酒获得好的风味及保持更长期的稳定性（秦彦等，2003）。

1. 苹果酒浑浊的原因

（1）生物性浑浊

微生物对果酒组分的代谢作用破坏酒的胶体平衡而造成雾混、浑浊或沉淀（李华，1999）。果酒具有较高的酒精含量及较低的 pH，因此只有酵母、醋酸菌及乳酸菌等少数几种微生物能残存并繁殖，而致病菌在果酒中则不能存活。如果在果酒酿造过程中酒液被杂菌污染，就会导致果酒的生物性浑浊。为了控制这种浑浊的发生，可以采用酒装瓶后杀菌、热酒装瓶或无菌装瓶等方法，这不仅可以避免因微生物繁殖而使酒浑浊沉淀，同时也可以保证装瓶前后酒质的稳定。

（2）非生物性浑浊

苹果酒大多数非生物的浑浊现象是由胶体凝聚引起的，主要表现为蛋白质在酒中盐类的电离作用下，胶体稳定性被破坏而凝聚沉淀（张春晖等，1999）。在生产中被带入的 Fe^{2+}、Ca^{2+}等金属离子可与单宁、PO_4^{3-}等形成不稳定的胶体溶液或沉淀（赵建根等，2000）。天然存在的酚类物质也可以引起苹果酒浑浊。多酚类物质与苹果酒中的蛋白质和果胶物质长时间共存时，就会产生浑浊的胶体，乃至产生沉淀。另外，随着贮藏时间的延长及温度的变化，硬度过高的水中钙、镁离子易与酒中有机酸等结合生成难溶钙、镁盐类物质，也会造成果酒的浑浊或沉淀（陆东和和何志刚，2000）。

（3）生物化学特征的浑浊

果酒中的蛋白质可来源于原料本身和不当的工艺处理，如下胶过量等。苹果中含有少量的蛋白质可使苹果酒发生浑浊。蛋白质热敏感性和蛋白质与酚类物质络合造成了酒中蛋白质浑浊的形成（李华，1999）。酒的 pH 和温度与蛋白质的浑浊有关（李家瑞，1987），当酒的 pH 与酒中所含蛋白质的等电点相近时较不稳定；当酒的 pH 低于酒中所含蛋白质的等电点时，可用带负电的澄清剂进行蛋白质的澄清处理。生产中常利用这种性质分离蛋白质。总之，后浑浊常常不是单一成分作用的结果，参与反应的化合物往往多样而复杂，导致苹果酒不稳定，从而引起苹果酒浑浊。

2. 苹果酒澄清方法

果酒发生浑浊不仅会使酒的品质下降，也会影响酒体的感官，所以澄清处理在酿酒中非常重要，目前采用的澄清方法主要有以下几种。

（1）自然澄清法

将果酒置于密闭容器中长时间保持静置状态，使苹果酒中密度不同的悬浮固体与酒分开，称为自然澄清。自然澄清法简单易行，但难以除去果酒中一些相对稳定的悬浮微粒，经此方法处理的果酒稳定性较差。而且在长时间澄清过程中，酒体中某些悬浮微粒可能发生一些化学变化或是受微生物作用而产生异味，降低果酒质量。

（2）澄清剂澄清法

果酒中一部分或大部分易形成的沉淀物质可以通过加入澄清剂去除，从而保持酒体在较长时间内的澄清状态，使果酒获得好的风味及保持长期的稳定性。常见的果酒澄清剂如表 2-3 所示（史清龙，2006）。

表 2-3　果酒常用澄清剂

澄清剂种类	澄清剂名称
有机物质	明胶、蛋清、鱼胶、单宁、干酪素、纤维素
矿物质	高岭土、皂土、碳、硅藻土、亚铁氰化钾
合成树脂	聚酰胺、聚乙烯吡咯烷酮（PVP）、聚乙烯聚吡咯烷酮（PVPP）
多糖类	琼脂、阿拉伯胶
其他	硅胶、果胶酶、壳聚糖

膨润土是一种被广泛使用的下胶剂，国产膨润土在对葡萄酒的铜、蛋白质及色素稳定性方面与法国膨润土一样具有良好的效果（李华，1991）。琼脂处理猕猴桃酒后的酒液澄清透明且有光泽，澄清效果优于明胶、活性炭和皂土（李加兴等，2000）。采用 0.9‰皂土与 0.3‰硅胶处理去除苹果酒中蛋白质等大分子胶体物质，使其在较长时间内不会失光、浑浊及二次沉淀，可使苹果酒达到较好的非生物稳定性（赵建根等，2000）。将单宁按 0.1～0.12g/L 的量加入酒后 12～24h，再加入 0.12～0.14g/L 的明胶进行下胶处理，可使榴梿菠萝果酒液澄清透明且对酒品质影响不大（董华强等，1999）。用甲壳素壳聚糖澄清沙棘酒能使沙棘酒清亮透明，具有改善色泽、防涩作用（王喜东等，2000）。硅藻土带负电，与带正电的蛋白质静电结合和吸附，并引发絮凝和沉降，用硅藻土过滤的猕猴桃酒具有浅绿色、清亮透明的特点（尚云青，2002）。在果酒的澄清方面，我国仍停留在传统的澄清方法上，特别是在苹果酒的澄清稳定处理上，新型澄清剂和澄清工艺的研究较少。

（3）冷热处理澄清法

冷处理是控制果酒冰点以上 1℃左右，利用冷冻所产生的浓缩和脱水复合影响致使胶体变性，趁冷过滤，除去果酒中过剩的酒石酸盐类、单宁、果胶、色素等悬浮微粒。热处理则利用胶体受热凝结沉淀，通过过滤将其除去。热处理的温度和时间要根据果酒的具体情况和要求而定，一般控制在 75℃左右，5min 以内。冷热交叉处理则分别进行冷处理和热处理，兼两法之长进行澄清。此法虽然通用性强，但技术要求高，须严格掌握冷冻或加热温度，而且果酒稳定性差，冷冻、加热时还可能影响酒质（如香气损失等），因此这种方法较少单独使用。

（4）超滤技术

超滤是一种新型过滤分离技术，它是以压差为推动力，应用微孔薄膜作为过滤介质，选择性地阻止溶液中较大的溶质分子通过，能有效地应用于苹果酒的澄清处理。在果汁的过滤、澄清及浓缩方面显示了其优越性，具有分离精度高、不影响风味、可在室温低压下过滤和连续使用等优点，并具有一定的除菌能力（张静等，2000）。发达国家大多采用超滤澄清工艺，超滤技术在果汁或果酒澄清方面的应用具有极大的潜力和经济效益。杨春哲等（2000）用国产中空纤维膜超滤苹果酒，认为超滤技术应用于苹果酒澄清具有能耗小、无相变、快速、简便等优点，可除去苹果酒中大部分引起浑浊、沉淀的物质，超滤后苹果酒的营养成分和风味物质基本保留。

2.3.5　苹果酒的成熟和后发酵

苹果酒澄清后可以散装储存或装瓶，但要特别注意贮存容器的卫生，以防止被不良微生物污染（Downing，1989）。如果苹果酒在贮存过程中出现有害微生物的生长，应将其从贮存容器中取出进行特殊处理。贮存温度可低至 4℃，但不高于 10℃。如果不排除空气，醋酸细菌会产生醋酸污染。膜醭毕赤酵母（*Pichia membranifaciens*）可能会在苹果酒中产生挥发性酸。熟化是苹果酒制作过程中的一个重要步骤，在此过程中，大部分悬浮物质沉淀下来，剩下的液体保持清澈，可以用膨润土、酪蛋白或明胶澄清，然后过滤。在澳大利亚苹果酒中发现了酒明串珠菌（*Leuconostoc oenos*）是主要的细菌（Salih et al.，1990）。在成熟过程中，乳酸菌（LAB）的生长可能会大量发生，尤其是如果使用木桶，会导致苹果酸-乳酸发酵。这种发酵会将苹果酸转化为乳酸并降低酸度，并赋予产品一种微妙的风味，通常会改善产品的风味。然而，在某些情况下，乳酸菌的代谢通过过量产生具有黄油味的二乙酰来破坏苹果酒的味道。由于苹果酸是苹果中的主要酸，因此苹果酸发酵引起的酸度降低可能会对苹果酒的质量造成损害（Salih et al.，1990）。

醛类化合物的产生是多酚化合物自氧化和乙醇与空气直接化学反应氧化的结果（Wildenradt and Singleton，1974）。葡萄酒中的醇与酒石酸、苹果酸、琥珀酸和乳酸等有机酸反应形成酯，酯随着葡萄酒的老化而增加（Amerine et al.，1980）。总挥发性化合物的浓度在发酵和贮藏期间也会增加。在熟化过程中，由于单宁与蛋白质的络合和聚合作用及随后的沉淀作用，单宁含量降低（Joshi et al.，2011；Amerine et al.，1980）。

2.3.6　苹果酒的灌装

不同批次的苹果酒，通常由不同果汁的混合物制成，混合后具有特定的风味。

为了使苹果酒没有薄雾，最好用澄清剂、有机或无机剂（如膨润土、明胶或几丁质、二氧化硅溶液、酪蛋白或单宁）处理苹果酒并对其进行过滤（Sandhu and Joshi，1995）。过滤后的苹果酒要及时进行灌装，灌装时应保持一定的二氧化硫浓度，对于苹果甜酒为防止二次发酵还要添加抗坏血酸和山梨酸钾（KozemPel and Mealoon，1998）。王元太（1997）认为灌装前也可采用巴氏杀菌工艺（68～72℃，35min 或 85℃，35min），减少二次发酵发生的可能性，高温短时处理工艺对酒的风味影响较小。丁正国（2000）认为先将酒液除菌过滤，然后无菌灌装对苹果酒风味影响最小。必要时，灌装后根据苹果酒的品种不同可在 0～2℃条件下，瓶贮 6～7 个月。苹果酒可以作为一种非起泡或起泡的饮料出售，具有不同程度的甜味和澄清度。起泡苹果酒酒度比酒基上升 1°左右，二氧化碳压力为 0.2～0.3MPa。香槟型苹果酒的二氧化碳压力在 0.5～0.6MPa（崔培胜和杜金华，2000）。

2.3.7 苹果酒的质量

1. 苹果酒化学成分

苹果酒发酵过程中形成的最重要的且影响苹果酒感官特征的化合物是乙醇、高级醇、酯、有机酸、羰基化合物、糖和单宁。除了果胶酶和纤维素分解酶的广泛水解以外，发酵产品的组成，特别是风味组分，与通过机械或酶提取方法获得的产品中的成分保持相似（Poll，1993）。

（1）乙醇

果酒的一个非常重要的参数是酒精度，通常以 20℃时，酒中含无水乙醇的体积百分比来表示酒的度数。各种类型的苹果酒根据其乙醇含量进行分类，乙醇含量从 0.05%到 13.6%不等（Amerine et al.，1980）。果酒的酒精度是由其含糖量决定的，17g/L 的糖可以转化为 1°酒精（王家利，2013）。气候不同，原料果的品种、年份、贮藏方式等因素都会导致果实含糖量甚至是果酒酒精度的不同，果酒的口感受酒精度影响，过高会导致果实天然的果香被掩盖，过低就会导致果酒口味不足。因此，酒精度的控制发酵对果酒口感有至关重要的作用（孙巍等，2008）。

（2）糖

糖在果酒中分为寡糖、低聚糖和多糖，多糖大多来自果实、酵母菌及灰霉菌（Blanco-Gomis et al.，2002）。大分子的多糖能使单宁的收敛性减弱，饱含香味物质，使果酒酒体盈润丰满。可以有效防止蛋白质被破败，不仅有利于酒石的自然沉淀还起到稳定色素的作用（冯焕德等，2011）。根据酿酒种类的不同，可以在果实浸汁或酒后处理时加入多糖。尤其是在开始浸汁时加入多糖，可以改善酒成分含量，增加饱和度，均衡酒体，提高酒的品质（Rye and Mercer，2003）。

（3）酸

苹果酒中的酸对于维持足够低的pH以抑制许多有害细菌的生长是很重要的。像苹果汁一样，苹果酒含有多种有机酸，它们的浓度取决于成熟度和发酵条件。甜苹果酒的酸含量可能低于 0.45g/L，但传统发酵法生产的干苹果酒的挥发性酸含量（1g/L）高于苹果清洗和混合后生产的苹果酒。在传统的发酵方法中，发酵液中的苹果酸含量较低（3～3.8g/L），而现代发酵液中由于酸性苹果的存在，苹果酸含量较高（4.8g/L）。果酒的酸味不够就会造成果酒没有基础架构（李君霞和都振江，2007）。苹果酸、柠檬酸、乳酸、琥珀酸、酒石酸等酸类是果酒中的主要组成部分（康孟利等，2008）。酒石酸对稳定果酒组成成分和色泽具有重要意义，其占总酸的 1/4～1/3（朱力等，2005）。酸无论在果酒的酿造中还是酿造后都有着极其重要的作用，在发酵过程中保持酵母的活性，保护酒免受杂菌侵害，亦可以维持果酒的口感（胡冀太，2012）。

（4）挥发酸

挥发性酸已成为评定果酒品质的重要指标，它主要由两部分组成：一部分是由寄生的细菌产生，一部分是由酒精发酵生产（秦绍智等，2012）。若挥发酸大于1.00g/L，则果酒便有一种好似醋味道的“刺舌”感。果酒的酸味与挥发酸含量成正比，挥发酸含量越多酸味会越发强烈，占据味觉优势，抑制酒的其他味道（宋军和荣俊声，2003）。因此，要充分做好挥发酸含量的控制措施。

（5）高级醇和甲醇

高级醇的形成是确定任何酒精饮料质量的一个重要标准，但它们因酵母菌株、所用苹果品种和所用发酵条件的不同而有所不同（Amerine et al.，1980）。高级醇的生物合成通常与氨基酸代谢有关。高级醇是合成代谢和分解代谢的副产物，可重新平衡涉及 NAD^+/NADH 辅助因子的氧化还原平衡（Hammond，1986）。因此，它们可能通过氨基酸生物合成酵母的生物合成途径或通过底物中氨基酸的脱氨基和脱羧而出现。众所周知，较高的杂醇油是由浑浊的果汁发酵而非澄清的果汁发酵产生的（Beveridge et al.，1986）。

（6）单宁

大部分单宁是由黄酮类化合物转变而来的，在化学分类上，单宁属于多酚类化合物，多是由不同单体酚聚合而成的。同时，单宁也可分为水解性单宁和聚合性单宁两种类型（朱宝镛，1995）。水解性单宁的单体分子之间通过酯键相连，在单宁水解酶或酸、碱的催化作用下水解为单体。这类单宁呈淡黄色，具有最大收敛性，比聚合性单宁多，聚合性单宁是黄烷-3, 4-二醇的 4 位碳原子与另一黄烷分子 6 位或 8 位上的碳原子之间通过共价键进行非氧化缩合，由此形成二聚、三聚体，经过反复聚合而形成多聚体。这种聚合性单宁呈黄橙色，收敛性小于水解性单宁（刘一健等，2009）。苹果酒中的单宁主要是原花青素类。李记明等（2007）对苹果酒主要风味成分进行研究，发现酚类物质中原花青素含量最高为 58.27mg/L。

（7）多酚

多酚由于其重要的生物活性近年来备受关注。从化学角度讲，苯环上连有羟基的化合物称为酚，多酚是有酚官能团的一类物质的总称，目前已鉴定出超过 8000 种多酚物质。多酚包括单宁化合物和小分子酚类物质（刘一健等，2009）。从结构看，苹果酒中的小分子酚类可分为酚酸及其衍生物（酸性酚）和类黄酮类化合物（中性酚）（刘伟伟，2006）。从含量看，苹果酒中主要的多酚为黄烷-3-醇类、原花青素类、黄酮醇类、二氢查尔酮类和羟基肉桂酸及其衍生物（Piyasena et al.，2002；Robards et al.，1999）。多酚在苹果酒中起着重要的作用，它影响苹果酒的颜色、口感、风味、香气和稳定性。苹果酒的颜色部分来源于发酵液的褐变，苹果酒的褐变分为非酶促褐变和酶促褐变（郝惠英和赵光鳌，2002），非酶促褐变与苹果酒中的氨基酸密切相关，酶促褐变与苹果酒中多酚物质的种类、含量和多酚氧化酶的活性密切相关。多酚类物质可以释放多种风味（Soto-Vaca et al.，2012），如查尔酮类和糖基化黄酮类释放甜味，单宁类释放苦味和收敛性，从而影响苹果酒的风味。多酚物质结构聚合程度，植物中 pH、糖度、黏度和酒精含量等都影响着风味的释放（Lesschaeve and Noble，2005）。一些简单的多酚分子具有独特的香气，从而产生不同苹果酒的独特香气，如香草醛或丁香酚。多酚不仅直接影响苹果酒的口感、风味和香气，而且控制着微生物的代谢（Mangas et al.，1999），如多酚的氧化会影响微生物的平衡，降低氧化物酶系统中的氧水平，从而在很大程度上改善苹果酒的香气。多酚被称为“引起不稳定的因素”，当苹果酒中的多酚类与蛋白质、果胶长时间共存，就会产生浑浊的胶体，甚至产生沉淀，影响苹果酒的稳定性。

苹果酒中多酚物质的种类和含量主要受两方面的影响（杜晓丹等，2006）。一是原料苹果汁的特性，它与苹果品种、种植地区气候、苹果成熟度有关（Marks et al.，2007；Alonso-Salces et al.，2005；Mangas et al.，1999），另一方面是酿造工艺（Nogueira et al.，2008）。不同地区、不同品种的苹果酒中多酚物质的组成不同。西班牙苹果酒中的多酚物质主要有酚酸类、黄烷-3-醇类、挥发性酚类、二氢查尔酮类，其中酚酸类中含量最高的为二氢咖啡酸，原花青素类是最主要的类黄酮类物质（Picinelli et al.，2009；Madrera et al.，2006）。Satora 等（2008）用 Šampion、Idared 和 Gloster 三个品种苹果酿造苹果酒，其中用 Šampion 和 Idared 酿造的苹果酒多酚组成和含量较为相似（绿原酸和原花青素含量高），而用 Gloster 酿造的苹果酒多酚组成和含量与前两者差异较大；Satora 等（2009）分别用果汁提取和垂直框式压榨两种方法得到的苹果汁酿酒，果汁提取法得到的苹果汁酿造的苹果酒中表儿茶素和原花青素含量分别比垂直框式压榨得到的苹果汁酿造的苹果酒中含量高 10 倍和 7 倍。这可能一方面是因为果汁提取法使多酚物质较早地释放进发酵液中，而垂直框式压榨法获得果汁时一部分多酚物质留在果渣中而被弃去，另一方面是因为压榨过程中增加了样品的空气接触，使多酚被氧化分解；研究表明，苹果酒酿造过程中苹果浆的加入会使苹果酒中原花青素、儿茶素、表儿茶素和槲皮素的糖基化衍生物增加，这可能是由于苹果皮中含有丰富的多酚物质（Tsao et al.，2003）；自然发酵苹果酒中多酚含量较人工发酵苹果酒中多酚含量高；不同酵母发酵苹果酒中多酚组成也不同。使用固定化酵母能够增加绿原酸、儿茶素、表儿茶素含量，这可能是因为有些多酚可以在硅酸板上相互作用，也可能是因为酵母的固定化可以使酵母中的酶将多酚聚合体有效分解成单体（Contreras-Domínguez et al.，2006）。

多酚的分离、定性和定量分析方法有：纸色谱法、薄层色谱法、柱色谱法、气相色谱法、高效液相色谱法（HPLC）、红外吸收光谱法及核磁共振法等。高效液相色谱具有快速、简便、分离效果好、准确性高、可同时分析不同酚类等优势，为酚类物质的定性和定量分析提供了良好的工具。郝慧英等（2004）将苹果酒中的多酚分为酸性多酚和中性多酚，确定了 HPLC 法测定半干苹果酒和半甜苹果酒中多酚的色谱条件，并认为苹果酒中的酚类物质主要为绿原酸，其次为表儿茶素、原花青素 B。翁鸿珍和成宇峰（2009）用 HPLC 法对自制苹果酒进行了酚类物质的检测，对 7 种多酚物质进行了定性和定量分析，其中儿茶素含量最高，阿魏酸和香豆酸含量最低。

多酚对人体健康的影响已受到人们的高度重视，研究显示，女士平均每日多酚摄入量为 780mg，男士平均每日多酚摄入量为 1058mg，其中一半为二氢肉桂酸类，20%～50%为类黄酮类，大约 1%为花青素类（Stevenson and Hurst，2007）。据文献报道，苹果多酚具有抑菌、消炎、清除体内自由基（Adil et al.，2007；Sudha et al.，2007）、金属螯合（Chien et al.，2007）、防止变异（Akiyama et al.，2005；Kojima et al.，2000）、缓解冠心病和动脉硬化（D'Angelo et al.，2007）等生物活性，被广泛应用于食品、医药、化妆品的生产中。苹果酒的抗氧化活性与多酚的种类、含量和存在形式密切相关。以原花青素为主提取物的羟自由基清除能力远远大于茶多酚的羟自由基清除能力（冯涛等，2008）。绿原酸、香豆酸与羟自由基清除力也密切相关（郝惠英和赵光鳌，2002），花青素类与总抗氧化能力有很高的相关性。

（8）香气成分

苹果酒中主要的挥发性物质为高级醇类、酯类、低级脂肪酸类（Vidrih and Hribar，1999），而高级醇类、酯类为影响苹果酒果香的主要成分。研究表明，苹果酒中似乎不存在单一的主体香，苹果酒的香气主体是很多醇类和酯类共同作用的结果，并且酯类物质多于醇类物质，包括：辛酸乙酯、癸酸乙酯、乙酸乙酯、乙酸异戊酯、乳酸乙酯、琥珀酸二乙酯、丁酸乙酯、异戊酸乙酯、乙酸-2-苯乙酯、己酸乙酯、异戊醇、正己醇、2-苯乙醇等。这些物质主要来源于原材料或形成于苹果酒发酵过程中酵母菌的无氧代谢。苹果酒及其发酵过程中香气成分的种类和数量被认为是苹果酒质量控制的一个重要指标。

苹果酒挥发性成分的组成和含量主要取决于苹果汁的组成、酵母菌种和发酵工艺。苹果汁的组成因苹果种植地区的气候、苹果品种、苹果成熟度不同而不同，这些因素不仅影响苹果中香气成分的种类和含量，而且影响苹果酒香气前体物质的种类和含量，从而影响所酿造苹果酒中的香气成分。据报道，美国的 Delicious 苹果，香气成分以酪酸乙酯、2-甲基酪酸乙酯、乙酸丁酯、3-甲基乙酸丁酯等酯类为主；而日本的红玉苹果，香气成分以 *n*-丁醇、*n*-己醇、3-甲基丁醇等醇类为主，可见不同苹果品种的特征香气成分是有差异的，这些差异将引起苹果酒中香气成分的差异。通过研究野生酵母和人工培养的酵母为发酵菌种酿造的苹果酒的风味，发现野生酵母能够产生较多的挥发性物质，形成具有典型风格的苹果酒，人工培养的酵母产香能力弱，适合生产香气淡雅的苹果酒。非酿酒酵母中的柠檬形克勒克酵母（*Kloeckera apiculata*）、美极梅奇酵母（*Metschnikowia pulcherrima*）、法尔皮有孢汉生酵母（*Hanseniaspora valbyensis*）对果酒有增香效果（Plata et al.，2003；Zohre and Erten，2002；Le Quere and Drilleau，1996），但其发酵能力一般较低。因此，用酿酒酵母和非酿酒酵母进行混菌发酵已成为一个发展趋势。酿造工艺对苹果酒挥发性成分的影响研究表明，使用固定化酵母菌种的苹果酒样品乙醇含量高，这可能是由于固定化的酵母对乙醇的耐受能力高（Martynenko and Gracheva，2003）；果汁提取工艺增加样品的乙醇含量和羰基化合物的含量，这可能是由于糖及其他营养成分在果汁提取过程中被充分分解，提高了酵母对其利用率（Hallsworth，1998），而羰基化合物及其前体物质在果汁提取过程中也被充分释放；羰基化合物是酒精饮料中重要的香气化合物之一，以去皮内果肉和苹果籽的苹果为原料酿造的苹果酒中羰基化合物增加 1 倍以上；乙醛的产生取决于酵母菌种、发酵时间和溶氧量，乙醛含量过高会使苹果酒产生不良的气味；甲醛含量主要取决于苹果的果胶含量，但也与酵母菌种（Satora and Tuszynski，2005）和加工工艺有关。乙酸是苹果酒中主要的挥发性酸，它可以丰富酒的口感和香气，但当乙酸含量大于 300mg/L

时，会使酒变得酸涩并具有腐败气味（Jackson，2008），乙酸的形成与苹果发酵液中的糖和 pH 有关；酯类是酒精发酵制品感官特性的主要成分，酵母的固定化和果汁提取都能增加其含量。Mangas 等（1993）进行了苹果酒加工工艺对低沸点挥发性成分影响的研究，研究表明，乙酸乙酯、甲醇、丙醇、异丁醇、2-甲基丁醇和 3-甲基丁醇含量受苹果压榨速率的影响，甲醇、异丁醇、2-甲基丁醇和 3-甲基异丁醇含量受澄清工艺的影响。

对苹果酒中挥发性气体进行测定，首先要对苹果酒中香气成分进行浓缩，常见的浓缩方法有：蒸馏法（Blanch et al.，1996）、液液萃取法（Buiatti et al.，1997）、超临界液体萃取法（Señoráns et al.，2001）、固相萃取法（Ferreira et al.，2004）、固相微萃取法（González-Córdova and Vallejo-Cordoba，2003）、顶空技术法（Verstrepen et al.，2003）、冷捕集法（Pollard et al.，1965）、吸附法（Williams et al.，1978）。固相微萃法（SPME）无需有机溶剂，样品需求量少，操作快速、简单，成本低，并集采样、萃取、浓缩、进样于一体，能尽可能减少被分析样品的香气物质的损失，并能直接与气相色谱、液相色谱联用。固相微萃取与气相色谱-质谱联用（GC-MS）技术被认为是目前最简单、快速、可靠的检测苹果酒挥发性成分的方法。Abrodo 等（2010）应用固相微萃取与气相色谱-质谱联用（GC-MS）技术对西班牙苹果酒中的挥发性气体进行了测定和分析，GC-MS 条件为，苹果酒样品在 25℃下平衡 12h，用聚二甲基硅氧烷-二乙烯苯基（PDMS-DVB）固相微萃取头萃取 5min，再将固相微萃取头插入气相色谱进行解析，在 8min 内分析出 27 种成分，比传统的气相色谱节约 80%的分析时间。汪立平（2003）也用固相微萃取与气相色谱-质谱联用技术成功地分析了苹果酒中的醇类、酯类、低级脂肪酸类、缩醛类、羰基化合物、萜烯类化合物、酚类物质，显示了此技术的优越性。

2. 苹果酒的感官品质

苹果酒的外观、颜色、香气、味道及微妙的口感因素（如风味）构成了苹果酒的感官品质。香气和味道非常复杂，取决于多种因素，如所用品种、土壤类型、酿造工艺、发酵和成熟时间（Gayon，1978）。苹果酒的味道更多地取决于苹果的成分，而它的气味则取决于工艺因素和所用的酵母，而不是用来制作苹果酒的苹果品种。用主观和客观的方法评估苹果酒的风味（Joshi，2006；Downing，1989），在主观方法中，可以使用经过培训或未经培训的小组来识别特定的偏好。人们对风味的感受限于甜味、酸味、苦味和涩味及金属味和辛辣味（Piggot，1988）。QDA（定量描述分析）也被应用于分析苹果酒的风味（Williams，1975）。在简单的层面上，可以使用许多通用的描述词，如果味、酸度、甜味、涩味、苦味。但在分析水平上，需要详细描述以区分不同类型的苹果酒。另外，应用于风味分析的方法是嗅觉分析，即由经过专门培训的评判员进行评估。苹果酒的颜色取决于果汁氧化或降解的程度。事实上，如果氧化完全被抑制，就有可能酿制无色透明的高单宁苹果酒（Lea and Timberlake，1974）。然而，在发酵过程中，最初的颜色会减少约 50%，这可能是因为酵母具有很强的还原能力，很容易将酮或羰基还原为羟基，从而导致发色团的消失（Downing，1989）。

感官评价是果酒评价体系中关键的环节，感官评价主要是指酒的色泽、口感、气味、滋味被品酒员所接受认可的程度。国内外研究学者都以苹果酒的色泽、香气、口感、滋味等作为评价指标，但得分标准和计算方法略有不同，传统的感官评价得分运用加权平均法、总分法等进行统计，但这些方法中人为主观因素对其影响较大，容易造成与实际的偏差。赵志华等（2006）运用权重分配方案和乘法算子建立模糊综合评价模型，对自酿的苹果酒进行了感官评价，使评判结果更加科学准确。

2.3.8 苹果酒的变质

一些含残糖的苹果酒或在环境温度下贮存的且 pH 高于 3.8 的甜苹果酒会产生一种黏性或油性的缺陷，这是乳酸菌菌株（乳杆菌和明串珠菌属）产生的聚合葡聚糖使酒体黏稠造成的（Carr，1987）。当倒出苹果酒时，苹果酒呈现出油质，带有明显的光泽。在葡聚糖浓度较高的情况下，苹果酒的质地会变稠，以至于从瓶中倒出时，苹果酒会像黏糊糊的“绳子”一样移动。另外一个缺陷被称为“鼠臭”（Williams and Tucknott，1971），气味像乙胺或与其有关杂质的气味。全世界酿酒专家对这类污染的感官特征看法非常一致，但对引起的原因，除了肯定它们是由微生物所致外看法不同。Williams 和 Tucknott（1971）提出 2-乙基-3,4,5,6-四羟基吡啶可能是苹果酒产生鼠臭味的物质，在有鼠臭病的葡萄酒中也发现了这种物质。因此在苹果酒发酵过程中和过滤时，特别是即将装瓶前要防止氧化（Singleton，1987），并合理使用二氧化硫。

金属离子通常可以引起苹果酒的变色（由于单宁氧化而产生的金黄色泽除外），铁离子常带来黑色、铜离子带来绿色。在不开瓶时苹果酒并不发生颜色变化，开瓶后苹果酒颜色在几分钟或几小时内就发生了变化。防止办法是加工过程中不要用铁器和铜器，要用不锈钢设备。

引起苹果酒浑浊的还有各种腐败性酵母或细菌。有一种对酿酒有害的酵母是路德类酵母（*Saccharomycodes ludwigii*），这种酵母个体较大，双边芽殖，对酒精有很强的抗性，它可以产生高达 200mg/L 的乙醛，还非常耐二氧化硫及山梨酸。由类酵母属（*Saccharomycodes*）引起的瓶装酒变质已有报道，在瓶中形成黏稠的团块，使酒变得稀薄无味。避免微生物污染的方法是注意操作的卫生和清洁。

参考文献

崔培胜, 杜金华. 2000. 苹果酒的类型. 酿酒, 4: 32-34.
丁正国. 2000. 高档半甜苹果酒的生产开发. 食品工业, 4: 22-23.
董华强, 邓煜, 王惠珍. 1999. 榴莲菠萝果酒酿造研究. 食品工业科技, 1: 50-51.
杜晓丹, 宋纪蓉, 徐抗震, 等. 2006. 苹果酒抑制自由基的研究. 西北大学学报(自然科学版), 4: 578-582.
冯焕德, 张永茂, 康三江, 等. 2011. 我国苹果酒产业现状及发展对策. 甘肃农业科技, 6: 66-68.
冯涛, 陈学森, 张艳敏, 等. 2008. 新疆野苹果叶片抗氧化能力及多酚组分的研究. 中国农业科学, 41(8): 2386-2391.
郝惠英, 赵光鳌. 2002. 苹果酒中多酚及其褐变. 酿酒, 2: 63-65.
郝慧英, 赵光鳌, 陈蕴. 2004. 用 HPLC 测定苹果酒中的酚类物质. 酿酒, 31(4): 108-110.
胡冀太. 2012. 不同工艺及酵母对山楂酒发酵过程及成品酒品质的影响. 山东农业大学硕士学位论文.
胡远峰. 1999. 干白葡萄酒新工艺. 农牧产品开发, (6): 3-5.
康孟利, 凌建刚, 林旭东. 2008. 果酒降酸方法的应用研究进展. 现代农业科技, 8(24): 25-26.
莱金特(Lachat C), 马兆瑞. 2004. 苹果酒酿造技术. 北京: 中国轻工业出版社: 91-110.
李国薇. 2013. 苹果品种及酵母菌种对苹果酒品质特性影响的研究. 西北农林科技大学硕士学位论文.
李华. 1991. 国产 ZGB-3 型膨润土在葡萄酒酿造过程中的应用研究. 食品与发酵工业, 1: 42-44.
李华. 1999. 现代葡萄酒工艺学. 西安: 陕西人民出版社.
李记明, 段辉, 赵荣华, 等. 2007. 苹果酒主要风味成分的分析研究. 食品科学, 12: 362-365.
李加兴, 姚茂君, 吴政霞. 2000. 提高猕猴桃酒非生物稳定性的工艺研究. 酿酒, 1: 82-83.
李家瑞. 1987. 食品化学. 北京: 轻工业出版社.
李君霞, 都振江. 2007. HPLC 法测定葡萄酒中的有机酸. 中外葡萄与葡萄酒, 6: 51-52.
刘伟伟. 2006. 苹果酒中酚类物质氧化聚合反应的研究. 江南大学硕士学位论文.
刘一健, 孙剑锋, 王颉. 2009. 葡萄酒酚类物质的研究进展. 中国酿造, 8: 5-9.
陆东和, 何志刚. 2000. 果酒浑浊原因及澄清技术. 福建果树, 2: 16-17.
潘海燕. 2004. 苹果酒苹果酸乳酸发酵的研究. 江南大学硕士学位论文.
彭德华, 王作仁. 1994. 果酒浑浊的克星——皂土及其应用. 酿酒, 6: 5-10.
秦绍智, 史涛涛, 杨华峰, 等. 2012. 威代尔、雷司令冰葡萄酒挥发性物质差异性分析. 中外葡萄与葡萄酒, 1: 10-13.
秦彦, 宋纪蓉, 黄洁, 等. 2003. 苹果果酒的澄清研究. 食品科学, 7: 93-95.
尚云青. 2002. 新型营养猕猴桃果酒加工技术研究. 食品科技, 2: 53-54.
史清龙. 2006. 发酵型桑葚酒香气成分及澄清工艺的研究. 西北农林科技大学硕士学位论文.
宋军, 荣俊声. 2003. 解百纳葡萄酒在橡木桶贮存中的挥发酸. 中外葡萄与葡萄酒, 2: 49.
孙海翔, 尹卓容, 苗延林. 2002. 氮源对苹果酒发酵的影响. 食品工业, (4): 17-19.
孙巍, 都娟, 曹静. 2008. 糖度和酒精度检测误差分析与控制. 饮料工业, 7: 39-41.
汪立平, 徐岩, 赵光鳌, 等. 2003. 顶空固相微萃取法快速测定苹果酒中的香味物质. 无锡轻工大学学报, (1): 1-6.

汪立平. 2004. 苹果酒酿造中香气物质的研究. 江南大学博士学位论文.
王家利. 2013. 红树莓果酒酵母优选及中试放大工艺研究. 内蒙古农业大学硕士学位论文.
王喜东, 李寿军, 刘勇, 等. 2000. 沙棘酒的研制及非生物稳定性的研究. 酿酒科技, 5: 83-84.
王玉莹, 陈平, 戴洪义. 2012. 苹果品种(系)制酒适性的研究. 中国酿造, 31(7): 47-51.
王元太. 1997. 试谈苹果干酒的加工工艺. 山西食品工业, 2: 36-40.
翁鸿珍, 成宇峰. 2009. 高效液相色谱法测定苹果酒中的多酚物质. 中国酿造, (5): 159-161.
徐怀德, 仇农学. 2006. 苹果贮藏与加工. 北京: 化学工业出版社: 12.
杨春哲, 冉艳红, 黄雪松. 2000. 超滤在苹果酒澄清中的应用. 食品工业, 5: 46-47.
张春晖, 李锦辉, 李华. 1999. 葡萄酒的胶体性质与澄清. 食品工业, 4: 16-18.
张静, 阴启忠, 孙鹤宁. 2000. 超滤技术在澄清果汁加工中的应用. 落叶果树, 6: 34-35.
赵建根, 刘月永, 高红心. 2000. 提高苹果酒非生物稳定性的研究. 酿酒科技, 4: 70-71.
赵志华, 岳田利, 王燕妮, 等. 2006. 基于模糊综合评判苹果酒感官评价的研究. 酿酒科技, (9): 27-29.
朱宝镛. 1995. 葡萄酒工业手册. 北京: 中国轻工业出版社.
朱传合, 杜金华. 2003. 苹果鲜汁酿酒技术研究. 食品科学, 5: 106-110.
朱力, 王显苏, Guerrand D, 等. 2005. 酵母多糖有效改善葡萄酒的整体口感和品质——葡萄酒中的多糖和酵母多糖的作用. 中外葡萄与葡萄酒, 3: 60-63.
祝战斌, 马兆瑞. 2005. 苹果酸-乳酸发酵对苹果酒风味的影响. 酿酒, (2): 71-72.
Abrodo P A, Llorente D D, Corujedo S J, et al. 2010. Characterisation of Asturian cider apples on the basis of their aromatic profile by high-speed gas chromatography and solid-phase microextraction. Food Chemistry, 121: 1312-1318.
Adil İ H, Çetin H İ, Yener M E, et al. 2007. Subcritical (carbon dioxide+ethanol) extraction of polyphenols from apple and peach pomaces, and determination of the antioxidant activities of the extracts. The Journal of Supercritical Fluids, 43: 55-63.
Akiyama H, Sato Y, Watanabe T, et al. 2005. Dietary unripe apple polyphenol inhibits the development of food allergies in murine models. FEBS Letters, 579: 4485-4491.
Alonso S, Laca A, Rendueles M, et al. 2015. Cider apple native microbiota characterization by PCR-DGGE. Journal of the Institute of Brewing, 121(2): 287-289.
Alonso-Salces R M, Herrero C, Barranco A, et al. 2005. Classification of apple fruits according to their maturity state by the pattern recognition analysis of their polyphenolic compositions. Food Chemistry, 93(1): 113-123.
Amerine M A, Berg H W, Kunkee R E, et al. 1980. The Technology of Wine Making. 4th ed. Westport, CT: AVI.
Bauduin R, Le Quere J M, Coton E, et al. 2006. Factors leading to the expression of "framboisé" in French ciders. LWT-Food Science and Technology, 39(9): 966-971.
Bedriñana R P, Simón A Q, Valles B S. 2010. Genetic and phenotypic diversity of autochthonous cider yeasts in a cellar from Asturias. Food Microbiology, 27(4): 503-508.
Beveridge T, Franz K, Harrison J E. 1986. Clarified natural apple juice: Product storage stability of juice and concentrate. Journal of Food Science, 51(2): 411-414.
Blanch G P, Reglero G, Herraiz M. 1996. Rapid extraction of wine aroma compounds using a new simultaneous distillation-solvent extraction device. Food Chemistry, 56(4): 439-444.
Blanco-Gomis D, Mangas A J J, Margolles C I, et al. 2002. Characterization of cider apples on the basis of their fatty acid profiles. Journal of Agricultural and Food Chemistry, 50(5): 1097-1100.
Buiatti S, Battistutta F, Celotti E, et al. 1997. Evaluation of beer flavor compounds by liquid-liquid

extraction and GC/MS analysis. Technical Quarterly-Master Brewers Association of the Americas, 34(4): 243-245.

Buron N, Coton M, Legendre P, et al. 2012. Implications of *Lactobacillus collinoides* and *Brettanomyces/Dekkera anomala* in phenolic off-flavour defects of ciders. International Journal of Food Microbiology, 153(1-2): 159-165.

Carr J G. 1983. Microbes I have known. The Journal of Applied Bacteriology, 55: 383.

Carr J G. 1987. Microbiology of wines and ciders. *In*: Norris J R, Pettipher G L. Essays in Agricultural and Food Microbiology. London: John Wiley: 291-308.

Chien P J, Sheu F, Huang W T, et al. 2007. Effect of molecular weight of chitosans on their antioxidative activities in apple juice. Food Chemistry, 102: 1192-1198.

Contreras-Domínguez M, Guyot S, Marnet N, et al. 2006. Degradation of procyanidins by *Aspergillus fumigatus*: Identification of a novel aromatic ring cleavage product. Biochimie, 88: 1899-1908.

Costantini A, Doria F, Saiz J C, et al. 2017. Phage-host interactions analysis of newly characterized *Oenococcus oeni* bacteriophages: Implications for malolactic fermentation in wine. International Journal of Food Microbiology, 246: 12-19.

Coton E, Coton M, Levert D, et al. 2006. Yeast ecology in French cider and black olive natural fermentations. International Journal of Food Microbiology, 108(1): 130-135.

D'Angelo S, Cimmino A, Raimo M, et al. 2007. Effect of reddening-ripening on the antioxidant activity of polyphenol extracts from cv. "Annurca" apple fruits. Journal of Agricultural and Food Chemistry, 55(24): 9977-9985.

Downing D L. 1989. Processed Apple Products. New York: Van Nostrand Reinhold: 168-186.

Ferreira V, Culleré L, López R, et al. 2004. Determination of important odor-active aldehydes of wine through gas chromatography–mass spectrometry of their *O*-(2, 3, 4, 5, 6-pentafluorobenzyl) oximes formed directly in the solid phase extraction cartridge used for selective isolation. Journal of Chromatography A, 1028: 339-345.

Fleet G H. 2003. Yeast interactions and wine flavour. International Journal of Food Microbiology, 86(1-2): 11-22.

Gayon P R. 1978. Wine flavour. *In*: Charlambous G, Inglett G E. Flavour of Food and Beverage Chemistry and Technology. New York, London: Academic press. Inc: 335.

González-Córdova A F, Vallejo-Cordoba B. 2003. Detection and prediction of hydrolytic rancidity in milk by multiple regression analysis of short-chain free fatty acids determined by solid phase microextraction gas chromatography and quantitative flavor intensity assessment. Journal of Agricultural and Food Chemistry, 51(24): 7127-7131.

Grande M J, Lucas R, Abriouel H, et al. 2006. Inhibition of Bacillus licheniformis LMG 19409 from ropy cider by enterocin AS-48. Journal of Applied Microbiology, 101(2): 422-428.

Hallsworth J E. 1998. Ethanol-induced water stress in yeast. Journal of Fermentation and Bioengineering, 85(2): 125-137.

Hammond J, 1986. The contribution of yeast to beer flavour. Brewers Guardian, 115: 27.

Herrera C M, de Vega C, Canto A, et al. 2009. Yeasts in floral nectar: A quantitative survey. Annals of Botany, 103(9): 1415-1423.

Jackson R S. 2008. Chemical constituents of grapes and wines. *In*: Jackson R S. Wine Science—Principles and Application. 3rd. San Diego, CA: Academic Press: 270-331.

Joshi V K, Sharma S, Parmar M. 2011. Handbook of Enology. New Delhi: Asia Tech Publishers, Inc.: 1116-1151.

Joshi V K. 2006. Sensory Science: Principles and Application in Food Evaluation. Udaipur: Agro-Tech Academy: 458-460.

Keller S E, Chirtel S J, Merker R I, et al. 2004. Influence of fruit variety, harvest technique, quality sorting, and storage on the native microflora of unpasteurized apple cider. Journal of Food Protection, 67(10): 2240-2247.

Kojima T, Akiyama H, Sasai M, et al. 2000. Anti-allergic effect of apple polyphenol on patients with atopic dermatitis: A pilot study. Allergology International, 49: 69-73.

KozemPel M, Mealoon A. 1998. The cost of pasteurizing apple cider. Food Technology, 52(1): 50-52.

Le Quere J M, Drilleau J F. 1996. Trends in French cider microbiology research. Belgian Journal of Brewing & Biotechnology, 21(1): 66-70.

Lea A G H, Drilleau J F. 2003. Cidermaking. *In*: Lea A G H, Piggott J R. Fermented Beverage Production. Boston, MA: Springer: 59-87.

Lea A G H, Timberlake C F. 1974. The phenolics of ciders. 1. Procyanidins. Journal of the Science of Food and Agriculture, 25: 1537-1545.

Lesschaeve I, Noble A C. 2005. Polyphenols: factors influencing their sensory properties and their effects on food and beverage preferences. American Journal of Clinical Nutrition, 81(1): 330S-335S.

Madrera R R, Picinelli Lobo A, Valles B S. 2006. Phenolic profile of Asturian (Spain) natural cider. Journal of Agricultural and Food Chemistry, 54(1): 120-124.

Mangas J, Gonzâlez M P, Blanco D. 1993. Influence of cider-making technology on low-boiling-point volatile compounds. Zeitschrift für Lebensmittel-Untersuchung und Forschung, 197(6): 522-524.

Mangas J J, Rodríguez R, Suárez B, et al. 1999. Study of the phenolic profile of cider apple cultivars at maturity by multivariate techniques. Journal of Agricultural and Food Chemistry, 47(10): 4046-4052.

Marks S C, Mullen W, Crozier A. 2007. Flavonoid and chlorogenic acid profiles of English cider apples. Journal of the Science of Food and Agriculture, 87(4): 719-728.

Martynenko N N, Gracheva I M. 2003. Physiological and biochemical characteristics of immobilized champagne yeasts and their participation in champagnizing processes: A review. Applied Biochemistry and Microbiology, 39(5): 439-445.

Nogueira A, Guyot S, Marnet N, et al. 2008. Effect of alcoholic fermentation in the content of phenolic compounds in cider processing. Brazilian Archives of Biology and Technology, 51(5): 1052-1032.

Picinelli Lobo A, García Y D, Sánchez J M, et al. 2009. Phenolic and antioxidant composition of cider. Journal of Food Composition and Analysis, 22(7-8): 644-648.

Piggot J R. 1988. Sensory Analysis of Foods. 2nd ed. London, New York: Elsevier Applied Science.

Piyasena P, Rayner M, Bartlett F M, et al. 2002. Characterization of apples and apple cider produced by a Guelph area orchard. LWT-Food Science and Technology, 35: 367-372.

Plata C, Millán C, Mauricio J, et al. 2003. Formation of ethyl acetate and isoamyl acetate by various species of wine yeasts. Food Microbiology, 20: 217-224.

Poll L. 1993. The effect of pulp holding time and pectolytic enzyme treatment on the acid content of apple juice. Food Chemistry, 47 (1): 73-75.

Pollard A, Kieser M E, Stevens P M, et al. 1965. Fusel oils in ciders and perries. Journal of the Science of Food and Agriculture, 16: 384-389.

Pusey P L, Stockwell V O, Mazzola M. 2009. Epiphytic bacteria and yeasts on apple blossoms and their potential as antagonists of *Erwinia amylovora*. Phytopathology, 99(5): 571-581.

Robards K, Prenzler P D, Tucker G, et al. 1999. Phenolic compounds and their role in oxidative processes in fruits. Food Chemistry, 66: 401-436.

Rye G G, Mercer D G. 2003. Changes in headspace volatile attributes of apple cider resulting from

thermal processing and storage. Food Research International, 36(2): 167-174.
Salih A G, Drilleau J F, Cavin F F, et al. 1988. A survey of microbiological aspects of cider making. Journal of the Institute of Brewing, 94(1): 5-8.
Salih A G, Le Quere J M, Drilleau J F, et al. 1990. Lactic acid bacteria and malolactic fermentation in manufacture of Spanish cider making. Journal of the Institute of Brewing, 96: 369-372.
Sánchez A, Coton M, Coton E, et al. 2012. Prevalent lactic acid bacteria in cider cellars and efficiency of *Oenococcus oeni* strains. Food Microbiology, 32(1): 32-37.
Sandhu D K, Joshi V K. 1995. Technology, quality and scope of fruit wines especially apple beverages. Indian Food Industry, 14: 24.
Sandri I G, Fontana R C, Barfknecht D M, et al. 2011. Clarification of fruit juices by fungal pectinases. LWT-Food Science and Technology, 44(10): 2217-2222.
Satora P, Sroka P, Duda-Chodak A, et al. 2008. The profile of volatile compounds and polyphenols in wines produced from dessert varieties of apples. Food Chemistry, 111: 513-519.
Satora P, Tarko T, Duda-Chodak A, et al. 2009. Influence of prefermentative treatments and fermentation on the antioxidant and volatile profiles of apple wines. Journal of Agricultural and Food Chemistry, 57(23): 11209-11217.
Satora P, Tuszynski T. 2005. Biodiversity of yeasts during plum Wegierka Zwykla spontaneous fermentation. Food Technology and Biotechnology, 43(3): 277-282.
Señoráns F J, Ruiz-Rodríguez A, Ibañez E, et al. 2001. Countercurrent supercritical fluid extraction and fractionation of alcoholic beverages. Journal of Agricultural and Food Chemistry, 49(4): 1895-1899.
Singleton V L. 1987. Oxygen with phenols and related reactions in musts, wines, and model systems: observations and practical implications. American Journal Enology and Viticulture, 38: 69-77.
Soto-Vaca A, Gutierrez A, Losso J N, et al. 2012. Evolution of phenolic compounds from color and flavor problems to health benefits. Journal of Agricultural and Food Chemistry, 60(27): 6658-6677.
Sternes P R, Borneman A R. 2016. Consensus pan-genome assembly of the specialised wine bacterium *Oenococcus oeni*. BMC Genomics, 17(1): 308.
Stevenson D E, Hurst R. D. 2007. Polyphenolic phytochemicals-just antioxidants or much more? Cellular and Molecular Life Sciences, 64: 2900-2916.
Sudha M L, Baskaran V, Leelavathi K. 2007. Apple pomace as a source of dietary fiber and polyphenol and its effect on the rheological characteristics and cake making. Food Chemistry, 104: 686-692.
Tsao R, Yang R, Young J C, et al. 2003. Polyphenolic profiles in eight apple cultivars using high-performance liquid chromatography (HPLC). Journal of Agricultural and Food Chemistry, 51(21): 6347-6353.
Verstrepen K J, Van Laere S D M, Vanderhaegen B M P, et al. 2003. Expression levels of the yeast alcohol acetyltransferase genes ATF1, Lg-ATF1, and ATF2 control the formation of a broad range of volatile esters. Applied and Environmental Microbiology, 69(9): 5228-5237.
Vidrih R, Hribar J. 1999. Synthesis of higher alcohols during cider processing. Food Chemistry, 67: 287-294.
Wildenradt H L, Singleton V L. 1974. The production of aldehydes as a result of oxidation of polyphenolic compounds and its relation to wine aging. American Journal of Enology and Viticulture, 25: 119-126.
Williams A A, May H V, Tucknott O G. 1978. Examination of fermented cider volatiles following concentration on the porous polymer porapak Q. Journal of the Institute of Brewing, 84: 97-100.
Williams A A, Tucknott O G. 1971. Volatile constituents of fermented cider I.-Draught dry cider

blend. Journal of the Science of Food and Agriculture, 22(5):264-269.
Williams M W. 1975. Carry over effect of ethephon on fruit shape of 'Delicious' apples. Hortence, 10(5): 523-524.
Xu Y, Zhao G A, Wang L P. 2006. Controlled formation of volatile components in cider making using a combination of *Saccharomyces cerevisiae* and *Hanseniaspora valbyensis* yeast species. Journal of Industrial Microbiology and Biotechnology, 33(3): 192-196.
Zheng H Z, Kim Y I, Chung S K. 2012. A profile of physicochemical and antioxidant changes during fruit growth for the utilisation of unripe apples. Food Chemistry, 131(1): 106-110.
Zoghi A, Khosravi-Darani K, Sohrabvandi S, et al. 2017. Effect of probiotics on patulin removal from synbiotic apple juice. Journal of the Science of Food and Agriculture, 97(8): 2601-2609.
Zohre D, Erten H. 2002. The influence of *Kloeckera apiculata* and *Candida pulcherrima* yeasts on wine fermentation. Process Biochemistry, 38: 319-324.

第 3 章　苹果白兰地现代生物发酵酿造技术

3.1　苹果白兰地概述

3.1.1　苹果白兰地的由来及概念

1. 白兰地的由来

白兰地是英文“brandy”的音译，由荷兰语[brandewijn]（煮过的酒）转变而来，在法国它被当地居民称为“Eru devie”，其含义就是“生命之水”。白兰地和葡萄酒的酿造工艺很接近，其中最大的区别就是葡萄酒是经葡萄发酵过滤后所得，而白兰地则是将葡萄发酵液进行蒸馏，馏出液贮存于橡木桶中进行陈酿和熟化所得。通常所称的白兰地专指以葡萄为原料经发酵、蒸馏、橡木桶贮存陈酿后制成的酒。而以其他水果为原料，通过同样的方法制成的酒，常在白兰地前面加上水果原料的名称以区别其种类。一个重要的例外是 Calvados 苹果白兰地，以法国诺曼底大区卡尔瓦多斯省（Calvados）命名，而不是以水果命名。与其他酒精饮料一样，水果酒和其他一些饮料的命名也有些混乱。例如，英语中的“樱桃白兰地”一词可以是指樱桃酒，也可以是将樱桃加入甜白兰地制成的利口酒。解决这一问题的一种方法是使用含有白兰地这个词的名称来表示白兰地酒，并使用含有酒精这个词的名称来表示蒸馏果酒，或者使用法国或德国名称作为水果烈酒，因为大多数是在法语或德语国家制作的。另一个混淆的是“schnaps”这个词的使用，在德国 schnaps 是一种不加糖的果酒，而在美国 schnaps 是指用水果或水果提取物调味的加糖酒。这些饮料（有时被称为热饮）更类似于水果利口酒。此外，我们应该知道，有时在德国，schnaps 这个词被松散地用来形容任何一种德国制造的烈酒。

在法国，几乎所有的果酒都可以经过蒸馏，生产出各种各样的水果味烈酒，而在德国，schnaps 几乎总是由苹果、樱桃、梨或李子酒制成。在法语和德语国家，最常见的果酒是樱桃酒，但在南欧国家，如前南斯拉夫，李子酒（slivovitz）最常见。果酒生产最重要的领域首先是法国的诺曼底、布列塔尼地区和美国的缅因州。其次，从法国的大东部大区，延伸到德国的巴登-符腾堡州的巴登产区（大部分靠近莱茵河上游），再到瑞士的瓦莱州（靠近罗纳河上游），出产各种各样的水果烈酒，其中樱桃和李子的酒占主导地位。最后，克罗地亚、塞尔维亚和其他前南斯拉夫国家及其他中欧和东欧国家出产一种清澈的李子酒，俗称 slivovitz。除此之外，其他一些国家（包括英国和美国）也生产著名的水果烈酒。

2. 苹果白兰地（蒸馏酒）概况

苹果白兰地是以苹果为原料，经破碎榨汁、酒精发酵、蒸馏、橡木桶陈酿、勾兑调配而成的苹果蒸馏酒（康三江等，2015）。苹果白兰地是经过橡木桶陈酿后所得的产品，未经橡木桶陈酿的苹果发酵蒸馏的产品不能被称为苹果白兰地，只能称为苹果白酒或苹果蒸馏酒。到目前为止，最重要的苹果白兰地生产商在法国的布列塔尼、诺曼底和美国的缅因州，其中诺曼底占主导地位。布列塔尼和诺曼底省是法国苹果酒的主要生产地，它们使用尖酸、苦涩、甜苦参半和甜的苹果品种，其中许多品种都是很古老的，很少在世界其他任何地方种植。诺曼底和布列塔尼每年都有大量的苹果酒被蒸馏，卡尔瓦多斯是布列塔尼和诺曼底最重要的苹果酒。

关于“苹果酒生命之水（Eaux-de-vie de cidre）”的记载于 1553 年在一个叫 Gilles de Gouberville 的诺曼底人写的日志中被首次发现。他在日志中记录了一个从图兰（Touraine）来的年轻人如何教他从葡萄酒中蒸馏出白兰地的故事，而他则认为这种方法同样适用于当地盛产的苹果，于是就发明了后来在诺曼底流行的苹果白兰地。卡尔瓦多斯在法国诺曼底大区（Normandie AOC）下有 3 个法定认证产区，其中又以奥日地区（Pays d’Auge）的品质最为出众。因此，必须按照一套严格的规章制度来制定：奥日地区卡尔瓦多斯苹果白兰地法定产区所使用的苹果只能在奥日地区采集；苹果酒必须按照传统做法制备，发酵时间必须至少超过 6 周；苹果酒必须在蒸馏器中进行二次蒸馏，以产生约 72%（*V/V*）的酒精度（这样，Calvados 酒的生产就类似于干邑白兰地酒）；必须至少陈酿 2 年，装瓶出售酒精含量为 40%～50%（*V/V*）。

新鲜蒸馏的 Calvados 样品的挥发性成分已经通过各种分离技术进行了广泛研究。使用 GC-MS 进行分析，二氯甲烷液相萃取、制备气相色谱、硅胶分馏等方法在新蒸馏的 Calvados 和干邑中检测到 331 种挥发性化合物（162 种在痕量水平），其中在 Calvados 中发现了 130 种痕量芳香化合物。非痕量化合物包括缩醛、醇类、醛类、羧酸类、酯类、醚类、酮类、正异戊二烯类、有机硫化合物、酚类和萜类。醇中含有不饱和的 2-丙烯-1-醇和 3-甲基-2-烯-1-醇，两者在干邑中均未发现。同样，2-羟基丁酸乙酯、2-羟基戊酸乙酯和 2-羟基丙酸丁酯是 Calvados 独有的，许多芳香化合物和酚类（包括各种愈创木酚）、4-松油醇和 3, 3-二乙氧基丙醇也是如此。在痕量化合物中，酯为乙基和甲基戊酸酯；仲醇为戊烷-3-醇、己烷-2-醇和辛烷-2-醇；不饱和醇为 4-戊烯-1-醇、4-庚烯-1-醇；不饱和醛为戊二醛、2-辛烯醛和 2-十三碳烯醛；萜类化合物为樟脑、桉油精；酚类化合物为愈创木酚、异丁香酚和各种水杨酸酯，都是 Calvados 独有的，因此可以作为这种烈酒的标志性化合物。灵敏度高的制备型气相色谱分离技术可以鉴别许多微量化合物，如甲硫基丙醛、辛-3-烯酮（OCT-3-EN-ONE）和 4-氧代异佛尔酮（茶香酮），它们的气味阈值较低，可能对新蒸馏（分别为熟马铃薯味、蘑菇味和木头味）的香气有重要贡献。目前已经发现有机硫化合物在新蒸馏的 Calvados 中比在新蒸馏的干邑中少得多，并且 Calvados 几乎不存在萜类化合物/降异戊二烯酮类。然而，在 Calvados 中发现了许多饱和和不饱和的羰基化合物，这些化合物可以提供草和蘑菇的香味，并且几种硫化合物可能以足够高的水平存在以提供香气贡献，特别是二甲基二硫化物和甲硫氨酸。研究发现 Calvados 中 3-噻吩甲醛与 2-噻吩甲醛的比例大于 10，而 Cognac 中其小于 0.5。事实上，奥日地区卡尔瓦多斯（Calvados du Pay d'Auge）通常在大橡木桶中陈酿。由于这些酒桶很少更换，因此陈酿酒中来自木材接触的挥发性化合物或非挥发性单宁相对较少。即使在木桶中放置了几年，许多卡尔瓦多斯的样品几乎是无色的，因此通过添加少量焦糖（唯一允许的添加剂）使其具有温和的颜色。奥日地区（Pays d'Auge）以外的其他（指定）地区只有产自所划定的诺曼底地区的苹果白兰地酒才可以冠名“Calvados”。位于诺曼底地区的有卡尔瓦多斯（Calvados）、厄尔（Eure）、芒什（Manche）、奥恩（Orne）和滨海塞纳（Seine-Maritime）等。该规定类似于奥日地区卡尔瓦多斯的规定，但限制性较小，允许单柱（间歇柱）蒸馏。在这些地区以外使用 AOC 规定方法以外的方法生产的苹果酒简称为“Eaux-de-vie de cidre”。

苹果白兰地或苹果烈酒在欧洲其他几个地方也有生产，包括西班牙北部（尤其是阿斯图里亚斯）、意大利北部（尤其是 Trentino-Alto Adige）、德国和英国，原料来自各种苹果品种，而不仅仅来自主要苹果酒生产区种植的经典苹果酒品种。这些苹果生长在不同的气候条件下，每个地区的气候条件也各不相同。因此，烈酒的香气特征能够反映出苹果的品种和果酒生产的年份。Versini 等（2009）研究表明由撒丁岛本地品种制成的苹果馏分与使用类似的发酵/蒸馏设备/方法在特伦蒂诺省当地种植的苹果品种生产的苹果烈酒成分不同。利用气相色谱/火焰离子化检测器/质谱（GC/FID/MS）对不同年份的撒丁岛馏分之间及不同品种的撒丁岛和特伦蒂诺馏分之间存在显著差异的成分进行了单变量统计分析（ANOVA）。然后将具有高度显著性的变量用于主成分分析（PCA）。方差分析和主成分分析表明，辛酸乙酯、己基-2-甲基丁酸酯、1-己醇、苯甲醛和糠醛与苹果品种相关，并能对其进行鉴别。撒丁岛馏分中 3-甲基-1-丁醇、总醛、乙酸乙酯和 6-甲基-5-庚-2-醇的含量与年份相关。Rodríguez-Madrera 和 Alonso（2005）研究了苹果酒成熟时间对蒸馏物香气质量的影响，最成熟的苹果酒使蒸馏馏分具有更好的香气（更甜更辣），乙酸乙酯、乳酸乙酯和琥珀酸乙酯及细菌代谢产生的挥发物（在广泛成熟的苹果酒中更为普遍）如 2-丁醇、4-乙基愈创木酚、丁香酚和 2-丙烯-1-醇含量更高。另外，同一组试验已经证明，成熟的苹果酒生产的烈酒含有较高的氨基甲酸乙酯（EC），尽管使用 Alquitara（一个间歇式蒸馏柱）代替罐式蒸馏器生产的苹果酒的

EC 含量最低。EC 是蒸馏过程中 HCN 与乙醇反应产生的致癌物；苹果酒中的 HCN 可能来源于酒精发酵产生的尿素。

世界上很多地方通常都有大规模的苹果酒工厂利用苹果浓缩汁（AJC）广泛生产苹果酒，尽管它的使用在许多领域受到严格的管制。用气相色谱/质谱法分析了从阿斯图里亚斯（Asturias）、卡尔瓦多斯（Calvados）和赫里福德郡（Herefordshire）蒸馏的一系列苹果酒，无论是夏朗德蒸馏壶蒸馏还是塔式蒸馏，都能够区分利用新鲜苹果和苹果浓缩汁（AJC）生产的苹果酒。该分析基于 27 种香气化合物的变异性，其中包括 9 种主要的挥发物：乙醛、甲醇、乙酸乙酯、1-丙醇、2-甲基-1-丙醇、1-丁醇、缩醛、2-甲基-1-丁醇和 3-甲基-1-丁醇。制备苹果浓缩汁（AJC）的方法和发酵方法（通常使用酿酒酵母）被认为是引起香气特征差异的原因。因此，源自苹果浓缩汁（AJC）的烈酒倾向于更高的甲醇含量[由于在制备苹果浓缩汁（AJC）期间发生的果胶水解]和更低的品种（优选）芳香化合物，如 1-丁醇和 1-己醇。同样，用新鲜苹果生产的烈酒中乙酸乙酯（3-甲基-1-乙酸丁酯除外）的含量更高（由于非酿酒酵母菌的作用），而中间香气部分的乙酯则倾向于与苹果浓缩汁（AJC）生产的烈酒有关。生产苹果蒸馏酒的两种主要蒸馏方法，第一种方法是壶式蒸馏法（使用类似干邑生产的夏朗德蒸馏壶，用于阿斯图里亚斯和诺曼底/布列塔尼），第二种方法是塔式蒸馏法（用于阿斯图里亚斯、英格兰和诺曼底/布列塔尼）。还有一种方法是使用 Alquitara，这是一种可直接加热的铜罐，容量为 130～350 L，顶部有一个梨形凸起或回流冷凝器，与一个装满冷水的接收器相连，以冷凝蒸汽。这种蒸馏器被阿斯图里亚斯的酿酒公司使用，但它是一种传统的蒸馏系统，在西班牙加利西亚生产马克蒸馏酒时更常用。对阿斯图里亚斯苹果蒸馏酒的研究表明，用 Alquitara 蒸馏所得的蒸馏酒比用夏朗德蒸馏壶蒸馏的好，蒸馏酒的甲醇、乙醇、糠醛、铅、铜和锌含量低于最大允许水平，挥发性风味物质（同系物）含量超过最低允许水平。然而，要得到乙醇含量足够的蒸馏酒，必须进行双蒸馏（带第一次蒸馏的尾部）。尽管双蒸馏降低了最终蒸馏物中的糠醛和金属含量，但能源成本很高。

橡木桶陈酿可以改变苹果酒的感官特性，酒体由粗糙变得更加柔和，香气和味道更加圆润和谐。在橡木桶中陈酿的苹果馏分通常富含某些缩醛、酮类、中链和长链乙酯、内酯（如橡木或威士忌内酯）和酚类化合物，同时失去一些醛、酮、非乙基酯和脂肪酸（乙酸除外）。人们曾尝试将蒸馏酒中某些成分的存在（绝对和相对）与成熟历史联系起来，尤其是在橡木桶中的老化。由于在这些烈酒的生产中使用了橡木提取物和更常见的焦糖，低分子量的酚类和香豆素不能作为苹果蒸馏物木桶成熟的唯一指标。同样，糠醛、5-甲基糠醛和 5-羟甲基糠醛也是不可靠的橡木老化标志，因为它们存在于焦糖中，而且它们的浓度取决于苹果酒的蒸馏方法或苹果酒的类型。对从许多苹果白兰地样品中提取的香气化合物、呋喃和酚类化合物进行化学计量学（主成分、线性判别式和贝叶斯）分析，可以根据主要判别变量辛酸乙酯、异戊酸乙酯、1-丙醇和乙酸己酯对陈酿和未陈酿烈酒进行分类。

尽管有记录显示 17 世纪英国就有苹果白兰地的生产，但在第一次世界大战前后，苹果酒蒸馏技术似乎已经绝迹。1984 年，赫里福德苹果酒博物馆的一台小型蒸馏器重新启用了苹果酒蒸馏技术，尽管还没有商业化。直到 1989 年，博罗山（萨默塞特郡）的一家成熟的苹果酒生产商获得了酿酒师执照，并使用两个单柱铜蒸馏器，开始在萨默塞特酒厂蒸馏苹果酒。塔式蒸馏器蒸馏的烈酒具有清新果香味，就像一些 AOC Calvados。苹果酒是由大约 40 个苹果品种用传统方法酿制而成，经过一年的成熟（无亚硫酸盐处理）后蒸馏。与双锅蒸馏麦芽威士忌一样，新的酿造酒精浓度为 70%ABV（Alcohol by volume，酒中含乙醇的体积百分比）。在不同规格（通常为 500L）的橡木桶中老化 3～15 年，装瓶前用纯水稀释至约 40%ABV。

3.1.2　国外苹果白兰地发展现状

国际上以法国和美国生产的苹果白兰地最为著名，著名的生产商有法国布兰德酒厂（Maison Boulard）、美国赖尔德公司（Laird）和新查塞公司（New Jersey）等（高晓娟，2011）。其中来自法国卡尔瓦多斯的布拉德苹果白兰地 Calvados 最为出名（蓝雪如，2014）。Calvados 是由甜的、酸的和苦的苹果品种组合而成，这些苹果品种经过发酵产生苹果酒。苹果酒在蒸馏壶中被二次蒸馏而得到一种香味复杂的白兰地，或者在塔式蒸馏器中蒸馏从而得到一种不那么复杂的白兰地（Small and Couturier，2011）。Calvados 的种类包括 AOC Calvados、AOC Calvados du Pays d’Auge 和 AOC Calvados Domfrontais（Buglass，2011）。苹果白兰地在欧洲的其他几个地方生产，包括西班牙北部（尤其是阿斯图里亚斯）、意大利北部（尤其是阿尔托阿迪奇和特伦蒂诺）、德国和英国，从各种各样的苹果品种中生产，而不仅仅是从主要苹果酒生产区种植的经典苹果酒品种中生产（Vidrih and Hribar，1999）。

苹果白兰地的香气质量受到苹果酒成熟度的影响（Rodríguez-Madrera et al.，2010）。研究发现，最成熟的苹果酒具有更好的香气（更甜更辣），乙酸乙酯、乳酸乙酯和琥珀酸乙酯含量更高，细菌代谢产生的挥发物如 2-丁醇、4-乙基愈创木酚、丁香酚和 2-丙烯醇。此外，使用不同的酵母品种可以生产芳香成分有重大差异的烈酒（Rodríguez-Madrera et al.，2013）。一些学者对新蒸馏的 Calvados 和 Cognac 的挥发性成分进行了广泛的研究并对 331 种化合物进行了表征，其中 162 种可被视为微量化合物。39 种是两种烈酒共有的；30 种是干邑白兰地特有的，含有许多己基酯和正异戊二烯衍生物，而 93 种是 Calvados 特有的，含有不饱和醇、酚类衍生物和不饱和醛等化合物（Ledauphin et al.，2004）。

苹果渣（榨汁后产生的固体残渣）由果皮、果肉和种子组成，约占加工苹果的25%。果渣通常用作传统方法生产烈酒的原料，从而生产出具有公认声誉的优质产品。根据欧洲法规的要求，果味马克烈酒的酒精浓度高达37.5%（*V*/*V*），最低挥发性物质含量为每百升100%（*V*/*V*）酒精200g[欧盟（EC）110—2008条例]。由于原料的季节性强，所以需要大型的蒸馏设备。Rodríguez-Madrera等（2013）研究了使用干果渣生产苹果果渣酒，但用具有果胶-甲基酯酶活性的酶处理会导致蒸馏液甲醇含量过高，因此不宜使用。相反，本地酵母生产的甲醇浓度更低。Zhang等（2011）在用果胶酶处理过的苹果泥、果汁和Crispin苹果渣的研究中也得到了类似的结果。甲醇、乙醇、正丙醇、异丁醇和异戊醇被确定为所有苹果烈酒中的主要醇类。

3.1.3 国内苹果白兰地发展现状

在苹果白兰地酿造过程中，涉及很多工艺参数，比如发酵温度、发酵时间、苹果汁初始pH、酿酒酵母的种类及接入量、蒸馏条件、二氧化硫添加量及陈酿条件等。这些工艺参数的改变都会对白兰地的品质产生巨大的影响。而我国在苹果白兰地方面的研究起步较晚，开展试验研究的科研机构较多，据报道，山东、陕西、河南、甘肃等地已建成多家苹果白兰地生产企业，但在市场上除大量的以葡萄为原料生产的白兰地产品外，苹果白兰地产品却难觅其踪，产品开发仍处于市场空白。

3.2 苹果白兰地生产原料和发酵过程

3.2.1 苹果白兰地生产原料

苹果是苹果白兰地生产的基本原料。与任何产品一样，原材料的质量决定了最终产品的质量。苹果的品种、成熟度，以及原料组成成分都是影响苹果白兰地品质的重要因素。尤其是苹果品种的选择，是苹果白兰地酿造中最重要的一环，若选取恰当，便能为苹果白兰地的酿造创造一个良好的开端。白兰地中主要的挥发物质是高级醇类、酯类及低级脂肪酸类（Vidrih and Hribar，1999），而高级醇类、酯类是形成白兰地酒香的主要物质。研究显示，苹果白兰地中并没有单一的主体香，其香气主体是多种复杂的酯类和醇类共同作用的结果，而且醇类物质相对于酯类物质来说，含量较少。主要包括：辛酸乙酯、癸酸乙酯、己酸乙酯、乙酸异戊酯、乳酸乙酯、琥珀酸二乙酯、丁酸乙酯、异戊酸乙酯、乙酸-2-苯乙酯、异戊醇、正己醇、2-苯乙醇等（李国薇，2013）。这些物质主要来自原材料苹果及在苹果酒发酵过程中酵母菌的无氧代谢。因此在选取苹果品种时，不但要考虑经济因素，更要考虑苹果的典型性特征及口感。另外选择苹果原料的考虑因素是产量，生产 1L 苹果白兰地需要苹果 10～15kg，具有高产量潜力的苹果品种优先用于苹果白兰地生产。由于我国在苹果白兰地生产领域起步较晚，导致苹果白兰地种类较少，到目前为止，科研院所和企业大多数采用红富士，因其果肉致密细脆，且汁液丰富，可溶性固形物含量可达 14.5%～15.5%，比较适宜用来酿酒。

3.2.2　苹果白兰地原酒发酵

苹果酒酒精发酵是微生物（酵母）将糖转化为酒精和二氧化碳气体的过程。大多数酿酒师都意识到酵母作为一种活的有机体对酿酒起着非常重要的作用，没有酵母就没有果酒。这些不同的单细胞生物可以被分为 60 个属（如酵母属）和超过 700 个更严格定义的组，称为酿酒酵母。大约在一个半世纪以前，Louis Pasteur 就开始选择酵母并证明了酵母在发酵过程中的作用。大约在 80 年前，第一批酿酒酵母被选中用来酿酒，选择的主要标准是它们能够可靠地完成发酵。随着酿酒师的不断努力，发酵剂的培养技术也得到了改进，液态酵母发酵剂被酿酒师所接受。在 20 世纪 60 年代中期，开发出了活性干酵母发酵剂（Degré，1993）并被主流接受，供酿酒师在酿造大多数葡萄酒中使用。自 20 世纪 80 年代以来，各高校和酿酒研究机构根据自身的研究重点和原料资源，制定了天然酿酒酵母的选择策略。这些酵母选择策略包括竞争因子（Barre and Vézinhet，1984）、品种挥发性化合物（Tominaga et al.，1998）、生态起源、酵母的育种技术和基因工程等。

1. 自然微生物发酵

果酒发酵所用的酵母菌种通常是原料中的原始土著酵母，比如传统的朗姆酒仍以自然微生物发酵的方式进行（Okafor，1990）。国内一些科研人员也通过对自然发酵醪中分离出的菌种进行筛选，从而得到较为理想的发酵菌株（侯格妮和吴天祥，2013；胡世文，2008）。据研究报道，多达 200 种不同种类的野生酵母与葡萄及葡萄汁有关（Kunkee and Amerine，1970；Kunkee and Goswell，1977）。然而，Zambonelli 等（1989）仅将 90 个物种列入 Kreger-van Rij（1984）的分类中。Beech 和 Davenport（1970）在苹果中分离出了 90 多种，而从朗姆酒生产中使用的糖蜜或甘蔗汁中分离出 34 种（Lehtonen and Suomalainen，1977）。自然微生物群发酵开始时需氧不耐受酒精的酵母菌是最活跃的，但逐渐被酵母菌（*Saccharomyces* spp.）等发酵酵母菌所主导（Watson，1984）。在果汁发酵中，*Kloekera* 和 *Hansenula* 是主要的早期生长酵母，因为它们是糖蜜发酵中的酵母，还有念珠菌、毕赤酵母和球拟酵母（Beech and Davenport，1970；Lehtonen and Suomalainen，1977；Kunkee and Goswell，1977）。Okafor（1990）报道，在自然棕榈液发酵过程中，毕赤酵母属、内生真菌属和念珠菌属是重要的早期酵母。二氧化硫处理是影响果汁发酵微生物区系的一个主要参数。这可以杀死压榨苹果汁中 98%以上的天然酵母菌群（Beech and Davenport，1970）。酵母菌的抵抗力更强，因此具有选择性优势（Kunkee and Amerine，1970）。裂殖酵母菌属可参与果汁发酵，是一些天然朗姆酒发酵中的主要酵母（Kunkee and Amerine，1970；Lehtonen and Suomalanen，1977）。由于路德类酵母菌对二氧化硫的相对抗性，因此可以存活到果汁发酵的后期，如果初始接种量足够高，可以与发酵的主要微生物竞争，从而降低发酵效率。

除裂殖酵母菌属具有重要的发酵作用外，酿酒酵母菌可被视为酿酒工业中大多数自然发酵的主要生物。除了原材料中产生的这种酵母种群之外，它们通常是从不卫生的设备中引进的（Beech and Carr，1977）。然而，由于许多原因，自然发酵越来越少见。新开发的果园没有足够的微生物群落，而增加的杀菌剂处理降低了长期存在的酵母种群数量（Kunkee and Amerine，1970；Zambonelli et al.，1989）。工艺效率的提高和发酵卫生条件的要求增加了使用特定酵母接种发酵的趋势。

2. 培养微生物发酵

很早以前，苏格兰威士忌工业以酿酒厂生产的酵母为主要发酵菌。在 18 世纪初，酿酒厂提出了在酵母供应上自给自足的方法。主要包括在发酵罐接种前将酵母在特制麦芽汁中繁殖，或通过撇去泡沫头中的酵母，从发酵液中收集酵母，也可以收集沉淀的酵母。通过引入连续蒸馏法生产精馏酒，人们认识到蒸馏过程中不需要加入酵母，更多的酵母可以被收集并出售用于其他用途，如烘焙等。这种做法很快在西欧的以谷物为基础的酿酒厂蔓延开来，苏格兰酿酒商从中获得了这项技术，并于 1860 年在英国获得法律认证。一些酿酒厂通过麦汁通风和麦汁成分的调整，以最大限度地提高酵母产量，而酒精生产是次要的（Nettleton，2011）。虽然现在使用糖蜜而不是谷物麦芽汁，但这些被证明是现代商业酵母工业的基础。20 世纪初，在苏格兰的酿酒厂生产的种子酵母，无论是商业上生产，还是为自己使用，仍然是从以前的发酵过程中或酿酒厂获得。主要的酵母都是酿酒酵母，但接种物中也有各种野生酵母。虽然分类不正确，但人们认识到这些野生酵母中的一些只能发酵葡萄糖，有些可以发酵蔗糖和葡萄糖，但不能发酵麦芽糖，而另一些则可以缓慢发酵糊精（Nettleton，2011）。这种混合菌种发酵很有可能比许多酿酒酵母纯培养产生更好的效果。

大多数现代酿酒厂使用培养酵母，尽管有一些来自先前发酵的酵母。除了一些朗姆酒酿酒厂使用裂殖酵母（*Schizosaccharomyces pombe*）生产特定浓稠烈酒及用乳清生产中性白酒（有时使用克鲁维酵母菌是因为其乳糖发酵活性），酵母通常是酿酒酵母（Lehtonen and Suomalanen，1977）。许多酿酒商从商业酵母公司购买酵母，这些公司生产酵母的方式与面包酵母的生产方式相似（Harrison and Graham，1970；Rosen，1989）。除了主要的酿酒酵母外，许多苏格兰麦芽威士忌酿酒商还使用比例约为 1∶1 的酿酒废酵母（Sharp and Watson，1979）。由于商业购买的酵母不受直接控制，许多公司向其供应商发布了有关水分含量、活性、微生物污染物计数、运输和贮存条件、稠度和菌株特性的规范（Sharp and Watson，1979；Korhola et al.，1989）。商业酵母制造商必须提供酵母的培养方案以确保干燥或压缩的产品保持比发酵酵母所预期的更长时间的发酵活性。有些酿酒师自己繁殖酵母，特别是在没有合适的商业酵母的情况下。对于果汁发酵，酵母是从巴氏杀菌的倾斜培养基中培养出来的。但是在操作过程中由于难以实现一致的酵母细胞计数和被污染的危险，许多人停止了这种做法转而使用商业干酵母（Kunkee and Goswell，1977；Spencer and Spencer，1983）。

3.2.3　苹果白兰地发酵酵母的接种培养

当把培养好的酵母发酵剂接种到发酵罐时，被接种的酿酒酵母很可能在发酵中占主导地位（Schütz and Gafner，1993）。然而，接种特定的酵母并不能保证酵母的优势或它们对发酵的贡献。影响这一结果的重要因素将是如何管理发酵和本地酵母种群适应发酵苹果汁。20 世纪 80 年代末和 90 年代初，采用选择性平板培养技术在许多地区进行酿酒厂发酵试验，以确定酿酒工艺对接种酵母成功率的影响。

1. 酵母顺序接种

酿酒师一般在以下两种情况下考虑酵母顺序接种。第一种情况是解决在非常高含量的初始可溶性固形物下发酵的潜在问题，其目标是以相对较低的残糖完成酒精发酵。这种方法已被酿酒师用于处理极为成熟的葡萄中。酿酒酵母分两个阶段接种：第一阶段是在发酵开始时，第二阶段是在发酵液密度达到一定程度但未出现停滞或缓慢发酵的症状之前。这种顺序发酵策略很好地解决了酿酒师希望利用某些特殊酵母，且又回避了其对高酒精环境比较敏感的问题。正确方法是先将所需酵母的类型接种到果汁中，然后在酒精发酵过程中，依次接种耐酒精酵母。第二种情况是使用非酿酒酵母，然后使用酿酒酵母。更多关于非酵母菌对葡萄酒感官特征影响的知识可供参考（Ciani and Ferraro，1998）。其中一些酵母菌，如 *Pichia fermentans*、*Candida stellata* 和 *Torulaspora delbrueckii* 因其对感官的作用而被研究（Moreno et al.，1991；Ferraro et al.，2000；Clemente-Jimenez et al.，2005）。虽然这些酵母中的一些会在某些风格的葡萄酒中产生芳香化合物，但大多数都不是非常可靠的酒精发酵剂。Englezos 等（2018）对酒精发酵过程中非酿酒酵母和酿酒酵母的连续接种进行评估，结果显示出了顺序接种在影响和调节葡萄酒品质方面具有巨大的潜力；异常汉逊酵母与酿酒酵母顺序接种也可以改善苹果白兰地的品质及风味（曾朝珍等，2018a）。

2. 酵母接种量

在选择接种量时，苹果汁卫生条件应较为稳定，如果苹果汁中本地酵母或细菌大量存在，则应使用相对较大的酿酒酵母接种量。通常通过添加活性干酵母而使酿酒酵母细胞数量达到 5×10^6CFU/ml 左右。酵母的接种量必须保证发酵开始并能够完成。最好保持在发酵开始之前的延迟阶段尽可能短，以避免潜在的微生物变质和产生不需要的化合物。酵母接种浓度的增大将会导致延迟阶段时间的缩短。在葡萄酒发酵过程中，接种的酵母细胞群通常会经历细胞分裂，每分裂一次，酵母的数量就会加倍。获得稳定和完全发酵的最重要的因素之一是当酵母完成生长时存在足够的酵母细胞，这时通常还有 30%～50%的糖仍然需要发酵。通常完全发酵需要 120×10^6～150×10^6CFU/ml 的细胞。当酵母细胞接种量约为 5×10^6CFU/ml 时，细胞数量更容易达到（Monk，1997）。值得注意的是，一些酵母需要更高的细胞密度才能完成发酵，因为它们的新陈代谢与其他酵母不同。

3. 酵母接种时间

为了确保酿酒酵母的优势地位必须尽快接种菌种到发酵液中。在需要很长时间来填充的大型发酵罐中，有必要将酵母发酵剂接种到发酵罐底部（或在填充过程中尽快接种），以使它们能够经历延迟阶段并立即与本土微生物群竞争。此外，发酵过程中的温度直接影响酵母的活性。普通酵母生长繁殖的最佳条件是 30℃，通常在高于 32℃的温度下受到抑制。温度增加了酵母的生长，酶的作用速度也加快；同时，由于膜流动性的增加，细胞对酒精毒性作用的敏感性也随着温度的升高而增加。这可能部分解释了在葡萄酒发酵过程中，温度高于 20℃时酵母活力的快速下降（Torija et al.，2002）。关于苹果酒的生产，一般认为“正常”发酵是在 20～25℃下进行的，持续 1～4 周（Waites et al.，2001）。

3.2.4 苹果白兰地发酵酵母所需的营养

为了能够完成一个完整的酒精发酵过程，苹果汁必须有足够的营养以用于酿酒酵母的生长。这将确保酵母发酵过程中的生物量，从而降低发酵迟缓或停滞的风险。与 20 年前相比，目前对苹果汁中复杂的相互作用及它们对酵母生长和酒精发酵期间存活的影响有了更好的理解。然而，目前仍然很难预测什么时候营养素缺乏，许多酿酒师现在常规地使用初始的酵母可同化氮（YAN）浓度作为指导添加补充剂的依据。除了可同化氮的浓度以外，酒精含量也应该是在做营养补充决策时的一个重要参考。

1. 氮源

氮源是酿酒中的一个重要影响因素，在酒精发酵动力学中起着至关重要的作用。由铵态氮和 α-氨基氮（游离氨基酸除去不被酵母同化的脯氨酸）组成的酵母可吸收氮是对酒精发酵速率和结果影响最大的营养素（Bezenger and Navarro，1987）。在发酵过程中，酵母将铵（NH_4^+）和氨基酸从果汁中运输到酵母细胞中，并保存在那里供日后使用。这些氮源用于细胞增殖过程中酵母膜的合成和产生糖酵解所需的酶，这些酶将用于葡萄糖和果糖转化为乙醇。此外，NH_4^+和氨基酸被用来生物合成酵母膜中的渗透酶。这些渗透物负责将其他氨基酸和糖等成分运输到细胞中。果汁中可同化氮的缺乏将限制酵母的生长和发酵速度（Bely et al.，1990）。在酒精发酵过程中，当氮逐渐变得不可用时，糖在发酵稳定阶段被消耗。由于可同化氮是一种通过蛋白质将糖运输到细胞中的必需营养素，这也部分解释了为什么酵母代谢和发酵活动都会减慢（Salmon，1996）。因此，可同化氮在果汁中的浓度越低，发酵迟缓的风险就越大（Kunkee，1991）。大多数葡萄汁中含有 80～400mg/L 的可同化氮；对于初始糖浓度约为 200g/L 的葡萄汁，可同化氮缺乏的阈值约为 150mg/L（Henschke and Jiranek，1993）。葡萄汁中的氮缺乏也导致酵母中蛋白质合成停止。这种失活的结果将是糖转运活性的显著降低，从而增加了发酵停滞的风险（Basturia and Lagunas，1986）。

研究表明，无论是来自果汁还是氮补充剂的氮供应，都会影响酵母的生长、发酵时间和白兰地的感官特性（曾朝珍等，2015；张丹，2014）。在苹果白兰地发酵中添加氯化铵、蛋白胨、磷酸氢二铵和 L-精氨酸，无机氮源发酵后总酸变化量较有机氮源明显，个别浓度处理的总酸变化量与对照相比差异显著，并随着氮源浓度增加总酸变化量有增加的趋势（图 3-1），而有机氮源不同浓度处理后的总酸变化量与对照相比，不但没有显著增加，反而多数浓度处理后的总酸变化量低于对照（曾朝珍等，2013）。

在相同条件下，不同的酵母具有不同的生长速率、营养需求及产生酯类和杂醇的能力。酵母和葡萄汁成分之间的相互作用会影响葡萄酒的质量和风格（Swiegers et al.，2005）。当氮在发酵过程中受到限制时，酵母（需要更多的蛋白质来继续构建糖运输）将降解其细胞内的氨基酸并吸收氮部分。因此，当含硫氨基酸被降解时，其结果是酵母释放的 SH 部分被酵母以 H_2S 释放（Jiranek et al.，1995；Erasmus et al.，2003）。当 H_2S 浓度大于 10μg/L 时，会对葡萄酒的感官质量产生不利影响。

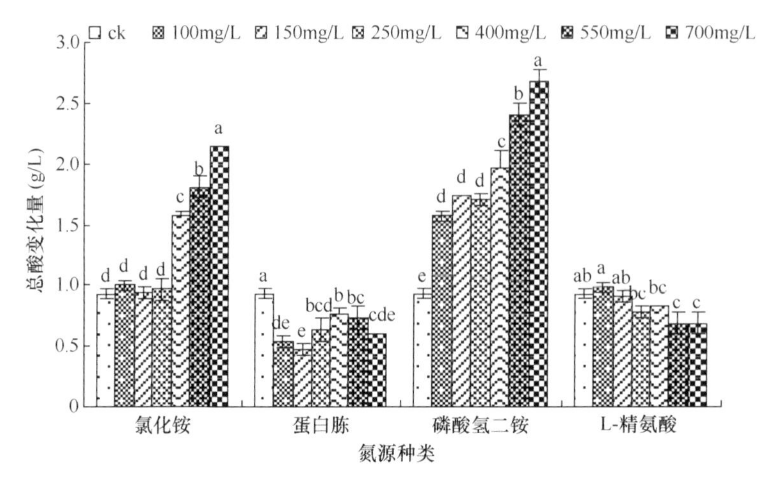

图 3-1 氮源种类及浓度对苹果白兰地酒精发酵总酸变化的影响

注：不同小写字母代表差异显著（$P<0.05$）

当可同化氮与泛酸和/或生物素的不平衡结合时，也可能导致 H_2S 产量增加（Wang et al.，2003；Bohlscheid et al.，2007）。发酵初期产生 H_2S 时，可与其他化合物反应生成硫化物、二硫化物和硫醇。这些硫化合物可在老化过程中或装瓶后形成，也会对葡萄酒质量产生负面影响（Rauhut et al.，1993）。硫化氢的发生也可能是含有元素硫的农药使用不当造成的。

（1）有机氮

葡萄中的氨基酸主要是脯氨酸、精氨酸和谷氨酰胺。葡萄园和气候条件影响氨基酸的浓度。来自灭活酵母的氨基酸和肽是补充有机氮的主要来源。酵母中有机氮的重要性被公认为是葡萄酒酵母的高效营养来源，特别是与磷酸二铵（DAP）中的无机氮相比时。此外，与使用磷酸二铵作为氮源相比，有机氮有助于避免不良含硫化合物的过度生产。含有高水平有机氮的灭活酵母补充剂也可以帮助酿酒师实现稳定的发酵。它们的细胞壁部分还提供甾醇和脂类，甾醇和脂类是帮助维持膜流动性和避免酒精毒性的生存因素。因为细胞壁富含多糖，多糖的表面积大，具有吸附能力，可去除酵母代谢产生的残留农药和其他潜在抑制物质，如辛酸和癸酸脂肪酸（Lafon-Lafourcade et al.，1984）。这些化合物可以黏附在酵母细胞壁上，并在发酵过程的最后阶段抑制酵母的活性，因为它们会改变细胞的通透性。最后，酵母细胞壁可以起到支撑作用，有助于保持酵母在发酵过程中的悬浮状态，并避免其沉降在发酵罐底部。

（2）无机氮

以氨盐形式存在的无机氮（如磷酸二铵或硫酸铵）被用于酿酒以补充氮，尤其是在酒精含量高、可同化氮含量低的葡萄汁中。然而，无机氮本身的补充并不能获得最佳的发酵效果，过度处理会导致葡萄酒品质变得粗糙。在氮限制条件下，目标是平衡 α-氨基酸中无机氮和有机氮的水平，以达到最佳氮浓度。这种良好的平衡将是发酵安全性和发酵特性及品种特性的最佳表现。

2. 矿物质

金属离子的生物利用对酿酒酵母的生理和发酵性能的影响还不够被重视。以干重计，酵母平均含有 2.6%磷酸盐（PO_4^{3-}）为五氧化二磷，2.5%钾（K^+）为氧化钾，0.4%镁（Mg^{2+}）为氧化镁，0.5%硫和痕量钙（Ca^{2+}）、氯、铜、铁、锌和锰。这些元素在酵母中的相对比例表明它们对酵母代谢的重要性。如果没有 PO_4^{3-}来源，酵母就不能生长。这种负离子参与能量守恒和转移，是酵母细胞中许多有机化合物的一部分。幸运的是，PO_4^{3-}自然存在于葡萄汁中并对酵母的生长是足够的。但是，通过增加 PO_4^{3-}浓度也可以对酵母起到有限的生长刺激作用。钾被认为是酵母生长和发酵所需的一个生存因子，尽管它没有被纳入细胞的结构或有机成分中。葡萄汁含有足够量的 K^+，用于运输系统的运行和活性酵母的生长，尤其是当 pH<3.3 时，K^+和 H^+浓度之间的不平衡对酵母细胞的活力可能是至关重要的（Kudo et al.，1998）。镁是酵母细胞中细胞间浓度最高的矿物质，对酵母的生长和代谢（Walker and Ian Maynard，1996）及帮助酵母耐受乙醇非常重要（Dombeck and Ingram，1986）。在这些和其他金属离子（如 Zn^{2+}）中，酵母的生物利用度通常不高，这对许多酶（如乙醇脱氢酶）至关重要，并对选定的酵母生理和发酵性能有直接影响，因为它们通常与葡萄汁中的组分（如蛋白质和多酚）结合（De Nicola et al.，2009）。另外，这些矿物质的浓度在极度成熟的葡萄和受真菌或腐烂影响的葡萄中较低，这些葡萄会消耗大量的矿物质。土壤元素浓度、灌溉、产量和树冠管理也对矿物可利用性起到作用。可以通过添加补液水来增加金属离子的浓度，但必须平衡其生物利用度和数量，因为过量的 Ca^{2+}可由于摄取拮抗作用导致 Mg^{2+}效应抑制（Birch et al.，2003）。

3. 维生素

维生素是有机化合物，对酵母细胞的最佳生长和在压力条件下的生存能力至关重要。维生素缺乏会导致发酵动力学的突然变化。大多数维生素作为酶促辅助因子，干预能量转移或支持膜的完整性。例如，生物素有利于酯类的生产，并为发酵提供更好的细胞活力。氮和生物素的相互作用被证明会影响酵母的发酵周期和挥发性物质的产生（Bohlscheid et al.，2007）。另外一个关键的维生素泛酸（维生素 B_5）与脂质代谢有关，对葡萄酒的感官品质有积极的影响，降低了产生硫化氢的风险（Edwards and Bohlscheid，2007）和挥发性的酸度。对葡萄中维生素浓度的调查表明，许多样品缺乏生物素，而泛酸通常被发现含量足够（Hagen et al.，

2008）。因为评估葡萄汁是否缺乏维生素并不容易，所以谨慎的做法是定期补充均衡的维生素。另外，硫胺素也是一种可以限制的维生素，缺乏硫胺素（维生素 B_1）会导致发酵停滞。这种暂时性的缺陷通常与某些发酵前处理和控制不良的条件（二氧化硫和温度问题）有关。硫胺素具有与二氧化硫结合的能力，使酵母无法利用它。像克勒克酵母属这样的本土微生物将在短短几个小时内消耗硫胺素，其速度足以使所选酵母丧失这种关键维生素（Bataillon et al.，1996）。由于存在来自葡萄汁成分或本地生物体的潜在干扰，引入微量营养素和维生素并使其被目标酵母使用，酵母刺激剂、保护剂和复合营养素对酵母生长和发酵性能的有效性开发和评估通常在实验室规模上并能严格控制的小型发酵器中进行（Sablayrolles et al.，1987），并在可控制条件下的规模化试验发酵罐中得到验证。

3.2.5 苹果白兰地发酵缓慢及停滞现象的预防

发酵缓慢及停滞始终困扰着酿酒师们，如果发酵缓慢或停滞，发酵条件的某些变化显然会降低酵母的细胞活性。发酵停滞和迟缓的原因是复杂的，通常是相互关联的（Henschke，1997；Bisson and Butzke，2000）。主要影响因素包括缺乏氮、氧、维生素或矿物质，以及其他对酵母生长的抑制作用（Bezenger and Navarro，1987；Bely et al.，1990），这是由于中链脂肪酸、乙醇、温度、二氧化碳、副产物和共代谢物如乙酸等引起的（Huang et al.，1996）。应尽可能地运用现代食品加工技术来减少或避免发酵过程中这些问题的出现。

1. 酵母营养

通过良好的酵母营养管理可以纠正发酵营养不平衡，营养复合物与氧气的相结合，可以控制酵母种群的发育，促进第一次存活和发酵代谢（Sablayrolles et al.，1996；Blateyron et al.，1998）。阻碍发酵的主要营养缺乏是可用氮不足。在生长过程中，酵母细胞必须消耗氮来复制核蛋白和细胞蛋白（Basturia and Lagunas，1986），它们也需要氮来产生酶。各种各样的氮源都可以在苹果汁中使用，但并非所有的氮源都可以被生长中的酵母细胞利用。在酵母营养中，氮的重要性已引起了人们的广泛关注，但在生产过程中，由于酿酒师的疏忽，在发酵出现问题时再进行补救往往效果不佳。

2. 氧气

脂质是酵母细胞膜的重要组成部分，它们对于酵母细胞在发酵早期的萌芽和生长及后期保护酵母细胞不受酒精毒性的影响是必要的（Kirsop，1982）。一旦酵母菌进入厌氧生长阶段，每个出芽周期需消耗一半的脂质。如果脂质不足，细胞的半透膜就不能正常工作。它不能维持酵母细胞内营养物质（糖）和外部副产物（酒精）的渗透平衡，因此生长周期受到限制。发酵过程中在酵母的指数生长期开始和结束时添加氧气有助于酵母产生自己的脂质（Sablayrolles et al.，1996）。另外一种有效防止脂质消耗的方法是在酵母水化过程中通过使用富含甾醇和多不饱和脂肪酸的灭活酵母来添加脂质，使用灭活的酵母刺激剂和保护剂，可以避免由于发酵条件困难而导致的发酵停滞。这不仅有助于酵母在添加到高糖葡萄汁时避免渗透性休克，而且还有助于在发酵后期避免酒精中毒（Soubeyrand et al.，2005）。

3. 发酵温度

一般来说，在整个发酵过程中，温度管理是非常重要的。通过温度管理可以避免突然的温度变化及超出酵母耐受范围的极端温度出现。在发酵过程的早期，温度在酵母增殖过程中也起着重要作用。当酵母快速繁殖时，它们产生乙醇的速度比排出乙醇的速度快。结果，酒精在细胞内积聚并对细胞膜的生理状态产生负面影响。这种早期过量的细胞内酒精将会在整个发酵中限制细胞对酒精毒性的抵抗从而导致发酵缓慢或停滞。

4. 酿酒酵母选择

为了避免发酵停滞和迟缓，在选择酵母时，应考虑几个标准，以确保其完成给定发酵的可靠性：一是酵母延滞期，酵母与野生微生物群竞争并主导发酵的能力取决于其延滞阶段。在典型的葡萄酒发酵过程中，平均需要 6～12h。延滞阶段应该很短，因为延滞阶段越长，受污染的生物体就越有机会繁殖并导致潜在的发酵问题和异味。不同的酵母表现出不同的发酵动力学。酵母在指数生长阶段的增殖速度也取决于发酵条件。理想情况下，指数生长阶段不应发生得太快，以至于酒精在酵母细胞中积累，从而导致以后出现问题。然而，它也不应该太慢以至于酵母可能不会主导发酵。酵母群体增加 1 倍的平均时间段是每 4～8h。通常大约 1/3 的糖在酵母的指数生长期结束时被消耗掉。二是不良发酵条件的适应性，酵母菌具有不同的能力来抵抗不良的发酵条件，特别是在高酒精浓度（14%）、低 pH 和极端温度下（Bartowsky et al.，2007）。在葡萄汁氮和氧缺乏的条件下，不同酵母菌株的发酵性能也不同。

5. 农药和天然抑制剂的影响

农药残留经常被认为是发酵问题的原因之一。残留物可以直接起到杀菌剂的作用。在多年的季节性干旱中，葡萄上高浓度残留物可能会导致较高比例的发酵缓慢或停滞。天然抑制剂，如中链脂肪酸可以改变酵母糖转运能力和干扰膜糖转运蛋白，从而导致发酵停滞和缓慢（Fugelsang et al.，1992）。主动使用对饱和短链和中链脂肪酸和/或残留农药具有很高吸附能力的灭活酵母是一种很好的预防方法，可以避免存在这些应激条件或使用农药不当时发生停滞和缓慢发酵（Lafon-Lafourcade et al.，1984）。由于微生物污染或某些选定的酵母产生的高浓度乙酸，特别是在氧气缺乏的情况下，也被发现会导致发酵停滞（Rasmussen et al.，1995；Huang et al.，1996）。在较高的酸碱度条件下易发生微生物污染，酿酒师可以通过酒石酸调节降低酸碱度并添加较高水平的二氧化硫或溶菌酶，以帮助避免会产生乙酸的潜在腐败乳杆菌的生长。

6. 发酵缓慢及停滞的重启

处理发酵停滞和缓慢的最佳方法是预防，但无论采取何种预防措施，都可能发生有问题的发酵。无论采用何种方法解决发酵停滞和缓慢的问题，都必须迅速做出反应并首先找出基本参数以便在必要时调整这些变量，尤其是 pH、酒精、残糖、挥发酸和游离 SO_2。这将有助于确定重新开始发酵的最佳方法。在某些情况下，简单地将酵母培养物重新置于悬浮液中，缓慢加热发酵罐和/或用新鲜酵母培养物重新接种可能有助于启动缓慢的发酵。然而，在大多数情况下，一旦发生发酵停滞和缓慢且糖在几天内没有下降，则可能需要更有效的办法来解决。

在葡萄酒发酵过程中，解决发酵停滞和缓慢的方案，大多基于三个基本步骤。首先，采取必要的预防措施，通过添加 SO_2 或溶菌酶来避免腐败菌的任何生长。许多发酵停滞和缓慢很难追溯到它们的根本原因。由明显的微生物污染和/或高浓度的抑制剂引起的发酵停滞和缓慢需要将其从葡萄酒中去除。具有高吸附能力的基于酵母的细胞壁制剂也可以混合到葡萄酒中并使其静置 1～2 天，然后取出或过滤以帮助去除发酵停滞和缓慢的葡萄酒中的潜在抑制物。当葡萄酒沉淀或过滤时，重启发酵的酵母制备和活化可以开始，这是发酵重启方案的第二步。建议选择耐酒精并且具有良好的摄取果糖能力的重启发酵酵母。在酿酒条件下，酿酒酵母可发酵的糖类主要是葡萄糖和果糖。这两种己糖通常等量存在于葡萄汁中，但比例可能在某些葡萄汁中有所不同。酿酒酵母不断消耗葡萄糖，这解释了为什么当发酵停滞后，剩余的糖主要是果糖。当葡萄糖/果糖低于 0.1 时，可以预测发酵停滞（Gafner and Schütz，1996）。目前已经确定酵母消耗果糖的能力存在遗传变异（Perez et al.，2005；Guillaume et al.，2007）。第三步是计算葡萄酒发酵所需的酵母量。用营养素和糖激活准备好的重启发酵酵母。发酵停滞和缓慢的果酒营养成分很可能非常低并且不能支持足够的酵母生长。此外，重启发酵酵母培养物需要适应果酒中的酒精含量。这可以通过在 25～30℃下制备初始起始混合物然后加入重启发酵酵母悬浮液来完成。起始混合物由 2.5%的发酵停滞和缓慢的果酒、等量的水和复合酵母营养素等组成。

3.3　苹果白兰地的蒸馏技术与设备

3.3.1　苹果白兰地蒸馏技术

蒸馏是通过优先将较易挥发的组分从煮沸混合物中馏出而将混合物物理分离成两种或多种具有不同沸点的产物的过程。蒸馏不产生酒精，只是浓缩酒精含量及酒精饮料的风味和香气含量。所有的酵母和微生物只能在一定的酒精浓度范围内生长，之后它们就会被所产生的乙醇杀死或破坏。因此，要生产酒精含量高的酒精饮料，必须浓缩蒸馏。蒸馏过程浓缩了从发酵酒中提取的乙醇和挥发性芳香化合物，以及通过化学反应而形成的化合物（Nykänen and Suomalainen，1983）。这些发酵果汁来自马铃薯、甘蔗、甜菜、玉米、大米、大麦等植物及各种水果，包括葡萄、苹果和桃子等（Lea and Piggott，2003；Plutowska et al.，2010）。最终蒸馏产物称为馏出物或蒸馏酒。

蒸馏技术已经被中国（约公元前 3000 年）、印度（约公元前 2500 年）、埃及（约公元前 2000 年）、希腊（约公元前 1000 年）和罗马（约公元前 200 年）的古代文明所使用。最初，所有这些培养物都会产生一种蒸馏液，后来被阿拉伯人称为酒精，用于制备药物和香水。在 7 世纪，阿拉伯人开始入侵欧洲，在那里引进蒸馏技术。后来，基督教欧洲医生和神学家阿诺·德维拉诺瓦（瓦伦西亚，1238—1311 年）出版了 *Liber Aqua Vitae* 一书，这是一本关于葡萄酒和烈酒的专著，是生产蒸馏液时期的手册。大约在 1520 年，巴塞尔的化学教授泰奥弗拉斯托斯帕拉塞尔苏斯（Theophrastus Paracelsus）研制出了许多利口酒，并称之为 grand arcanurn。最初，这些烈酒和利口酒被用作药物，但后来被用来刺激食欲和帮助消化（Joshi，2017）。

3.3.2　苹果白兰地蒸馏设备

目前，世界很多国家生产白兰地酒，但他们所采用的工艺与设备不同。有的采用板式连续蒸馏塔，有的采用非连续或间歇釜式蒸馏（附设或不附设蒸馏塔），甚至还有用连续和非连续的各式蒸馏实验设备。特别是在现代蒸馏设备设计方面又有了新的发展。例如，在浓缩段使用斜孔和浮阀塔，冷凝器采用空气冷却，不锈钢结构代替铜结构，使用能量节约器，连接一台热压机将热能从塔底或排糟处转移至塔水蒸气中等。不过，这些设备多半适用于从残料中更彻底地回收中性葡萄酒精。闻名世界的法国可涅克白兰地是白兰地类型的杰出产品，无论产量还是质量都首屈一指，但在法国白兰地蒸馏工艺至今仍采用间歇式的二次蒸馏法，在设备上还使用铜质壶式锅。这种壶式锅蒸馏确实具有很多优点，特别是在提高产品质量方面更为突出。它可以通过感官品尝的方法控制产品的质量，根据蒸馏曲线恰当地截取酒心（成品部分），通过控制蒸馏速度提高产品质量等。而连续式蒸馏塔尚无这些功能，这也是至今仍采用间歇式壶式锅蒸馏的原因。白镇江（1981）报道有些厂开始用壶式蒸馏锅取代蒸馏塔，已收到了明显的效果。

1. 壶式蒸馏设备

经过酒精发酵的果酒经蒸馏后可获得白兰地基酒。蒸馏可以是一个连续的或不连续的过程。不连续蒸馏最常使用的是铜质壶式蒸馏器。不连续蒸馏往往比连续蒸馏可提供更芳香的最终产物。蒸馏法国干邑所用的蒸馏过程也用于蒸馏白兰地。这种方法要求基酒在铜罐中蒸馏两次。由于铜的导热性，它不与沸腾的液体发生反应，因此非常适合用于蒸馏。除此之外，它还能去除基酒中残留的硫化物，在蒸馏器内壁形成无味沉淀。由于壶式蒸馏器较小，其中大部分的液体暴露在铜表面积下，往往会比在较大的蒸馏器中蒸馏出更高纯度的蒸馏物（Snyman，2004）。壶式蒸馏设备主要由以下几部分构成。

（1）蒸馏器

蒸馏器一般都需要燃料来加热（Watson，1989）。对于直燃式蒸馏器，蒸馏锅的设计必须能够承受直接燃烧的严苛要求，并且铜顶和烟道板必须由足够厚（16mm）的铜制成，以承受强烈的局部加热。如果预计铜不会暴露在高温下，则可以减小其厚度（10mm）。直燃式蒸馏器的底部是凸形的，类似于一个倒置的碟子，边缘便于排放，不留残液。炉膛或炉子是用砖或钢结构建造的，内衬适当的耐火砖以防止支撑结构受热。无论是燃气还是燃煤，废气必须通过管道输送到砖头或钢制烟囱中。通过不止一个蒸馏器，烟气由风门单独控制，可以被引入歧管。在使用煤炭作为热源的地方，每个炉膛都配备了带有自动固体燃料进料和除灰的链条炉排加煤机。烟道上装有一个风门来控制热量的输入。燃气燃烧时，可以通过控制燃气流量来调节燃烧器。通过盘管或釜间接加热时，蒸汽由燃油或燃气锅炉提供，并在顶部压力下通过蒸汽管从中央锅炉输送。加热元件必须设计为在蒸馏循环的开始和结束时完全浸入要蒸馏的料液中。蒸汽疏水阀的作用是为了清除蒸汽凝结水，否则可能会使蒸汽管道进水。作为节能步骤，冷凝水回流，通过冷凝水总管到锅炉给水箱。计算蒸汽需求量，以提供足够的热量使蒸馏器在1h或更短时间内沸腾。计算应包括同时加热热液罐和几个蒸馏器时对蒸汽的最大需求量。然后，根据这一需求设计锅炉输出并相应调整其尺寸，以增加容量。直火加热酒醪蒸馏器需要一个由铜或黄铜制成的翻转器（一种类似链条的连枷），悬挂在旋转的齿轮轴上，当它旋转时，会冲刷酒醪蒸馏器的烟道板和底座。这样可以减少炭化量，从而保持了热传递。为了节约能源，可以对间接燃烧的外部烟道板进行隔热，以防止通过锅侧的辐射造成热损失。肩部和蒸馏器的所有其他部分不应进行隔热处理，因为这会对回流产生不利影响，而回流对酒精品质至关重要。当使用时，酒醪预热可以大大减少总蒸馏时间，从而节省能源。

（2）壶体

只要保持足够的体积和表面积以确保加热元件在蒸馏结束时保持完全浸没，壶可以呈现多种形状（如洋葱形、平原形、直形和球形等）（Whitby，1992）。壶体配有密闭的空气阀、充气阀、排气阀和安全阀。如果手动操作，则使用空气阀、排气阀和充气阀共用的特殊联锁阀键。它只能按顺序使用，确保先打开空气阀，后打开排气阀，以防止意外排放。反向适用于充气，依次关闭排气阀，然后打开充气阀，最后在充气和加热完成后关闭空气阀。如今，通过可编程逻辑控制器（PLC）和顺序操作来进行自动远程控制，现在可以用最少的人员操作蒸馏设备。蒸馏壶与蒸馏锅的连接方法，可用一种两个半环形的接头卡子，扣上拧紧，防止漏酒气。也可以在蒸馏锅身与蒸馏壶连接处用一对法兰把它们连到一起，法兰之间加石棉垫，不能用胶皮垫，因为胶皮垫的成分很复杂，对酒的质量有影响。

（3）鹅颈管

鹅颈管对蒸馏操作的影响主要与鹅颈管的高度有关。一台体积为 2500L 的蒸馏锅，鹅颈管的平均高度为 1.0m。一个很好的例子说明了天鹅颈的重要性是由 Alastair Cunningham 开发的 Hiram Walker’s Lomond 蒸馏器。这种类型的蒸馏器目前仍在工业生产中的某些蒸馏厂使用。它能提供不同种类比例的蒸馏物。蒸馏器的颈部可以从短到长变化不等。在颈部的底部，它可以是灯笼状和球形状，或者直接连接到锅上，这样就像一个洋葱一样。颈部配有两个相对放置的观察镜，因此当蒸馏器蒸馏时，可以看到任何起泡现象。

（4）预热器

预热器是用来预热白兰地原料酒或粗馏原白兰地的，安装在壶和鹅颈管后面的支架上。位置比大锅高，预热的醪液或粗馏原白兰地能全部自动流进蒸馏锅里。预热气的有效容量应相当于大锅的实际装量。它是回收余热的装置，可以节省燃料，节约蒸馏时间和冷却用水。在进预热器之前，壶上面的鹅颈管需安装一个三通装置，使蒸馏锅出来的酒气能直接进入预热器。当预热的温度达到要求后，也能改变酒气的方向，不经过预热器而直接进入冷凝蛇管中。进入预热器的酒气管，直接穿过预热器的底部，不要打圈，以免在预热器中把醪液过度加热。酒气管穿过预热器的底部，能与热的醪液上下对流，加热均匀。预热器的下部接有卸料管，使预热的醪液能自动流进蒸馏锅里。当预热的温度太高时，酒气可直接冷却成酒，从而提示操作者改变三通方向，使蒸馏锅出来的酒气不经过预热器，直接进入冷凝蛇管。

（5）冷凝器

壶式蒸馏锅一般所采用的冷凝器是蛇管式的。冷凝管的口径，应当上部粗，下部略细，冷却面积不宜过大，否则蒸馏时会发生吹气现象，即吸力太大。蛇管用纯锡焊接，不能用铅。冷却后流出的酒流，要保持均匀。流量不规则，可能是蛇管的坡度不规则造成的。1t 容量的大锅，要有 25m 长的冷凝蛇管，围成 7～10 圈为宜。蛇管的坡度为 35mm/m。冷却器安装得不正，也会使酒流不均匀。冷凝器的出酒口，安装一个酒精含量检测器。验酒器里放一支酒精计，可随时观察馏出液的酒精含量。

2. 塔式蒸馏设备

蒸馏的另外一种方法是使用连续进料塔蒸馏器，其中不同馏分只需在称为“塔蒸馏器”的细长腔中放置即可与其他挥发物分离。在蒸馏塔中，待蒸馏的液体保留在塔的顶部，而蒸汽加热蒸馏塔的底部。这种底部最热、顶部最冷的热分离方式允许气相分离，使甲醇和其他低沸点物质在整个色谱柱（除了在色谱柱顶部）处于汽化状态（Plutowska et al.，2010）。通过这种方式，每个馏分可以在色谱柱内的不同水平以连续的方式分离。与壶式蒸馏器一样，塔式蒸馏器也可以被塑造成各种形状，尽管如此，它们之间共同拥有一些相似的特点。热源：塔式蒸馏器在底部加热，一般是通过蒸汽的注入或是通过由蒸汽驱动的热交换器，称为“再沸器”；三种促进回流的方式：一些蒸馏器装有顶部冷凝器；一些蒸馏器中酒精溶液会通过在精馏板间的管道来达到预热的效果；一些酿酒师会把已经得到的烈酒倒回蒸馏器中来促进回流。分离器（analyzer）和精馏器（rectifier）：连续蒸馏具有和批次蒸馏相似的两个阶段。首先，挥发性部分与大部分水和非挥发性物质分离出来。其次，挥发性部分再进行精馏，一般每一阶段在它们各自的塔里进行。第一阶段在称为“分离器”的塔中进行，第二阶段在称为“精馏器”的塔中进行。上述两阶段也可以在一个巨大的单塔中进行，只需一个精馏器安置在一个分离器之上。蒸馏器一启动，酒精蒸汽便会顺着蒸馏器往上流动。蒸汽在每一层被液化，在每个盘子里形成液体层。上升的蒸汽被迫穿过这层液体时产生沸腾，继而又迫使蒸汽穿过上一层盘子再往上流动。每一层都在进行这种迷你型的蒸馏，再一层层地往上连续蒸馏。随着每一层的蒸馏，酒精浓度在不断增加。因此，倘若有足够多的层数，柱式蒸馏器便可蒸馏出近乎纯净的乙醇。柱式蒸馏器可连续操作，效率非常高，这意味着能够连续不断地生产出新酒液。

（1）双塔式连续蒸馏器

双塔式连续蒸馏器是连续蒸馏操作的经典版本，也被称为科菲（Coffey）蒸馏器，1830 年由 Aeneas Coffey 取得专利申请。含酒精的发酵液首先在精馏器的管道中被预热，这也有增强回流的效果。加热后的溶液进入分离器的顶部，并沿着蒸馏器向下，与向上升起的蒸汽相遇。挥发性的物质以蒸汽形式到达精馏器，液体废物从分离器的底部流出。在精馏器中，回流与精馏过程的持续发生意味着在每一层精馏板上的液体成分保持一致。因此，蒸馏师总是能知道在哪里（接近蒸馏设备的底部）收集杂醇，在每一层之上酒精浓度各是多少，以及在哪里收集甲醇。这一平衡系统只要温度梯度能够保持，且从蒸馏设备中流出的物质与不断补充进的酒精溶液数量相等，就能够维系。这样蒸馏师就可以同时获得头、心、尾各部分。头可以以液体形式排出，或以气体形式在蒸馏器顶部放出，再被冷凝、收集。心可以从任意一层精馏板排出，取决于产品的酒精浓度和风格；杂醇同样也被排出。头部和尾部之后会继续下一步过程来得到剩余的酒精。最终，需要注意的是，如果在精馏器的底部有液体的累积，它们会被回收到分离器的顶部。

（2）多塔式连续蒸馏器

多塔式连续蒸馏器是用多个不同的塔来完成蒸馏过程。即使一款烈酒达到96%的酒精浓度，它也不是没有风味的，并且会含有极少量的杂醇、甲醇和其他同族元素。当生产伏特加、一些淡型朗姆酒或清酒及其他风味饮品的基酒时，更适宜的，或法律上要求的，是要更进一步减少烈酒的风味。最常用的两个方式，一是水力选择（hydroselection），能去除杂醇；二是脱甲基，用于去甲醇。两种方式的运作都依靠杂醇和甲醇在乙醇溶液中的挥发性不同。如果一款高度精馏的烈酒酒精含量被降低到 20%，杂醇挥发性会变得更强。在一个水力选择塔中高度精馏的烈酒从塔中部进入，与从上部下来的热水混合稀释，与从下往上被加热向上的蒸汽相遇。杂醇变得更易挥发，上升到达塔的顶部，而稀释了的烈酒则在底部被收集。甲醇在酒精浓度达到 96%时更易挥发。在一个去甲基塔中，烈酒被慢慢加热，甲醇通过许多精馏板能被分离，并在顶部收集，使得更纯、更高浓度的乙醇留在底部。去甲基一般对于伏特加生产是必需的，因为欧盟对于伏特加中甲醇的法定含量是极其低的。常用的五塔蒸馏器包含一个分离器、第一个精馏器、一个水力选择塔、第二个精馏器[使得经过去杂醇的酒精溶液浓度达到 96%（*V*/*V*）]，以及一个去甲基塔。这一系统非常复杂，但也能生产出大量各不相同的产品。

3.4 橡木桶及橡木制品的选择

3.4.1 橡木桶的原料选择及加工

1. 橡木桶的原料选择

（1）橡木

橡树（又名栎树），属于壳斗科（Fagaceae）栎属（*Quercus*）。橡树是一种常见的硬木，其木材称为橡木，也称为柞木。生长于欧洲、亚洲和北美洲等地区。由于独特的木质结构，且木板坚硬、易弯曲和防水性能好，成为制作木桶的第一选择。国内外制造白兰地桶，最广泛最普遍采用的木材树种是橡树。将橡木桶用于贮藏酒体，主要是因为橡木桶的独特陈酿作用：如白兰地在橡木桶的贮藏过程中，橡木中风味化合物能与白兰地较好地融合，提高白兰地的稳定性，增强风味的复杂性，赋予消费者所喜欢的风味特征（李记明，2006；Moyano et al.，2010）。

（2）橡木类型

橡树分为红橡和白橡，但仅有几种适合于制作用于陈酿的橡木桶（高献亭，2007）。红橡的孔隙较多，不适于制作橡木桶；而白橡拥有良好的木质结构，含有很多风味化合物，可制成用于陈酿酒体的橡木桶。白橡木的木质结构和其具有的特有成分，使得橡木桶贮存白兰地，既能使白兰地变得更加成熟，同时又赋予白兰地更和谐、复杂的橡木香气和柔和、圆润、结构感强的感官特征（杨华峰，2001）。由于结构和成分的不同，每一种橡木赋予白兰地的风味是不一样的。综合世界各地的成功经验，对于白兰地行业来说，最为常用、最为流行的树种有三类白橡木，都属于植物学上的 *Quercus* 属。一种是美洲的，两种是欧洲的。*Quercus alba*（美国白橡），也被称为美国白橡木，分布于 30°N～65°N，质地致密且少孔，其特点是香气物质中甲基辛内酯和香兰素的含量比较高（张军等，1999）。*Quercus sessiliflora*（卢浮橡），也称为无柄橡，产于法国、奥地利、匈牙利等国，主要生长在深山，耐寒、生长缓慢，质地较致密，富有细腻的香气，含较多的丁子香酚（具香料和丁香气味，在橡木的干燥和烘干过程中，其含量有时会升高）。干浸出物含量较高，富含易溶于水的酚类化合物，但挥发性香气物质较少。其每克干木中单宁含量为 84～135mg，可溶性单宁 62.4%～65.2%，木质素含量为 289～315mg（翟衡等，1996）。*Quercus robur*（夏橡）：亦称有柄橡木，或称长柄栎，英国、法国、俄罗斯橡木。生长更迅速，质地较疏松，纹理粗糙，富含单宁尤其是可溶性单宁。

不同产区其每克干木中单宁含量为 73～154mg，可溶性单宁 41.0%～66.5%，木质素含量为 228～334mg。夏橡的特点是挥发性芳香物质和酚类化合物有较好的平衡。三种橡木的理化组成见表 3-1（杨华峰，2001）。

表 3-1　三种橡木的理化组成

项目	美国白橡	卢浮橡	夏橡
干浸（mg/g）	55	140	90
总酚（D_{280}）	7	30	22
单宁（mg/g）	4	15	8
甲基辛内酯（μg/g）	140	16	77
丁子香酚（μg/g）	8	2	8

橡木纹理可为橡木桶带来坚固、柔韧、密封的特性，所有这些都有利于橡木桶中原白兰地的缓慢成熟。众所周知，木材的生长速度决定其纹理，而且是木材多孔性、芳香物质和单宁含量的基础。总之，密致的纹理与中等纹理和粗糙的纹理相比较，细孔更多，更芳香，单宁更少（李记明和李华，1998）。软质木材不太适合做结构致密的木桶，它们不易弯曲，髓状射线狭窄。而橡木髓射线最宽，这些髓射线构成了与地面平行的树干半径，占白橡木总体积的 30%，起着内外组织之间营养输导作用。橡木材质坚硬，经久耐用，并且可弯曲制成木桶的桶腰。橡木具有多孔的年轮，春天长出的材质中有大孔，与树干平行。适合做酒桶的白橡木中的这些孔，当边材转变为心材时，会被丰富的浸填体（存在于导管内，是堵塞导管的结构）堵住，否则酒会沿着桶板的两端渗漏。不形成浸填体的橡木不适合做酒桶，最好使用白橡木的心材制木桶（Boulton et al.，2001）。

美国白橡（*Quercus alba*），密度较高且少孔，最富有这些浸填体，这就是为什么美国橡木板可以被锯切成各种形状而不担心渗漏。而欧洲橡木（*Quercus sessiliflora* 和 *Quercus robur*）有较少的浸填体、多孔，必须沿导管劈切，然后被弯曲成型，使所有木质部的导管排列与桶板的长方向平行，以减少渗漏。美国橡木制作的桶板比欧洲橡木制作的桶板厚（白兰地在法国木桶中陈酿比在美国木桶中陈酿更易呼吸），取决于其结构特征，尽管在切割时桶内留有多刃切口，木头内部的液体流动仍可被锁住。用切割法，木头利用率可达 50%，而用剖切法利用率仅占 20%。因此，用美国橡木制作木桶有着较高的劳动效率和较低的浪费率，从而使制作美国橡木桶比制作法国橡木桶节省 30%～50%的成本。橡木质地差异导致了美国橡木桶和法国橡木桶陈酿白兰地时口感上有一定的区别。与各类欧洲橡木相比，美国橡木通常含有一种弱的不易挥发的化合物，主要是多酚（单宁）和一定数量的芳香化合物。且一些美国橡木给予白兰地一部分粗糙单宁，因此普遍认为美国橡木口感较涩，收敛性强，较易游离于白兰地的果香和酒香之上。欧洲橡木纹理紧密，香气优雅、细腻，易与白兰地的果香和酒香融为一体，赋予白兰地更精巧、柔和的香味。同是欧洲橡木，不同的植物源和地理源之间也大不相同，Sessile 和 Pedonculate 橡木之间的成分（化合物）几乎是相反的。前者芳香物质非常丰富，后者具有丰富的鞣花单宁酚类化合物。法国利穆森（Limousine）地区的橡木，生产速度较快，大于 5mm/a，纹理粗糙，含丰富的鞣质单宁，完全符合 Pedonculate 橡木群特征（张军等，1999）。

根据目前已有的研究报道，不同的橡木树种如美洲橡木与欧洲橡木，它们的区别在于含有的重要浸出物的总量及这些物质的相对含量，而不在于它们含有什么样的重要化学成分。美国橡木中可溶于酒精-水溶液的固形物平均为 65g/kg，其中总酚含量平均为 27g/kg，欧洲橡木中总酚含量比美国橡木略低，然而欧洲橡木和北美橡木中浸出物的差别很大，其芳香醛含量明显高于美国橡木（尹卓容，1999）。用酒精溶液从北美橡木的干木材中萃取的干物质平均含量为 6.4%，而欧洲橡木为 10.4%；美洲橡木萃取的固形物中平均每克含总酚（GAE，为总酚含量，以没食子酸计）365mg，而欧洲橡木为 561mg（GAE）（Boulton et al.，2001）。同等大小的木桶，欧洲橡木酒桶可浸出的固形物含量是美洲橡木酒桶的 160%，总酚含量为美洲橡木酒桶的 250%。

我国的橡木品种也很多，如蒙古栎、辽东栎、青冈栎等。中国科学院植物研究所主编的《中国高等植物图鉴》记载：柞树，又叫槲树、橡树、青冈，广泛分布于黑龙江至华中和西南。东北长白山或大兴安岭生长的蒙古栎与法国的橡木处于东西半球相同的纬度（45°N 左右）上，比较接近法国 Limousine 产区的橡树，与其生长条件相似。长白山平均海拔 611.5m，黑褐色土壤，北温带大陆性季风气候。年积温 2000～3000℃，降雨量 750～1000mm，无霜期 140 天左右。主要树种为针阔混交林，栎树占 10%左右。这种特殊地貌和气候条件，孕育了优质的橡木。国产橡木制品多采用长白山的成熟橡木制作，其材质细致、纹理直、力度大、弹性强（王恭堂，2002）。

目前，我国主要进口法国与美国橡木来制作橡木桶，随着我国白兰地与葡萄酒产量逐年增长，以及国际竞争加剧，研究与开发国产橡木势在必行。但是国产橡木的研究很少（刘彦龙等，2010），尤其是橡木桶的制作工艺、陈酿过程方面；缺乏对橡木中化合物的定性和定量研究；制桶过程中的风干过程和烘烤过程等技术掌握不充分。而国际上，近几年西班牙研究者对西班牙橡木（*Quercus pyrenaica*）研究较多（Cadahía et al.，2001），橡木得到充分开发利用。我国可参照国际上橡木的研究思路，对国产橡木进行相关探索和研究。

2. 橡木桶加工

橡木桶的桶体由桶板和桶底组成，四周由桶箍围成一圈。制作工艺包括一系列过程，主要包括木头劈切、自然风干、木板组合、木火烘烤、安装桶底和检验木桶，特别是风干过程和烘烤过程，它们影响橡木的木质结构和最终物质组成，并改善感官特征。其制作工艺如图 3-2 所示（周双，2013）。

图 3-2　制桶厂中橡木桶的制作流程（彩图请扫封底二维码）

（a）原木选择；（b）木头劈切；（c）自然风干；（d）组装顶端；（e）选择木板；（f）木板标记；（g）木桶组装；（h）木火烘烤；（i）重新烘烤；（j）凹槽顶端组装；（k）木桶标记；（l）成品橡木桶

其中，风干过程是橡木桶制造工艺中的重要过程，主要取决于橡木板放置地点、气候条件、降雨量、空气湿度等因素。新鲜橡木不能直接用于制作橡木桶，是因为其含水量在 40%～60%，且提取物不利于改善酒体的风味，因此需要进行风干处理。木头风干通常是在自然条件下，露天放置 18～36 个月。风干过程可以降低橡木的含水量，与环境湿度达到平衡，达到制造橡木桶的理想状态。另外，风干过程经历脱水、复水过程，这一过程可以减少橡木板断裂的可能性，让橡木板获得良好的机械性能。除此之外，自然风干可以促进橡木的成熟，橡木中酚类化合物含量降低，苦味、涩味减少，木头的化学组成改变，风味特征提高，并出现香草、椰子和丁香等香气，有助于橡木桶在陈酿过程中发挥其独特的贮藏作用。木火烘烤是橡木桶制作工艺中最重要的过程。木火烘烤使橡木板易于弯曲，降低桶板裂开的可能性，获得橡木桶最终的形状；同时修饰和调整橡木的提取物，从而显著影响橡木的风味特征（吕文等，2006）。烘烤过程中唯一允许使用的燃料是橡木桶制作过程中产生的橡木碎片，燃烧碎片，进行木火烘烤。烘烤过程中通常使用沾湿的布来保持木板稳定的湿度。烘烤之后，橡木桶成型；同时，形成的各种挥发性化合物，在陈酿过程中对于酒体的感官特征具有重要的影响。

3.4.2 橡木制品的选择与应用

1. 橡木制品的作用

橡木制品作为橡木桶的替代品，是以橡木为原料，制成粉状、片状、块状、木板等。它们既可以是制作木桶的下脚料，也可以直接利用橡木制成。从酒精发酵过程或在装瓶前使用的使酒体快速橡木化的粉末，倒灌时使用的橡木片，到陈酿期间使用的橡木板等，尽管形式不同，各有特点，但都会赋予酒体一定的橡木风味。另外，橡木的使用时期不同，产生的效果也不同。橡木制品对酒体的作用主要表现在以下方面。

（1）改变颜色

添加橡木制品可以增加苹果白兰地的颜色，满足陈酿质量要求。添加时间越早则效果越明显。由于单宁能与花色素及辅色素发生反应，所以能够增强褐色调。如果在发酵前添加橡木制品，则效果明显；如果使用单宁含量较丰富的未经加热的木板，则效果更明显。在任何情况下酒体颜色增强，但不一定稳定，因为酒精生成时，辅色素消失，稳定颜色的基本条件是微氧化作用。使用橡木制品能够改善酒的口感，原因是其改变了酒的结构和甜度。不含单宁的橡木制品可以产生更强的甜度，使用未经烘烤的橡木也会带来甜度。发酵会限制橡木制品对酒体结构的影响，发酵后使用含有单宁的橡木制品会增强酒体的结构。另外，经过重度烘烤处理后的橡木，产生的某些挥发性化合物也会影响酒体的结构。如有些橡木可产生一些不良的口味，这种情况应该使其不良化合物挥发，或通过发酵及酒泥的吸收，部分消除这一缺陷。

（2）调节芳香和复杂性

使用橡木陈酿的苹果白兰地，香料味、香兰素味和烧烤味构成了酒体的芳香。这些物质直接来自橡木制品或橡木加热过程中化合物的降解。具挥发性的橡木化合物种类多，含量低。丁香酚具有香料特点，β-紫罗酮具有植物特点等。它们在未经加热的橡木中的浓度比经过加热的橡木中的浓度低。酒精发酵和苹果酸-乳酸发酵能改变木桶的芳香性能。除了微生物吸收挥发性化合物、降低芳香程度外，也会改变某些分子的结构。例如，糠酸可以产生带有咖啡味和感官阈值极低的巯基糠醛。将富含糠酸的橡木板或橡木片用在苹果酸-乳酸发酵的酒中，常常会出现巯基糠醛。橡木味越浓，其复杂程度越高，反之亦然。要控制复杂性和强度之间的平衡，通常是先用大剂量和不同烘烤程度的橡木组合获得复杂性，再用少量橡木片精确调节芳香水平（李春光，2012）。

2. 橡木制品的种类

目前市场上用于酿酒的橡木制品种类繁多，主要包括橡木桶、橡木片、橡木香精、橡木粉及橡木板等。橡木片（quercus fragment）是用不能制作橡木桶的橡木板材切削成片，经各种物理、化学、生物的方法处理，烘烤加工制成。相当于橡木桶内表面真正起作用的一层被刮下来，能被酒液充分浸提。橡木板（oak stave）是经烘烤加工制成的橡木板材，可直接投入白兰地中浸泡或悬挂在白兰地酒罐或旧橡木桶中进行人工老熟。另外，还有很多厂商直接使用橡木的各类提取产品用于白兰地的加工。例如，橡木香精或橡木浸出物（oak extract），是由橡木中提取的有用物质精制而成，适量添加进白兰地中，进行人工陈酿，可使白兰地在短期内获得较好的陈酿感，且生产操作较简便。橡木浸出物产品有液体状、膏状和粉末状；有无色的也有棕色的。商品名称如 QUERCYL（催熟素）、Natural Limousin Flavor（天然利穆森橡木香料）、Oak Extract（橡木浸出物）、Oak Powder（橡木粉）、Ageing Agent（陈化剂）等，以上产品都含有从橡木中提取的天然香气成分。由于使用的橡木品种不同，生产工艺各异，其香气特征也有所不同（王霞，2006）。

3. 橡木制品的烘烤加工

尽管不同植物源和地理源的橡木质量确实存在一定的差别，但在一定条件下，这些种类和产地带来的差别往往小于加工制作技术所产生的差别，如不同的烘烤程度对橡木表层大分子结构物质、孔性、易溶物及酒精浸提物比例均有不同程度的影响。首先，烘烤使木质素分解成有关的芳香醛和有机酸，这些芳香物质，尤其是香草醛是构成白兰地香气的重要因子（翟衡等，1996）。烘烤是橡木桶制造过程中很重要的一步，根据所选择的烘烤程度，保证烘烤的均质性，温度升高过快易形成小泡，而升温过慢则不能形成足够数量的芳香物质群。相同烘烤程度和产品，通常是美国橡木桶比法国橡木桶烘烤的程度稍深。一般来说，轻度和中度烘烤的橡木会赋予白兰地一种鲜面包的焦香和怡人的香味，较适合当今流行口味（杨华峰，2001）。

橡木制品经过烘烤使其陈酿白兰地干物质浸出量、酚类物质总量及甲基化酚量均有明显提高，尤其是芳香醛及酸类的含量，烘烤与否对其影响很大（崔宝欣等，1999）。高温所导致的橡木大分子多糖（纤维素、半纤维素）和多聚酚（木质素、水溶性单宁）的降解，亦有利于生成在未烘烤橡木中没有或极少有的物质，如呋喃类（其中糠醛所占比例最大）、吡嗪、吡啶、苯甲酸类、苯酚类（包括甲酚、二甲酚、愈创木酚、乙酰丁香酮、丁子香酚等）及其前体物。木质素热解的基本顺序是肉桂醛→苯甲醛→苯甲酸→挥发酚。酚类物质是构成白兰地的烟熏味、辛香味或酚味的重要成分。烘烤比不烘烤给酒体增加更多的酚类物质。呋喃及羟甲基呋喃是半纤维素的热解产物，其存在对白兰地的果香、焦糖味及柔和感起重要作用。吡嗪、吡啶是一类杂环氮化合物，亦来源于橡木的热解。吡嗪类是白兰地中重要的一类芳香物质，构成其青椒味、核桃香味和生马铃薯味（翟衡等，1996）。

3.5 苹果白兰地的陈酿和熟化

传统工艺生产苹果白兰地，必经橡木桶贮藏一定年限而使白兰地获得特有的橡木香。不同的橡木桶会赋予苹果白兰地酒不一样的香气，因为橡木桶的类型和烘焙程度的不同会造就完全不一样的苹果白兰地。这也就是为什么大多数优质的苹果白兰地都需要经过橡木桶陈酿。苹果白兰地汲取物质的种类与数量及氧化程度的轻重直接影响着酒体的感官。因此，酿酒师在酿酒之前要做的第一件事就是选择合适的橡木桶，橡木桶在陈酿苹果白兰地的过程中，桶内的单宁、香兰素、橡木内酯、丁香酚等化合物质会溶解于酒中，这些物质可以使酒体的颜色更为稳定、口感更为柔和、香味更为协调。

3.5.1 苹果白兰地的陈酿

白兰地基酒经过蒸馏以后往往是无色且口感有点粗糙，不柔和。通常经过不同时间的陈酿或后熟，做成各不相同的蒸馏酒产品。这一过程可以从无老化到老化几小时、几个月甚至几年。所需的实际时间取决于各种因素，包括所涉及的烈酒和蒸馏酒的口味或类型。如果在桶中老化，有几个因素会影响所涉及的时间长度。这尤其适用于多孔的木桶，可以有效地让酒呼吸。因此，木桶的外部环境变得更加重要，无论是温暖潮湿的天气(导致更短的老化过程)，还是相反，苏格兰较冷、变化较少的天气意味着在酒发生任何可察觉的变化之前需要更长的成熟时间（Lea and Piggott，2003）。然后是氧气及其氧化作用、老化容器的大小和制作木桶所使用的木材、烘烤和炭化等过程，这些都是必须要考虑的因素。从本质上可以看出，与其他陈年酒精饮料（如葡萄酒和啤酒）一样，陈年烈酒也会显著影响烈酒的复杂性、风味和特性。所谓的白色或透明烈性酒，如伏特加和水果酿造的“eaux-de-vie”，通常不会老化（尽管它们很可能在装瓶前调了味）。另外，包括威士忌、朗姆酒和白兰地在内的棕色烈酒之所以被称为威士忌和白兰地，是因为它们在木桶中陈酿、萃取、吸收和氧化过程中产生颜色和复杂的特色风味。老化的过程包括水和酒精从液体中蒸发，进一步将它们集中在桶里。然而，高度酒精都具有足够的化学和生物学稳定性，可以贮存数年而不会变质（Lea and Piggott，2003；Weyerstahl，1996）。经过陈酿，烈酒经常被混合和稀释，以确保质量和风味的一致性。有时，添加剂也被用来增强某种酒的特定特性（Plutowska et al.，2010）。

根据欧盟规定，白兰地必须在橡木桶中熟化至少 6 个月（European Union，2008）。橡树成熟的程序因国家不同而异。一些国家可能对橡木的成熟期有更多更严格的规定。例如，南非的白兰地必须至少陈酿 3 年，西班牙的 Gran Reserva 白兰地和保加利亚的白兰地也必须陈酿 3 年（Robinson，1999）。尽管最低成熟期被定义为 6 个月，但一些白兰地的成熟期长达 20 年。如果白兰地至少成熟 1 年，欧盟也允许在橡木替代品的存在下成熟（European Union，2008）。

法国橡木桶常被大量用来酿制白兰地。然而，美国白兰地通常是在烧焦的美国橡木桶里陈酿的，这些桶以前是用来酿制波旁威士忌的，被认为有助于丰富白兰地的风味。有些会使用其他类型的欧洲橡木，如葡萄牙橡木和葡萄牙栗子木等对白兰地质量也有较大的影响（Caldeira et al.，2002，2006，2008，2010）。在西班牙，索莱拉老化系统（the Solera ageing system）用于白兰地的成熟。该系统由一系列以前用于雪莉酒生产的桶组成，包含不同年龄的白兰地。从第一个和最旧的桶中取出一小部分白兰地，并用来自第二个最旧桶的白兰地取代。第二个桶装有来自第三个最旧桶的白兰地，以此类推，直到最年轻的桶装上新鲜的白兰地（Robinson，1999）。索莱拉系统也已成功用于其他国家，如南非的 Nederburg Solera 白兰地等。

成熟后的白兰地可与中性烈酒混合，并用经批准的添加剂精制。各国相关的规定不尽相同，一般来说，可以添加 1%～2.5%的天然甜味剂，如甜酒、葡萄浓缩汁或蜂蜜。在生产过程中可以加入无香味的焦糖使其呈现出金黄色。用蒸馏水或去离子水将白兰地逐步稀释至所需的酒精含量，以确保与白兰地香料化合物适当结合。白兰地的酒精浓度可能因风格不同而异。根据欧盟法规，白兰地必须达到至少 36%的酒精度。南非的 Pottill 白兰地瓶装酒精度为 38%，混合白兰地瓶装酒精度为 43%（European Union，2008）。

3.5.2　橡木桶替代品的使用

橡木桶造价高，维护也很贵，新桶在使用前需处理。在陈酿过程中桶的内表面会积累酒石和单宁，很不容易除去。当桶空着时，必须注意防止桶干裂和微生物污染。在桶的内壁上生长的细菌和真菌产生的异味随后会污染酒，比如木塞异味、醋味和马厩味等（Amon et al.，1987）。由于橡木桶贮藏存在缺陷，向酒中添加橡木片和橡木花作为桶的经济替代方式近些年来被广泛研究，这不但节省了购买橡木桶的花费，而且也能够减少酒的损耗带来的损失。橡木片陈酿获得的感官影响会与木桶陈酿有所区别，这可能是因为：如果橡木片没有烘烤，这样就会缺少橡木热解组分；因为没有倒桶，所以会减少氧的吸入；或者是在橡木风干或酒的桶贮过程中微生物对橡木组分的代谢改变作用不同引起的。另外，橡木片的比表面积更大一些。有关这些影响的一个例子可能是会有更多的橡木内酯被吸收，增加了表面积，也会大大促进鞣花单宁的吸收。如果是木桶，这些内表面的鞣花单宁会在烘烤过程中被水解消耗掉。结合使用不同烘烤程度的橡木片可理想地替代从橡木桶中萃取得到的各种萃取物（在烘烤过程中，热量缓慢穿过木板可产生渐变的化学成分的变化）。

使用橡木片时，一般是在发酵过程中使用，这会促进多余的单宁和酚类物质的早期沉淀，同时发酵时较低的氧化还原电位更有利于橡木中有利于酒体风味的物质的萃取。另外，存在于木片结构里的氧气会在发酵过程中快速被消耗掉，而如果在发酵后加入，只有先将木片预泡几个小时才会将氧气的吸收降到最小。虽然可将橡木片直接加到酒当中去，但会产生如何在后期除去橡木片的问题，木片也会阻塞管道、泵和过滤器，这可以通过使用尼龙袋盛装橡木片来避免，但是这样虽然易于除去，但是减慢了香气的萃取。另外一种经济的替代橡木桶陈酿的方法是将橡木板放在大体积的罐中来浸泡。这些木板是由使用过的橡木桶上未经酒液浸泡的外侧木板加工而成。这些木板可用红外辐射来达到所需要的烘烤程度。因为不同的烘烤程度决定了不同的橡木贡献，所以酿酒师可精确地选择酒当中所需要的橡木成分。

橡木片的产地不同、烘烤程度不同，对酒体风格的影响也不同。要获得预期的效果，必须选择适宜的橡木制品类型，并采用合理的浸渍时间。发酵前装罐时，可以添加对芳香和颜色有明显效果的橡木粉末或碎片。但其作用效果明显不如压榨后添加粉末，因为发酵过程中产生的二氧化碳使大多数芳香化合物挥发。倒罐时，添加橡木可以使葡萄酒获得香气与结构之间的最佳协调。每月使用 2～15g/L 的橡木片结合微氧处理，可以改善酒的协调性。陈酿期间，为了避免酒体过分硬化，可以添加较低剂量的橡木制品。使用橡木板可以带来橡木的风味，但存在硬化的风险。橡木桶板与橡木桶一样，使用的技术标准相同，但不像使用橡木片那样灵活。在瓶装前的几周内添加橡木粉或橡木片，可以迅速产生橡木特点，但容易引起酒的不稳定。由于鞣酸单宁会在酒体中水解，释放出不溶解的鞣酸。因此，应使酒体有一定的稳定期，以确保酒装瓶时能够稳定。理想的方式是整合各种橡木添加物的使用，既可以利用其不同的效果，也可以优化质量和生产成本。早添加未经加热的橡木有利于增加口感和果味强度（2～3g/L），同时结合使用经过加热的橡木（中度烘烤）有利于芳香的复杂性和口感（5～10g/L）；使用经过较高温度加热的橡木有利于调节芳香[陈酿期间可以根据需要进行补充校正（0.5～2g/L）]。添加橡木的形式（粉末、木片、木板、木桶）不同，浸渍过程中的表现也不同。橡木制品体积越小，提取越快、越强烈。但其容易产生不受欢迎的“木味”特性，而且更不稳定。与木桶相比，使用橡木片处理在最初的几周内提取更强烈，橡木特性容易占主导地位。对于快速上市的酒，木桶陈酿酒不容易迅速获得良好的口感。在这种情况下，使用橡木片则可以更好地控制橡木添加量，使用灵活、方便，降低生产成本。因此，对于中等质量的酒，橡木制品是木桶理想的替代物（李春光，2012）。

3.5.3　苹果白兰地陈酿周期

陈酿时间是苹果蒸馏酒完成后熟的一个重要变量。10～20 年的成熟期并不少见，尽管这些成熟期能产生高质量的成熟烈酒，但在产生这些品质方面的重要反应尚未确定。在这些时间尺度上识别反应的一个特殊问题是，当在实验室中建模及实验时间内不可能观察到明显的活性。大量的研究关注了成熟过程中颜色和木材成分的提取。在第一次和第二次装填桶中，在前 6～12 个月内有一个快速的初始提取。此后，尽管在整个成熟期内颜色和木桶成分保持稳定增加，但提取率降低。最初的快速提取归因于木桶中快速扩散的游离浸出物。此后的稳定增长是由于通过酒精水解和空气氧化的结合释放出更高浓度的可水解单宁和木质素分解产物。酒精的蒸发增加了所有非挥发性同系物的浓度，也有助于增加稳定性。在灌装桶中，大多数游离萃取物已被耗尽，且通常不存在初始快速萃取：萃取物通常在成熟期呈线性增加，反映出水解和氧化形成同系物的速度较慢。虽然这在很大程度上取决于木桶的类型，但木桶提取物的含量通常随时间的延长而增加。长时间的成熟对同系物相对数量的影响还没有研究，但可能会增加这些同系物的氧化作用（如将松柏醛氧化成香兰素等），这可能会增强烈酒的成熟特性。在长时间的成熟过程中，酒精浓度可能会大幅度降低，这可能会影响木材和蒸馏成分的溶解性。因此，长链乙酯、脂肪和乙醇木质素的浓度可能降低，糖和可水解单宁的浓度也可能增加。氧化反应可在成熟期间变化。最近的研究表明，炭化介导的二甲基二硫化物的减少在很大程度上发生在成熟的前 18 个月内。酒桶对铜的吸附作用会降低老酒中活性氧化剂的含量。然而，老白兰地中酸败特性的发展是由于脂肪酸氧化成酮，所以可能还有其他尚未确定的反应，这些反应是由长时间的成熟所促进的。最后，随着成熟时间的延长，萃取剂和木香含量的增加可能导致对蒸馏香味的感官和物理化学特性的掩盖。

3.5.4 苹果白兰地存贮酒库及类型

苹果白兰地的成熟需要有合适的贮存设施，以满足大型木桶库存的需要。传统上，成熟的白兰地存放在酒厂旁边的石头建造的单层或多层仓库中，随着生产规模的扩大，则采用大型、集中的多层仓库来增加存贮容量。在成熟过程中，木桶不是一个不透水的容器，它允许酒精（乙醇和水）的蒸发和空气（氧气）的进入。成熟过程中会有一小部分酒精的损失，这种损失随着仓库中环境条件的变化而变化。仓库温度和环境存在差异，这些差异可能影响蒸发损失和成熟的速度和进程。

传统的成熟仓库是用石头建造的单层或多层建筑，石板屋顶覆盖在木材上。仓库的底层是煤渣地板，其他楼层为木地板。仓库一般不设防潮层，湿度往往取决于周围土壤类型和地下水位。木桶贮存在“积木”中，通常有两到三个高，相互叠放，每层之间有木制的滑槽。大型、集中的多层仓库有砖墙、混凝土地板和隔热铝或石棉屋顶的基本结构。带有木制滑槽的钢支架可以使木桶在侧面紧密地平行排列，支架可以延伸到 12 排高。也有一些仓库不使用货架，木桶端部放在托盘上，高达 6 层，便于叉车进入工作。

3.5.5 苹果白兰地存贮环境条件和蒸发损失

常见的贮酒仓库屋顶面积大，隔热性差，使得通过屋顶到高层的太阳能热传递率相对较高。如果没有提供自然或强制空气循环，则上层周围会形成热的、停滞的空气，仓库的顶部和底部之间会有相当大的温差。这种影响在夏季的美洲大陆最为明显，顶层的温度可以达到 50～60℃，而底层的温度只有 18～21℃。传统仓库通常具有更好的隔热性能，因此不会经历多层货架仓库的极端内部温度梯度。仓库温度和湿度会影响蒸发损失。在仓库内，温度和湿度成反比关系。在受控的气候条件下，温度和湿度会影响乙醇和水的相对流失率。气温升高增加乙醇和水的蒸发损失，而湿度影响乙醇和水的相对损失率。在高湿度下，乙醇比水损失更多，酒精度降低；在低湿度下，水比乙醇损失更多，酒精度增加。将这些结果应用于仓库环境并非易事，因为条件可能随季节、每月甚至每天而变化。对于大型货架和托盘仓库，顶层和底层之间存在显著差异。底层周围环境总体稳定，湿度较高。在顶层，随着温度的升高，湿度每天都有明显的下降，这就意味着顶层的水蒸气损失更大。因此，对于贮存相同烈酒的橡木桶，当在仓库底部成熟时，酒精浓度可能降低，但当在顶部成熟时，酒精浓度可能升高。但是，顶层的总蒸发损失将更高。湿度也解释了强度变化的国际差异。在美国，相对干热的气候促使水蒸气相对于乙醇优先流失，因此在成熟过程中强度增加。在苏格兰，凉爽潮湿的环境有利于乙醇比水更易流失，而在成熟过程中，乙醇的强度会降低。酒体陈酿贮存过程中蒸发率在很大程度上取决于容器周围的气流。在通风良好的仓库中，桶周围的乙醇和水的浓度会降低，这会增加桶与空气之间的浓度梯度，从而增加蒸发量。个别库房管理还受到卫生安全法规、搬桶和开闭窗户等因素的影响。

3.6　苹果白兰地的挥发性香气成分

苹果白兰地在整个生产过程中，从苹果固有的芳香成分到酒精发酵过程中产生的挥发性化合物、蒸馏过程中挥发物的浓度、成熟过程中从橡木中提取的芳香分子及老化过程中上述所有化合物的变化都会受到影响。在整个白兰地生产过程中，香气成分的形成、降解和相互作用影响着白兰地的主要感官特性。几种典型的白兰地香味已经被鉴定出来。Jolly 和 Hattingh（2001）将这些香味汇集在南非白兰地的风味轮中。双层白兰地风味轮由两部分组成，即正属性和负属性。正面属性分为第一层，果味、麝香、花香、木味、烘烤味、坚果味、甜味和香料。负面属性分为溶剂/化学品、酸相关、头、尾（参考蒸馏过程的尾段）、霉味、硫黄味、酚和其他异味。每个部分在第二层中进一步划分。尽管白兰地风味轮是专门为南非白兰地开发的，但它也涵盖了斯洛伐克和葡萄牙公布的白兰地最重要的特征，可以被视为国际白兰地风味轮。

通过气相色谱结合嗅觉测定（GC-O），已在白兰地中鉴定出许多气味活性化合物及其香气描述（Caldeira et al.，2008；Janáčová et al.，2008）。然而，众所周知，最终产品中的香气很少可归因于单一的气味活性分子，而是混合物中挥发性物质的复杂相互作用的结果。

3.6.1　苹果白兰地原酒和蒸馏过程中的挥发性香气成分

在基酒生产过程中发生的乳酸发酵对白兰地馏分的酯类成分有显著影响。乳酸发酵可增加乳酸乙酯和琥珀酸二乙酯并减少乙酸异戊酯、乙酸乙酯、己酸乙酯和 2-苯乙酸乙酯。乳酸发酵也会对蒸馏物的感官特性产生影响。与未发生乳酸发酵的蒸馏酒相比，酯类的减少解释了为什么在发生乳酸发酵的蒸馏酒中水果香气减少。乳酸发酵增加了溶剂/化学香味的存在（Du Plessis et al.，2002）。氮源添加对苹果白兰地发酵挥发性香气成分会产生影响，康三江等（2014）对添加氯化铵及无添加对照发酵苹果白兰地酒中的香气成分鉴定结果表明，酯类和醇类相对含量较高，构成了苹果白兰地的主要香气成分；苹果白兰地发酵中添加氯化铵有助于提高主要酯类物质的相对含量，其中相对含量较高的香气物质为乙酸乙酯、乙醇、3-甲基-乙酸-1-丁酯、3-甲基-1-丁醇、己酸乙酯、乙酸己酯、辛酸乙酯、癸酸乙酯等（表 3-2）。

表 3-2　氯化铵添加及未添加苹果白兰地中主体香气成分相对含量

化合物名称	相对含量（%）	
	CK	250mg/L 氯化铵
乙酸乙酯（ethyl acetate）	2.39±0.03	3.86±0.06
乙醇（ethanol）	15.24±0.02	17.5±0.06
3-甲基-乙酸-1-丁酯（1-butanol, 3-methyl-, acetate）	8.83±0.07	9.97±0.10
3-甲基-1-丁醇（1-butanol, 3-methyl-）	14.79±0.03	7.19±0.05
己酸乙酯（hexanoic acid，ethyl ester）	6.2±0.04	4.2±0.02
乙酸己酯（acetic acid，hexyl ester）	1.65±0.07	4.21±0.10
辛酸乙酯（octanoic acid，ethyl ester）	17.07±0.04	18.58±0.02
癸酸乙酯（decanoic acid，ethyl ester）	2.47±0.02	3.45±0.02

注：相对含量（%）：平均值±标准差

另外，不仅单独添加氯化铵会影响苹果白兰地香气成分，而氯化铵及生物素交互作用对苹果白兰地生产过程中挥发性成分也会产生影响（表 3-3），结果表明：250mg/L 氯化铵与 10μg/L 生物素的交互作用使苹果白兰地发酵中酯类物质的相对含量增加，异戊醇的相对含量降低；辛酸乙酯在主要酯类物质中相对含量最高且随着生物素添加量的增加而增加，构成了苹果白兰地特有的香味（曾朝珍等，2015）。

表 3-3　苹果白兰地中主要呈香物质相对含量

化合物名称	相对含量（%）			
	CK	250mg/L 氯化铵	250mg/L 氯化铵+1μg/L 生物素	250mg/L 氯化铵+10μg/L 生物素
乙醇	15.24	17.5	17.06	8.69
3-甲基-1-丁醇	14.79	7.19	6.89	3.69
乙缩醛二乙醇	—	3.21	3.42	1.17
乙酸乙酯	2.39	3.86	4.46	2.63
3-甲基-乙酸-1-丁酯	8.83	9.97	10.79	7.71
己酸乙酯	6.2	4.2	4.85	3.40
乙酸己酯	1.65	4.21	4.69	3.51
辛酸乙酯	17.07	18.58	20.11	22.43
癸酸乙酯	2.47	3.45	4.40	19.12
月桂酸乙酯	0.49	0.45	0.53	4.53

高级醇类化合物是酿造白兰地过程中产生的副产物，是白兰地挥发性成分的重要组成部分。白兰地中含量最高的高级醇为异戊醇。像大多数其他高级醇一样，异戊醇具有令人不快的香味。然而，在白兰地质量和异戊醇之间没有发现直接的相关性（Steger and Lambrechts，2000）。在较低浓度水平下，由于与其他气味化合物的协同相互作用，高级醇可能增加白兰地的复杂性。此外，高级醇在成熟过程中可被酯化，产生的酯类散发出更宜人的香味。因此，白兰地馏出物中的一些高级醇类是可取的，但浓度不能过高。曾朝珍等（2018b）分析了酿酒酵母菌种、发酵温度、酵母接种浓度、可同化氮和碳源对苹果白兰地酿造过程中异丁醇、异戊醇及苯乙醇含量的影响（图 3-3～图 3-12）。结果表明，采用酿酒酵母（CICC 32130）、发酵温度 20℃，酵母接种浓度 1×10^4CFU/ml 的发酵条件苹果白兰地中异丁醇、异戊醇及苯乙醇含量相对较低；可同化氮与苹果白兰地酿造中高级醇的形成密切相关，在发酵液中添加适宜的铵态氮有利于降低异丁醇、异戊醇及苯乙醇的含量，但是不宜大量添加一种氨基酸，以防相应的高级醇大量产生；而为提高酒精度在苹果白兰地酿造中过多添加碳源不仅会阻碍酵母的正常代谢，还会因其他营养物质的相对缺乏导致酵母异常发酵，进一步导致苹果白兰地中异丁醇、异戊醇及苯乙醇含量的增加。

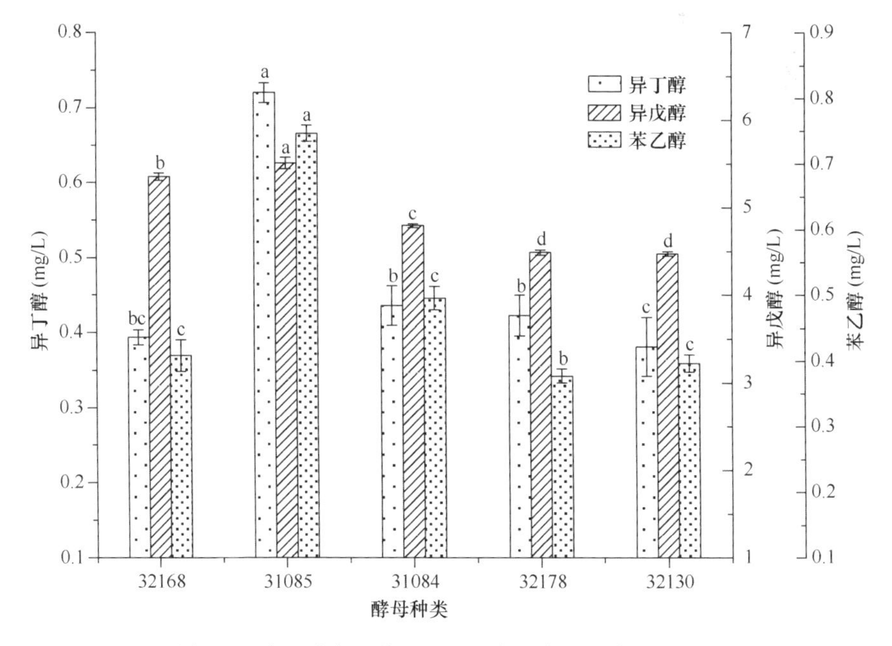

图 3-3　酵母种类对苹果白兰地主要高级醇含量的影响

注：不同小写字母代表差异显著（$P<0.05$）

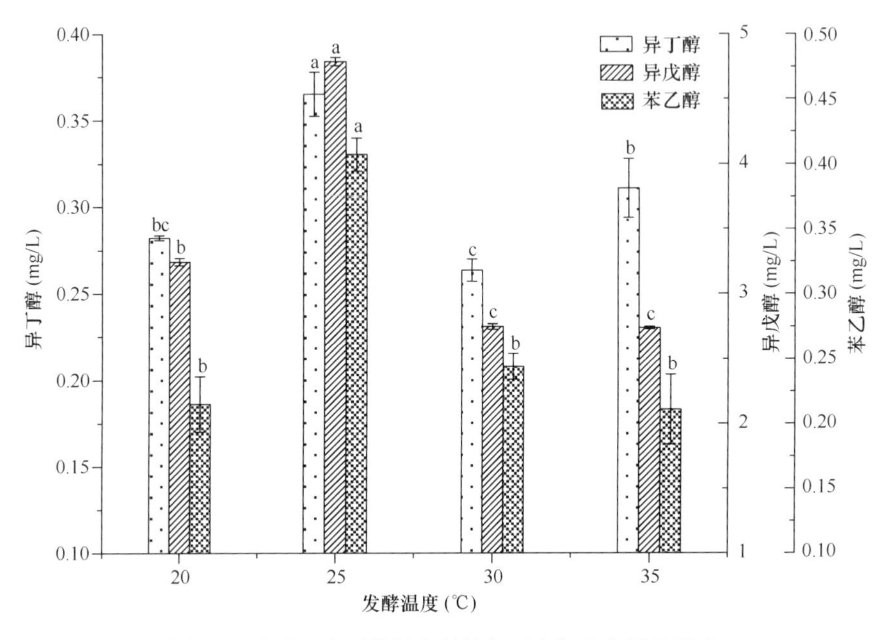

图 3-4 发酵温度对苹果白兰地主要高级醇含量的影响

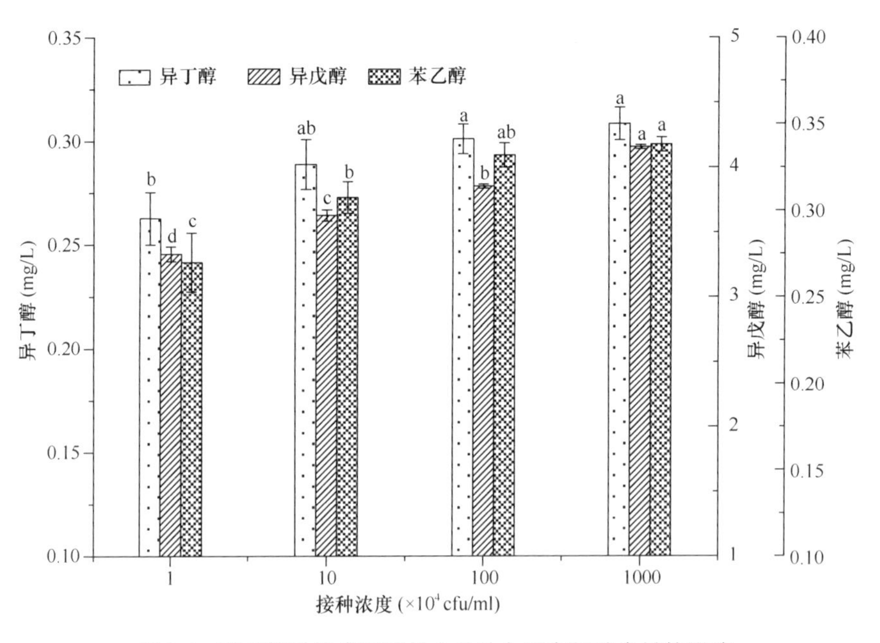

图 3-5 酵母接种浓度对苹果白兰地主要高级醇含量的影响

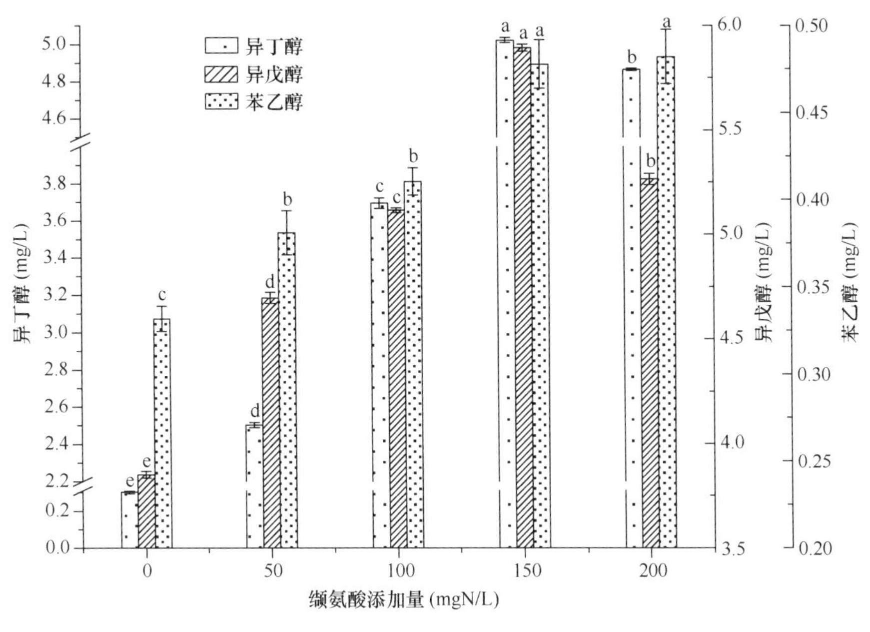

图 3-6　缬氨酸对苹果白兰地主要高级醇含量的影响

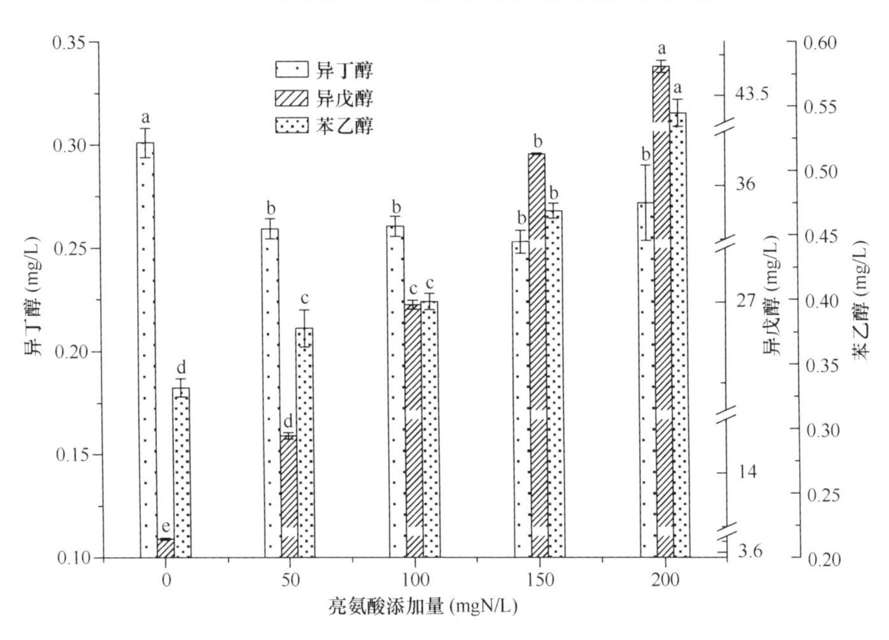

图 3-7　亮氨酸对苹果白兰地主要高级醇含量的影响

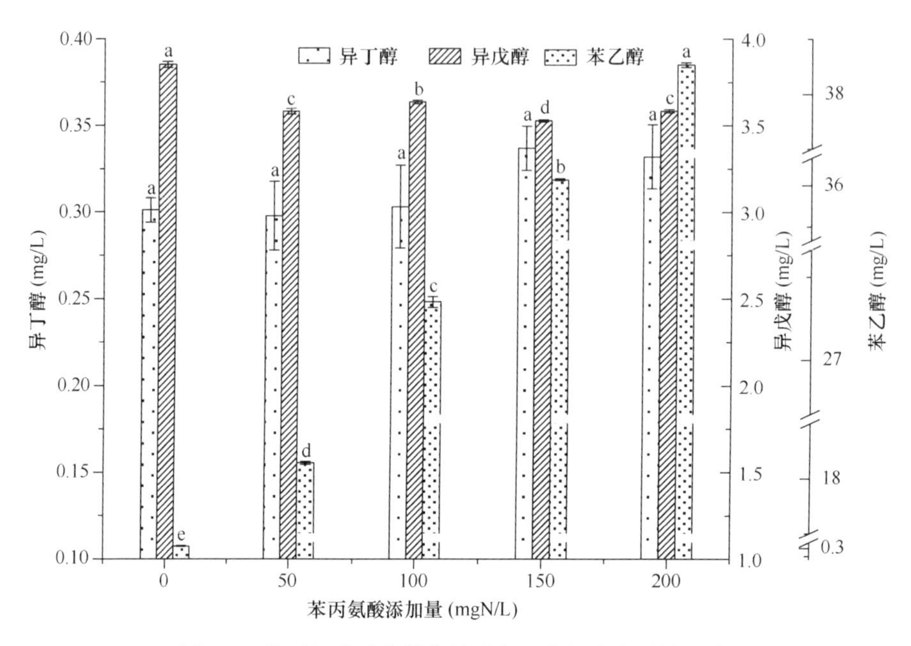

图 3-8　苯丙氨酸对苹果白兰地主要高级醇含量的影响

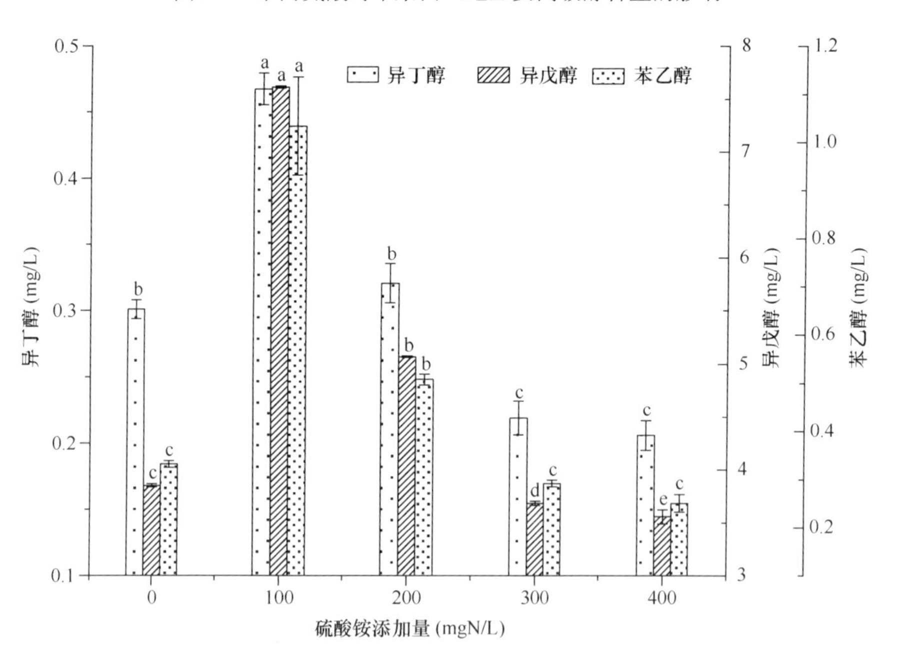

图 3-9　硫酸铵对苹果白兰地主要高级醇含量的影响

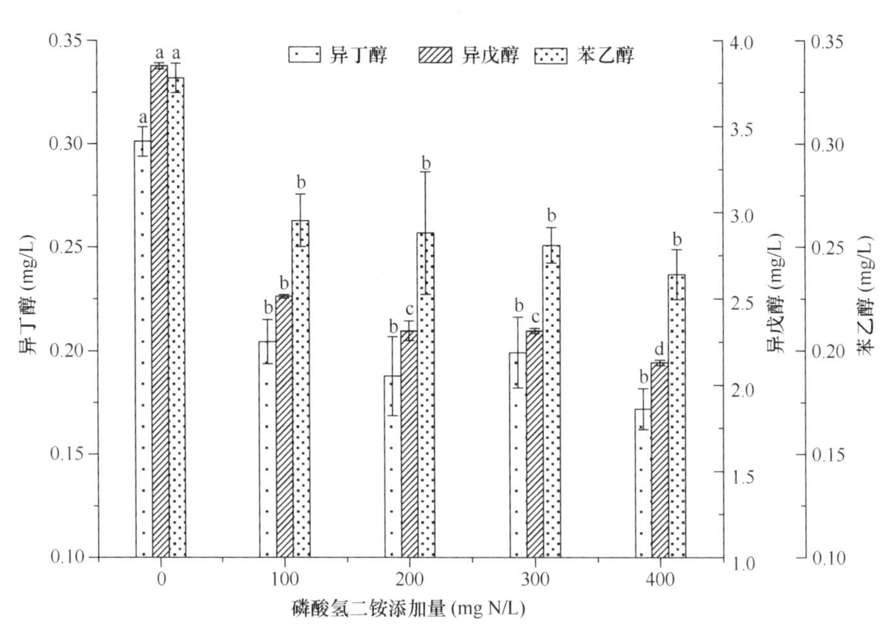

图 3-10　磷酸氢二铵对苹果白兰地主要高级醇含量的影响

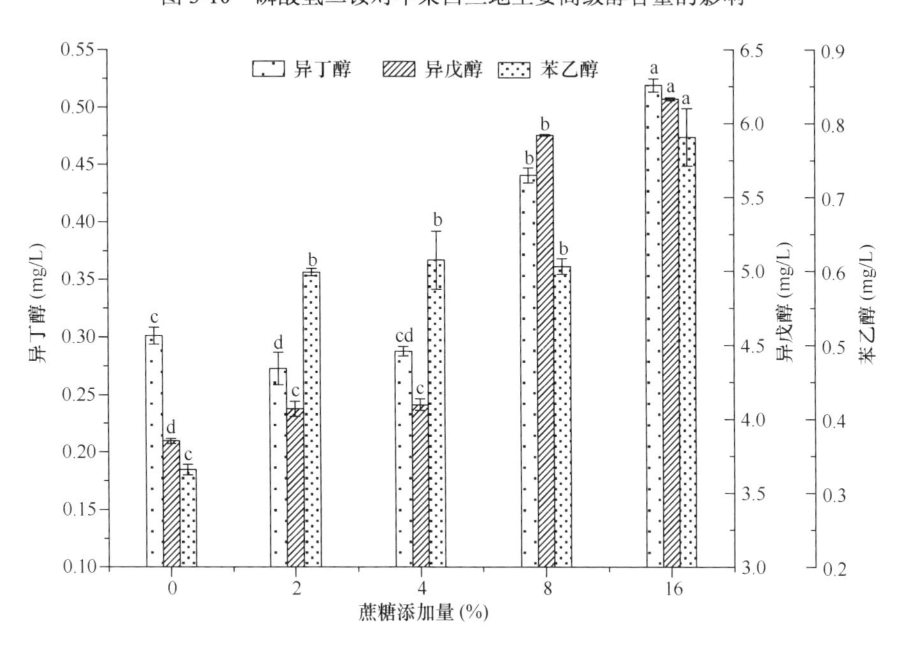

图 3-11　蔗糖对苹果白兰地主要高级醇含量的影响

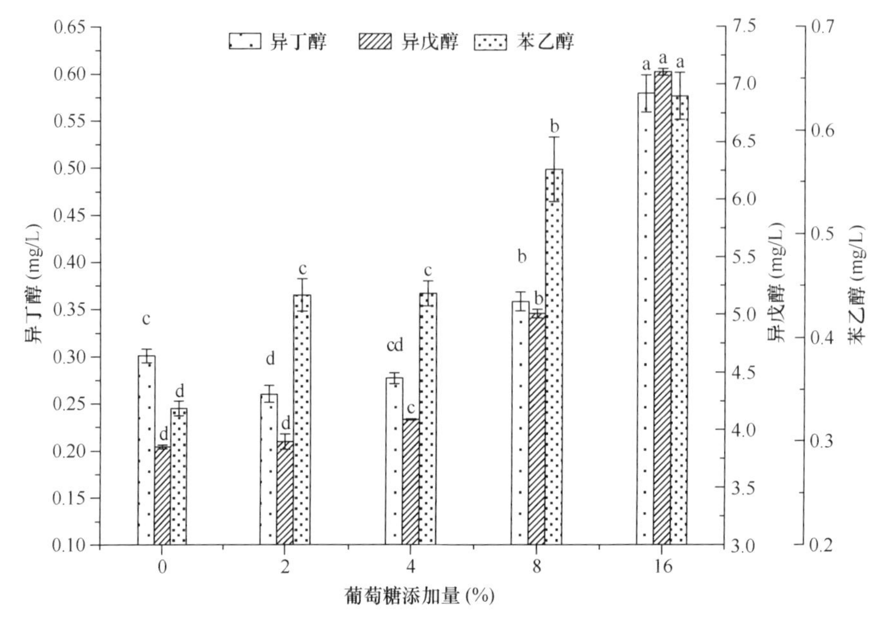

图 3-12　葡萄糖对苹果白兰地主要高级醇含量的影响

另外，非酿酒酵母与酿酒酵母进行混合发酵及不同接种方式的苹果白兰地中风味物质种类及其含量也不同（曾朝珍等，2018a），相关研究结果表明，不同接种方式发酵的苹果白兰地共检测到 69 种香气成分。其中，酯类 19 种、醇类 31 种、酸类 10 种、醛酮类 3 种、酚类 4 种及烯烃类 2 种；而顺序混合发酵 I（先接种异常汉逊酵母 24h 后接种酿酒酵母）在异常汉逊酵母与酿酒酵母的协同作用下有效促进了更多酯类、醇类物质的合成，降低了脂肪酸的含量，增加了香气成分的种类（表 3-4）。

表 3-4　纯种发酵和不同混合发酵的苹果白兰地中挥发性风味物质测定（单位：mg/L）

类别	编号	化合物名称	异常汉逊酵母	酿酒酵母	混合培养	顺序培养 I	顺序培养 II
酯类	1	丁酸乙酯	$0.005±0.001^{c}$	$0.006±0.001^{c}$	$0.014±0.003^{b}$	$0.018±0.002^{a}$	$0.018±0.003^{a}$
	2	乙酸丁酯	$0.012±0.002^{e}$	$0.021±0.004^{d}$	$0.076±0.014^{a}$	$0.043±0.012^{c}$	$0.050±0.012^{b}$
	3	乙酸异戊酯	$0.074±0.003^{c}$	$0.063±0.003^{c}$	$0.180±0.016^{b}$	$0.196±0.002^{b}$	$0.220±0.014^{a}$
	4	己酸乙酯	$0.028±0.001^{c}$	$0.024±0.001^{d}$	$0.072±0.003^{b}$	$0.075±0.002^{a}$	$0.073±0.002^{ab}$
	5	乙酸己酯	$0.007±0.001^{e}$	$0.037±0.001^{d}$	$0.023±0.001^{c}$	$0.071±0.001^{b}$	$0.106±0.003^{a}$
	6	辛酸乙酯	$0.052±0.002^{d}$	$0.050±0.003^{d}$	$0.079±0.001^{c}$	$0.163±0.018^{a}$	$0.093±0.008^{b}$
	7	3-羟基丁酸乙酯	$0.001±0.002^{a}$	—	—	—	—
	8	癸酸乙酯	$0.118±0.003^{b}$	$0.082±0.001^{c}$	$0.054±0.001^{c}$	$0.322±0.023^{a}$	$0.066±0.002^{c}$
	9	9-癸烯酸乙酯	$0.022±0.001^{a}$	$0.023±0.001^{a}$	$0.024±0.001^{a}$	—	—

续表

类别	编号	化合物名称	异常汉逊酵母	酿酒酵母	混合培养	顺序培养Ⅰ	顺序培养Ⅱ
酯类	10	乙酸苯乙酯	0.002±0.001[b]	0.003±0.001[b]	0.004±0.001[b]	—	0.011±0.010[a]
	11	月桂酸乙酯	0.076±0.002[a]	0.009±0.001[d]	0.015±0.001[c]	0.049±0.002[b]	0.010±0.001[cd]
	12	棕榈酸乙酯	0.001±0.001[a]	—	—	—	—
	13	邻苯二甲酸二异丁酯	0.002±0.001[a]	—	—	—	—
	14	1-辛烯-3-醇乙酸酯	—	—	—	—	0.010±0.001[a]
	15	甲氧基乙酸戊酯	—	—	—	0.060±0.001[a]	0.048±0.001[b]
	16	2-苯乙醇乙酸酯	—	—	—	0.006±0.001[a]	—
	17	1-辛烯-3-醇乙酸酯	—	0.003±0.001[a]	—	0.005±0.001[a]	—
	18	1, 3-丁二醇二乙酸酯	—	—	0.005±0.001[a]	—	—
	19	1, 3-丙二醇二乙酸酯	—	—	0.003±0.002[a]	—	—
		合计	0.400	0.321	0.549	1.008	0.707
醇类	20	仲丁醇	0.408±0.022[b]	0.398±0.011[b]	0.455±0.026[a]	0.402±0.037[b]	0.409±0.024[b]
	21	丙醇	121.895±1.842[e]	126.454±1.665[d]	135.309±1.323[b]	130.000±2.041[c]	137.156±1.877[a]
	22	异丁醇	49.083±2.143[c]	43.861±2.775[d]	52.233±1.191[b]	58.660±1.058[a]	49.039±2.773[c]
	23	正丁醇	22.606±2.423[a]	20.343±1.792[c]	20.882±3.429[b]	20.516±1.587[c]	20.635±2.113[bc]
	24	1-甲氧基-2-丙醇	6.875±0.363[a]	4.191±0.438[c]	4.780±0.281[b]	3.964±0.186[c]	4.057±0.375[c]
	25	异戊醇	250.133±0.982[a]	231.112±1.063[d]	246.141±0.967[b]	246.421±1.179[b]	245.718±0.952[c]
	26	2-甲基-2-丁烯-1-醇	0.104±0.002[a]	—	—	—	—
	27	1-戊醇	0.708±0.013[a]	0.643±0.018[b]	0.649±0.014[b]	0.660±0.023[b]	0.552±0.004[c]
	28	2-癸醇	0.241±0.008[a]	—	—	—	0.199±0.004[a]
	29	4-甲基-1-戊醇	0.086±0.001[a]	—	—	—	0.081±0.001[a]
	30	异丙醇	0.853±0.011[a]	0.088±0.002[c]	0.073±0.002[e]	0.152±0.003[b]	0.084±0.005[d]
	31	正己醇	11.067±0.973[a]	6.848±1.037[d]	8.320±1.181[c]	9.912±0.945[b]	6.971±1.058[d]
	32	3-乙氧基-1-丙醇	0.255±0.012[b]	0.337±0.021[a]	0.329±0.013[a]	0.282±0.010[b]	0.332±0.017[a]
	33	6-甲基-5-庚烯-2-醇	2.088±0.053[a]	1.768±0.022[c]	1.800±0.065[bc]	1.913±0.058[b]	1.802±0.069[bc]
	34	正庚醇	0.216±0.050[b]	—	—	1.390±0.024[a]	—
	35	2-十一醇	0.102±0.012[a]	—	0.086±0.002[a]	—	—
	36	苯甲醇	0.093±0.006[a]	—	0.063±0.003[b]	0.077±0.011[b]	—
	37	苯乙醇	3.642±0.031[d]	4.005±0.046[b]	3.962±0.012[c]	3.690±0.004[d]	4.243±0.020[a]
	38	1-甲氧基-2-丙醇	—	4.191±0.317[a]	—	—	—
	39	2-庚醇	—	0.198±0.011[a]	—	—	—
	40	2-莰醇	—	0.134±0.023[a]	—	—	0.113±0.008[a]
	41	2, 3-丁二醇	—	0.167±0.021[b]	0.175±0.002[b]	—	0.197±0.012[a]
	42	2-戊醇	—	—	0.282±0.025[a]	—	—

续表

类别	编号	化合物名称	异常汉逊酵母	酿酒酵母	混合培养	顺序培养Ⅰ	顺序培养Ⅱ
醇类	43	2-庚醇	—	—	0.201±0.011^{a}	0.197±0.026^{a}	—
	44	顺-A, A-5-三甲基-5-乙烯基四氢化呋喃-2-甲醇	—	—	0.060±0.001^{a}	—	—
	45	3-甲硫基-1-丙醇	—	—	0.049±0.001^{b}	0.069±0.002^{a}	—
	46	反式-2-壬烯-1-醇	—	—	0.078±0.002^{a}	—	0.074±0.002^{a}
	47	3-甲基-1-戊醇	—	—	—	0.093±0.007^{a}	—
	48	反-氧化芳樟醇	—	—	—	0.035±0.003^{a}	—
	49	正辛醇	—	—	—	0.086±0.001^{a}	—
	50	3-甲硫基丙醇	—	—	—	0.069±0.002^{a}	—
		合计	470.458	440.545	476.070	478.520	471.660
酸类	51	乙酸	8.734±0.027^{a}	6.046±0.016^{c}	6.101±0.012^{c}	7.173±0.013^{b}	5.595±0.003^{d}
	52	异丁酸	0.402±0.016^{b}	—	—	0.481±0.025^{a}	—
	53	正戊酸	0.331±0.022^{a}	—	—	—	—
	54	2-甲基-丁酸	0.604±0.018^{a}	—	0.428±0.011^{b}	0.563±0.016^{a}	0.351±0.012^{c}
	55	己酸	1.553±0.008^{b}	1.469±0.014^{c}	1.643±0.012^{a}	1.253±0.011^{e}	1.304±0.005^{d}
	56	辛酸	5.028±0.025^{a}	3.918±0.041^{b}	3.798±0.013^{c}	2.668±0.010^{e}	3.289±0.004^{d}
	57	正癸酸	2.901±0.037^{a}	1.466±0.014^{b}	1.456±0.009^{b}	0.602±0.023^{c}	0.617±0.021^{c}
	58	9-癸烯酸	0.864±0.017^{a}	0.628±0.020^{b}	0.661±0.012^{b}	0.362±0.003^{c}	0.330±0.003^{c}
	59	2 -甲基-丙酸	—	0.328±0.022^{a}	—	—	—
	60	丁酸	—	0.362±0.021^{b}	0.381±0.014^{b}	0.375±0.026^{b}	0.413±0.014^{a}
		合计	20.416	15.236	14.468	13.478	11.899
醛酮类	61	3-羟基-2-丁酮	3.600±0.051^{a}	0.620±0.044^{b}	0.568±0.013^{bc}	0.538±0.013^{cd}	0.449±0.011^{d}
	62	甲基庚烯酮	—	—	—	0.080±0.010^{a}	—
	63	苯甲醛	0.450±0.012^{a}	—	0.275±0.013^{b}	0.421±0.012^{a}	0.247±0.012^{b}
		合计	4.050	0.620	0.843	1.039	0.696
酚类	64	丁香酚	0.086±0.001^{a}	—	0.071±0.001^{b}	—	0.065±0.001^{b}
	65	4-乙烯基-2-甲氧基苯酚	1.260±0.013^{a}	0.177±0.002^{d}	0.643±0.003^{c}	0.925±0.002^{b}	0.184±0.002^{d}
	66	2, 4-二叔丁基苯酚	0.429±0.002^{a}	0.188±0.002^{d}	0.240±0.001^{c}	0.213±0.013^{c}	0.266±0.007^{b}
	67	4-丙烯基-2-甲氧基苯酚	—	—	—	0.047±0.001^{a}	—
		合计	1.775	0.365	0.954	1.285	0.515
烯烃类	68	3-乙基-2, 5-二甲基-3-己烯	—	0.133±0.020^{a}	—	0.112±0.016^{a}	—
	69	长叶烯	0.065±0.001^{a}	—	—	—	—
		合计	0.065	0.133	—	0.112	—

注：“—”表示小于方法的检出限；不同小写字母代表差异显著（$p<0.05$）

蒸馏过程对白兰地的挥发性成分有很大的影响。在成熟之前，白兰地馏出物主要由酯类、高级醇类和挥发性脂肪酸组成，这些物质来自酒精发酵并在蒸馏过程中浓缩。乙酸乙酯和乳酸乙酯是白兰地蒸馏物中含量最丰富的酯类。乙酸乙酯主要存在于馏出物的头部，乳酸乙酯主要存在于尾部。因此，蒸馏过程可能会显著影响这些化合物在最终白兰地中的存在。乳酸乙酯对白兰地的品质有负面影响，如果原酒经过苹果酸-乳酸发酵，它的存在也会增加。通常琥珀酸二乙酯也会伴随着乳酸乙酯存在，琥珀酸二乙酯被认为是一种腐败化合物，可与尾部部分一起除去。长链乙酯也有助于白兰地的总酯含量。这些酯一般有水果的香味，并有助于提升白兰地质量。白兰地中乙酯的含量取决于蒸馏过程中的酒糟量。通过在蒸馏过程中加入大量优质的新鲜酵母酒糟与基础酒，可以显著增加气味酯的量，以改善白兰地样品的果味和口感。

几乎所有的酯都是低沸点的化合物，在蒸馏过程的早期被蒸馏掉。因此，为清除不良化合物而掐头去尾的点必须以不清除过多理想酯的方式进行控制。同样，在蒸馏过程中切勿过早剪断尾部，以保留更多酯类。研究发现在 60%酒精度下断尾可导致乙酯减少 30%～60%（Snyman，2004）。康三江等（2018）对苹果白兰地蒸馏工艺及蒸馏过程中挥发性物质变化进行了分析，结果表明，苹果白兰地蒸馏采用二次蒸馏：一次蒸馏不截取酒头、酒尾，馏出液酒精度为 23%～25%（*V/V*），体积约为原液的 35%；二次蒸馏截取 1%的酒头和 25%的酒尾，二次馏出液酒精度约为 54%（*V/V*）（表 3-5）。苹果白兰地不同馏分中共检测出 20 种香气物质，其中包括 10 种酯类、6 种醇类、1 种酸类及 3 种其他化合物，在蒸馏过程中，苹果白兰地不同馏分的挥发性成分种类和含量不断产生变化，酯类和醇类整体显现降低的趋势（表 3-6）。

表 3-5　截取不同比例酒头、酒尾后酒液的理化指标及感官结果

指标	不同截取比例				
	未截酒头，35%酒尾	1%酒头 20%酒尾	2%酒头 25%酒尾	3%酒头 30%酒尾	4%酒头 35%酒尾
酒中体积（ml）	200	303	261	219	172
酒精度（%）（*V/V*）	59	54	56	60	61
甲醇（g/L）	1.487	0.662	0.854	1.102	1.141
杂醇油（g/100ml）	0.238	0.108	0.123	0.135	0.148
感官评价	酒体透明，酒香浓	酒体透明，酒香较浓	酒体透明，酒香较浓	酒体透明，酒香淡	酒体透明，酒香寡淡

蒸馏最好在发酵完成后不久进行。如果蒸馏延迟，可将果酒在低温下贮存以降低水果气味的乙基酯和乙酸酯的损失（Cantagrel and Galy，2003），并延缓氧化和微生物腐败。尽管苹果酸发酵会加重一些风味，如巧克力和焦糖的味道，但它

表 3-6 苹果白兰地不同馏分的挥发性物质种类及含量

类别	编号	化合物	蒸馏各段香气物质含量（mg/L）				
			头馏分	中间馏分	次馏分	次尾馏分	尾馏分
酯类	1	乙酸乙酯	11.93	1.33	0.49	0.38	0.4
	2	丁酸乙酯	0.08	—	—	—	—
	3	己酸乙酯	0.27	—	—	—	—
	4	3-羟基丙酸乙酯	1.55	—	—	—	—
	5	辛酸乙酯	1.11	—	—	—	—
	6	癸酸乙酯	1.43	0.32	0.15	0.05	—
	7	琥珀酸二乙酯	0.09	—	—	0.07	0.11
	8	月桂酸乙酯	0.27	0.13	—	—	
	9	乳酸乙酯	—	1.45	1.92	1.42	2.64
	10	棕榈酸乙酯	0.12	—	—	0.05	
		合计	16.85	3.24	2.55	1.96	3.16
醇类	11	异丁醇	664.09	410.90	272.36	128.07	59.21
	12	正丁醇	48.20	41.69	31.30	16.56	12.48
	13	异戊醇	947.84	542.51	299.23	157.70	85.20
	14	正己醇	—	39.54	28.10	8.99	6.80
	15	2,3-丁二醇	—	7.15	—	3.49	9.25
	16	苯乙醇	—	—	—	4.75	6.10
		合计	1660.13	1041.79	630.98	319.56	179.04
酸类	17	乙酸	47.46	63.58	70.94	47.32	116.07
		合计	47.46	63.58	70.94	47.32	116.07
其他	18	1,1-二甲基肼	97.24	—	—	—	—
	19	α-法呢烯	15.74	—	—	—	—
	20	2-氟-1-丙烯	—	—	—	43.76	—
		合计	112.98			43.76	

注：“—”表示未检出

也会释放溶剂的气味（Plessis et al.，2004），并降低水果酯的含量。因此，通常不鼓励通过冷藏或添加溶菌酶进行乳酸发酵。如果真的发生了乳酸发酵，蒸馏会延迟到乳酸发酵完成。根据生产商的要求，有时候酒糟中的一小部分会与酒体一起蒸馏。酒糟是长链脂肪酸酯的主要来源。这些与酵母细胞膜紧密结合的高分子量的酯类被认为有助于干邑的果味。脂肪酸酯也作为固定剂，保留其他芳香化合物。酒糟还会增加芳香、氨基酸和降解产物的存在。酒体在加热过程中，芳香物质在蒸馏过程中以不同的速率和时间蒸发。挥发取决于各种成分的蒸汽压、芳香物质在两种主要溶剂（水和乙醇）中相对溶解度的变化及蒸馏过程中酒体成分变化的动力学（主要但不限于醇/水比例）（Léauté，1990）。随后，当蒸汽冷却时，化合物选择性冷凝。根据蒸馏器的操作方式，收集各种馏分，保留每种馏分的特定组成。

不连续壶式蒸馏的操作相对于连续塔式蒸馏比较复杂。组分通过初始挥发和不同冷凝动力学被分离。此外，所涉及的加热产生的热解副产物不在连续蒸馏中产生。它们在白兰地生产中的应用通常也需要两次蒸馏。蒸馏产生的馏出液通常被分为若干部分。冷凝的第一部分馏分（4%）富含乙醛和乙酸乙酯。它被称为头部，并经常被添加到蒸馏的主要部分重新蒸馏。其他高挥发性芳香族化合物，如己酸乙酯、癸酸乙酯和乙酸异戊酯，主要聚集在馏出液的早期部分。沸点较高的组分在馏出液的后期部分积累，如甲醇和高级醇（1-丙醇、异丁醇、甲基-2-丁醇和甲基-3-丁醇）。在蒸馏的中间和末端附近，挥发性较低的化合物聚集，尤其是乳酸乙酯、琥珀酸二乙酯、乙酸和 2-苯乙醇（Léauté，1990）。萜类倾向于集中在馏出液的末端和尾部部分。尽管如此，一些如香叶醇和芳樟醇可能在头部早期被蒸馏出来。将馏出液的主要部分与其他蒸馏过程中的相似部分组合用于再蒸馏。根据酿酒师的喜好，最后一部分（大约最后 17%）可以或不可以添加到酒液中被蒸馏。初始蒸馏阶段通常需要约 10h。

当收集到足够的馏出液（26%～32%乙醇）时，将其重新蒸馏。或者可以将馏出液与一部分新鲜基酒混合以进行再蒸馏。除了第二次蒸馏在稍低的温度下发生，其余类似于第一次蒸馏。蒸馏液通常分为四个部分。收集完头部后（约 1.5%），接下来 50%的蒸馏物（心脏或核心）被分离出来，成为新生的白兰地。这部分的酒精含量约为 70%（67%～72%）。接下来的两个部分（核心 2，约 40%）和尾部（约 10%）与头部合并，添加到新的馏出液中准备再次蒸馏。当蒸馏液流出蒸馏器时，蒸馏液的温度理想情况下约为 18℃，第二阶段蒸馏持续约 14h。第二次蒸馏过程中化合物分离的有关更多详细信息请参见 Cantagrel 和 Galy（2003）。果酒酒液在高温下（在蒸馏器底部高达 800℃）会诱发许多美拉德和斯特雷克尔（Strecker）降解反应。这包括糖和氨基酸之间的反应，产生杂环化合物，如呋喃、吡啶和吡嗪及 α-氨基酸降解产生的醛和缩醛。此外，热促进非挥发性萜烯糖苷和多元醇的水解分解，释放游离的挥发性萜类（Piggot，1994）、酮类（如 α-和 β-紫罗兰酮）和降异戊二烯类（如 vitispirane 和 1, 1, 6-三甲基-1, 2-二氢萘）。与干邑相反，阿马尼亚克生产白兰地采用简单蒸馏塔，拥有 5～15 个蒸馏板。在开始时，将水加入锅炉和塔中。一旦水开始蒸发，酒液就会转移到预热器中并被冷凝盘管中的热蒸汽进行加热。调节加热度和酒液流量是调节蒸馏液化学成分的主要手段。例如，增加流速会降低温度，增加相对醇含量，但会降低如苯乙醇、乳酸乙酯和 2, 3-丁二醇的浓度，并产生热分解副产物。分离、选择性包含或排除各种馏分也会显著影响新生白兰地的风味特征。

3.6.2 苹果白兰地陈酿过程中的挥发性香气成分

白兰地生产中的另外一个关键步骤是在橡木桶中陈酿。所用的桶容量可以在200L和600L之间变化。用于干邑白兰地的主要是350L左右，而用于阿马尼亚克白兰地的则在400～420L。这些白兰地的首选来源是邻近的Gascony和Limousin的森林。橡木木材多孔，有利于挥发和气体扩散，并含有更容易提取的单宁。通常情况下，桶内不会充满，蒸馏物会暴露在氧气中。成熟过程中的缓慢氧化促进醛类转化为气味更为宜人的乙缩醛。此外，还可能产生二醛，如芥子醛氧化分解为乙二醛和丁醛。一些乙醇也缓慢氧化为乙酸，而一些高级醇的氧化导致醛的大量积累，如己醛和3-甲基丁醛（Lea and Piggott，2003）。对于其他白兰地的称谓，橡木的来源往往首选能够反映地区传统的陈年餐酒。例如，Brandy de Jerez（雪莉酒白兰地）使用美国橡木。

在Caldeira等（2002）的一项研究中，认为在香草、木本、辛辣、焦糖和烟熏属性方面，重度烘烤的橡木桶最有利，在果味、青、尾香（tail）和胶水味（glue）方面最低。在chestnut cooperage中陈酿的白兰地中也发现了独特的但感官上令人愉悦的特性。正是这种在桶内的成熟过程，把年轻的白兰地馏出物的尖锐粗糙转化成了一种柔软的醇厚饮料。成熟期一般持续2～5年，但也可持续20年或更长时间。成熟通常在新橡木桶中开始，但在8～12个月后转移至旧桶中继续进行。曾朝珍等（2019）对不同陈酿时间的苹果白兰地中风味物质的测定结果表明，陈酿过程中苹果白兰地共鉴定出90种化合物，其中酯类物质43种，醇类物质32种，酸类物质15种（表3-7）。随着陈酿时间的延长，苹果白兰地共同酯类及酸类香气物质的种类数量和总含量呈现增加的趋势，共同醇类香气物质总含量呈现减少的趋势；而酸类香气成分的种类数量呈现先增后减的趋势。

在酒体成熟过程中，通过橡木桶损失的酒精比水还多，导致酒精含量下降。例如，白兰地经过12年的成熟后，最初70%的乙醇含量可能下降到60%左右。成熟过程中乙醇含量的变化也影响橡木成分的选择性提取。因此，最初倾向于萃取芳香族酚醛（如香草醛），随后则强调除糖和多元醇，如葡萄糖、果糖、阿拉伯糖、半乳糖和木糖，作为半纤维素水解的分解产物积累，在陈酿40年的白兰地中有高达2g/L的记录（Montero et al.，2005）。在成熟期间，较小分子量的易挥发性化合物通过cooperage选择性地扩散致使新生的白兰地中较大分子量的不易挥发性化合物浓度增大。缓慢吸收氧气也会激活白兰地中的氧化反应（Cantagrel and Galy，2003）。这些变化可以通过调整酒窖环境（如湿度、温度）和选择不同橡木桶来调节。尤其是当桶内成熟时间较短时，可以加入由橡木刨花制成的浸液以提供额外的提取物。添加糖浆（约6g/L）可用于软化由高级

表 3-7　橡木桶不同陈酿时间苹果白兰地香气成分结果

组分	序号	化合物	化合物含量（mg/L）															
			3 个月	4 个月	5 个月	6 个月	7 个月	8 个月	9 个月	10 个月	11 个月	12 个月	13 个月	14 个月	15 个月	16 个月	17 个月	18 个月
酯类	1	乙酸丁酯	0.010±0.04	0.013±0.06	0.008±0.01	0.01±0.01	0.006±0.02	—	0.008±0.02	0.006±0.02	0.007±0.02	0.007±0.01	0.012±0.03	0.007±0.01	—	0.008±0.01	0.006±0.01	0.006±0.02
	2	乙酸异戊酯	0.073±0.02	0.07±0.02	0.068±0.01	0.072±0.01	0.061±0.02	0.057±0.01	0.051±0.03	0.047±0.01	0.05±0.01	0.05±0.02	0.106±0.02	0.052±0.01	0.046±0.03	0.045±0.01	0.038±0.01	0.036±0.01
	3	己酸乙酯	0.027±0.03	0.027±0.04	0.028±0.02	0.032±0.02	0.028±0.01	0.032±0.01	0.027±0.02	0.032±0.02	0.03±0.02	0.03±0.03	0.062±0.05	0.046±0.03	0.029±0.02	0.033±0.02	0.03±0.02	0.032±0.01
	4	乙酸己酯	0.030±0.01	0.032±0.02	0.03±0.01	0.025±0.01	0.023±0.02	0.03±0.02	0.022±0.02	0.017±0.01	0.024±0.01	0.022±0.02	0.044±0.02	0.025±0.01	0.022±0.01	0.020±0.02	0.016±0.01	0.016±0.01
	5	辛酸乙酯	0.099±0.01	0.119±0.03	0.107±0.02	0.226±0.03	0.108±0.04	0.12±0.04	0.116±0.01	0.115±0.02	0.129±0.02	0.128±0.04	0.236±0.03	0.124±0.02	0.150±0.02	0.161±0.05	0.15±0.01	0.155±0.02
	6	癸酸乙酯	0.211±0.05	0.263±0.04	0.199±0.02	0.207±0.02	0.213±0.02	0.241±0.03	0.235±0.01	0.21±0.01	0.305±0.02	0.277±0.01	0.586±0.03	0.321±0.05	0.436±0.02	0.434±0.02	0.404±0.01	0.407±0.03
	7	琥珀酸二乙酯	0.014±0.03	0.018±0.04	0.017±0.01	0.021±0.02	0.02±0.01	0.024±0.02	0.022±0.04	0.024±0.03	0.025±0.01	0.025±0.02	0.047±0.01	0.025±0.02	0.044±0.01	0.047±0.02	0.044±0.02	0.047±0.02
	8	月桂酸乙酯	0.069±0.01	0.056±0.01	0.036±0.03	0.04±0.02	0.051±0.01	0.087±0.02	0.061±0.03	0.051±0.03	0.116±0.01	0.054±0.02	0.174±0.03	0.117±0.02	0.212±0.01	0.209±0.01	0.181±0.02	0.178±0.01
	9	棕榈酸乙酯	0.079±0.03	0.089±0.02	0.083±0.01	0.012±0.02	0.02±0.02	0.026±0.02	—	0.015±0.01	0.056±0.01	0.03±0.04	0.106±0.02	—	0.015±0.05	0.012±0.02	0.004±0.02	0.006±0.02
	10	乳酸乙酯	0.611±0.01	—	0.638±0.01	0.671±0.03	—	0.535±0.02	0.51±0.01	—	—	—	—	—	—	—	—	—
	11	2-羟基-3-甲基-丁酸乙酯	0.005±0.01	0.003±0.05	0.007±0.02	0.007±0.01	0.007±0.03	—	0.006±0.02	—	0.007±0.03	0.005±0.03	0.008±0.03	0.005±0.04	0.003±0.01	0.003±0.02	0.004±0.02	0.003±0.03
	12	邻苯二甲酸丁基酯-2-乙基己基酯	0.009±0.05	—	—	—	—	—	—	—	—	—	—	—	—	—	—	—
	13	亚油酸乙酯	0.049±0.04	—	—	—	0.027±0.03	—	0.022±0.02	—	—	—	—	—	0.013±0.04	—	—	—
	14	丁基酞酰甘油醇酸丁酯	0.027±0.01	—	0.018±0.03	—	—	—	—	—	—	0.06±0.01	0.113±0.04	—	—	—	—	—

续表

组分	序号	化合物	化合物含量（mg/L）															
			3个月	4个月	5个月	6个月	7个月	8个月	9个月	10个月	11个月	12个月	13个月	14个月	15个月	16个月	17个月	18个月
酯类	15	邻苯二甲酸二甲酯	—	0.390±0.02	—	—	—	—	—	—	—	—	—	—	—	—	—	—
	16	苯二甲酸二异丁酯	—	0.060±0.03	—	—	—	—	—	—	—	—	—	—	—	—	—	0.008±0.04
	17	邻苯二甲酸正丁异辛酯	—	0.244±0.02	—	—	—	—	—	—	—	—	—	—	—	—	—	—
	18	丁酸乙酯	—	—	0.004±0.04	—	—	—	—	—	—	—	—	0.006±0.02	—	0.011±0.01	0.01±0.01	0.010±0.02
	19	肉豆蔻酸乙酯	—	—	0.002±0.03	—	0.005±0.04	—	0.005±0.05	0.005±0.04	0.008±0.02	—	—	0.026±0.01	—	0.004±0.02	0.003±0.03	—
	20	十五酸乙酯	—	—	—	0.004±0.01	—	—	—	—	—	—	0.008±0.04	—	—	—	—	—
	21	甲基丙烯酸异己酯	—	—	—	—	0.005±0.03	—	—	—	—	—	—	—	—	—	—	—
	22	1,2-苯二甲酸二丁酯	—	—	—	—	0.025±0.02	—	—	—	—	—	—	0.015±0.01	0.022±0.02	0.023±0.05	0.018±0.02	0.019±0.01
	23	顺-4-羟基-3-甲基辛酸内酯	—	—	—	—	0.004±0.02	—	—	—	—	—	—	—	—	—	—	—
	24	单羟基化菜油丙二醇脂肪酸酯	—	—	—	—	—	0.017±0.03	—	—	—	—	—	—	—	—	—	—
	25	2-{[2-((2-乙基环丙基)甲基)环丙基]甲基}环丙烷辛酸甲酯	—	—	—	—	—	0.027±0.03	—	—	—	—	—	—	—	—	—	—
	26	邻苯二甲酸异十八醇酯	—	—	—	—	—	—	0.019±0.04	—	—	—	—	—	—	—	—	—
	27	反式-4-羟基-3-甲基辛酸内酯	—	—	—	—	—	—	0.005±0.03	—	—	—	—	—	—	—	—	—
	28	2'-己基-1,1'-二环丙烷-2-辛酸甲酯	—	—	—	—	—	—	—	0.045±0.01	0.046±0.01	—	—	—	—	—	—	—

续表

组分	序号	化合物	化合物含量（mg/L）															
			3个月	4个月	5个月	6个月	7个月	8个月	9个月	10个月	11个月	12个月	13个月	14个月	15个月	16个月	17个月	18个月
酯类	29	邻苯二甲酸丁基正癸酯	—	—	—	—	—	—	—	0.017±0.02	0.023±0.01	—	—	—	—	—	—	—
	30	2-甲基丁酸乙酯	—	—	—	—	—	—	—	—	—	0.009±0.03	0.009±0.01	—	—	—	—	—
	31	邻苯二甲酸二异丁酯	—	—	—	—	—	—	—	—	—	0.046±0.02	—	—	0.028±0.03	0.009±0.01	0.007±00.01	—
	32	甲磺酰基乙酸甲酯	—	—	—	—	—	—	—	—	—	0.010±0.02	—	—	—	—	—	—
	33	2-甲基-3-氧己酸乙酯	—	—	—	—	—	—	—	—	—	—	0.185±0.03	—	—	—	—	—
	34	辛酸-3-甲基丁酯	—	—	—	—	—	—	—	—	—	—	0.005±0.04	—	—	—	—	—
	35	癸酸异戊酯	—	—	—	—	—	—	—	—	—	—	—	0.004±0.02	—	—	—	—
	36	2-羟基丙酸乙酯	—	—	—	—	—	—	—	—	—	—	—	—	0.586±0.03	—	—	—
	37	辛酸异戊酯	—	—	—	—	—	—	—	—	—	—	—	—	0.002±0.02	0.002±0.05	—	0.002±0.01
	38	邻苯二甲酸二乙酯	—	—	—	—	—	—	—	—	—	—	—	—	0.007±0.03	—	—	—
	39	3-羟基丁酸乙酯	—	—	—	—	—	—	—	—	—	—	—	—	—	0.002±0.01	—	0.002±0.02
	40	2-羟基-4-甲基-戊酸乙酯	—	—	—	—	—	—	—	—	—	—	—	—	—	0.006±0.03	—	—
	41	乙酸苯乙酯	—	—	—	—	—	—	—	—	—	—	—	—	—	0.001±0.02	—	—
	42	甲酸戊酯	—	—	—	—	—	—	—	—	—	—	—	—	—	—	0.016±0.01	0.017±0.01

续表

组分	序号	化合物	化合物含量（mg/L）															
			3 个月	4 个月	5 个月	6 个月	7 个月	8 个月	9 个月	10 个月	11 个月	12 个月	13 个月	14 个月	15 个月	16 个月	17 个月	18 个月
酯类	43	DL-2-羟基-4-甲基戊酸乙酯	—	—	—	—	—	—	—	—	—	—	—	—	—	—	0.004±0.02	0.005±0.01
醇类	44	异丁醇	134.406±1.23	144.19±1.04	139.594±1.17	142.224±1.35	144.264±1.25	143.657±1.32	140.989±1.41	124.067±1.36	124.837±1.45	118.130±1.31	125.479±1.17	131.693±1.21	118.155±1.18	119.034±1.57	122.57±1.49	124.895±1.33
	45	正丁醇	28.173±0.69	28.357±0.32	27.589±0.54	28.124±0.78	28.989±0.20	28.152±0.42	28.298±0.32	27.004±0.28	27.226±0.35	25.051±0.45	27.257±0.37	28.04±0.24	26.066±0.17	26.187±0.46	26.703±0.52	26.845±0.25
	46	异戊醇	464.878±1.45	454.773±1.39	437.731±1.52	444.925±1.42	458.566±1.51	455.065±1.39	451.488±1.29	382.414±1.33	383.128±1.27	369.697±1.54	395.089±1.60	403.655±1.57	356.346±1.38	356.717±1.32	367.39±1.51	382.131±1.46
	47	正己醇	31.408±0.72	29.556±0.14	0.193±0.04	30.999±0.35	29.914±0.41	28.55±0.23	31.3±0.50	—	27.658±0.31	27.295±0.21	27.126±0.43	28.232±0.31	26.622±0.18	27.232±0.23	28.087±0.42	28.488±0.53
	48	2,3-丁二醇	1.438±0.04	0.982±0.02	1.37±0.01	1.175±0.03	1.007±0.02	1.635±0.01	1.263±0.04	1.189±0.03	1.278±0.02	0.933±0.01	0.534±0.01	1.687±0.05	0.951±0.02	0.791±0.02	0.67±0.03	0.699±0.01
	49	苯乙醇	5.211±0.06	5.842±0.05	5.856±0.07	6.447±0.07	7.008±0.06	7.404±0.08	7.733±0.07	5.291±0.06	6.321±0.08	5.508±0.05	5.74±0.06	6.086±0.07	6.081±0.08	6.315±0.05	6.53±0.06	6.607±0.06
	50	1-甲氧基-2-丙醇	1.170±0.02	—	0.388±0.01	—	0.939±0.02	0.568±0.02	—	—	0.438±0.02	—	—	—	—	—	0.982±0.01	1.284±0.02
	51	反式-3-己烯-1-醇	0.408±0.02	—	—	0.529±0.01	0.361±0.01	—	—	—	—	—	0.398±0.01	0.552±0.02	—	—	0.247±0.01	0.258±0.01
	52	2-十一醇	0.445±0.02	—	—	—	—	—	—	—	—	—	—	—	—	—	—	—
	53	1-十六烷醇	2.040±0.05	1.726±0.05	—	—	—	—	—	0.572±0.02	0.872±0.01	1.271±0.04	0.275±0.02	0.751±0.01	—	0.092±0.01	0.363±0.02	—
	54	1-戊醇	—	1.466±0.04	1.219±0.05	1.324±0.06	1.106±0.05	1.35±0.04	1.109±0.04	—	1.258±0.04	1.054±0.05	1.073±0.05	1.563±0.05	0.864±0.05	0.971±0.06	—	—
	55	1,2-丙二醇	—	51.099±0.62	—	—	44.929±0.58	—	—	—	—	—	—	—	—	—	—	—
	56	顺-3-己烯-1-醇	—	—	0.38±0.03	—	0.215±0.02	—	0.317±0.01	—	0.361±0.02	0.383±0.01	—	0.171±0.02	0.238±0.03	0.268±0.02	0.177±0.01	0.164±0.02

续表

组分	序号	化合物	化合物含量（mg/L）															
			3 个月	4 个月	5 个月	6 个月	7 个月	8 个月	9 个月	10 个月	11 个月	12 个月	13 个月	14 个月	15 个月	16 个月	17 个月	18 个月
醇类	57	2-己醇	—	—	0.286±0.02	—	—	—	—	—	—	—	—	—	—	—	—	—
	58	1-辛醇	—	—	0.374±0.01	0.272±0.01	—	—	0.335±0.02	—	—	0.305±0.03	0.275±0.02	0.166±0.02	—	0.203±0.01	0.193±0.01	0.224±0.01
	59	十二醇（月桂醇）	—	—	0.657±0.01	—	0.927±0.02	—	—	—	—	—	—	—	—	—	—	—
	60	丙醇	—	—	—	28.078±0.57	27.751±0.64	26.072±0.56	46.612±0.61	—	49.411±0.59	46.668±0.54	49.793±0.53	51.106±0.55	47.712±0.60	47.537±0.54	48.677±0.51	50.637±0.53
	61	2-戊醇	—	—	—	0.881±0.02	—	—	—	—	—	—	—	—	—	0.123±0.01	—	0.099±0.01
	62	3-甲基-1-戊醇	—	—	—	—	—	—	0.4±0.02	—	—	—	0.365±0.03	—	—	0.241±0.02	0.238±0.01	0.235±0.02
	63	1,3-丁二醇	—	—	—	—	—	—	—	0.405±0.02	—	—	1.41±0.01	0.547±0.02	—	—	—	—
	64	2-壬醇	—	—	—	—	—	—	—	—	0.209±0.02	—	—	—	—	—	—	—
	65	3-甲氧基-1,2-丙二醇	—	—	—	—	—	—	—	—	—	—	0.502±0.01	—	—	—	—	—
	66	2,6-二甲基-4-庚醇	—	—	—	—	—	—	—	—	—	—	0.314±0.03	—	—	—	—	—
	67	仲丁醇	—	—	—	—	—	—	—	—	—	—	—	—	—	0.161±0.01	0.154±0.02	0.169±0.01
	68	3-戊烯-1-醇	—	—	—	—	—	—	—	—	—	—	—	—	—	0.14±0.02	0.14±0.01	—
	69	2-甲基-2-丁烯-1-醇	—	—	—	—	—	—	—	—	—	—	—	—	—	0.257±0.02	0.258±0.02	0.251±0.02
	70	3-乙氧基-1-丙醇	—	—	—	—	—	—	—	—	—	—	—	—	—	0.118±0.01	—	—

续表

组分	序号	化合物	化合物含量（mg/L）															
			3个月	4个月	5个月	6个月	7个月	8个月	9个月	10个月	11个月	12个月	13个月	14个月	15个月	16个月	17个月	18个月
醇类	71	（Z）-6-壬烯-1-醇	—	—	—	—	—	—	—	—	—	—	—	—	—	0.031±0.02	—	—
	72	3,7,11-三甲基-2,6,10-十二烷三烯-1-醇	—	—	—	—	—	—	—	—	—	—	—	—	—	0.102±0.02	0.112±0.02	—
	73	（R）-（-）-2-戊醇	—	—	—	—	—	—	—	—	—	—	—	—	—		0.127±0.03	—
	74	3-甲基-3-丁烯-1-醇	—	—	—	—	—	—	—	—	—	—	—	—	—	—	—	0.129±0.01
	75	法呢醇	—	—	—	—	—	—	—	—	—	—	—	—	—	—	—	0.092±0.02
酸类	76	乙酸	8.557±0.06	10.701±0.12	15.739±0.10	17.13±0.14	18.028±0.11	23.56±0.12	23.371±0.13	22.978±0.10	25.23±0.12	12.084±0.14	26.313±0.16	26.238±0.15	32.129±0.12	36.056±0.11	34.633±0.11	40.419±0.12
	77	己酸	1.688±0.02	1.275±0.04	0.946±0.03	0.561±0.02		2.928±0.01	1.016±0.02	0.415±0.02	0.847±0.01	0.853±0.02	—	—	—	—	—	—
	78	辛酸	8.745±0.05	6.609±0.06	5.308±0.05	4.634±0.04	5.451±0.05	6.188±0.06	4.703±0.04	3.233±0.04	5.992±0.05	3.589±0.05	3.893±0.04	—	4.850±0.04	3.483±0.05	3.491±0.05	3.635±0.05
	79	正癸酸	—	21.141±0.63	6.924±0.05	6.168±0.05	9.695±0.06	11.701±0.06	8.687±0.05	5.657±0.04	10.604±0.06	13.049±0.05	10.845±0.06	5.678±0.05	6.350±0.05	5.841±0.05	5.852±0.04	5.887±0.04
	80	顺式十八碳-9-烯酸	9.015±0.06	5.245±0.05	—	—	3.198±0.04	4.625±0.03		51.398±0.67	—	2.697±0.02	0.107±0.03	0.264±0.02	—	—	—	—
	81	月桂酸	—	2.3±0.02	—	—	—	—	1.782±0.04	—	—	5.746±0.01	—	—	—	—	—	—
	82	2-甲基丁酸	—	—	—	1.111±0.03	0.781±0.02	1.002±0.02		0.841±0.01	—	—	—	0.711±0.02	—	—	—	—
	83	异丁酸	—	—	—	—	—	—	0.269±0.02	18.051±0.13	—	—	—	—	—	—	—	—
	84	亚麻酸	—	—	—	—	—	—	—	—	—	—	—	—	—	—	—	—
	85	十八酸	—	—	—	—	—	—	—	0.93±0.02	—	—	—	—	—	—	—	—

续表

组分	序号	化合物	化合物含量（mg/L）															
			3 个月	4 个月	5 个月	6 个月	7 个月	8 个月	9 个月	10 个月	11 个月	12 个月	13 个月	14 个月	15 个月	16 个月	17 个月	18 个月
酸类	86	棕榈酸	—	—	—	—	—	—	—	—	0.64±0.02	—	—	—	—	—	—	—
	87	2-羟基肉豆蔻酸	—	—	—	—	—	—	—	—	—	0.856±0.01	—	—	—	—	—	—
	88	2-辛基-环己烷十四烷酸	—	—	—	—	—	—	—	—	—	1.801±0.02	—	—	—	—	—	—
	89	9-十六烯酸	—	—	—	—	—	—	—	—	—		0.303±0.01	—	—	—	—	—
	90	十八烯酸	—	—	—	—	—	—	—	—	—		0.055±0.01	—	—	—	—	—

注：“—”表示小于方法的检出限

醇造成的灼热感，成熟过程中最显著的变化之一是来自 cooperage 中鞣花单宁的提取和氧化，它们使白兰地具有典型的金色。木质素降解和提取速度慢得多，提取的物质包括橡木内酯（β-甲基-γ-辛内酯）和木质素分解产物，尤其是香草醛、丁香醛、松柏醛和芥子醛（Puech，1984）。

酒液在陈酿过程中提取的化合物性质和数量取决于桶内熟化的持续时间、橡木的固有化学性质及通过木材材料和制桶烘烤。除了增加风味以外，从木材中提取的化合物还降低了不良酯类的挥发性，特别是那些具有较长碳链的酯类（辛酸乙酯到十六酸乙酯）（Piggott et al.，1992），这些酯类会产生不受欢迎的酸味、皂味和油味，在年轻的白兰地中可以检测到。橡木提取物（酚类和有机酸）可降低乙醇形成假胶束团簇的浓度（D'Angelo et al.，1994；Nose et al.，2005）。这可能部分解释了陈酿白兰地的酒精含量较低、口感较顺滑的原因。白兰地看起来像一种酒精微乳液，也像一种乙醇水溶液。醇溶性化合物如高级醇和醛，积聚在乙醇胶束中，通过增加溶解性降低其挥发性和在桶顶部空间的存在（Conner et al.，1998；Escalona et al.，1999）。虽然在橡木桶中陈化对于白兰地的成熟至关重要，但新橡木桶的使用量被控制在最低限度（通常在转移到二手桶之前不超过 6 个月到一年）。在赫雷斯，通常使用以前用来酿制雪莉酒的酒桶。基于桶中成熟的雪莉酒的独特风格，为白兰地提供了独特的风味。与新橡木有限接触可以避免摄入过量的单宁和橡木味。对于廉价的白兰地，橡木提取物可以取代在橡木桶中的长期成熟。但不能提供类似橡木桶一样的桶内氧化和木质素分解所提供的特殊香味物质。此外，当成熟缩短时，乙酸酯水解和脂肪酸乙酯合成的效果不太明显。

在熟化过程中，混合酒的酒精含量逐渐降低至约 40%（加入蒸馏水）。由于浑浊，可能需要存贮于冷藏环境下以进行充分的澄清。可以添加焦糖以增强其金黄色。在一些国家，也允许添加一些甜味，从甜酒、果汁到蜂蜜都可以。最后冷处理和精制过滤后，产品被装瓶。

按照传统，白兰地的品质特性与中等水平的高级醇（一般 65～100mg/L，辛辣）、醛和缩醛（尖锐）、橡木内酯（椰子香）、木质素降解产生的酚醛衍生物（香草和甜味香）、C_8～C_{12} 脂肪酸乙酯（果味/花香）、脂肪酸的氧化和转化为酮及热衍生呋喃和吡嗪（焦糖和烘烤）有关。过量的低挥发性成分，如乳酸乙酯和 2-苯乙醇，往往会产生非典型的浓郁香味，而高挥发性成分则产生尖锐的刺激性气味。只有当麝香品种（muscat cultivar）被用作基础酒时，萜烯类化合物通常会使白兰地更独特。气相色谱-嗅觉测定法已经确定了白兰地中 39 种主要香气活性成分，闻嗅分析中香气最强的物质主要有：双乙酰（奶油特征）、橙花叔醇（干草特征）、*Z*-3-己烯-1-醇（草香特征）、顺式-α-甲基-γ-辛内酯（橡木香）、乙酸苯乙酯（玫瑰香）和里哪醇（酸橙香）等（赵玉平等，2008）。一种芳香萃取物稀释分析的方法（aroma extract dilution analysis，AEDA）已被用于证明乙酯对白兰地风味的重要意义（Zhao et al.，2009）。其他芳香属性由高级醇特别是 2-甲基丙醇和 3-甲基丁醇、β-大马士革酮、反式-β-甲基-γ-辛内酯和几种脂肪酸乙酯（水果、甜味和椰子）及 1,1-二乙氧基乙烷和顺式-β-甲基-γ-辛内酯（奶油和椰子）等贡献。这些化合物的感官感受明显地受到饮料中酒精含量的影响。例如，当乙醇含量超过 17%时，乙醇分子开始聚集，减少疏水水合作用。乙醇富集区域的形成降低了乙酯的挥发性（Conner et al.，1998）。影响液体和顶空浓度之间平衡的其他因素包括单个化合物的特定浓度及其与白兰地基质的相互作用。

3.7　苹果白兰地的勾兑、调配及感官评价方法

3.7.1　苹果白兰地的勾兑与调配

勾兑、调配的目的是创造一种具有特殊风味的白兰地，这可以使白兰地在一批又一批的情况下以最小的变化而保持其质量稳定。单靠原白兰地长期在橡木桶里贮藏而得到高质量的白兰地，不仅会延长白兰地的生产周期，还会导致白兰地的质量不稳定。因此在白兰地生产中，勾兑和调配是得到高质量白兰地的关键技术之一。当蒸馏物（心脏部分）贮藏至少 3 年时，将其从桶中泵入罐中并冷却（冷却至–10～–12℃），以沉淀不稳定的溶解物质，如钙和含铁化合物。经过滤后，根据其丰满度、平衡度、柔软度和风味强度进行评价和分类，陈年白兰地的味道仍然相当粗糙。一旦白兰地的所有成分都按照其配方组合好了，混合物就用纯净（蒸馏）水稀释到 43%（*V/V*）左右。在干邑白兰地生产过程中，这种被称为“还原”的过程在酒桶老化期间进行得非常缓慢。如果需要进行颜色调整，可以添加焦糖，但并不是所有的白兰地都有焦糖。

像许多其他蒸馏酒精饮料一样，混合是白兰地生产过程中的一个重要组成部分。白兰地大师的真正技能体现在混合最终产品所用成分的选择和比例上。将来自不同苹果品种、不同年龄的木桶、不同橡木桶烘烤水平和成熟期的各种成熟蒸馏物混合，以创造不同的口味和风格，为特定市场需求提供独特风味的产品。品牌的成功和价值取决于混合物的一致性和质量，这通常是一个谨慎且需要保守的秘密。

3.7.2　苹果白兰地感官评价方法

风味是酒精饮料行业消费者偏好和对品牌信任的关键因素。很多白兰地生产厂家非常专注于控制其产品的感官属性，将其与其他种类的烈性饮料区分开来，并在更精细的层面上与竞争对手的白兰地品牌区分开来。白兰地的感官特性可分为香气、味道、口感、颜色和外观。由于大多数白兰地不允许添加香料，所以这些特性是由于天然存在化合物与原料一起引入或在生产过程中产生。白兰地的高

酒精含量会增加感官疲劳的风险。为了降低这种风险，通常在感官分析之前将样品用水稀释至酒精含量为20%～23%（Lillo et al.，2005；Du Plessis et al.，2002）。白兰地样品最好在室温下品尝。用水稀释酒精液体会引起放热反应，因此在稀释和饮用之间应允许放置短暂的间隔时间。研究发现，在较高的温度下，威士忌样品的辛辣度会增加（Jack，2003）。虽然温度对白兰地香气的影响还没有测试过，但温度升高也可能影响白兰地香气的挥发性。即便如此，也有人建议，白兰地样品也可以在较高的酒精浓度下嗅闻，因为醛类在这种醇浓度下更为突出，而脂肪酸和酯类在大约20%的酒精度时更为突出（Quady and Guymon，1973）。减少感觉器官疲劳的另外一种方法是仅通过鼻子来评估样品。一项关于 Pisco 评估的研究（通过定义也被认定为白兰地）表明，鼻窦和鼻窦气味感知之间存在很强的相关性。Lillo 等（2005）提出 Pisco 的嗅觉分析只能基于鼻腔感知进行。当白兰地产品品尝结束，可以使用诸如泉水和苏打饼干（Lillo et al.，2005）或只是水进行口腔清洁（Caldeira et al.，2010）。

在酒精饮料的感官评估期间，感觉器官疲劳和醉酒的风险可能降低被感官评估酒的质量。一般很难确定可以品尝的最大样品数量。专家组评估样本的难易程度将取决于样本之间的差异程度及专家组成员的培训水平。然而，关于白兰地的描述性感官分析报告从4～12个样本不等，包括全浓度和稀释（Caldeira et al.，2002，2006，2010；Du Plessis et al.，2002；Janáčová et al.，2008；Van Jaarsveld et al.，2009）。Du Plessis 等（2002）还报道了一系列对23%酒精度下的白兰地蒸馏样品进行评估的三个重复试验，共36个蒸馏样品。该小组能够检测出12个三个重复测试中的9个的显著差异，这表明他们不受感觉器官疲劳的影响。

在小样本中可以考虑用比较样本表示，而不是单一序列呈现。通常优先采用单一序列测试，因为它们比对照样品展示提供更独立的响应，此外还能更好地控制样品之间的时间延迟（Stone and Sidel，2004）。对于比较样品展示，评估过程基本上与单顺序展示相同，即品尝者在进行下一个样品前对每个样品进行完全评估。然而，品酒师的优势在于将整个样品范围放在他面前，能够将自己定位在样品集所代表的感官空间中。如果样本不太多，即最多为5～6个产品，那么通过比较样本呈现可以获得比连续单顺序呈现白兰地更可靠的数据。

1. 苹果白兰地颜色评价

苹果白兰地样品可以在颜色上有所不同，因为大多白兰地的颜色是用焦糖校正的，以获得所需的色调和强度。橡木成熟程度也会影响白兰地的颜色，典型的白兰地颜色包括稻草黄色、金色、黄玉色等（Canas et al.，2009）。在某些研究场景中，消除由颜色感知引起的偏差可能是有益的。蓝色眼镜可以用来解决这个问题（Du Plessis et al.，2002；Lillo et al.，2005）。

2. 苹果白兰地质量评价

除了通常的感官分析专注于感官所感知的单一属性外，有时也会对白兰地感官质量进行评估。报告的质量测量包括20分制表（0=无质量至20=最高质量）和6点类别表（0=完全不可接受至5=卓越品质）（Caldeira et al.，2010；Steger and Lambrechts，2000）。质量分数可以与感官属性相关联。例如，Lourinhfi白兰地质量与烘烤、木本、香草、雅芳、持久性和辛辣度之间存在显著的相关性（r>0.7）。此外，研究还发现，果蔬的复杂度对白兰地的品质有很大的影响。白兰地品质与酒尾呈负相关关系，苦味似乎对质量没有影响（Caldeira et al.，2006）。

3. 陈酿白兰地的感官评价

白兰地可以成熟6个月到20年，这意味着白兰地评估可以持续数年。Caldeira等（2006）报告了在白兰地中经过5年的熟化后所发生的变化。理想情况下，人们希望参与评估的训练有素的小组保持不变，以确保结果一致。然而，事实上很难做到。白兰地的感官描述语言保持不变是非常重要的，一种通用的语言能使人们更容易将工作环境中独立研究的结果联系起来。用于南非白兰地的白兰地风味轮（Jolly and Hattingh，2001）提供了一个标准化的描述列表，也可用于评价其他国家的白兰地。

参考文献

白镇江. 1981. 白兰地蒸馏工艺与设备的选用——壶式锅在白兰地蒸馏中的应用. 食品与发酵工业, 6: 11-15.

崔宝欣, 郝宪孝, 李学慧, 等. 1999. 白兰地陈酿促进剂的研制. 食品与发酵工业, 3: 28-31.

高献亭. 2007. 橡木桶与葡萄酒酿造工艺. 葡萄产业化与标准化生产——2007年第十三届全国葡萄学术研讨会论文集.

高晓娟. 2011. 苹果白兰地与苹果醋的联合生产工艺研究. 山东轻工业学院硕士学位论文.

侯格妮, 吴天祥. 2013. 苹果白兰地发酵酵母菌株筛选及其性能研究. 酿酒科技, 6: 14-17.

胡世文. 2008. 苹果白兰地生产新工艺研究I——菌种的驯化. 重庆教育学院学报, 21(6): 13-15.

康三江, 展宗冰, 曾朝珍, 等. 2018. 苹果白兰地蒸馏过程控制及香气物质变化研究. 酿酒科技, (6): 47-51.

康三江, 张永茂, 曾朝珍, 等. 2014. 氯化铵对苹果白兰地挥发性香气成分的影响. 中国酿造, 33(12): 47-51.

康三江, 张永茂, 曾朝珍, 等. 2015. 苹果白兰地发酵工艺技术研究进展. 中国酿造, 34(1): 10-12.

蓝雪如. 2014. 来自诺曼底的醇香——布拉德苹果白兰地. 旅游时代, (6): 20-22.

李春光. 2012. 橡木处理对干红葡萄酒品质影响的研究. 齐鲁工业大学硕士学位论文.

李国薇. 2013. 苹果品种及酵母菌种对苹果酒品质特性影响的研究. 西北农林科技大学硕士学位论文.

李记明. 2006. 葡萄酒中的橡木香气. 中外葡萄与葡萄酒, (6): 47-48.
李记明, 李华. 1998. 橡木桶与葡萄酒陈酿. 食品与发酵工业, 24(6): 55-57.
刘彦龙, 刘学艳, 庞久寅, 等. 2010. 长白山蒙古栎材橡木桶生产工艺流程和性能. 东北林业大学学报, 38(3): 123-125+130.
吕文, 王树生, 张春娅, 等. 2006. 制桶工艺对橡木桶所含化学组分含量的影响. 酿酒科技, 12: 43-46.
王恭堂. 2002. 白兰地工艺学. 北京: 中国轻工业出版社.
王霞. 2006. 橡木制品在白兰地陈酿中的应用研究. 江南大学硕士学位论文.
杨华峰. 2001. 橡木桶的选择、使用与维护. 中外葡萄与葡萄酒, (1): 49-51.
尹卓容. 1999. 橡木萃取物的生产. 食品工业, (4): 3-5.
曾朝珍, 康三江, 张霁红, 等. 2018a. 异常汉逊酵母与酿酒酵母混菌发酵对苹果白兰地风味物质的影响. 食品工业科技, 39(5): 250-255.
曾朝珍, 康三江, 张霁红, 等. 2018b. 酿造条件对苹果白兰地中异丁醇、异戊醇及苯乙醇含量的影响. 现代食品科技, 34(12): 167-174.
曾朝珍, 康三江, 张霁红, 等. 2019. 不同陈酿时间苹果白兰地主要香气成分变化分析. 食品科学技术学报 37(3): 76-85.
曾朝珍, 康三江, 张永茂, 等. 2013. 不同氮源及浓度对苹果白兰地酒发酵的影响. 食品工业科技, 34(8): 205-209.
曾朝珍, 康三江, 张永茂, 等. 2015. 氯化铵及生物素对苹果白兰地挥发性香气成分的影响. 中国酿造, 34(6): 72-76.
翟衡, 赵学伟, 苏荣存. 1996. 橡木桶质量及其对酒质的影响. 中外葡萄与葡萄酒, (4): 35-38.
张丹. 2014. 红枣白兰地中杂醇油形成的影响因素研究. 河北农业大学硕士学位论文.
张军, 张葆春, 王晓军, 等. 1999. 美国、法国及东欧橡木的概况. 中外葡萄与葡萄酒, (1): 3-5.
赵玉平, 徐岩, 李记明, 等. 2008. 白兰地主要香气物质感官分析. 食品工业科技, (3): 113-116.
周双. 2013. 国产橡木与欧美橡木中挥发性化合物差异研究. 江南大学硕士学位论文.
Amon J M, Simpson R F, Vandepeer J M. 1987. A taint in wood-matured wine attributable to microbiological contamination of the oak barrel. Australian and New Zealand Journal, 2: 35-37.
Barre P, Vézinhet F. 1984. Evaluation towards fermentation with pure culture yeasts in winemaking, Microbiological Sciences, 1(7): 159-163.
Bartowsky E, Bellon J, Borneman A, et al. 2007. Not all wine yeast are equal. Microbiology Australia, 28: 55-58.
Basturia A, Lagunas B. 1986. Catabolic inactivation of the glucose transport system in *Saccharomyces cerevisiae*. Journal of General Microbiology, 132: 379-385.
Bataillon M, Rico A, Sablayrolles J M, et al. 1996. Early thiamine assimilation by yeasts under enological conditions: impact on alcoholic fermentation kinetics.Journal of Fermentation and Bioengineering, 82(2): 145-150.
Beech F W, Carr J G. 1977. Cider and perry. *In*: Rose A H. Economic Microbiology. London: Academic Press: 139-313.
Beech F W, Davenport R R. 1970. The role of yeasts in cider making. *In*: Rose A H, Harrison J S. The Yeasts. London: Academic Press: 73-146.
Bely M, Sablayrolles J M, Barre P. 1990. Description of alcoholic fermentation kinetics: Its variability and significance. American Journal of Enology and Viticulture, 41(4): 319-324.
Bezenger M, Navarro J M. 1987. Grape juice fermentation: Effects of initial nitrogen concentration

on culture parameters. Sciences des Aliments, 7: 41-60.
Birch R M, Ciani M, Walker G M. 2003. Magnesium, calcium and fermentative metabolism in wine yeasts. Journal of Wine Research, 14(1): 3-15.
Bisson L F, Butzke C E. 2000. Diagnosis and rectification of stuck and sluggish fermentations. American Journal of Enology and Viticulture, 51(2): 168-177.
Blateyron L, Aguera E, Dubois C, et al. 1998. Control of oxygen additions during alcoholic fermentations. Wein-Wissenshaft, 53(3): 131-135.
Bohlscheid J C, Fellman J K, Wang X D, et al. 2007. The influence of nitrogen and biotin interactions on the performance of Saccharomyces in alcoholic fermentations. Journal of Applied Microbiology, 102: 390-400.
Boulton R B, Singleton V L, Bisson L F, et al. 2001. 葡萄酒酿造学——原理及应用. 赵光鳌, 尹卓容, 张继民, 等译. 北京: 中国轻工业出版社: 401-406.
Buglass A J. 2011. Handbook of Alcoholic Beverages: Technical, Analytical and Nutritional Aspects. Chichester, UK: John Wiley & Sons, Ltd.
Cadahía E, Muñoz L, Fernández de Simón B, et al. 2001. Changes in low molecular weight phenolic compounds in Spanish, French, and American oak woods during natural seasoning and toasting. Journal of Agricultural and Food Chemistry, 49(4): 1790-1798.
Caldeira I, Anjos O, Poetal V, et al. 2010. Sensory and chemical modifications of wine-brandy aged with chestnut and oak wood fragments in comparison to wooden barrels. Analytica Chimica Acta, 660: 43-52.
Caldeira I, Belchior A P, Clímaco M C, et al. 2002. Aroma profile of Portuguese brandies aged in chestnut and oak woods. Analytica Chimica Acta, 458: 55-62.
Caldeira I, Mateus A M, Belchior A P. 2006. Flavour and odour profile modifications during the first five years of Lourinhã brandy maturation on different wooden barrels. Analytica Chimica Acta, 563: 264-273.
Caldeira I, Sousa R B, Belchior A P, et al. 2008. A sensory and chemical approach to the aroma of wooden aged Lourinhã wine brandy. Ciência e Técnica Vitivinícola, 23 (2): 97-110.
Canas S, Caldeira I, Belchior A P. 2009. Comparison of alternative systems for the ageing of wine brandy: Wood shape and wood botanical species effect. Ciênciae Técnica Vitivinícola, 24 (2): 91-99.
Cantagrel R, Galy B, 2003. From wine to cognac. *In*: Lea A G H, Piggott J P. Fermented Beverage Production. 2ed. New York, NY: Kluwer Academic/Plenum Publishers: 195-212.
Ciani M, Ferraro L. 1998. Combined use of immobilized *Candida stellata* cells and *Saccharomyces cerevisiae* to improve thc quality of wines. Journal of Applied Microbiology, 85(2): 247-254.
Clemente-Jimenez J M, Mingorance-Cazorla L, Martínez-Rodríguez S, et al. 2005. Influence of sequential yeast mixtures on wine fermentation. International Journal of Food Microbiology, 98(3): 301-308.
Conner J M, Birkmyre L, Paterson A, et al. 1998. Headspace concentrations of ethyl esters at different alcoholic strengths. Journal of the Science of Food and Agriculture, 77: 121-126.
D'Angelo M, Onori G, Santucci A, 1994. Self-association of monohydric alcohols in water: compressibility and infrared absorption measurements.The Journal of Chemical Physics, 100(4): 3107-3113.
De Nicola R, Hall N, Bollag T, et al. 2009. Zinc accumulation and utilisation by wine yeasts. International Journal of Wine Research, 1: 85-94.
Degré R.1993. Selection and commercial cultivation of wine yeast and bacteria: *In*: Fleet G. Wine

Microbiology and Biotechnology. Chur, Switzerland: Harwood Academic: 421-446.
Dombeck K M, Ingram L O. 1986. Magnesium limitation and its role in apparent toxicity of ethanol in yeast fermentation. Applied and Environmental Microbiology, 52(5): 975-981.
Du Plessis H W, Steger C L C, Du Toit M, et al. 2002. The occurrence of malolactic fermentation in brandy base wine and its influence on brandy quality. Journal of Applied Microbiology, 92: 1005-1013.
Edwards C G, Bohlscheid J C. 2007. Impact of pantothenic acid addition on H_2S production by Saccharomyces under fermentative conditions. Enzyme and Microbial Technology, 41: 1-4.
Englezos V, Rantsiou K, Cravero F, et al. 2018. Volatile profile of white wines fermented with sequential inoculation of *Starmerella bacillaris* and *Saccharomyces cerevisiae*. Food Chemistry, 257: 350-360.
Erasmus D J, Vander Merwe G K, Van Vuuren H J J. 2003. Genome-wide expression analyses: metabolic adaptation of *Saccharomyces cerevisiae* to high sugar stress. FEMS Yeast Research, 3: 375-399.
Escalona H, Piggott J R, Conner J M, et al. 1999. Effects of ethanol strength on the volatility of higher alcohols and aldehydes. Italian. Journal of Food Science, 11: 241-248.
European Union. 2008. Regulation (EC) No 110/2008 of the European Parliament and of the Council of 15 January 2008, Official Journal of the European Union, L39/30-31.
Ferraro L, Fatichenti F, Ciani M. 2000. Pilot scale vinification process using immobilized *Candida stellata* cells and *Saccharomyces cerevisiae*. Process Biochemistry, 35(10): 1125-1129.
Fugelsang K, Osborn M, Muller C. 1992. Brettanomyces and Dekkera: their implications in winemaking. *In*: Gump B, Pruett D. Analysis, Characterization and Technological Advances in Wine and Beer Production. Washington, DC: American Chemical Society Symposium Series: 110-129.
Gafner J, Schütz M. 1996. Impact of glucose-fructose-ratio on stuck fermentations: Practical experience to restart stuck fermentations. Wein-Wissenshaft, 51(3): 214-218.
Guillaume C, Delobel P, Sablayrolles J M, et al. 2007. Molecular basis of fructose utilization by the wine yeast Saccharomyces cerevisiae: A mutated HXT3 allele enhances fructose fermentation. Applied and Environmental Microbiology, 73(8): 2432-2439.
Hagen K M, Keller M, Edwards C G. 2008. Survey of biotin, pantothenic acid, and assimilable nitrogen in winegrapes from the Pacific Northwest.American Journal of Enology and Viticulture, 59(4): 432-436.
Harrison J S, Graham J C J. 1970. Food and fodder yeast. *In*: Rose A H, Harrison J S. The Yeasts. London: Academic Press: 283-348.
Henschke P, Jiranek V. 1993. Yeasts-metabolism of nitrogen compounds. Yeasts-metabolism of nitrogen compounds. *In*: Fleet G H. Wine Microbiology and Biotechnology. Chur, Switzerland: Harwood Academic Publishers: 77-164.
Henschke P. 1997. Stuck fermentation; causes, prevention and cure. *In*: Allen M, Leske P, Baldwin G. Advances in Juice Clarification and Yeast Inoculation. Adelaide, SA: Australian Society of Viticulture and Oenology: 30-38, 41.
Huang Y C, Edwards C G, Peterson J C, et al. 1996. Relationship between sluggish fermentations and the antagonism of yeast by lactic acid bacteria. American Journal of Enology and Viticulture, 47(1): 1-10.
Jack F. 2003. Development of guidelines for the preparation and handling of sensory samples in the Scotch whisky industry. Journal of the Institute of Brewing, 109(2): 114-119.
Janáčová A, Sádecká J, Kohajdová Z, et al. 2008. The identification of aroma-active compounds in Slovak brandies Using GC-sniffing, GC-MS and sensory evaluation. Chromatographia, 67: S113-S121.
Jiranek V, Langride P, Henschke P. 1995. Regulation of hydrogen sulfide liberation in wine-producing

Saccharomyces cerevisiae strains by assimilable nitrogen. Applied and Environmental Microbiology, 61(2): 461-467.

Jolly N P, Hatttingh S. 2001. A brandy aroma wheel for South African brandy. South African Journal of Enology and Viticulture, 22: 16-21.

Joshi V K. 2017. Science and technology of fruit wines: An overview. *In*: Kosseva M R, Joshi V K, Panesar P S. Science and Technology of Fruit Wine Production. UK: Academic Press:1-72.

Kirsop B. 1982. Developments in beer fermentation.Topics in Enzyme and Fermentation Biotechnology, 6: 79-105.

Korhola M, Harju K, Lehtonen M. Water and food quality. 1989. *In*: Piggott J R, Sharp R, Duncan R E B. The Science and Technology of Whiskies. Harlow: Longman: 89-117.

Kreger-van Rij N J W. 1984. The Yeasts. Amsterdam: Elsevier.

Kudo M, Vagnoli P, Bisson L. 1998. Imbalance of pH and potassium concentration as a cause of stuck fermentations. American Journal of Enology and Viticulture, 49(3): 295-301.

Kunkee R E, Amerine M A. 1970. Yeast technology: Yeasts in wine-making. *In*: Rose A H, Harrison J S. The Yeasts. London: Academic Press: 6-71.

Kunkee R E, Goswell R W. 1977. Table wines. *In*: Rose A H. Economic Microbiology. London: Academic Press: 315-386.

Kunkee R. 1991. Relationship between nitrogen content of must and sluggish fermentation. *In*: Rantz J. Proceedings of the International Symposium on Nitrogen in Grapes and Wines. Davis, CA: American Society of Enology and Viticulture: 148-l55.

Lafon-Lafourcade S, Geneix C, Ribéreau-Gayon P. 1984. Inhibition of alcoholic fermentation of grape must by fatty acids produced by yeasts and their elimination by yeast ghosts. Applied and Environmental Microbiology, 47(6): 1246-1249.

Lea A G H, Piggott J R. 2003. Fermented Beverage Production. New York: Springer Science Business Media: 213-287.

Léauté R. 1990. Distillation in alambic. American Journal of Enology and Viticulture. 41: 90-103.

Ledauphin J, Saint-Clair J F, Lablanquie O, et al. 2004. Identification of trace volatile compounds in freshly distilled calvados and cognac using preparative separations coupled with gas chromatography–mass spectrometry. Journal of Agricultural and Food Chemistry, 52(16): 5124-5134.

Lehtonen M, Suomalainen H. 1977. Yeast as a producer of aroma compounds. *In*: Rose A H. Economic Microbiology. London: Academic Press: 595-633.

Monk P. 1997. Optimum usage of active dry wine yeast. *In*: Allen M, Leske P, Baldwin G. Advances in Juice Clarification and Yeast Inoculation. Adelaide, SA: Australian Society of Viticulture and Oenology: 22-23.

Montero C M, Dodero M del C R, Sánchez D A G, et al. 2005. Sugar contents of Brandy de Jerez during its aging. Journal of Agricultural and Food Chemistry, 53: 1058-1064.

Moreno J, Millán C, Ortega J, et al. 1991. Analytical differentiation of wine fermentations using pure and mixed yeast cultures. Journal of Industrial Microbiology, 7(3): 181-190.

Moyano L, Zea L, Moreno J A, et al. 2010. Evaluation of the active odorants in Amontillado Sherry wines during the aging process. Journal of Agricultural and Food Chemistry, 58(11): 6900-6904.

Nettleton J A. 2011. The Manufacture of Whisky and Plain Spirit. Scotland: Neil Wilson Publishing: 18.

Nose A, Hamasaki T, Hojo M, et al. 2005. Hydrogen bonding in alcoholic beverages (distilled spirits) and water-ethanol mixtures. Journal of Agricultural and Food Chemistry, 53: 7074-7081.

Nykänen L, Suomalainen H. 1983. Aroma of beer, wine and distilled alcoholic beverages, Dordrecht: Springer.

Okafor N. 1990. Traditional alcoholic beverages of tropical Africa: strategies for scale-up. Process Biochemistry, 25(6): 213-220.

Lillo M P Y, Latrille E, Casaubon G, et al. 2005. Comparison between odour and aroma profiles of Chilean Pisco spirit. Food Quality Preference, 16: 59-70.

Perez M, Luyten K, Michel R, et al. 2005. Analysis of *Saccharomyces cerevisiae* hexose carrier expression during wine fermentation: Both low- and high-affinity Hxt transporters are expressed. FEMS Yeast Research, 5: 351-361.

Piggott J R, Conner J M, Clyne J, et al. 1992. The influence of non-volatile constituents on the extraction of ethyl esters from brandies. Journal of the Science of Food and Agriculture. 59: 477-482.

Piggott J R. 1994. Understanding Natural Flavors. Boston, MA: Springer: 243-267.

Plessis H D, Steger C, Toit M D, et al. 2004. The Impact of Malolactic Fermentation on South African Rebate Wine. Suider Paarl: Wineland Media, VinPro: 34-35.

Plutowska B, Biernacka P, Wardencki W. 2010. Identification of volatile compounds in raw spirits of different organoleptic quality. Journal of the Institute of Brewing, 116(4): 433-439.

Puech J L. 1984. Characteristics of oak wood and biochemical aspects of Armagnac aging. American Journal of Enology and Viticulture, 35: 7-81.

Quady A L, Guymon J F. 1973. Relation of maturity, acidity and growing region of Thompson Seedless and French Colombar d grapes to wine aroma and quality of brandy distillate. American Journal of Enology and Viticulture, 24(4): 166-175.

Rasmussen J E, Schultz E, Snyder R E, et al. 1995. Acetic acid as a causative agent in producing stuck fermentations. American Journal of Enology and Viticulture, 46, 278-280.

Rauhut D, Kurbel H, Ditrich H H. 1993. Sulfur compounds and their influence on wine quality. Wein-Wissenschaft, 48: 214-218.

Robinson J. 1999. Oxford Companion to Wine. Oxford: Oxford University Press.

Rodríguez-Madrera R, Alonso J J M. 2005. Typification of cider brandy on the basis of cider used in its manufacture. Journal of Agricultural and Food Chemistry, 53(8): 3071-3075.

Rodríguez-Madrera R, Lobo A P, Alonso J J M. 2010. Effect of cider maturation on the chemical and sensory characteristics of fresh cider spirits. Food Research International, 43(1): 70-78.

Rodríguez-Madrera R, Pando-Bedriñana R, García-Hevia A, et al. 2013. Production of spirits from dry apple pomace and selected yeasts. Food and Bioproducts Processing, 91(4): 623-631.

Rosen K. 1989. Preparation of yeast for industrial use in production of beverages. *In*: Cantarelli C. Lanzarini G. Biotechnology Applications in Beverage Production. Barking: Elsevier: 169-187.

Sablayrolles J M, Barre P, Grenier P. 1987. Design of a laboratory automatic system for studying alcoholic fermentations in anisothermal enological conditions. Biotechnology Techniques, 1(3): 181-184.

Sablayrolles J M, Dubois C, Manginot C, et al. 1996. Effectiveness of combined ammoniacal nitrogen and oxygen additions for completion of sluggish and stuck fermentations. Journal of Fermentation and Bioengineering, 82(4): 377-381.

Salmon J M. 1996. Sluggish and stuck fermentations: some actual trends on their physiological basis. Viticultural and Enological Sciences. 51: 137-140.

Schütz M, Gafner J. 1993. Analyses of yeast diversity during spontaneous and induced alcoholic fermentations. Journal of Applied Bacteriology, 75(6): 551-558.

Sharp R, Watson D C. 1979. Improving yeast strains for whisky production. Brewing and Distilling International, 9(6): 50.

Small R W, Couturier M. 2011. Beverage Basics: Understanding and Appreciating Wine, Beer, and Spirits. Hoboken, NJ: Wiley.

Snyman C L C. 2004. The Influence of Base Wine Composition and Wood Maturation on the Quality

of SA Brandy. South Africa: Stellenbosch University.
Soubeyrand V, Luparia V, Williams P, et al. 2005. Formation of micella containing solubilized sterols during rehydration of active dry yeasts improves their fermenting capacity. Journal of Agricultural and Food Chemistry, 53: 8025-8032.
Spencer J F T, Spencer D M. 1983. Genetic improvement of industrial yeasts. Annual Review of Microbiology, 37: 121-142.
Steger C L C, Lambrechts M G. 2000. The selection of yeast strains for the production of premium quality South African brandy base products. Journal of Industrial Microbiology and Biotechnology, 24: 431-440.
Stone H, Sidel J L. 2004. Sensory Evaluation Practices. San Diego: Elsevier Academic Press: 296-304.
Swiegers J H, Bartowsky E J, Henschke P A, et al. 2005. Yeast and bacterial modulation of wine aroma and flavour. Australian Journal of Grape and Wine Research, 11: 139-173.
Tominaga T, Murat M L, Dubourdieu D. 1998. Development of a method for analyzing the volatile thiols involved in the characteristic aroma of wines made from *Vitis vinifera* L. cv. *Sauvignon blanc*. Journal of Agricultural and Food Chemistry, 46(3): 1044-1048.
Torija M J, Roès N, Poblet M, et al. 2002. Effects of fermentation temperature on the strain population of Saccharomyces cerevisiae. International Journal of Food Microbiology, 80(1): 47-53.
Van Jaarsveld F P, Hattingh S, Minnaar P, et al. 2009. Rapid induction of ageing character in brandy products-Part Ⅰ. Effects of extraction media and preparation conditions. South African Journal of Enology and Viticulture, 30(1): 1-15.
Versini G, Franco M A, Moser S, et al. 2009.Characterisation of apple distillates from native varieties of sardinia island and comparison with other italian products. Food Chemistry, 113(4): 1176-1183.
Vidrih R, Hribar J. 1999. Synthesis of higher alcohols during cider processing. Food Chemistry, 67(3): 287-294.
Waites M J, Morgan N L, Rockey J S, et al. 2001. Industrial Microbiology. London: Blackwell Science Ltd.
Walker G M, Ian Maynard A. 1996. Magnesium-limited growth of, *Saccharomyces cerevisiae*. Enzyme and Microbial Technology, 18: 455-459.
Wang X D, Bohlscheid J C, Edwards C G. 2003. Fermentative activity and production of volatile compounds by *Saccharomyces* grown in synthetic grape juice media deficient in assimilable nitrogen and/or pantothenic acid. Journal of Applied Microbiology, 94: 349-359.
Watson D C. 1984. Developments in Industrial Microbiology. Arlington, Va: Society for Industrial Microbiology: 213-220.
Watson J G. 1989. Energy management. *In*: Piggott J R, Sharp R, Duncan R E B. The Science and Technology of Whiskies. Harlow: Longman Scientific & Technical: 327-359.
Weyerstahl P. 1996. Book review: on food and cooking. *In*: McGee H. The Science and Lore of the Kitchen. Journal of Chemical Education, 35(1314): 1575-1577.
Whitby B R. 1992. Traditional distillation in the whisky industry. Ferment, 5(4): 261-267.
Zambonelli C, Romano P, Suzzi G. 1989. Microorganisms of wine. *In*: Cantarelli C, Lanzarini G. Biotechnology Applications in Beverage Production. London: Elsevier Applied Science: 17-30.
Zhang H, Woodams E E, Hang Y D. 2011. Influence of pectinase treatment on fruit spirits from apple mash, juice and pomace. Process Biochemistry, 46(10): 1909-1913.
Zhao Y P, Li J M, Xu Y, et al. 2009. Characterization of aroma compounds for four brandies by aroma extract dilution analysis. American Journal of Enology and Viticulture, 60: 269-276.

第4章　苹果醋现代生物发酵技术

4.1　苹果醋概述

4.1.1　苹果醋的定义

苹果醋（apple cider vinegar）是以苹果、苹果汁或苹果加工下脚料为主要原料，利用现代生物技术酿制而成的一种营养丰富、风味优良的酸味调味品（刘耀玺，2014）。兼有苹果和食醋的营养保健功能，含有丰富的有机酸、维生素、风味及芳香类物质，具有良好的营养、保健作用。现代科学研究表明苹果醋具有抗菌、抗疲劳、调节血糖血压、促进食欲及钙吸收、预防骨质疏松与动脉硬化等作用。

4.1.2　苹果醋的分类

随着消费者对苹果醋产品的青睐和认可，苹果醋的类型越来越多，品种也越来越丰富。按用途分为饮料用苹果醋和调味品用苹果醋。饮料用苹果醋是以苹果、苹果下脚料或浓缩苹果汁（浆）为原料，经酒精发酵、醋酸发酵制成的液体产品。调味品用苹果醋是以苹果果实或果酒为原料，采用醋酸发酵技术酿造而成的调味品。

按发酵原料类型，苹果醋可以分为苹果汁制醋、苹果渣制醋、苹果酒制醋。苹果汁制醋是利用鲜榨苹果汁或浓缩苹果汁进行发酵，特点是原料充足、营养丰富、酸度高，适合做调味果醋。苹果渣制醋是利用果汁生产后的果渣进一步发酵制醋，因糖含量低，所得果醋酸度低，适宜苹果醋饮料调配。苹果酒制醋是以各种酿造好的苹果酒为原料进一步醋酸发酵制作的果醋。

按原料种类分为单一型苹果醋、复合型苹果醋和新型苹果醋。单一型苹果醋是以单一苹果果实为原料酿制苹果醋，或配制成苹果醋饮料，市场上此类产品较多。复合型苹果醋是根据水果的特点，两种水果复合，或水果与常用中药等一起酿造而成，如芦荟苹果保健醋饮料（杜国丰等，2015）、苹果猕猴桃混合果醋（汪晓琳，2016）、苹果柚子复合果醋（王乃馨等，2016）、特色猴头菇苹果醋复合饮料（孙悦等，2019），复合果醋及饮料的研究和产品越来越多，故苹果醋饮料的产品越来越丰富，营养物质的搭配也更均衡合理。新型苹果醋是为了满足人们对果醋产品越来越高的要求而出现的新产品。例如，根据不同的消费群体开发的无糖高纤维苹果醋爽、复合膳食纤维苹果醋饮、苹果醋肽饮料等新产品，营养丰富，口感佳，消费群体明确，这些产品将苹果醋产品开发推向了新的高度。

4.1.3　苹果醋的保健功能

苹果醋属于酸性口感的碱性食物，能中和酸性食物，具有碱性食物相应的保健功能。苹果醋不但保留了苹果中原有的有机酸，而且在发酵过程中有部分新的有机酸形成，是比苹果更强的碱性食物，能促进各种矿质元素特别是钙的吸收，促进新陈代谢，提高免疫力，对某些重大疾病有预防作用，具有降血脂和抗动脉粥样硬化的功能，具有抗炎抗菌、抗衰老及美容养颜、消除疲劳、快速恢复体力和解酒等功能（堐榜琴等，2012）。

1. 抗疲劳

苹果醋中含有丰富的有机酸进入人体内主要参与机体代谢，维持体内酸碱平衡。例如，乙酸、柠檬酸、苹果酸等是三羧酸循环的直接物质，进入三羧酸循环产生能量，能快速地使人体恢复体力。另外，人体剧烈运动后体内乳酸集聚产生疲劳感，直接饮用苹果醋后，如乙酸进入人体后，可转变为乙酰辅酶 A，进入三羧酸循环，促进有氧代谢，清除沉积的乳酸，起到消除疲劳的作用。以苹果为主要原料，预处理后经酒精发酵和醋酸发酵生产苹果醋，通过单因素试验和正交试验优化苹果醋的最佳生产工艺参数：酵母添加量 20%、发酵温度 30℃、发酵时间 4 天、糖浓度 14 %的条件下，得到的苹果醋口感酸甜可口、清香醇郁，色泽发亮。小鼠试验结果表明：小鼠经灌胃苹果醋 30 天后，小鼠负重游泳时间显著延长；游泳 10min 及游泳 10 min 休息 20min 后，小鼠灌胃剂量越大，小鼠血乳酸值下降越大，说明苹果醋饮料可减少运动时机体乳酸含量。因此，苹果醋饮料对小鼠具有抗疲劳、增强运动能力的功能（李明星，2018）。

2. 调节血糖、血压

苹果醋中含有尼克酸、维生素，尼克酸能促进胆固醇经肠道随粪便排出，使血浆和组织中胆固醇含量减少，苹果醋可使葡萄糖在胃内滞留时间延长，因而推迟了餐后血糖峰值出现的时间，从而起到调节血糖、血压的作用。苹果醋中多酚含量丰富，Gheflati 等（2019）发现，苹果多酚可以显著降低高胆固醇代谢分解和抑制肠吸收，来发挥降低胆固醇和抗动脉粥样硬化的作用，苹果多酚可以显著降低高胆固醇饲喂大鼠的血清及肝脏胆固醇水平，并增加高密度脂蛋白胆固醇与总胆固醇比例。一项随机对照临床试验研究了苹果醋对 2 型糖尿病和血脂异常患者血糖指数、血压、氧化应激和同型半胱氨酸的影响，70 名 2 型糖尿病和高脂血症患者被随机分为干预组和对照组，以评估每天 20ml 苹果醋的效果，同时进行为期 8 周的平行研究。结果显示：苹果醋干预可显著改善干预组和对照组的空腹血糖和 DPPH，但对血压和同型半胱氨酸无明显影响。

3. 促进新陈代谢，提高机体免疫力

苹果醋中含有多种天然抗氧化活性物质，包括有机酸、氨基酸、多酚类物质及外源性生理活性成分如维生素、无机盐、微量元素等，这些物质对延缓衰老、提高机体免疫力均有积极作用。实验证明，经常食用果醋，能抑制和降低人体衰老过程中过氧化脂质的形成，并有效清除体内的过氧化自由基。

4. 抗菌消炎、防治感冒

由于苹果醋中含有大量乙酸，而乙酸具有抗菌消毒作用，因此经常饮用苹果醋具有防止炎症发生及感冒传染等作用。经常喝醋的人不易感冒，是因为苹果醋可提高细胞环境的 pH，黄仲华（1991）通过实验证实：抗体产生需要碱性条件，抗体对抗原的中和，也需要适合的 pH，碱性体质的人群较酸性体质的人群对病毒的免疫力要更强。Kalaba 等（2019）研究证实传统方法生产的苹果醋具有抗菌活性。Sengun 等（2020）对各种果醋进行了理化、微生物和生物活性研究，结果表明，果醋具有较好的抗氧化和抗菌作用，可作为功能性食品原料。

5. 开胃消食、解酒保肝

苹果醋中的挥发性有机酸和氨基酸等可刺激大脑的食欲中枢，促进消化液的分泌，增进食欲；饮酒前后饮用果醋，可使酒精在体内分解代谢速度加快，降低体内吸收，而起到解酒功能。当酒和乙酸同时在胃中存在时，显酸性的乙酸比乙醇能更快地进入小肠并和小肠中存在较多的显碱性的碳酸钠进行中和反应，这样，乙醇能在胃里滞留更长时间而不被吸收，血液中乙醇高峰值就会来得较慢，因此，苹果醋具有解酒保肝的作用。

6. 延缓衰老、减肥

现代科学研究证实：衰老是氧化反应产物积累的结果。苹果醋中的多酚具有较强的还原能力和抗氧化活性，对脂质过氧化产生的超氧阴离子自由基具有较强的抑制作用（张霁红等，2012）。苹果醋中含有的多种维生素具有极强的抗氧化能力，它与苹果多酚相配套，形成了全面的抗衰老系统。同时，苹果醋中还含有丰富的氨基酸和果胶，氨基酸不但可以加速糖类和蛋白质的新陈代谢，而且可以促进体内脂肪分解，使人体内过多的脂肪燃烧，防止堆积，具有一定的减肥疗效。果胶摄入人体内吸水膨胀，体积可增大为原来的 10 倍，容易使人产生饱腹感，并延迟胃的排空，可有效预防肥胖和减肥。

张霁红等（2011）对不同发酵工艺的 4 种苹果醋样品进行抗氧化活性成分分析及 DPPH 自由基清除率的测定，研究其含量与苹果醋抗氧化能力之间的相关性。结果表明：苹果醋中含有较高的抗氧化活性成分，其中固态发酵苹果醋中总酚、总黄酮、维生素 C 含量分别达到 2.14mg/ml、2.19mg/ml、2.73mg/100ml，加入浓度 200μg/ml 时 DPPH 自由基清除率达 92.37%，总酚、总黄酮含量和 DPPH 自由基清除率之间有较强的相关性，维生素 C 含量与 DPPH 自由基清除率之间相关性表现不明显，相关系数分别为 0.8758、0.8723、0.096。

（1）苹果醋中抗氧化物质

苹果醋中含有天然抗氧化剂酚类、黄酮类、维生素 C、氨基酸等物质，多酚类、黄酮类、维生素 C 等物质作为有效的自由基清除剂（清除羟基自由基、超氧自由基等） 都具有抗氧化性，它们在苹果醋的抗氧化作用中起着重要的作用。

（2）苹果醋与 DPPH 自由基清除活性的关系

由图 4-1 可知，不同种类的苹果醋都具有较强的抗氧化作用，但对 DPPH 自由基的清除能力有明显差异。随着加入量的增加，对 DPPH 自由基的清除率也增大，表明在一定范围内苹果醋清除自由基的能力与其浓度呈明显的量效关系，当加入浓度为 25μg/ml 时，各样品清除率较小，为 20%～42%，当加入浓度为 200μg/ml 时，清除率显著增大，达到 61%～92%，其中，苹果醋 4 对 DPPH 自由基清除率相对较大，苹果醋 2 对 DPPH 自由基清除率相对较小。

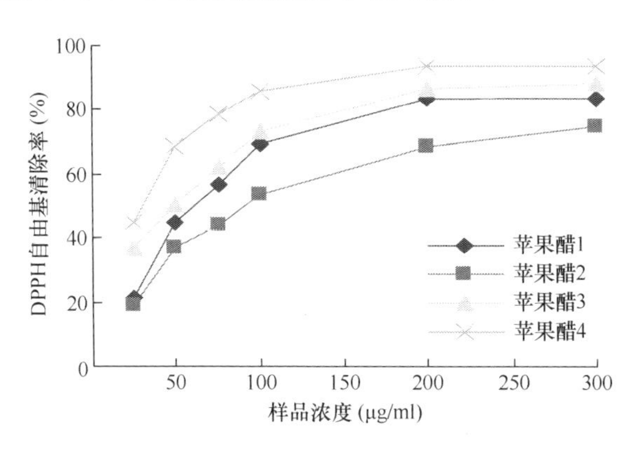

图 4-1　苹果醋对 DPPH 自由基的清除作用

4.1.4　苹果醋的发展前景

在古代醋又称为“苦酒”“酢酒”“米醋”等，中国是世界上谷物酿醋最早的国家，公元前 8 世纪就有关于醋的文献记载，春秋战国时期已出现专门酿醋的作坊。北魏《齐民要术》中，共收载 22 种制醋的工艺，其中一些方法沿用至今。生物技术是人们利用微生物、动植物体对物质原料进行加工，以提供产品来为社会服务的技术。苹果醋发酵技术是苹果原料在现代发酵技术的辅助下生成的一类风味良好、营养丰富的新兴食品。

1. 国际苹果醋行业发展

近年来，随着人们对苹果醋保健功能的了解，各种各样的保健苹果醋走入了消费者的生活，特别是在欧美、日本等发达地区和国家，研发起步早，工艺先进，品种齐全，尤其以日本的保健醋生产和消费为代表。目前世界食醋产量（中国、俄罗斯除外）以酸度 10%计算约为 1980 万 t，其中美国消费量达 130 万 t，名列全球榜首；其次是日本，年消费量为 42 万 t，德国位居第三。早在 20 世纪 60 年代，日本的果醋生产就已进入工业化生产阶段，日本横井酿造工业公司从德国 Frings 公司引进了自吸式设备与工艺技术，70 年代初即实现了设备大型化、自动化、省力化及一机多用。经过几十年的发展，世界发达国家的果醋市场逐渐形成了品种多、规模大、发展快的特点。仅日本各公司竞相开发的绿色食醋就有 100 余种，如白蛋白醋、酸梅醋、海藻醋、麦芽醋、生药醋、松叶醋、酒醋、龙艾醋、芦荟醋、紫苏醋、乌龙茶醋等，近几年还有不断上升的趋势。现阶段，苹果醋产业发展已进入工业化规模生产阶段，产业技术日趋完善，消费者和企业越来越意识到自然资源可持续利用的重要性，一些生产发酵醋和苹果醋的企业，开始从资源节约和环境平衡角度考虑产业发展（Schmidt et al.，2019）。苹果醋是一种传统的发酵产品，世界各地的人们都使用苹果汁来制备苹果醋，优化苹果醋生产用基酒的制备工艺，提高苹果醋品质（Joshi et al.，2019）。越来越多的研究者关注苹果醋的药理特性（Luu et al.，2019）、免疫和抗氧化特性（Ahmadifar et al.，2019）。

2. 国内苹果醋产业发展

在国内，果醋饮料从 1997～2015 年的发展历程中，前 10 年为市场导入期，处于缓慢发展阶段。近年来，随着苹果区域化种植面积的增加和栽培技术的提高，苹果产量逐年增加，为了缓解市场压力，提高苹果的附加值，苹果深加工技术研究越来越被重视，苹果醋的研究开发就是其中一个重要的方向。国内苹果醋产业加工技术趋于稳定，其研究方向和研究步伐紧跟国际前沿技术，主要集中在菌种优化（李欢等，2019）、新型工艺（游剑等，2019）、苹果醋品质提升（高鹏岩等，2019）、风味物质改善（许艳俊等，2019）、发酵机理研究（宋娟等，2019）、产品抗氧化性能研究（门戈阳等，2019）及复合果醋产品开发（孙悦等，2019）等方面。

苹果醋的液体发酵分为酒精发酵和醋酸发酵两个步骤，酒精发酵是影响苹果醋品质的重要因素。采用热带假丝酵母和芳香酵母进行混合酒精发酵，以改善苹果醋的风味，混合培养的苹果酒和醋的总有机酸含量均高于纯培养的苹果酒和醋（Liu et al.，2019）。对 16S rDNA 进行测序和分析，并系统地探索苹果醋发酵过程中微生物多样性和代谢产物的动态变化，结果表明，苹果醋动态发酵过程中，细菌多样性丰富，且表现出一定的变异（Song et al.，2019）。陈菊等（2019）采用高通量测序的方法对样品细菌菌群组成进行分析，分析苹果醋饮料生产过程微生物组成及其特性，确定潜在微生物污染主要来源。结果表明苹果醋饮料生产过程潜在的污染微生物主要包括 7 个属共 15 个种的细菌，苹果醋饮料生产各环节之间连接管道是预防微生物污染的关键位点。采用冷榨技术研究苹果汁、苹果醋和苹果渣在冷压和传统工艺条件下的酚类物质，结果表明，冷榨苹果汁中总酚和黄烷醇含量低于传统工艺，果皮渣提取物的总酚含量显著高于果肉渣的近 10 倍，苹果醋总酚含量差异显著（Du et al.，2019）。李湘勤等（2019）采用局部块冰式两级冷冻浓缩制备高浓度苹果醋，通过两级浓缩，同时对夹带回收循环利用，可得到浓度较高及芳香物质保留较多的苹果醋。张霁红等（2020）、孙悦等（2019）分别通过对苹果玫瑰复合果醋饮料和一种特色猴头菇苹果醋饮料的研发提高苹果醋的营养价值和独特风味。吴煜樟等（2019）对果醋的抗氧化成分及抗氧化功能进行了综述分析，为后期开发新型果醋及其功能因子的研究提供了参考。

4.2　苹果醋发酵机理

苹果醋发酵需经过两个阶段，第一阶段为酒精发酵阶段，是酵母菌把苹果中的糖转化为酒精的过程；第二阶段为醋酸发酵阶段，是醋酸菌将酒精转化为醋酸的过程。由葡萄糖发酵生成酒精的总反应式为

$$C_6H_{12}O_6 + 2ADP \rightarrow 2CH_3CH_2OH + 2CO_2$$

4.2.1　酒精发酵机理

酒精发酵过程是酵母菌在无氧条件下经糖酵解途径（EMP），将葡萄糖发酵为乙醇和二氧化碳。EMP 途径是酵母代谢葡萄糖的唯一途径。葡萄糖和果糖通过 EMP 途径转化为丙酮酸，在酵母中，丙酮酸转化为乙醛，由乙醛作为最终的电子受体而生成酒精。由葡萄糖发酵生成酒精的总化学反应式为

$$C_6H_{12}O_6 + 2ADP + 2PI \rightarrow 2CH_3CH_2OH+2CO_2 + 2ATP$$

4.2.2 醋酸发酵机理

醋酸发酵是指乙醇在醋酸菌的作用下氧化成醋酸的过程。醋酸菌是果醋酿造中醋酸发酵阶段的主要发酵菌株，可以在氧充分的情况下生长繁殖，并把基质中的乙醇氧化成醋酸。

乙醇氧化过程可分为三个阶段：首先，乙醇在乙醇脱氢酶的催化作用下，氧化成乙醛；其次，乙醛再吸水形成乙醛水合物；最后，在乙醛脱氢酶的作用下氧化生成醋酸。其反应式如下：

$$CH_3CH_2OH + O_2 \xrightarrow{\text{乙醇脱氢酶}} CH_3CHO + H_2O$$

$$CH_3CHO + H_2O \longrightarrow CH_3CH(OH)_2$$

$$CH_3CH(OH)_2 + O_2 \xrightarrow{\text{乙醛脱氢酶}} CH_3COOH + H_2O$$

总反应式可写成：

$$CH_3CH_2OH + O_2 \longrightarrow CH_3COOH + H_2O$$

理论上 100g 纯酒精可生成 130.4g 醋酸，或 100ml 纯酒精可生成 103.6g 醋酸。而实际生产中一般产率较低，是因为在醋酸发酵过程中醋酸逐渐积累，在质量浓度 5g/L 下产生较强的细胞毒性（Trcek et al.，2015），对菌体细胞施加严重的酸胁迫压力，这极大地降低了醋酸发酵生产效率（史伟等，2019），只能达到理论值的 85%左右，在实际生产过程中我们可粗略认为每 100ml 酒精产生 100g 醋酸。

4.2.3 醋酸发酵过程中的相关酶活特性

醋酸菌是一种革兰氏阴性专性好氧菌，属于 α-变形杆菌的 Acetobacteraceae（Saichana et al.，2015）。醋酸菌具有“氧化发酵”的特殊能力，在发酵过程中会将乙醇逐渐氧化为乙酸。醋酸菌是苹果醋酿造中醋酸发酵阶段的主要发酵菌株，醋酸菌的发酵机理及酶学特性研究表明，乙醇向醋酸的转化分两步，中间产物是乙醛：

$$CH_3CH_2OH \xrightarrow{E1} CH_3CH_2OH \xrightarrow{E2} CH_3COOH$$

式中，E1 是乙醇脱氢酶，E2 是乙醛脱氢酶。醋酸菌利用吡咯喹啉依赖性醇脱氢酶（PQQ-ADH）和乙醛脱氢酶（ALDH）将乙醇转化为乙酸，它们是乙醇呼吸链中的关键酶，同时 PQQ-ADH 的活性与乙酸耐受性有关（Trcek et al.，2006）。

日本学者中山竹义对醋酸菌发酵机理进行了更细致的研究。他从一种醋酸杆菌中分离出高纯度的乙醇氧化酶，酶中含有一分子的血红蛋白，具有类似于细胞色素 c 的吸收光谱，最大吸收峰在 553nm，并将醋酸发酵机理阐述为，乙醇先由醇—细胞色素 553—还原酶（E3）氧化为乙醛，电子转移到该酶的血红蛋白铁上。乙醛由不依赖于辅酶的醛脱羧酶（E4）或由依赖于 NADP 的醛脱羧酶（E3）进一步氧化。由 E4 氧化时，自由电子也转移到 E3 的血红蛋白铁上，还原型的细胞色素 553 被存在于细胞中的细胞色素氧化酶氧化，由 E4 氧化乙醛释放出的电子将 NADP 还原成 NADPH。

Adachi 等（1978）利用表面活性剂从醋酸杆菌（*Acetobacter aceti*）细胞膜成功地分离、纯化出乙醇脱氢酶的结晶，并同时对酶的性质进行了研究，乙醇的氧化是通过电子传递链进行的，其吸收光谱呈现典型的“细胞色素 c”吸收光谱，以还原态存在，在分光光度仪上有特征的吸收峰，这种乙醇脱氢酶的辅酶是 PQQ（吡咯喹啉苯醌）。1984 年 Shimao 证明，醋酸菌在醋酸发酵中，酶类均存在于醋酸菌的细胞膜中，与膜中的磷脂相结合，通过将乙醇氧化为乙醛的乙醇脱氢酶（ADH）和将乙醛再氧化成醋酸的乙醛脱氢酶（ALDH）实现果醋酿造，醋酸菌的发酵能力虽与二者都有关，但乙醇脱氢酶（ADH）起更大的作用。余素清等（1996）研究认为醋酸菌乙醇脱氢酶（ADH）活力与产酸浓度明显相关，当浓度在 110g/L 以上时，活性明显下降，沪酿 1.01 比氧化葡萄糖杆菌（*Acetobacter suboxydans*）有较强的耐酸性。Takemura 等（1993）克隆了巴氏醋酸杆菌（*Acetobacter pasteurianus*）的 ADH 的编码基因和细胞色素 c 亚基，并确定其核苷酸顺序是由 26～35 个氨基酸组成的信号肽，在 ADH 基因上游（59bp，232bp）有两个不同的启动子，无乙醇时膜上 ADH 亚基减少可能是 ADH 活性降低的原因。ADH、ALDH 是苹果醋发酵的关键酶系之一，在苹果醋发酵过程中，ADH 活性与产酸量、产酸速率的变化趋势一致。且它们的活性变化对产酸速率有直接影响，并受不同品种原料及底物浓度的影响（张霁红等，2017）。

1. 醋酸发酵过程中乙醇脱氢酶与产酸量、产酸速率之间的关系

优良的醋酸菌应该具备高效氧化乙醇的酶系，对优选菌株 Y010 在苹果醋发酵过程中 ADH 酶活、产酸总量及产酸速率进行研究，其结果如图 4-2 所示。

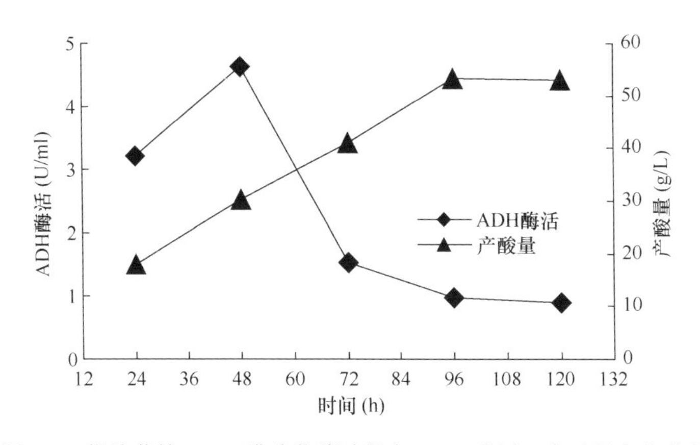

图 4-2　优选菌株 Y010 醋酸发酵过程中 ADH 酶活、产酸量变化曲线

由图 4-2 可以看出，当菌液培养 48h 内，ADH 酶活和产酸总量均随着培养时间的延长而逐渐上升，即 ADH 酶活和产酸总量呈正相关；但是，当菌液培养 48h 后，ADH 酶活随着培养时间的延长却逐渐下降，而产酸总量随着培养时间的延长而逐渐上升，这是因为产酸量是一个逐步积累的过程，在整个发酵过程中产酸量逐渐增大，最大达到 53.12 g/L。

ADH 是醋酸杆菌氧化产醋酸的关键酶，在醋酸发酵过程中 ADH 酶活和产酸速率如表 4-1 所示，ADH 酶活与产酸速率变化趋势相一致，都表现为先增加，然后减小，48h 时，ADH 酶活最大，达到 4.62U/mg，此时，产酸速率也最大，达到 0.51g/（L·h）。结果表明：该菌株在醋酸发酵 48h 时酶活较高，达到 4.62U/mg，产酸速率可作为优良醋酸菌选育的依据。

表 4-1　优选菌株 Y010 醋酸发酵过程中 ADH 酶活和产酸速率

时间/h	ADH（U/mg）	产酸量（g/L）	产酸速率[g/（L·h）]
0	0.18	10.35	0
24	3.21	18.12	0.32
48	4.62	30.25	0.51
72	1.53	41.13	0.45
96	0.98	51.28	0.42
120	0.89	53.12	0.076

2. 不同菌种发酵苹果醋关键酶活性

对优选醋酸菌株 7009、20056 及混合菌株（7009∶20056 =1∶1）进行二级培养后，在菌种浓度达到 2×10^{8}CFU/ml 时，以 10%的接种量分别接种到酒精含量 5%的醋酸发酵种子液中，连续监测醋酸发酵过程中关键酶 ADH、ALDH 的活性，经 12h 取样检测分析，明确了在醋酸发酵过程中，ADH 和 ALDH 随时间呈动态变化，单菌种发酵时均于 36h ADH 达到第一次酶活峰值，分别为 4.31U/mg 和 2.13U/mg，84h ADH 达到第二次酶活峰值，此时产酸速率相应较高。在整个过程中 ADH 的酶活始终高于 ALDH，与产酸速率呈正相关。混合菌种与单菌种相比较，混合菌种在 48h ADH 最高，96h ALDH 的活性最高，且产酸量高于单菌株。

3. 不同原料苹果醋发酵关键酶活性

以富士、元帅、乔纳金三个苹果品种为原料进行苹果醋生产，在醋酸发酵过程中每 12h 取样一次，测发酵液中 ADH、ALDH 的活性及酸度，研究表明：不同苹果品种醋酸发酵过程中 ADH 和 ALDH 活性存在显著差异，乔纳金最大，达到 9.12U/mg，富士苹果最小，仅为 4.31U/mg，相应的发酵速率乔纳金最大，元帅次之，富士相对较小，表明不同品种原料之间酶活存在差异，但酶活与产酸速率呈正相关。

4. 醋酸发酵底物浓度对关键酶活力影响

乙醇、乙酸不同底物浓度对 ADH 和 ALDH 酶活的影响较大。在无乙醇的发酵条件下，酶系的酶活水平较低，分别为 0.32U/mg 和 0.27U/mg；在 1%～3%（*V/V*）乙醇浓度内，酶系酶活随着浓度的升高而升高，超过该范围，随着乙醇浓度的升高，酶活又开始受到抑制。相对而言，在底物乙醇浓度 3%的情况下 ADH 与 ALDH 的酶活最高，且菌株 7009、20056 及混合菌株表现出相同的趋势。在底物有乙酸存在条件下，酶活启动较快，单菌种发酵时乙酸浓度 5～10g/L 时 ALDH 酶活与乙酸浓度呈正相关，当乙酸浓度大于 10g/L 时 ALDH 酶活与浓度呈负相关，混合菌种发酵时乙酸浓度的转折点增加到 15g/L。在乙醇氧化生成乙酸的代谢途径中，ALDH 催化乙醛生成乙酸。底酸（乙酸）的存在可能存在一种反馈激活作用，促进双酶基因的表达，特别是 ALDH，从而大幅提高 ALDH 的酶活。因此，在生产中，在初始发酵培养基中添加一定的酸（10g/L），提高 ADH 和 ALDH 的酶活水平，从而达到促进发酵、提高生产强度的目的。

乙醇对人体的各种脏器、胃肠道、神经系统、循环系统都有一定的毒性（张若明和李经才，2001），乙醇吸入人体后经 ADH 和 ALDH 的作用氧化成乙酸，进入三羧酸循环最终氧化成二氧化碳和水，故 ADH 是乙醇在人体内代谢的必需酶，也是解酒成分中的重要组成部分。目前在动物、植物、微生物、真核生物及原核细菌中都已发现 ADH 的存在，王沛等（2017）研究表明某些植物化合物、氨基酸等具有促进机体分解代谢乙醇的作用，如蒲公英提取物、枳椇子提取物、葛根提取物、葛花提取物、甘氨酸等具有较高的激活 ADH 活性的能力，其中甘氨酸的 ADH 激活性达到 907.56%、牛磺酸的 ADH 激活性为 894.12%。此外，各样品还表现出较高的抗氧化能力。由于微生物的发酵周期短，培养基廉价，以及酶制剂可以实现大规模生产，因此从微生物细胞中提取 ADH 并制成酶制剂，可以为开发天然解酒护肝保健品提供指导。

4.3　苹果醋发酵技术研究

苹果醋发酵广泛采用液态发酵技术，液态发酵法又分为静置表面发酵、深层发酵、酶法液体回流及固定化连续分批发酵等。液态发酵法具有规模化、标准化生产管理优势，原料利用率大、产酸速率和酒精转酸率高，目前，此法是最有效和最先进的苹果醋生产工艺技术方法。国外果醋生产多采用液体深层分批、连续发酵、循环液体发酵及菌体固定化发酵，发酵时间短，酒精转酸率较高。英国、美国、加拿大、日本等苹果醋生产以采用连续充气深层发酵法为主，利用 Fring 或塔式深层酸化器，添加营养促进剂提高产酸速率和酒精转酸率。Higashide 等（1994）利用改良的分批深层培养法研究生产高浓度醋，发酵分两个阶段，第一阶段 28～29℃发酵至酸度 120g/L，第二阶段 15℃发酵至 200g/L 以上。Chukwu 和 Cheryan（2010）用电渗（ED）浓缩技术研制高浓度醋，醋酸含量可达 300～330g/L。

4.3.1 液态发酵苹果醋的酿造工艺及操作要点

原德树（2010）对液态深层发酵苹果醋及苹果醋饮料的工艺进行了研究，试验以苹果汁为原料，研究了液态深层发酵苹果醋的生产工艺条件和苹果醋饮料的研制方法；顾小清和高伟娜（2007）对液态深层发酵苹果醋工艺进行了研究，认为该方法具有机械化程度高、原料利用率高、操作卫生条件好、生产周期短、质量稳定易控制等优点，但也存在产品风味较差的缺陷。汪立平和徐岩（2005）利用法尔皮有孢汉生酵母（*Hanseniaspora valbyensis*）和酿酒酵母（*Saccharomyces cerevisiae*）混合发酵，在保证发酵效率的同时，有效增加了产品的风味物质酯类的含量。

张霁红等（2011）以甘肃静宁红富士苹果为原料，在引进酵母菌及醋酸菌菌株的基础上，进行单菌种及混合菌株的发酵性能试验，以酒精和总酯含量为考察指标，筛选发酵性能较好的混合酵母菌组合。通过 Plackett-Burman 设计对苹果汁酒精发酵相关影响因素的效应进行评价，并筛选出有显著效应的 3 个主要因素，用 Box-Behnken 设计及响应面分析方法确定主要影响因素的最佳条件为发酵温度 28.12℃、接种量 8.20%、种龄 14.45h，酒精含量可达 6.34%。在此工艺基础上进行醋酸发酵，醋酸含量为 54.9g/L。

（1）酒精发酵工艺条件的优化

1）Plackett-Burman 试验设计

根据有关文献和单因素试验结果，设计 Plackett-Burman 试验因素及水平（表 4-2）。Plackett-Burman 试验设计矩阵见表 4-3。每组试验设置平行 3 个，以酒精含量（%）的平均值为响应值 Y，结果见表 4-3。

表 4-2 N=12 的 Plackett-Burman 试验设计与结果

序号	X_1	X_2	X_3	X_4	X_5	X_6	X_7	X_8	Y（%）
1	1	–1	1	–1	–1	–1	1	1	4.9
2	1	1	–1	1	–1	–1	–1	1	4.1
3	–1	1	1	–1	1	–1	–1	–1	5.7

续表

序号	X_1	X_2	X_3	X_4	X_5	X_6	X_7	X_8	Y（%）
4	1	–1	1	1	–1	1	–1	–1	4.7
5	1	1	–1	1	1	–1	1	–1	4.1
6	1	1	1	–1	1	1	–1	1	6.1
7	–1	1	1	1	–1	1	1	–1	5.2
8	–1	–1	–1	1	1	–1	1	1	5.4
9	–1	–1	–1	1	1	1	–1	1	5.1
10	1	–1	–1	–1	1	1	1	–1	4.6
11	–1	1	–1	–1	–1	1	1	1	4.7
12	–1	–1	–1	–1	–1	–1	–1	–1	4.1

注：X_1 为 SO_2 含量（mg/L），X_2 为 pH，X_3 为温度（℃），X_4 为虚拟条件，X_5 为接种量，X_6 为种龄（h），X_7 为发酵时间（天），X_8 为通氧时间（h）

表 4-3　方差分析

参数	F 值	方差分析中的 P 值>F	重要性顺序
X_1	20.16	0.0206	
X_2	8.44	0.0622	
X_3	195.98	0.0008	1
X_4	虚拟条件		
X_5	75.98	0.0032	2
X_6	30.77	0.0116	3
X_7	5.65	0.0979	
X_8	25.19	0.0152	
模型	47.23	0.0045	

方差分析结果表明“Prob>F”值中 X_1、X_3、X_5、X_6、X_8 小于 0.05，表明这 5 个因素对酒精发酵的影响是重要的，对 5 个因素进行重要性排序，结果为 $X_3>X_5>X_6$，即发酵温度、接种量和种龄对酒精发酵有重要的影响。“Model Prob>F”等于 0.0045，表明模型具有代表性。

2）酒精发酵的最优工艺条件

由以上实验结果，对确定出的影响酒精发酵工艺的 3 个显著因素进行 Box-Behnken 试验设计，见表 4-4～表 4-6，应用 Design-Expert 7.1 软件进行分析，建立二次响应面回归模型，并对模型进行方差分析。

表 4-4　试验因素水平及编码

因素	编码	未编码	–1	0	+1
温度	X_1	X_3	26	28	30
接种量	X_2	X_5	6	8	10
种龄	X_3	X_6	10	15	20

表 4-5 Box-Behnken 试验设计及响应值

试验号	X_1	X_2	X_3	酒精度（%）
1	–1	1	0	5.5
2	–1	0	–1	5.2
3	0	–1	–1	4.3
4	0	0	0	6.4
5	1	0	–1	5.0
6	0	1	–1	4.8
7	–1	0	1	4.2
8	1	0	1	4.7
9	0	0	0	6.3
10	1	–1	0	5.1
11	0	0	0	6.2
12	–1	–1	0	4.2
13	0	–1	1	4.6
14	0	1	1	4.0
15	0	0	0	6.5
16	0	0	0	6.2
17	1	1	0	5.2

表 4-6 酒精含量二次多项模型的方差分析表

变异来源	自由度	均方	平方和	F 值	P 值
模型误差总变异	9 7 16	11.60 0.44 11.50	1.23 0.063	19.53	0.0004

通过对表 4-5 进行二次多项回归拟合，获得回归方程为 $Y=6.32+0.11X_1+0.16X_2-0.22X_3-0.30X_1X_2+0.18X_1X_3-0.27X_2X_3-0.49X_1^2-0.84X_2^2-1.06X_3^2$，$R^2=0.9617$ 表明方程的拟合性较好。

3）酒精发酵的最优工艺参数

回归方程方差分析见表 4-6，P 值等于 0.0004 说明该模型极显著，与实际情况拟合很好。因此该模型可用于分析和预测发酵过程中的酒精产量，应用 Design-Expert 7.1 建立 3 个因素与酒精产量之间的响应面，确定响应因素水平的优化结果。

通过图 4-3～图 4-5 即可对任何两因素交互影响酒精含量的效应进行分析与评价，并从中确定最佳因素水平范围。从图中可直观地看出各因子对响应值的影响变化趋势，而且回归模型确实存在最大值。利用设计软件进行岭脊分析，Y 取最大值时各因素的优化水平如表 4-7 所示。由表 4-7 可得模型极值点坐标：$X_1=0.06$（28.12℃），$X_2=0.10$（8.20%），$X_3=-0.11$（14.45h），此时模型预测的酒精含量最大值为 6.844 94%。

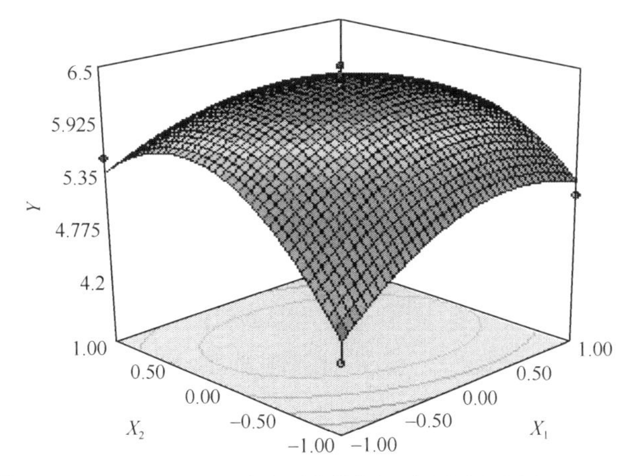

图 4-3　$Y=f$（X_1，X_2）响应面立体图（彩图请扫封底二维码）

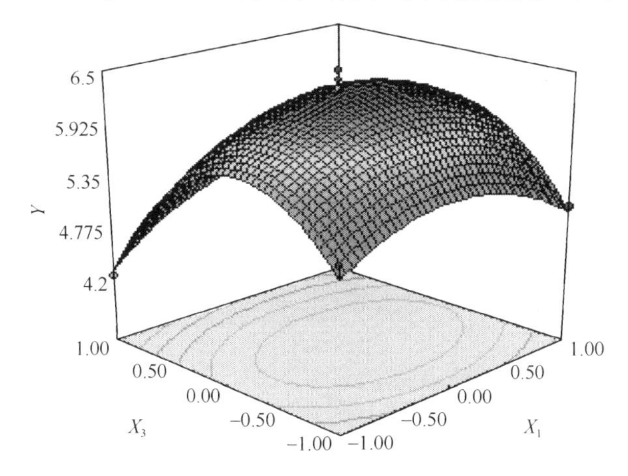

图 4-4　$Y=f$（X_1，X_3）响应面立体图（彩图请扫封底二维码）

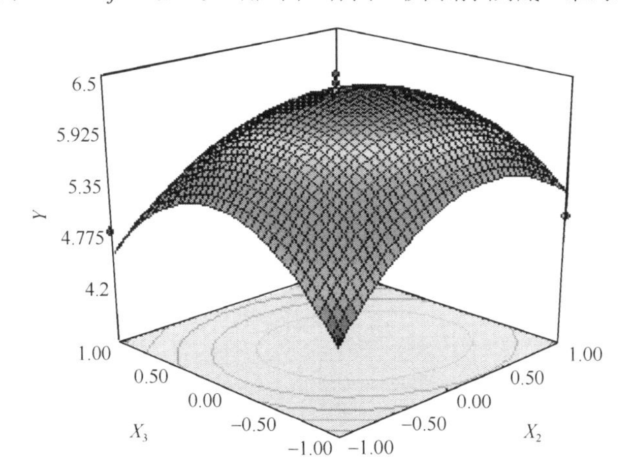

图 4-5　$Y=f$（X_2，X_3）响应面立体图（彩图请扫封底二维码）

表 4-7　响应面的岭脊分析

自变量	编码值	取值	*Y* 值（%）
X_1	0.06	28.12	6.844 94
X_2	0.10	8.20	
X_3	–0.11	14.45	

为了检验模型预测值的准确性，需进行验证试验，在初始糖浓度为 13°Brix 的苹果汁中加入种龄 14.45h 的 8351 混合酵母菌株，接种量 8.2%（*V/V*），发酵温度 28.12℃进行酒精发酵，共做 3 批，每批 3 个重复，所得的酒精度为 6.80%（*V/V*）。由此可知，预测模型能较好反映酒精发酵的实际情况。

（2）醋酸发酵工艺参数优化

醋酸发酵是苹果醋发酵的关键步骤，在此过程中醋酸菌具有氧化乙醇生成醋酸的能力，其能力受菌种特性和发酵条件的影响，醋酸菌的主要影响因子为接种量、发酵温度、发酵时间及装液量，本研究在预实验的基础上设计 4 因素的 $L_9(3^4)$，正交试验优化 20064 醋酸菌的发酵工艺。实验结果见表 4-8。

表 4-8　正交试验因素水平表

水平	因素			
	接种量（%） A	发酵温度（℃） B	发酵时间（天） C	装液量（ml/500ml） D
1	8	28	96	50
2	10	30	120	100
3	12	32	144	150

从表 4-9 极差分析结果可以看出，各因素对醋酸发酵产酸量影响的程度依次为 B>C>A>D，即发酵温度>发酵时间>接种量>装液量，最佳水平组合为 $A_2B_3C_2D_1$，即醋酸菌 20064 的醋酸发酵工艺的最佳条件为接种量 10%（*V/V*），发酵温度 32℃，发酵时间 120min，装液量 1/5（*V/V*）。验证试验结果表明在筛选出的醋酸发酵条件下，醋酸产量达到 5.4g/100ml。

表 4-9　正交试验结果

试验号	A	B	C	D	总酸含量（g/100ml）
1	1	1	1	1	3.53
2	1	2	2	2	4.22
3	1	3	3	3	3.80
4	2	1	2	3	4.84
5	2	2	3	1	4.05

续表

试验号	A	B	C	D	总酸含量（g/100ml）
6	2	3	1	2	5.26
7	3	1	3	2	3.97
8	3	2	1	3	4.04
9	3	3	2	1	5.42
K_1	11.55	12.34	12.83	13.00	
K_2	14.15	11.31	14.48	13.45	
K_3	13.43	14.48	11.82	12.68	
R	0.87	1.05	0.89	0.26	

注：A、B、C、D 代表意义同表 4-8

（3）苹果醋生产工艺流程及操作技术要点

1）生产工艺流程

苹果原料→选果、洗果→破碎（加护色液）→浆渣分离→浊汁（加果胶酶）→杀菌→酒精发酵（加酵母菌）→醋酸发酵（加醋酸菌）→杀菌→陈酿→灌装→杀菌→苹果醋。

2）生产操作规程

① 原料预处理。

选择成熟度高、色泽鲜艳、糖度高、无病虫害、无腐烂的苹果，流动水漂洗，洗果温度控制在 40℃以下，切块置于质量分数为 1%的食盐水溶液中浸泡护色 30min。

② 破碎、榨汁。

经浸泡护色的苹果块用清水漂洗干净后，送入浆渣分离机进行浆渣分离，渣中加入 1 倍体积的纯净水进行挤压，所得苹果汁混入苹果浆中进行酶解，加入 0.1%果胶酶，在 50℃条件下酶解 1～2h，使果胶分解变成可溶性的成分，经硅藻土过滤（液化后过 200 目筛筛滤）后得到苹果原汁。

③ 调整糖度：调整至 13～14°Brix。

④ 杀菌：将糖度调整好的苹果汁在 85℃水浴中灭菌 30min 后，降至常温。

⑤ 酵母菌的扩培。

培养步骤：酵母斜面→小三角瓶培养→大三角瓶培养。三角瓶培养采用 PDA 培养基，大三角瓶培养采用 6.5°Brix 的苹果汁培养基加 0.15%（NH_4）$_2SO_4$、0.05%KH_2PO_4、0.1%$MgSO_4$。

培养要求：培养温度 28℃，接菌量 8%（*V/V*），每级培养后要求瓶内有气泡产生，底部有白色酵母沉淀，酵母数 8×10^6～1.2×10^8 个/ml，镜检无杂菌，出芽率大于 15%，死亡率 1%～3%。

⑥ 醋酸菌的培养。

培养步骤：斜面→活化→小三角瓶培养→大三角瓶培养。

活化培养基：葡萄糖 10%，酵母膏 1%，碳酸钙 2%（*m/m*），琼脂 1.8%（*m/m*），pH 6.8，酒精 2ml，灭菌 30min。

种子培养基：葡萄糖 1%，酵母膏 1.5%，磷酸二氢钾 0.05%，硫酸镁 0.05%，pH 6.5，无水乙醇 3.5ml。

发酵培养基：酒精度 5%（*V/V*）左右的发酵苹果汁，培养温度 30～33℃，接菌量 10%（*V/V*），每级培养时间为 36～48h，自大三角瓶以后各级菌种酸度达到 20g/L，镜检无杂菌即可进行下一步。

⑦ 酒精发酵：在灭菌后的苹果汁（13°Brix）中接入一定量的酵母扩培液，进行静止发酵，当酒精度达到 5%～7%（*V/V*），糖含量基本不变时，终止酒精发酵，进行醋酸发酵。

⑧ 醋酸发酵：在酒精度为 6%（*V/V*）左右的苹果汁中加入已活化好的醋酸种子液，接种量 10%（*V/V*），发酵温度 31℃，通氧量 2.5L/min，培养 7 天，测定发酵液的醋酸含量。

⑨ 陈酿：时间 3～6 个月。

⑩ 灌装、杀菌：对酸度达到要求的发酵苹果醋进行灌装和 85℃蒸汽杀菌后保存。

4.3.2 固态发酵苹果醋的酿造工艺及操作要点

固态发酵是沿用我国传统的食醋酿造方法经过较长时间的发酵将水果中的营养物质溶出，而使产品营养高、风味好，但此法同时存在劳动强度大、发酵周期长、废渣多、原料利用率低等缺点（王云阳等，2005）。目前，固态酿造法也被应用于苹果醋（通常是以生产中果皮渣、残次果、加工下脚料等为原料）的发酵生产中，常辅以果渣与玉米、麸皮等粮食进行不同配比的混酿，因此产品中有粮食醋的刺激味。李红光（2000）以苹果为原料，研究了固态发酵法苹果与玉米的质量比及工艺控制，结果表明：固态发酵法生产的苹果醋风味浓郁。宋娟等（2017）在苹果醋液态发酵研究的基础上，采用果胶酶法对苹果渣发酵制作苹果醋固态的工艺进行了研究，获得了预期的苹果渣固态发酵的关键技术参数。苹果渣酒精发酵的最优技术参数为果胶酶添加量 0.06%（*m/m*）、酵母接种量 8%（*V/V*）、初始糖度 16°Brix，此组合的酒精含量高达 7.2%（*V/V*）。苹果渣醋酸发酵的最优技术参数为湿苹果渣的配料比是 1∶10、醋酸菌接种量为 15%（*V/V*）、发酵温度 32℃，此组合的总酸含量增长到 38.3g/L。

4.3.3　苹果醋的其他发酵技术

1. 液体回流浇淋工艺

该法是以皮渣为醋酸菌的载体采用液态酒精发酵、固态醋酸发酵生产果醋，张粉艳等（2007）对桑葚醋自回淋发酵生产工艺参数进行了研究，结果表明：与固态发酵相比，自回淋发酵方法具有生产周期短、生产效率高、干净卫生，便于实现机械化和规模化生产等优点。

2. 苹果醋的固定化发酵技术

选择合适的包埋剂与固化剂将酒精发酵的酵母菌和醋酸发酵的醋酸菌制成凝胶球进行固定化发酵，其优点是可重复使用、产品稳定性好。吴定等（2005）研究了苹果醋固定化发酵生产中的包埋剂、固化剂和固定时间对发酵效果的影响，试验表明固定化发酵细胞活力高，重复使用效果好。贺江等（2008）以海藻酸钠作为固定化材料，研究了多菌种共固定化技术在苹果醋酿造中的应用，结果表明多菌种共固定化技术酿造苹果醋具有很好的稳定性。应用固定化技术可以提高果醋的最终品质（Panasyuk et al.，1990）。

4.4　苹果醋发酵微生物

苹果醋生产需经过酒精发酵和醋酸发酵两个过程，其中酵母菌和醋酸菌对果醋的品质及原料转化有着重要意义，因此菌种是影响果醋品质的关键因素之一。优良的酵母菌应具有较高的发酵效率，即有高的发酵速率和完全的发酵能力（完全利用苹果汁中的可发酵性糖），又能形成必要的挥发性香气物质。目前，在果酒发酵中常用安琪酵母、啤酒酵母等，主要存在发酵力低、产香不足的缺陷。汪立平和徐岩（2005）研究了混菌发酵对苹果酒香气物质及发酵效率的影响，通过法尔皮有孢汉生酵母（*Hanseniaspora valbyensis*）和酿酒酵母（*Saccharomyces cerevisiae*）混合发酵增加苹果酒的风味酯含量。方差分析表明：两种酵母接种量及其交互作用对混菌发酵效率有显著性影响；对接种量及苹果汁营养进行正交试验确定了最优生产工艺，在该条件下，可充分发挥混合酵母中法尔皮有孢汉生酵母高产酯能力特性和酿酒酵母高发酵效率特性，发酵结束后苹果酒中总酯浓度为单一酿酒酵母发酵苹果酒的 1.60 倍，残糖含量低于 4.0g/L。醋酸发酵过程对苹果醋的产量和品质影响较大，优良的醋酸菌和合理的发酵参数是生产的关键。目前，果醋生产使用的醋酸菌大都为食醋菌种（AS1.41），即恶臭醋酸杆菌浑浊变种和沪酿 1.01 醋酸杆菌，不仅产酸能力、耐酒精能力有限，而且发酵果醋形成的风味也不佳，因此需选育优良的果醋专用醋酸菌。侯爱香等（2007）采用稀释平板分离法，从自然发酵苹果醋醪液中分离筛选出菌株 G-7，其产酸量为 35.55g/L，传代 5 次后性能稳定，对醋酸分解速度小，其产酯量为 0.826g/L，最适发酵温度为 32℃，且耐酒精、耐酸性能好。经初步鉴定菌株 G-7 为恶臭醋酸杆菌（*Acetobacter rancens*）。目前，有关醋酸菌菌种的研究多以食醋醪为菌源进行筛选，或直接将食醋菌种 AS1.41 恶臭醋酸杆菌浑浊变种和沪酿 1.01 醋酸杆菌进行高酸驯化、诱变选育（邵建宁等，2005）。然而自然界中广泛存在多种微生物，从水果表面或果园泥土中选育菌种还有很大探索空间（陈伟等，2003）。

4.4.1 果酒酵母

酵母菌是被人类认识最早、研究最广泛并与人类关系十分密切的微生物。酵母菌种类繁多、性能各异，其性能直接影响发酵工艺的类型和发酵条件，同时对发酵产品的类型和质量也起着决定性的作用。酒类酵母主要分为酒精酵母、生香酵母、威士忌酵母等，其中生香酵母有较好的产有机酸及其酯的能力，在发酵过程中可以提高果酒的有机酸和酯的含量，增进酒的香味，是提高酒质量的有效途径。目前果酒生产上常用的酵母菌多为活性干酵母（ADY）。活性干酵母是经种子罐、酵母罐的逐级扩大培养，最后经过离心分离、真空过滤或压缩，再经制粒机制粒的酵母颗粒。ADY 通常为酿酒酵母，主要有啤酒酵母（*Saccnaromyces cerevisiae*）、葡萄酒酿酒酵母（*Saccharomyces ellipsoideus*）等。它们大多有着较强的产酒精能力，但发酵风味比较平淡、缺乏香气。而在国外，果酒的酿造大多使用企业试验室的保藏菌种。这些菌种都是从自然界基质中分离得到的，对每种水果都有较强的针对性，因此所酿果酒香气浓郁，非常典型，能反映水果的特点。不同的酵母菌株可赋予果酒不同的风味，且对发酵性能也有明显的影响，因此应有选择地加以使用。此外，每一株菌都有其相对局限性，如能结合不同的工艺条件混合使用，可能会收到良好的效果，较大幅度地提高果酒的品质。张霁红等（2011）在引进酵母的基础上，通过苹果汁发酵研究菌种的发酵特性，并通过混菌发酵提高发酵力和酯类物质含量。

1. 酵母菌株的发酵力

对 CICC（1383、1023、1751）3 株酿酒酵母及其 4 个混菌发酵组合进行苹果汁酒精发酵实验，以 CO_2 失重量为发酵速率考察指标，酒精发酵阶段各菌株发酵能力如图 4-6 所示。在 0～24h 发酵时间内，其发酵速率均显著增加至最大值，而后呈逐渐下降趋势直至发酵第 6 天，此后变化趋于平缓。其中，以 8351 的发酵力最强，明显高于其他菌株及组合，整个发酵过程表现较为平稳，发酵峰值 CO_2 失重量高达 3.78g，且发酵周期短，稳定期长达 48h。

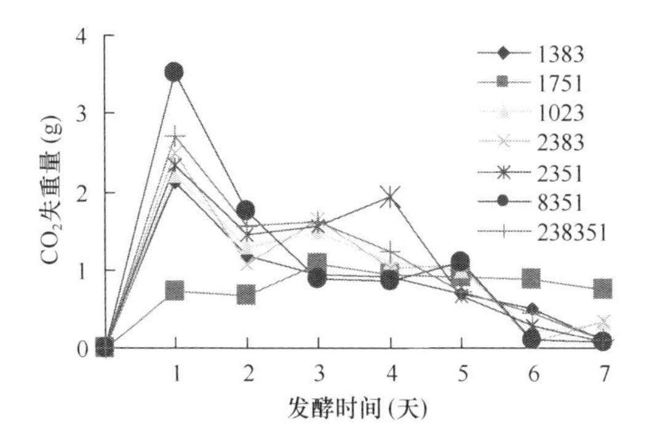

图 4-6　不同酵母菌发酵速率曲线

2. 不同酵母菌及其组合的发酵特性

对 3 个单菌株和 4 个混合酵母菌株进行酒精发酵试验，以还原糖、酒精度、总酯含量为检测指标，图 4-7 显示：酒精产量较高的菌株对糖的转化率相对较高，发酵终止时其还原糖浓度较低，混合酵母 8351、238351 酒精产量分别为 6.8%（*V/V*）、6.4%（*V/V*），还原糖含量为 3.3g/L、3.0g/L；产酯较高的酵母菌株产酒精量较低，菌种 2351、1023 产酯量较高，分别达到 6.2g/L、5.8g/L，产酒精量为 5.1%（*V/V*）、4.8%（*V/V*）。

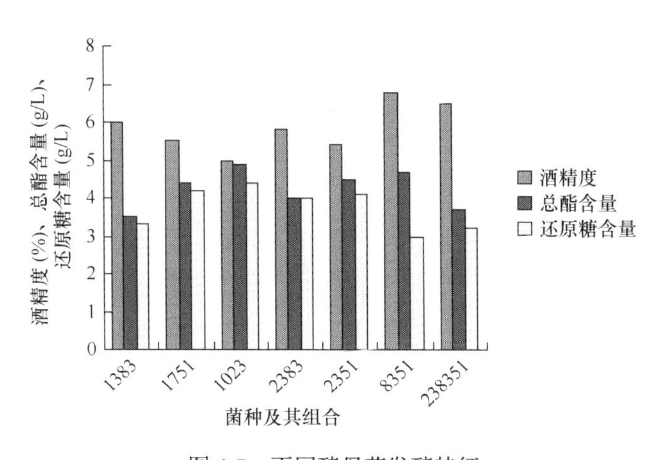

图 4-7　不同酵母菌发酵特征

3. 不同配比对混合菌株 8351 发酵能力的影响

对 8351 混合的原始菌株 1383 与 1751 进行最优配比试验，图 4-8 中显示两个原始菌株的不同混合比例对 8351 发酵酒精产量有不同的影响，其中 1383 菌株在组合里为主导菌株，当其浓度增大时，混合菌株的发酵能力增大，当 1383 与 1751 为 2∶1 时发酵能力最强，酒精产量为 6.2%（*V/V*）。

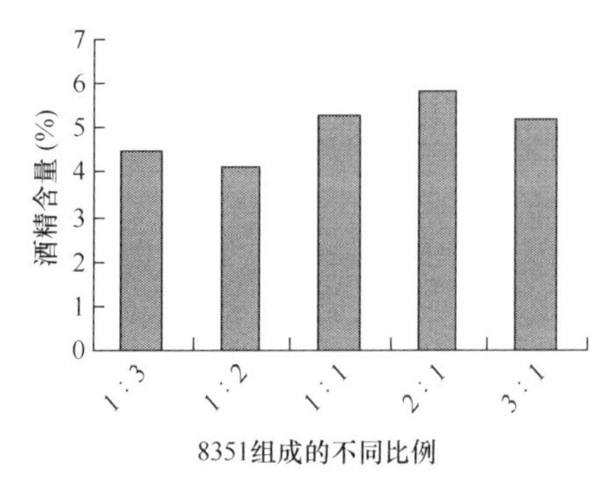

图 4-8　8351 不同配比发酵能力

4.4.2　醋酸菌的特性及分类

1. 醋酸菌及其特性

醋酸菌是指能将乙醇氧化成醋酸的一类细菌的总称。醋酸菌具有多种形态特征，细胞从椭圆到杆状，单生、成对或成链排列。细胞大小（0.6～0.8）μm×（1.0～3.0）μm。有的菌体有退化体，它们呈球状、膨大、丝状、棒状或弯形。细胞运动或不运动，若运动则具有周生鞭毛或极生鞭毛这两种类型鞭毛。革兰氏阴性菌，专性好氧，是需氧细菌的代表，其中一些能产生色素或纤维素。根据醋酸菌的生理生化特性，可将醋酸菌分为醋酸杆菌属（*Acetobacter*）和葡萄糖氧化杆菌属（*Gluconobacter*）。前者主要作用是将酒精氧化为醋酸，在酿醋工业中常用；后者主要作用是将葡萄糖氧化为葡萄糖酸。醋酸菌不仅应用于食醋、葡萄糖酸、α-酮戊二酸、山梨酸、合成维生素 C 等的生产中，还是乙醇和糖类氧化生化反应的重要研究对象。目前醋酸菌在食醋酿造工业及维生素 C 制造工业上都发挥着重要作用。

2. 醋酸菌的分类

1900 年伯杰氏（Beijerinck）提议醋酸杆菌（*Acetobacter*）作为醋酸菌的属名，1935 年朝井勇宣提议氧化葡萄糖生成葡萄糖酸能力强的归属葡萄糖杆菌属，1950 年 Frateur 按氧化能力的差别将醋酸杆菌属分为四大类群：过氧化、氧化、中氧化和弱氧化。据朝井勇宣的不完全统计，醋酸杆菌属（*Acetobacter*）有 71 个种，30 个变种；醋单胞菌属（*Acetomonas*）有 5 个种，4 个变种；葡萄糖杆菌属（*Gluconobacter*）有 17 个种，1 个变种。因醋酸菌的变异性，有人认为醋酸菌分类实际意义不大。自然醋酸发酵是多菌种和菌株参与的过程，1997 年 Caridi 等从 42 种葡萄醋和 23 种家庭醋中分离出 530 株醋酸菌，其中 91.7%为巴氏醋酸杆菌（*Acetobacter pasteurianus*），5%为醋化醋杆菌（*A. aceti*），2.8%为汉逊理杆菌（*A. hansenli*）。1996 年 Sacki 等根据耐高温醋酸菌的分类学和生理特征将其鉴定为 4 个属，在温度 38～40℃，培养分离出耐 20%酸的深层发酵醋酸菌。

3. 醋酸菌菌株筛选

在引进醋酸菌的基础上，通过苹果酒醋酸发酵实验研究菌种的发酵能力，并通过发酵特性、酒精耐受性等指标，确定适宜苹果酒醋酸发酵菌株（张雾红等，2011）。

（1）醋酸菌的产酸能力

把相同条件下活化后的醋酸菌种分别接入酒精含量 3%的产酸培养基上，72h 后测定总酸含量，结果见表 4-10。

表 4-10　醋酸菌的产酸能力

醋酸菌	产酸量（以苹果酸计）（g/100ml）	酒精转化率（%）
CICC20064	2.49	63.6
CICC20056	1.56	39.9
沪酿 101	2.34	59.8

从表中可以看出，20064 菌株的产酸能力为 2.49g/100ml，酒精转化率为 63.6%，大于 20056 和沪酿 101。

（2）醋酸菌发酵特征

对引进醋酸菌株 20064、20056 及它们的混合菌株进行发酵能力试验，在装液量为 100ml/500ml 的三角瓶中，调整酒精含量为 6%（*V/V*）的苹果汁中以相同接种量接入同等浓度的 3 种菌株种子液，28～30℃发酵 6 天，每 24h 取样 1 次测总酸含量，结果见图 4-9。

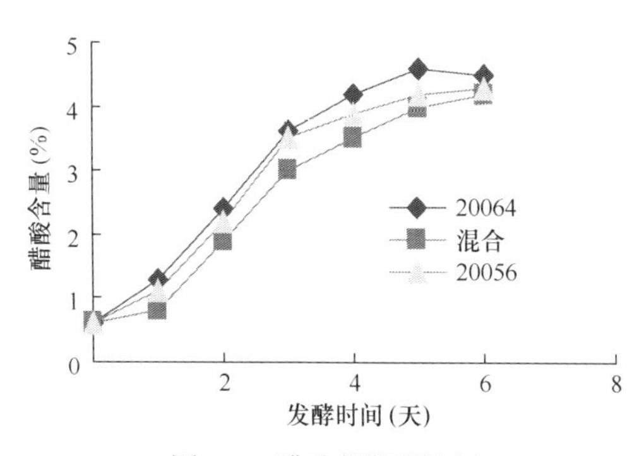

图 4-9　醋酸菌发酵特征

如图 4-9 所示，醋酸菌 20064、20056 和其混合菌株在相同条件下生成醋酸的量有差异，总体上是发酵前 24h 各菌株醋酸产量较低，第 48h 到 96h 醋酸产量增加较快，第 120h 时醋酸产量达到最大，其后随着时间的推移醋酸产量呈稍微下降的趋势。其中 20064 较 20056 和混合菌株的产酸能力强，发酵 120h 时总酸含量最高达到 4.8%。

（3）酒精含量对醋酸产量的影响

不同酒精含量醋酸发酵的产酸曲线见图 4-10。

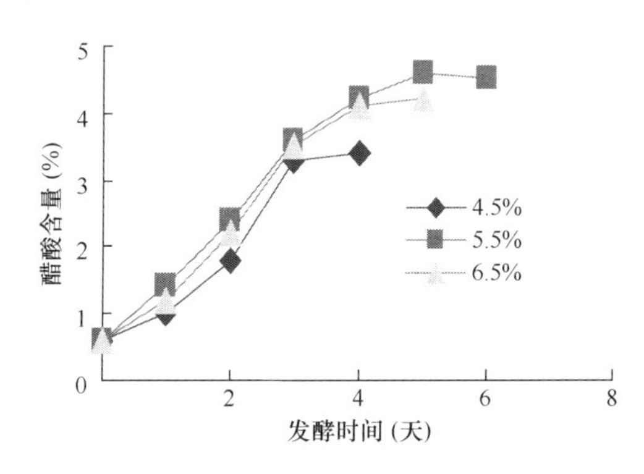

图 4-10　不同酒精含量醋酸发酵的产酸曲线

当酒精含量为 4.5%、5.5%、6.5%时进行醋酸发酵，发酵结果如图 4-11 所示，酒精含量为 5.5%时，发酵速率、产酸速率及醋酸含量相对较高，说明醋酸产量不一定与酒精度的高低成正比，其制约因素表现为发酵菌种及发酵条件，发酵液中酒精度升高时，对部分醋酸菌的增殖和酶活具有抑制作用。生产上要得到总酸含量 30g/L 以上的苹果醋，适宜的酒精度为 5.5%（*V/V*）；另外，虽酒精度不同但产酸速率在 0～3 天较高，3 天后明显降低，说明酸度增加对菌的增殖和酶活同样存在抑制。

4.4.3　醋酸菌的分离与培养

1. 醋酸菌的分离

在传统酿醋工艺中，主要是依靠空气、填充料、水果表面及生产工具上自然附着的醋酸菌的作用，其生产性能不稳定，生产周期长，产率低。如果使用纯培养的醋酸菌，则繁殖速度快，产酸能力强，可将酒精迅速氧化为醋酸，并且分解醋酸和其他有机酸的能力弱，耐酸能力强；可在较高温度下生长、发酵，使酒精充分转化为醋酸。使用人工培养的优良醋酸菌，并控制其发酵条件，使食醋生产实现了优质高产。因此进行优良醋酸菌的分离选育，是提高食醋产率和品质的一个重要因素。食醋工业中醋酸菌的分离，通常在以酵母膏和葡萄糖配成的基础培养基中添加酒精、碳酸钙和醋酸的琼脂培养基中进行。这样可分离出醋酸度在100g/L 以下的优良菌株。而醋酸度在 100g/L 以上的高酸度深层发酵中的优良菌株，用一般的琼脂平板培养是不能分离的。日本的正井博之用多层琼脂培养基保温培养，成功地分离出了能制造 200g/L 以上的高酸度醋的优良菌。国内有许多科研工作者也进行了醋酸菌分离方面的试验研究，并取得了一定的效果。

2. 醋酸菌的培养

醋酸菌适宜的碳源是葡萄糖、果糖等六碳糖，其次是蔗糖和麦芽糖等，不能直接利用淀粉、糊精等多糖类。酒精、甘油和乳酸是极适宜的碳源。培养醋酸菌的培养基需要含糖和酵母膏（VB），另外添加酒精以适应其代谢，加碳酸钙以中和其代谢所生成的醋酸，保证其繁殖的旺盛。一般培养方式有两种。原菌试管培养：将培养基做成试管斜面，接种后于 30～32℃恒温箱内培养 48h，保存于 0～4℃冰箱，一般在半个月移植一次；三角瓶扩大培养：将液体培养基装入三角瓶中，并以无菌操作方式加入适量酒精，每支试管斜面接 3～4 瓶于 30～32℃恒温箱中静置培养 5～7 天，也可用摇瓶培养 24h。一般测定酸度达到 15～20g/L 即成熟。

张霁红等（2017）从果渣、泥土中选育出生长良好、遗传稳定的较优醋酸菌株，经钙溶圈初筛、静置培养复筛、不同酒精度驯化、产酸实验、生理生化和 16S rDNA 序列分析鉴定和电镜扫描（图 4-11 和图 4-12），优选菌株 Y010 为巴氏醋酸

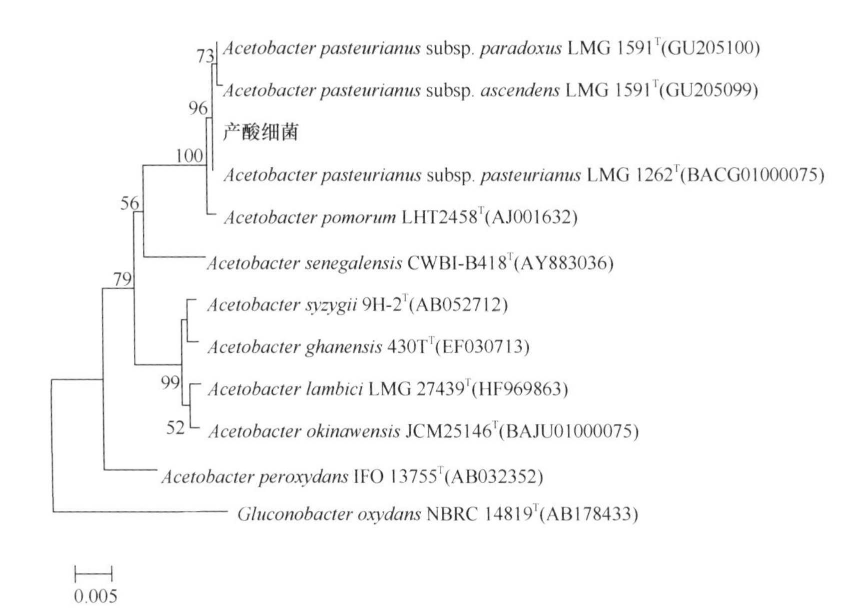

图 4-11　产酸细菌 Y010 与相关种的 16S rDNA 序列系统发育树

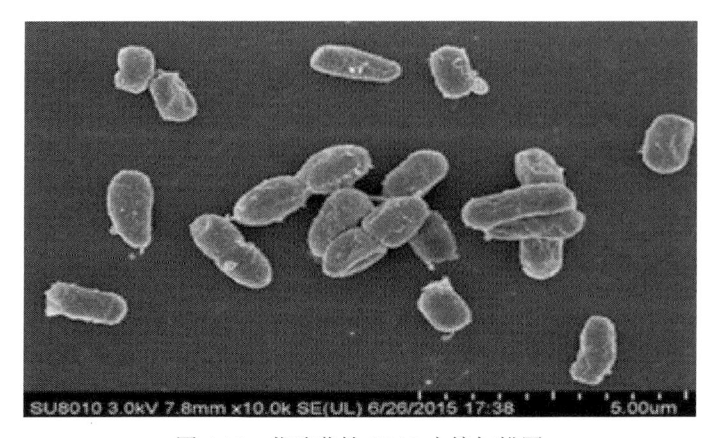

图 4-12　优选菌株 Y010 电镜扫描图

杆菌（*Acetobacter pasteurianus*）。进一步研究该菌株在苹果醋发酵过程中 ADH 活性与产酸量、产酸速率的关系。明确了该菌株在醋酸发酵 48h 时酶活较高，达到 4.62U/ml，产酸速率最大达到 0.51g/（L·h），120h 总酸含量最大达到 53.12g/L，其 ADH 酶活与产酸速率变化趋势一致。证明 Y010 菌株是一株在苹果醋发酵过程中具有潜在应用价值的菌株。通过对菌株发酵周期的主要生理代谢指标（酒精度、总酸、pH 及 ADH、ALDH）的动态跟踪检测分析，明确了 Y010 菌株发酵过程中主要生理代谢指标动态变化规律。

在菌株引进、驯化、筛选复配基础上对影响苹果醋酒精发酵的影响因子，包括发酵温度、接种量、营养因子、通气量等因素进行单因素及响应面实验设计，得到发酵苹果醋的较优工艺条件为发酵温度 28.12℃，接种量 8.20%（*V/V*），种龄 14.45h，酒精含量达 6.84%（*V/V*）。对影响醋酸发酵的接种量、发酵温度、发酵时间及装液量等因素进行正交试验设计，得到醋酸发酵工艺的最佳条件为接种量 10%（*V/V*），发酵温度 32℃，发酵时间 144min，装液量 1/5（*V/V*）。在此工艺基础上进行醋酸发酵，醋酸含量 54.9g/L，醋酸转化率 61.7%。

4.4.4　影响醋酸菌发育培养的因素

1. 果酒酒度

果酒中的酒精浓度超过 14%（*V/V*）时，醋酸菌不能忍受，繁殖迟缓，生成物以乙醛为多，醋酸产量少。若酒精浓度在 14%（*V/V*）以下，醋化作用能很好进行，直至酒精全部变成醋酸。

2. 溶解氧

果酒中的溶解氧越多，醋化作用会越完全。理论上 100L 纯酒精被氧化成醋酸，需要 38.0m^3 纯氧（相当于 183.9m^3 空气）。实践中供给的空气量还须超过理论值 15%～20%（*V/V*）才能完全醋化。反之，缺乏空气，醋酸菌则被迫停止繁殖，醋化作用受到阻碍。

3. 二氧化硫

果酒中的二氧化硫对醋酸菌的繁殖有抑制作用。若果酒中的二氧化硫含量过高，则不宜醋酸发酵。

4. 温度

在 10℃以下，醋化作用进行困难。30℃为醋酸菌繁殖最适宜温度，30～35℃醋化作用最快，达 40℃时停止活动。

5. 果酒酸度

果酒酸度对醋酸菌的发育亦有妨碍。醋化时醋酸量逐渐增加，醋酸菌的活动也逐渐减弱。当酸度达到一定限度时，其活动完全停止，醋酸菌一般能忍受 8%～10%的醋酸含量。

6. 光照

太阳光对醋酸菌的发育有害。太阳光的各种光带中，以白色最为强烈，红色最弱。因此，醋化应在暗处进行。

4.5　苹果醋的营养及品质

苹果含糖量高，营养丰富，风味好，是酿制苹果醋的理想原料。苹果醋和粮食醋相比具有营养丰富、保健价值高、风味纯正、果香浓郁等优点，更适合开发醋酸饮料。同时，发展以果代粮酿制苹果醋既能充分利用水果资源又可节约粮食，这也是苹果产业深加工发展方向之一。

4.5.1　苹果醋的营养成分

苹果醋含有丰富的有机酸、氨基酸、多酚类、维生素等物质，具有良好的营养、保健作用。有机酸是果醋酸味的主要来源，氨基酸能够丰富果醋的风味与营养，酚类物质与苹果醋的营养价值密不可分，研究表明苹果醋中丰富的多酚类物质，既具有预防癌症、高血压、心脏病等作用，也可保护维生素 C 不被破坏从而使胆固醇含量降低（Budak et al.，2011）。

1. 有机酸

苹果醋中含有丰富的乙酸、苹果酸、琥珀酸、柠檬酸等有机酸，其中乙酸含量占总酸含量的90%以上，是主要的酸味来源。乙酸的酸味具有刺激性，琥珀酸有鲜味，苹果酸爽快，柠檬酸酸味圆润，这些物质酸味各异，比例协调，共同构成了苹果醋特有的酸味。

苹果醋中的有机酸主要有3个来源：①乙醇醋酸发酵所产生的乙酸，含量高且容易测定。②果实自身所含有的有机酸，主要有苹果酸、柠檬酸、酒石酸、琥珀酸、富马酸等。苹果、梨、桃、李子主要含苹果酸，葡萄、柿子主要含酒石酸，柑橘和菠萝主要含柠檬酸，这些有机酸种类采用液相色谱法都可定量测定。③酒精发酵、醋酸发酵过程中代谢产生的有机酸，这部分种类多、数量微、影响因素多且大部分为未知酸，测定较为困难。柠檬酸、琥珀酸是酒精发酵的正常产物，苹果酸在苹果酸乳酸发酵过程中可被转化成酒精或乳酸，同时柠檬酸会被当作底物平行地消耗。醋酸发酵过程中，醋酸菌以乙醇为碳源，在氧化乙醇生成醋酸时，会使苹果酸、琥珀酸、乳酸含量下降，同时能代谢生成20种以上有机酸。刘凤珠等（2010）采用甲酯化前处理和气相色谱-质谱联用，对苹果醋中的有机酸含量进行了分析测试，鉴定出苹果醋中含有机酸化合物32种，柿子醋中含25种，沙棘醋中含46种，表明果醋中有机酸含量丰富。

2. 氨基酸

苹果醋中含有较丰富的游离氨基酸，具有增鲜和提高机体免疫力的作用。其来源于原料、微生物群落的代谢，氨基酸含量因果醋发酵原料、工艺、菌种和地域性等因素产生不同的差异，据此可以利用氨基酸的含量信息对果醋的品质及地域性进行分析鉴别。

氨基酸是维系人体生命活动的重要物质，它不仅具有各种生理功能，而且对果醋的酸味具有缓冲作用，使其更加柔和、鲜美、醇厚（赵松等，2013）。苹果醋中的氨基酸部分来自苹果原料，部分由微生物发酵转化而来。张霁红等（2020）采用柱前衍生和液相色谱法对15个苹果醋样品中的17种氨基酸进行分析测定，共测出14种游离氨基酸，其总含量在28.37～159.19μg/ml。必需氨基酸是人体必不可少且机体不能合成必须从食物中补充的氨基酸，如果饮食中经常缺少可影响健康。苹果醋中共检测出7种必需氨基酸，其含量高达氨基酸总含量的80%～90%，且样品之间差异较大，可以起到平衡膳食中氨基酸比例的作用。

采用主成分分析法将苹果醋中的14种游离氨基酸分为4个主成分，其累积贡献率达88.5%，主成分分析散点能够清晰地对苹果醋产品进行分类，分类结果与工艺结果一致。并把苹果醋样品中主要游离氨基酸归为 3 类，第 1 类为缬氨酸、赖氨酸、亮氨酸、苏氨酸、苯丙氨酸、组氨酸；第 2 类为天冬氨酸、谷氨酸、脯氨酸、酪氨酸；第 3 类为丙氨酸、甘氨酸、异亮氨酸。主成分基本包含了游离氨基酸的全部信息，因此该方法能简化苹果醋样品的氨基酸评价指标。

3. 碳水化合物

苹果原料中的碳水化合物含量较高，一般在 8～14°Brix，在苹果醋酿造过程中绝大部分可发酵性碳水化合物被微生物消耗转化为有机酸，不可发酵的部分被过滤除去，苹果醋中仅含有极少部分碳水化合物，再加上受原料、菌种、加工工艺等因素影响较大，故苹果醋中碳水化合物一般为 0～20g/L，远低于酿造粮食醋（一般在 100g/L 以上），其热量在膳食中可以完全忽略不计。故用果醋代替粮食醋做调味品、饮料，对高血糖、高血压、高血脂人群比较有利。

4. 维生素

苹果原料维生素含量丰富，且在发酵过程中除极少量被微生物利用外，绝大部分会直接进入苹果醋中。因此苹果醋中的维生素种类和含量远远高于粮食醋，其种类和数量依苹果原料中的含量不同而差异较大，其中以维生素 C、维生素 B 和类胡萝卜素含量最多。例如，苹果醋中的维生素 C 含量一般能达到 58.0mg/L。

5. 多酚类物质

植物多酚广泛存在于植物的叶、壳和果肉及树皮中，在整个植物界，多酚类化合物及其衍生物有 6500 种以上，它们存在于许多普通的水果、蔬菜、香辛料、谷物、豆类及果仁之中。水果中的多酚类化合物非常丰富，如苹果中含有大量的多元多酚类化合物，简称苹果多酚，其中苹果缩合单宁约占多酚总含量的一半（生苹果）。苹果中多酚含量丰富，一般含量在 27～298mg/100g 湿重（刘耀玺，2014）。苹果醋由苹果汁发酵而来，苹果中的营养成分溶解其中，故苹果醋中多酚类化合物的含量也比较丰富。苹果多酚是苹果中所含多元酚类物质的总称，主要成分包括黄酮醇类（槲皮苷配糖体）、羟基肉桂酸类、儿茶素类及其聚合物、二氢查耳酮类（根皮苷配糖体）等。苹果醋中的多酚类物质具有多种生理功能，可通过抗氧化机理预防某些慢性疾病的发生（黄闪闪等，2014）。苹果多酚主要是通过促进胆固醇代谢分解和抑制肠吸收，来发挥降低胆固醇和抗动脉粥样硬化的作用。苹果多酚可以影响金黄地鼠的血液胆固醇水平，并在基因水平影响其胆固醇调控酶（Lam et al.，2008）。Osada 等（2006）发现苹果多酚可以显著降低高胆固醇饲喂大鼠的血清及肝脏胆固醇水平，并增加高密度脂蛋白胆固醇与总胆固醇比例。另外，多酚类物质还具有多种其他方面的保健功能，如预防高血压、预防龋齿、预防过敏反应、抗突变、抗肿瘤、阻碍紫外线吸收等。

6. 矿物质

由于苹果原料中的矿物质元素在酿造过程中大部分会进入果醋中，所以苹果醋中含有丰富的 K、Fe、Cu、Ca、Zn、Se 等金属元素，与沙棘醋、柿子醋、陈醋相比较，苹果醋中钙离子含量较高，达到 84.55mg/L，钙对妇幼及老年人群具有良好的保健作用。

4.5.2 苹果醋的风味品质及检测分析

苹果醋的风味特征由风味成分的种类、数量、风味阈值及各组分之间的相互作用所决定，风味成分的构成及形成机理是果醋感官品质评定的研究重点。近年来，随着色谱-质谱联用仪、电子舌、电子鼻和核磁共振等检测技术的发展与完善，对果醋主要风味物质的研究进入了新的发展阶段。其主要风味物质成分除有机酸外，还包括醇类、酯类、醛类、酚类和内酯等，这些物质相互协调、共同作用，决定了各种水果醋的风味品质特征，也是区别于食醋、勾兑醋的特征物质指标。

1. 苹果醋风味物质研究现状

果醋主要风味物质的研究最早出现在 20 世纪 70 年代，早期注重以乙酸为代表的酸味物质的研究。日本学者曾提出果醋在味觉上与谷物醋的差别主要是有机酸的差异，并分析了日本米醋、苹果醋的主要风味成分，并从苹果醋中鉴定出 30 种酯香成分。90 年代对果醋中香气成分的研究进一步受到关注，国内研究大多局限于食醋、果酒中的香气成分及改善香气成分的工艺研究。熊裕堂（1993）利用气相色谱法分析了山西老陈醋的微量酯香成分；沈尧坤等（1996）采用色谱-质谱联合鉴定果酒中的香气成分；卢红梅（1998）采用酵母菌、乳酸菌进行多菌种共同发酵来提高食醋风味。进入 21 世纪，随着高精密测试仪器的发展，果醋风味物质成分的研究也更加广泛深入，研究的果醋品种有苹果醋、山楂醋、菠萝醋、柿子醋、红枣醋、葡萄醋、中华猕猴桃醋、杏醋、梨醋、沙棘醋等几十种，研究的内容涉及风味物质的化学组成和含量，风味物质的生成途径和机理，风味物质之间的相互作用及各自的稳定性，风味物质的安全性质量标准和阈值控制，以及提取、浓缩、分离、鉴别、测定风味物质的技术和方法等方面。

2. 苹果醋的主要风味物质

苹果醋的风味物质种类多、含量微少，主要有酯类、有机酸、醇类、醛类、酚类等，其中有机酸是果醋的主要呈酸物质，挥发性成分中的酸类、酯类和芳香醇类是果醋的主要嗅感物质，它们共同构成了果醋的特有风味。挥发性成分是果醋的主要嗅味物质，其中包括挥发性有机酸及香气成分。香气成分主要为酯类物质、芳香醇、酚等，它们少部分来源于水果本身，大部分是在酒精发酵和醋酸发酵过程中形成的。果实内挥发性物质包括酯类、醇类、醛类、酸类、内酯类和萜类等，目前研究主要集中在苹果、葡萄、桃等品种的香气分析上。酯类物质来源较多的代表水果有苹果、草莓、葡萄，表现为果香型。醇类物质来源较多的水果有桃、西瓜，表现为清香型。李大鹏等（2007）对金冠苹果中的酯类香气成分进行测定，共鉴定出 18 种酯类香气成分；彭帮柱等（2006）对苹果酒中的香气成分进行测定，结果含量较高的酯类物质有丁二酸单乙酯、软脂酸乙酯、乙酸乙酯、辛酸乙酯等，醇类物质有 2-甲基-1-丁醇、2,3-丁二醇、苯乙醇等；符祯华等（2009）对菠萝果醋风味成分进行了分析，鉴定出菠萝果醋含有 36 种风味成分，其中易挥发成分中的酸类物质占 41.78%、酯类物质占 44.07%、醇类物质占 3.15%、醛类物质占 0.10%、烃类物质占 7.07%。每种挥发性成分都有相应的风味阈值，阈值越小的化合物，越易感觉到。滋味物质的阈值比气味物质的阈值高得多，如柠檬酸、苹果酸、酒石酸、醋酸的阈值分别为 0.019mg/kg、0.027mg/kg、0.015mg/kg、0.012mg/kg，其他见表 4-11。

表 4-11　挥发性香气的描述和香气阈值

化合物名称	香气描述	香气阈值（mg/kg）
苯乙醇	清甜的玫瑰样花香	0.000 01
2-甲基丁酸	有果香和奶酪香气	0.02～0.07
苯乙醛	有花香、玫瑰香、酿香及巧克力香气	0.004
2,3-丁二酮	甜香、木香、面包香、焦糖香	0.002 3～0.006 5
3-羟基-2-丁酮	有甜香、奶油香、脂肪气味	0.8
乙酸乙酯	强烈似醚气味和果香	0.005
乙酸-3-甲基-1-丁酯	有香蕉、梨、苹果香气、梨的甜酸味	0.000 1
二氢-5-戊基-2（三氢）呋喃酮	甜香、果香、烤香、焦糖香气	0.000 05

苹果醋中香气成分的浓度并不是越高越好，有的物质在低浓度时表现为怡人的香气，而在高浓度时表现相反的作用。另外，人对香气的感觉是多种香气成分共同作用的结果，其中几种特征香气成分对果醋风味品质起着更重要的作用，故研究主要风味物质的阈值，对果醋主要风味物质的分析有着重要意义。

4.5.3　苹果醋中风味物质的分析检测

苹果醋中有机酸的检测方法有酸碱滴定法、分光光度法、酶法、薄层色谱法、气相色谱法、液相色谱法、气相色谱-质谱联用法等，其中酸碱滴定法、分光光度法、酶法、薄层色谱法的检测时间较长，检测组分有限，准确度低，重现性差；气相色谱法、气相色谱-质谱联用法虽然测出的有机酸种类和数量较多，但方法较烦琐。近年来，利用反向高效液相色谱法测定果醋中有机酸的技术逐渐成熟，该法不仅灵敏、简便，且选择性好、准确度高，缺点就是测出的有机酸种类较少。陈义伦（2002）采用反相高效液相色谱法对苹果醋中 7 种主要有机酸的测定结果显示，除乙酸外，苹果醋中的主要有机酸为苹果酸、草酸、柠檬酸、琥珀酸、酒石酸、乳酸，其中苹果酸、草酸含量最高；赵芳等（2012）用反相高效液相色谱法同时测定了苹果醋饮料、苹果原醋等样品中的乙酸、乳酸、酒石酸、苹果酸、柠檬酸共 5 种主要有机酸，检测条件为 C18 柱，以 0.01mol/L 磷酸氢二铵-磷酸缓冲溶液为流动相，流速 1.0mol/min，紫外检测器波长 210nm，结果表明样品分离效果较好，回收率为 90.8%～99.5%，此法适合对苹果醋中有机酸的检测分析；王乃平等（2011）采用液相色谱-质谱联用的方法对广山楂中的苹果酸、柠檬酸、酒石酸共 3 种有机酸进行了测定，效果较好。目前，香气物质的提取方法很多，常见方法包括有机溶剂提取法、水蒸气蒸馏法、同时蒸馏萃取法、动态顶空提取法和顶空固相微萃取法。对比这些方法发现，顶空固相微萃取法克服了传统预处理方法的缺点，简单、高效，集采样、萃取、浓缩、进样于一体，能够尽可能减少被分析样品香气物质的损失，并能与气相色谱-氢火焰检测器、气相色谱-质谱联用。因此，固相微萃取在果醋香气成分分析中得到广泛应用。吴继军等（2009）采用顶空固相微萃取-气质联用法鉴定出桑果醋挥发性成分 35 种，主要包括有机酸类、酯类、醇类、烯类、酮类、噻唑等，除乙酸外含量较多的分别为苯乙醇、丙位壬内酯；鲁周民等（2009）采用顶空固相微萃取-气质联用法对自然发酵柿果醋中的香气成分进行分析；李秋和陶文沂（2009）采用同样的方法——顶空固相微萃取-气质联用法分析测定出沙棘果醋中的 30 种挥发性成分。

1. 基于高效液相色谱法的分析检测

张霁红等（2012）采用顶空固相微萃取-气质联用法对鲜榨苹果汁发酵苹果醋产品的挥发性成分进行分析，共分离鉴定出 33 种化合物，它们分属于酸类、醇类、醛酮类、酯类、酚类、烃类及少量其他化合物，约占色谱流出组分总峰面积的 98.42%，其中乙酸（33.59%）、苯乙醇（15.07%）、邻苯二甲酸二丁酯（12.02%）、3-甲基丁酸（10.84%）、乙酸-2-苯乙酯（10.41%）、乙酸异戊酯（5.24%）等物质相对含量较高，可作为此种工艺发酵苹果醋的风味特征物质并进一步研究，如图 4-13 和表 4-12 所示。

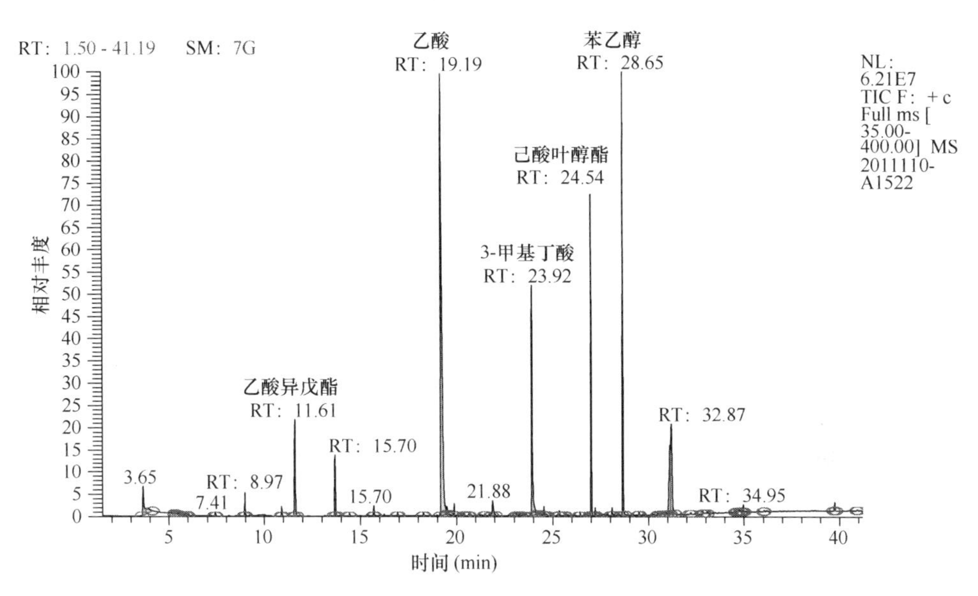

图 4-13　发酵苹果醋中挥发成分的 GC-MS 总离子流色谱图

表 4-12　苹果醋挥发性成分的 SPME-GC-MS 分析结果

编号	保留时间（min）	相似度（%）	化合物名称	分子量	分子式	相对含量（%）
1	3.65	56.55	一氧化二氮	44	N_2O	2.82
2	5.51	47.16	醋羟胺酸	75	$C_2H_5NO_2$	0.11
3	8.97	80.08	乙酸，2-甲基丙基酯	116	$C_6H_{12}O_2$	0.79
4	10.90	85.54	2-甲基-1-丙醇	74	$C_4H_{10}O$	0.32
5	11.61	58.17	乙酸异戊酯	130	$C_7H_{14}O_2$	5.24
6	13.68	32.26	2-甲基-1-丁醇	88	$C_5H_{12}O$	3.02
7	14.42	48.03	己酸乙酯	144	$C_8H_{16}O_2$	0.09
8	15.70	71.19	3-羟基-2-丁酮	88	$C_4H_8O_2$	0.34
9	16.93	76.30	甲基庚稀酮	126	$C_8H_{14}O$	0.08
10	18.27	67.64	壬醛	142	$C_9H_{18}O$	0.09
11	19.19	71.53	乙酸	60	$C_2H_4O_2$	33.59
12	19.88	71.75	十四甲基环庚硅氧烷	518	$C_{14}H_{42}O_7Si_7$	0.26
13	20.41	59.86	苯基五甲基二硅氧烷	224	$C_{11}H_{20}OSi_2$	0.05
14	21.88	87.22	2-甲基丙酸	88	$C_4H_8O_2$	0.93
15	23.12	73.52	丁酸	88	$C_4H_8O_2$	0.08
16	23.28	72.14	二甲基硅烷二醇	92	$C_2H_8O_2Si$	0.04
17	23.50	78.09	癸酸乙酯	200	$C_{12}H_{24}O_2$	0.08
18	23.92	90.06	3-甲基丁酸	102	$C_5H_{10}O_2$	10.84
19	24.54	63.20	己酸叶醇酯	198	$C_{12}H_{22}O_2$	0.25

续表

编号	保留时间（min）	相似度（%）	化合物名称	分子量	分子式	相对含量（%）
20	24.67	24.47	单 A4-三甲基-3-环己烯-1-甲醇	154	$C_{10}H_{18}O$	0.05
21	25.34	69.51	甲氧基苯基肟	151	$C_8H_9NO_2$	0.18
22	26.42	82.00	苯乙酸乙酯	164	$C_{10}H_{12}O_2$	0.11
23	27.01	74.99	乙酸-2-苯乙基酯	164	$C_{10}H_{12}O_2$	10.41
24	27.20	72.14	（*E*）-2-丁烯-1-酮	190	$C_{13}H_{18}O$	0.27
25	28.08	41.38	丙酸，2-甲基-，1-（1,1-二甲基乙基）-2-甲基-1,3-丙二基酯	286	$C_{16}H_{30}O_4$	0.27
26	28.65	86.30	苯乙醇	122	$C_8H_{10}O$	15.07
27	29.49	10.90	1-十二醇	186	$C_{12}H_{26}O$	0.11
28	31.20	61.87	邻苯二甲酸二丁酯	278	$C_{16}H_{22}O_4$	12.02
29	32.87	42.70	2-乙烯基萘	154	$C_{12}H_{10}$	0.06
30	34.74	63.35	二苯并呋喃	168	$C_{12}H_8O$	0.16
31	34.95	32.68	2,4-双（1,1-二甲基乙基）苯酚	206	$C_{14}H_{22}O$	0.23
32	36.03	64.09	1H-菲稀	166	$C_{13}H_{10}$	0.04
33	39.74	57.55	1,2-苯二羧酸，双（2-甲基丙基）酯	278	$C_{16}H_{22}O_4$	0.42

2. 基于电子鼻、电子舌技术的苹果醋滋味品质鉴别

滋味和风味是苹果醋重要的性状特征，不同原产地、不同品种原料之间也往往具有特殊的香气成分，不同的发酵菌种、不同的工艺导致发酵过程中产生不同的次生代谢产物，依据口感、滋味、气味对苹果醋的评价区分鉴别已有悠久的历史。采用电子舌、电子鼻技术对不同产地、不同品种生产的苹果醋样品进行品质区分辨别，依据电子舌采集的数据，进行主成分分析、判别因子分析，对获取的特征数据进行处理和分析并建立数据库模型，实现对不同产地、不同品种原料、不同发酵菌种生产苹果醋样品的快速准确区分判别，为实现苹果醋的滋味、气味鉴别提供思路和方法。利用电子舌、电子鼻技术对不同苹果产区、不同发酵菌种生产的苹果醋样品进行品质鉴别分析，采集不同工艺苹果醋样品 21 个，通过主成分分析、判别因子分析对获取的特征数据进行处理分析并建立数据库。研究表明：电子舌、电子鼻技术能有效区分不同产区及不同品种发酵的苹果醋样品（图 4-14 和图 4-15）。

4.5.4 苹果醋中特征性酯类物质的形成

酯类是构成果醋芳香的主要成分之一。因原料、菌种和工艺条件的不同，各种果醋中酯的种类和含量也有差异，芳香酯在果醋制造上很有价值，一般优质醋

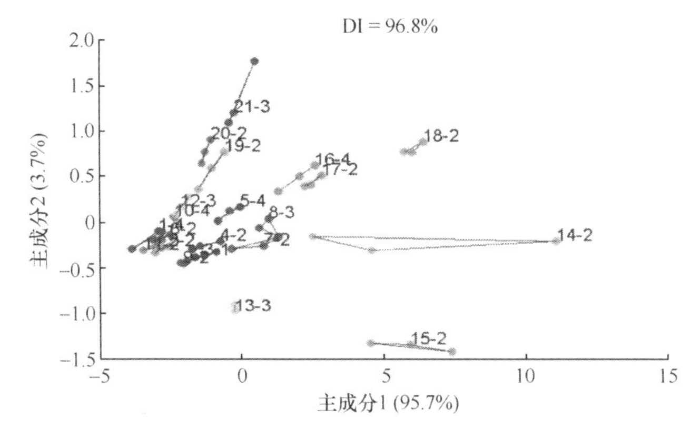

图 4-14　电子鼻技术下 21 个苹果醋样品的 PCA 区分图（彩图请扫封底二维码）

注：DI 为辨别值；“14-2”表示样品的重复性，图 4-14 和图 4-15 同

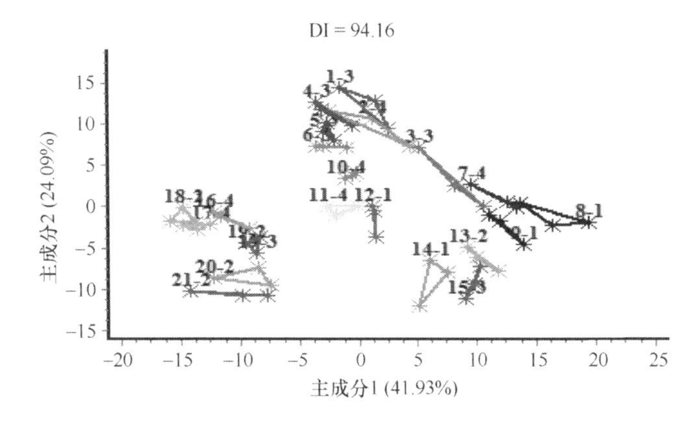

图 4-15　电子舌技术下 21 个苹果醋样品的 PCA 区分图（彩图请扫封底二维码）

和芳香醋含酯量均较高，普通醋特别是液态深层发酵醋的含酯量较低，酯的种类也较少。从上海酿造科学研究所和上海醋厂对上海的固态发酵醋和液态发酵醋的乳酸乙酯的定量分析（气相色谱法）中得知：液态深层发酵醋中几乎不含乳酸乙酯，乳酸含量为 1.91g/L；固态发酵的乳酸乙酯含量可达 46.2mg/L，乳酸含量为 7.45g/L。采用乳酸菌和酵母共同发酵的工艺路线后，液醋的乳酸乙酯含量已达 29mg/g。Nordstrom（1963）对酯类的形成进行了一系列研究后，证明酯是通过酰基-辅酶 A（RCO-SCoA）与醇作用形成的。CoA-SH 是酯生成过程中的关键物质，存在于酵母和醋酸菌等微生物菌体内。因此，酯的生成在细胞内进行，一部分酯透过细胞膜进入基质，一部分仍在体内，达到相对平衡。所以酯的生成主要发生在发酵阶段。遍多酸是 CoA-SH 的组成部分，它的供给对酯的形成很重要，其他物质如 CoA-SH 的抑制剂、2,4-二硝基苯、硫辛酸、生物素、丙二酸及氮、磷、镁等则能影响酯的合成。

1. 苹果醋中乙酸-2-苯乙酯、乙酸异戊酯的形成

乙酸-2-苯乙酯、乙酸异戊酯是苹果醋主要酯类物质之一，宋娟等（2019）对苹果醋发酵过程中不同时间段取样，跟踪检测参与乙酸-2-苯乙酯、乙酸异戊酯代谢途径的相关酶及物质含量，通过各物质含量变化，研究确定这两种物质代谢途径，再通过改变底物、参与酶等物质浓度变化，观察目标产物的生成量。初步确定影响乙酸-2-苯乙酯、乙酸异戊酯代谢途径的关键调控点。研究表明：在苹果醋动态发酵过程中，参与乙酸-2-苯乙酯、乙酸异戊酯合成的有 β-苯乙醇、乙酸异戊酯和乙酰辅酶 A。从苹果醋发酵过程中各物质跟踪检测结果可以看出，发酵液中 β-苯乙醇在第 5 天达到最大值 99.84mg/L，接着大幅度下降后趋于平稳；乙酸浓度也从第 5 天开始大幅度升高，第 14 天后保持平缓增长；乙酰辅酶 A 在第 12 天达到最大值后开始下降；乙酸-2-苯乙酯浓度从第 7 天开始急剧增高，在发酵第 30 天达到最高值，然后虽稍有下降，但仍然保持较高水平。同样，乙酸异戊酯合成与乙酸-2-苯乙酯合成前期类似，后期乙酸-2-苯乙酯保持较高含量，而乙酸异戊酯含量却呈下降趋势，其原因还需进一步研究（图 4-16）。

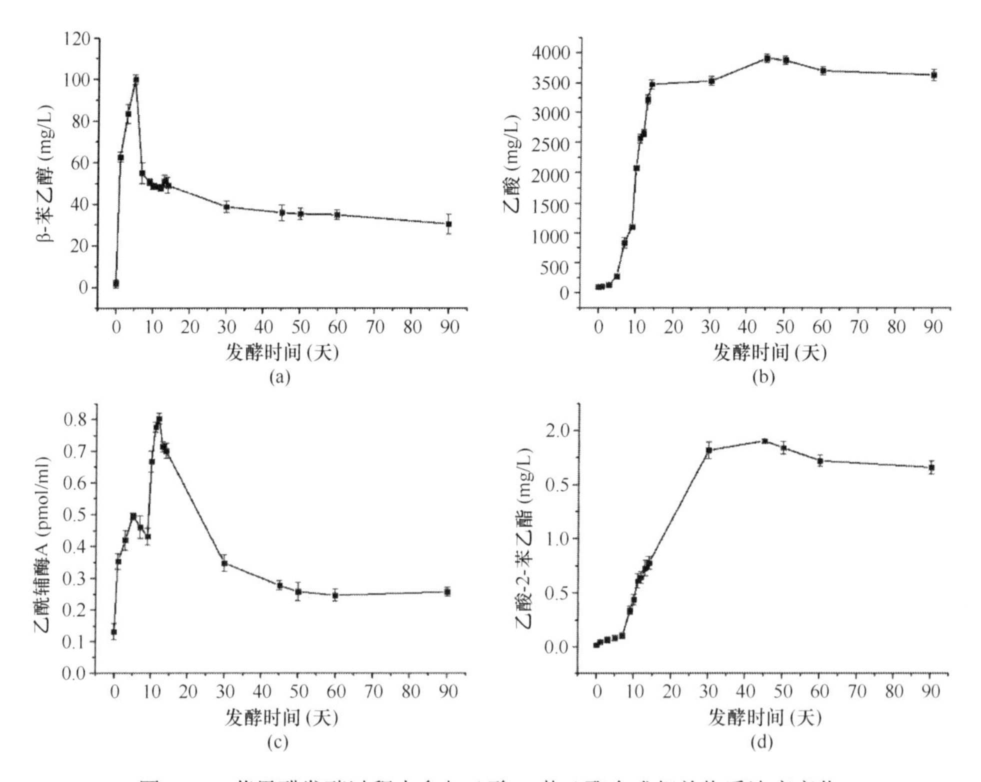

图 4-16 苹果醋发酵过程中参与乙酸-2-苯乙酯合成相关物质浓度变化

2. 苹果醋的陈酿、后熟作用

苹果醋品质的优劣取决于色、香、味三要素，而色、香、味的形成十分错综复杂，除发酵过程中形成的风味外，很大一部分还与陈酿后熟有关，如山西老陈醋发酵完毕时风味一般，但经过夏日晒、冬捞冰长期陈酿后，品质大为改善，色泽黑紫、质地浓稠、酸味醇厚，并具有特殊的醋香味。同样苹果醋发酵结束后呈浅黄色，风味淡、薄，经过 6 个月的陈酿后熟后，呈琥珀色，有光泽，香味浓郁、醇厚。

（1）色泽变化

在贮藏期间，由于醋中的糖分和氨基酸结合（称为氨基羰基反应）产生类黑色素等物质，使果醋色泽加深。一般经过 3 个月的贮存，氨基酸态氮下降 2.2%（*m/m*），糖分下降 2.1%（*m/m*）左右，这些成分的减少与增色有关。例如，固态发酵法的醋增色比较容易，因为固态发酵醋配用大量辅料（麸皮、谷糠），食醋成分中糖与氨基酸较多，所以色泽比液态发酵醋深。醋的贮存期越长，贮存温度越高，则色也变得越深。此外，在制醋容器中接触了铁锈，经长期贮存，与醋中醇、酸、醛成分反应生成黄色、红棕色。原料中单宁属于多元酚的衍生物，也能被氧化缩合而成黑色素。这些色素不太稳定，随品温变化，有时会产生浑浊现象。因此，最好不要用铁容器做贮罐或避免与果醋直接接触。

（2）风味变化

1）氧化反应：如乙醇氧化生成乙醛，果醋在酒坛中贮存 3 个月，乙醛含量由 12.8mg/L 上升到 17.5mg/L。

2）酯化反应：醋中含有多种有机酸，与醇结合生成各种酯。在果醋陈酿中，贮存的时间越长，成酯数量也越多。酯的生成还受温度、前体物质浓度等因素的影响。气温越高，成酯速度越快，所生成的酯也越多。固态发酵醋醅中的前体物质浓度较液态发酵醋醪中的高。因此，醋中酯的含量也较液态发酵醋多。

在贮存过程中，水和醇分子间会引起缔合作用，减少醇分子中的活度，可使果醋风味变得醇和。为了确保成品醋的质量，新醋一般须经一个月的贮存，不宜立即出厂。经过陈酿的果醋，风味都有显著的改善。

4.5.5　苹果醋发酵过程中影响风味物质的因素

1. 发酵原料

许多研究表明，不同水果及同种水果的不同品系之间的风味物质成分含量差异较大。乜兰春等（2004）研究了不同品种苹果果实的香气成分，其中富士苹果果实的主要香气成分为丁酸乙酯、1-丁醇、乙酸-3-甲基丁酯、乙酸乙酯和 2-甲基丁酸乙酯等；王林苹果果实的主要风味物质为丁酸乙酯、乙酸丁酯、乙酸乙酯和 2-甲基丁酸乙酯；新红星苹果果实的主要香气成分为乙酸丁酯、乙酸-3-甲基丁酯、乙酸丙酯、乙酸乙酯、1-丙醇、1-丁醇、2-甲基丁醇和 2-甲基丁酸乙酯；乔纳金苹果的主要香气物质有 1-丙醇、乙酸丙酯、乙酸丁酯、2-甲基丁醇、1-丁醇和乙酸-3-甲基丁酯。原料的差异决定了发酵产物的更大差异。陈义伦（2002）分别对 4 种苹果原料（陆奥、金帅、富士、国光）发酵醋中的主要有机酸含量进行了分析，结果显示原料对不同有机酸含量的影响较大，如国光苹果醋样中的苹果酸、草酸、柠檬酸的含量明显高于其他苹果醋样。于爱梅等（2006）对苹果浓缩汁及 10 个苹果品种鲜榨汁酿造的苹果酒的香气进行了定性定量分析，结果表明乙酸乙酯和乙酸异戊酯分别是浓缩汁和新鲜果汁发酵的苹果酒的重要判定变量。在酿酒专用品种发酵的苹果酒香气成分中，乙酸异戊酯、乙酸苯乙酯、乙酸丁酯的含量较高，而鲜食和制汁品种发酵的苹果酒香气成分中，正己醇、正丁醇、己酸的含量较高。

2. 果醋的发酵工艺技术

主要包括菌种筛选、发酵过程、发酵方法等内容。这些参数的变化都会带来果醋风味物质的改变。菌种筛选在果醋风味物质的研究中起着重要作用，优良的菌种不仅要求得到较高的目标产物，同时还应能形成必要的挥发性香气物质。

果醋的发酵过程包括酒精发酵和醋酸发酵。酒精发酵过程中，酵母菌以糖为底物在酵母酶系的作用下转化成酒精的同时生成甘油、琥珀酸、乳酸、酯类等副产物，醋酸菌代谢生成乙酸的同时会造成苹果酸、琥珀酸、乳酸含量的下降，同时会生成许多构成风味成分的物质。不同菌种体内的酶系使物质的代谢途径不同，采用增香酵母、混菌发酵等方法可增加发酵物质种类，提高风味。张霁红等（2011）采用混菌发酵来优化苹果醋的发酵工艺，提高总酯含量；汪立平等（2003）研究了混菌发酵对苹果酒香气物质及发酵效率的影响，通过法尔皮有孢汉生酵母（*Hanseniaspora valbyensis*）和酿酒酵母（*Saccharomyces cerevisiae*）混合发酵来增加苹果酒的风味酯含量。

发酵方法对果醋风味物质的影响主要表现在原料营养物质的利用程度上，水果中的营养物质溶出越多，产品营养风味越好。李红光（2000）以苹果为原料，研究了固态发酵法生产苹果醋的工艺技术，结果表明固态发酵法生产的苹果醋风味浓郁，挥发性成分高于液态发酵生产的苹果醋；鲁周民等（2009）对自然发酵和常规发酵的柿果醋香气成分进行分析，发现常规发酵柿果醋香气成分中含有的酯类、醇类和烃类高于自然发酵柿果醋中的含量，自然发酵柿果醋香气成分中含有的羧酸类、醛酮类和酚类高于常规发酵柿果醋中的含量。

3. 陈酿

陈酿是一个物理成熟和化学成熟过程，对苹果醋风味形成有重要作用。发酵果醋含有醋酸、糖分、氨基酸、酯类、醛类、酚类等化学成分，在陈酿过程中经过氧化、酯化、水解及缩醛化等反应，使乙酸的刺激性减小、不饱和脂肪酸氧化、酚类物质发生变化，形成果醋独特的风味。经过陈酿的果醋酸味柔和、色泽加深、质地浓稠，并具有特殊的刺激食欲的醋香味。苹果醋中的主要风味物质为呈酸物质和芳香物质，它们相互协同、共同作用，形成果醋特有的风味。风味物质的形成受菌种、发酵方式、发酵状态及陈酿过程的影响。目前关于苹果醋风味成分的构成及形成机理尚不清楚，主要呈味物质的阈值及它们之间相互作用的影响不明确，果醋中风味物质的检测技术还有待进一步深化、丰富。

4. 菌种

酵母菌在酒精发酵过程中，除生成醋酸外，还生成羟基乙酸、酒石酸、草酸、琥珀酸、庚酸、甘露糖酸和葡萄糖酸等。醋酸中的乙醇又与这些物质发生酯化反应，生成不同的酯类，构成了果醋重要的香气成分，所以有机酸种类越多，其酯香的味道就越浓郁，此外，醋酸菌还能氧化甘油生成二酮，二酮具有淡薄的甜香，使醋酸风味更为浓厚。

4.6　苹果醋酿造中常见的质量问题原因分析

苹果醋在保存和食用过程中，常出现悬浮膜、絮凝与沉淀等浑浊现象，轻者影响外观，严重者影响产品的品质。苹果醋的浑浊可分为生物性浑浊和非生物性浑浊两大类。

4.6.1　苹果醋酿造中影响酒精发酵的因素

影响酵母菌生长和酒精发酵的主要因素是营养和环境因素。果酒酵母形状为椭圆形、圆形和香肠形等，细胞大小一般为（3～6）μm×（6～11）μm，膜很薄，原生质均匀、无色。在固体培养基上，25℃培养 3 天，形成菌落呈乳白色，边缘整齐，菌落隆起，湿润光滑。人工培育的果酒酵母发酵能力和抗外界环境能力强。影响酒精发酵的主要因素有如下几点。

1. 温度

果酒酵母的生长繁殖与酒精发酵的最适温度为 20～30℃，当温度在 20℃时酵母菌的繁殖速度加快，在 30℃时达到最大值，每升高 1℃，发酵速度就可提高 10%，如果温度继续升高达到35℃时，其繁殖速度迅速下降，酵母菌呈（疲劳）状态，酒精发酵有可能停止，酵母不再繁殖而且死亡时的温度大多为35～40℃。果酒发酵有低温发酵和高温发酵之分，20℃以下为低温发酵，30℃以上则为高温发酵。后者的发酵时间短，酒味粗糙，杂醇、醋酸等生产量多。

2. 发酵温度与产酒精效率

在一定范围内，温度越高，酵母菌的发酵速度就越快，产酒精效率越低，而生成的酒精度就越低。因此，如果要获得高酒精度的果酒，必须将发酵温度控制在足够低的水平。当温度≤35℃时，温度越高，开始发酵越快；温度越低，糖转化越完全，生成的酒精度越高。当发酵温度达到一定值时，酵母菌不再繁殖，并且死亡，这一温度就成为发酵临界温度。如果超过临界温度，发酵速度就迅速下降，并引起发酵停止。由于发酵临界温度受许多因素如通风、基质的含糖量、酵母菌的种类及其营养条件等的影响，所以很难将某一特定的温度确定为发酵临界温度。在实践中常用“危险温区”这一概念来警示温度的控制，在一般情况下，发酵危险温区为 32～35℃，但这并不是表明每当发酵温度进入危险区，发酵就一定会受到影响，并且停止，而只表明在这一情况下，有停止发酵的危险。应尽量避免温度进入危险区，而不能在温度进入危险区后才降温，因为这时酵母菌的活动能力和繁殖能力已经降低。因此，获得较高酒精度的果酒，就必须将发酵温度控制在较低的水平。需要指出的是，在控制和调节发酵温度时，应尽量避免温度进入危险区，一般将 35℃的高温称为果酒的临界温度，这是果酒发酵应避免的不利条件。

3. 酸度

酵母菌在中性或微酸性条件下发酵能力最强，但以 pH 4～6 最好。而实际生产中，为了抑制细菌生长，控制在 pH 3.3～3.5 最佳。酸度低并不利于酵母菌的活动，但能抑制其他微生物的繁殖。酸度太低，会生成较多挥发酸。当果汁中酸度控制在 pH 3.3～3.5 时，酵母菌繁殖会进行酒精发酵，而有害微生物则不适宜这样的环境，其活动能被有效抑制。但当 pH 下降至 2.6 以下时，酵母菌也会停止繁殖和发酵。

4. 空气（通风，给氧）

酵母菌繁殖需要氧，在完全无氧条件下，酵母菌只能繁殖几代，然后就停止。在有氧条件下，酵母菌生长繁殖旺盛，产生大量的繁殖个体。在缺氧条件下，酵母菌个体繁殖明显被抑制，同时促进了酒精发酵。在发酵过程中特别是发酵前期，氧越多，发酵就越快，越彻底。在生产中常用倒罐的方式来保证酵母菌对氧的需要。在果酒发酵初期，宜适当多供给氧气，以增加酵母菌个体数。一般在破碎和压榨过程中所溶入果汁的氧足够酵母菌的发育繁殖需要，只有在酵母菌发酵停滞时，才通过倒罐适量补充氧气。如果供氧过多，会使酵母菌进行好氧活动而大量损失酒精。如果缺氧时间过长，多数酵母菌就会死亡。因此，果酒发酵一般在密闭条件下进行。

5. 糖分

酵母菌生长繁殖和酒精发酵都需要糖，糖浓度为 2%以上时酵母菌活动旺盛，当糖分超过 25%时则会抑制酵母菌活动，如果达到 60%以上时由于糖的高渗透压作用，酒精发酵停止。因此，生产含酒精度较高的果酒时，可采用分次加糖的方法，这样可缩短发酵时间，保证发酵的正常进行。

6. 酒精和二氧化碳

酒精和二氧化碳都是发酵产物，它们对酵母的生长和发酵都有抑制作用。酒精对酵母的抑制作用因菌株、细胞活力及温度不同而异，在发酵过程中对酒精的耐受性差别即是酵母菌菌群更替转换的自然手段。当酒精含量达到 5%时尖端酵母菌就不能生长；果酒酵母能忍受的酒精度为 13%（*V/V*），甚至可以忍受 16%～17%的酒精浓度；而贝酵母在 16%～18%（*V/V*）的酒精度下仍能发酵，甚至能生成 20%（*V/V*）的酒精。这些耐酒精的酵母是生产高酒精度的有用菌株。一般在正常发酵生产中，经过发酵产生的酒精，不会超过 15%（*V/V*）。

在发酵过程中二氧化碳的压力达到 0.8MPa 时，可以停止酵母菌的生长繁殖；当二氧化碳的压力达到 1.4MPa 时，酒精发酵停止；当二氧化碳的压力达到 3MPa 时，酵母菌死亡。工业上常用此规律外加 0.8MPa 的二氧化碳来防止酵母生长繁殖，保存果汁。在较低的二氧化碳压力下发酵，由于酵母增殖少，可减少因细胞繁殖而消耗的糖量，增加酒精产率，但发酵结束后会残留一定量的糖，可利用此方法来生产带甜味的苹果酒。

7. 二氧化硫

果酒发酵一般都采用亚硫酸（以二氧化硫计）来保护发酵。果酒酵母菌具有较强的抗二氧化硫的能力，可耐 1g/L 的 SO_2。当原料果汁中游离二氧化硫含量为 10mg/L 时，对酵母没有明显作用，而对大多数有害微生物具有抑制作用。当游离二氧化硫含量为 20～30mg/L 时也只能延迟发酵进程 6～10h；二氧化硫含量为 50mg/L 时，延迟发酵进程 18～24h，而其他微生物则完全被杀死。果酒发酵时，根据原料的好坏及酿酒的类型不同，二氧化硫的使用量为 30～120mg/L。

8. 其他因素

（1）促进因素

酵母生长繁殖需要生长素、吡哆醇、硫胺素、泛酸、内消旋环己六醇、烟酰胺等，它还需要甾醇和长链脂肪酸。基质中糖的含量等于或高于 20g/L，促进酒精发酵。酵母繁殖还需供给氨基酸、游离氨基酸等氮源。

（2）抑制因素

如果基质中糖的含量高于 30%（*m/m*），由于渗透压作用，酵母菌因为失水而降低其活动能力；如果糖的含量大于 60%（*m/m*），酒精发酵根本不能进行。乙醇的抑制作用与酵母菌种类有关。有的酵母菌在酒精含量为 4%（*V/V*）时就停止活动，而优良的果酒酵母则可抵抗 16%～17%（*V/V*）的酒精。此外，高浓度的乙醛、二氧化硫、二氧化碳及辛酸、葵酸等都是酒精发酵的抑制因素。

4.6.2 苹果醋醋酸发酵中浑浊现象产生的原因

1. 发酵过程中微生物侵染引起的浑浊

在苹果醋生产过程中，原料清洗、发酵容器及发酵过程操作不当或灭菌不严格，都可引起空气中杂菌侵入。使用的酒精酵母、醋酸杆菌等发酵菌种，有时也会寄生其他微生物，如汉逊氏酵母、产膜酵母、乳酸菌和放线菌等，正是这些微生物产生了醋中多种香味物质和氨基酸等，对产品是有益的，但皮膜酵母及汉逊氏酵母在高酸、高糖和有氧条件下，产生酸类的同时，也繁殖了自身，大量的酵母菌体上浮形成具有黏性的色浮膜，且多呈现乳白色至黄褐色。当各种其他杂菌大量繁殖后，悬浮其中就造成了食醋的浑浊现象。陈菊等（2019）对苹果醋饮料生产过程微生物组成及其特性进行分析，确定潜在微生物污染的主要来源。采用高通量测序的方法对样品细菌菌群组成进行分析，采用微生物分离纯化的方法对潜在污染微生物特性进行验证。结果表明，苹果原醋絮状沉淀物中含有片球菌属、葡糖醋杆菌属、乳杆菌属、副球菌属、溶杆菌属、水杆菌属 6 个属的细菌，将其接入苹果醋饮料产品中会导致产品浑浊，并且乳酸浓度增加 2.3 倍。根据苹果醋饮料生产工艺流程，对 11 个关键点进行了取样分析，并对耐热微生物进行了纯化鉴定。结果表明，苹果醋饮料生产过程中潜在的污染微生物主要包括 7 个属共 15 个种的细菌，苹果醋饮料生产各环节之间连接管道是预防微生物污染的关键位点。研究结果确定了潜在污染微生物的主要来源，有利于企业针对性地加强管理，保障产品质量安全。

2. 成品苹果醋再次污染造成的浑浊

经过过滤后清澈透明的醋或过滤后再加热灭菌的醋搁置一段时间后逐渐呈现均匀的浑浊，这是由嗜温、耐醋酸、耐高温、厌氧的梭状芽孢杆菌引起的。梭状芽孢杆菌的增殖不仅消耗醋中的各种营养成分，还会代谢不良物质，如产生异味的丁酸、丙酮等破坏醋的风味，而且大量菌体包括未自溶的死菌体使醋的光密度上升，透光率下降。

防止生物浑浊的主要方法有：保证加工车间、环境卫生、操作人员的规范作业；应用先进的杀菌设备，防止杂菌污染等；发酵前，剔除病烂果，原料用 0.02%（*m/m*）SO_2浸泡 30min 后，再用流动水清洗干净；在果醋发酵过程中适量的 SO_2不仅能杀灭有害微生物，还可以保持果汁原有的营养成分维生素 C 和氨基酸等，经驯化的有益微生物酵母菌等耐 SO_2能力较强，因此在果醋发酵过程中应适量添加 SO_2，以抑制其他有害微生物繁殖。将 SO_2用果汁溶解，按 0.05%（*m/m*）添加到发酵罐中并搅拌均匀。

3. 苹果醋的非生物性浑浊

非生物性浑浊主要是由于在生产、贮存过程中，原辅料未完全降解和利用，存在着淀粉、糊精、蛋白质、多酚、纤维素、半纤维素、脂肪、果胶、木质素等大分子物质及生产中带来的金属离子。这些物质将与成品中的 Ca^{2+}、Fe^{3+}、Mg^{2+}等金属离子络合结块，而且这些物质给耐酸菌提供了再利用的条件，因此产生了浑浊。防止果醋浑浊，一般是在发酵之前合理处理果汁，降解其中的果胶、蛋白质等引起浑浊的物质。具体方法有：用果胶酶、纤维素酶、蛋白酶等酶制剂处理果汁，降解其中的大分子物质；加入皂土使之与蛋白质作用产生絮状沉淀，并吸附金属离子；加入单宁、明胶。果汁中原有的单宁较少，不能与蛋白质形成沉淀，因此加入适量单宁，其带负电荷和带正电荷的明胶（蛋白质）产生絮凝作用而沉淀；利用 PVPP（聚乙烯吡咯烷酮）强大的络合能力使其与聚丙烯酸、鞣酸、果胶酸、褐藻酸生成络合性沉淀。

4.7　苹果醋饮料生产技术和品质调控技术

苹果醋饮料是一种兼有苹果及醋的保健功能的新型饮料，成本低而营养价值高，兼具调节血压、增强消化功能、减肥等功效，是我国 20 世纪 90 年代兴起的继碳酸饮料、饮用水、果汁和茶饮料之后的“第四代”饮料。

4.7.1　苹果醋饮料生产技术

苹果醋饮料是在苹果醋酿制基础上，以酿造苹果醋为主料，添加其他辅料调配而成，属于配制型饮料，其工艺技术包括配方优化、饮料感官修饰、澄清、杀菌和灌装技术等。

1. 苹果醋饮料配方优化

郭俊花等（2016）以苹果脯废糖液、苹果皮、果核为原料酿制苹果醋，并添加浓缩苹果汁、蜂蜜、白砂糖、可溶性膳食纤维，研究并调配苹果醋饮料，因其含有苹果醋、蜂蜜和膳食纤维的营养而具有保健作用，是一种功能型保健饮料。最佳工艺配方：苹果醋添加量为5%、蜂蜜添加量为3%、浓缩苹果汁添加量为10%、白砂糖添加量为5%、可溶性膳食纤维添加量5%。制成的苹果醋饮料酸甜可口、营养丰富，并具备保健作用。魏晋梅等（2017）将从自然发酵苹果醪中选育出的优良醋酸菌株GUC-7用于发酵制取天然的苹果醋液，再选择苹果汁、蜂蜜和甜菊糖苷等原料对苹果醋液进行调配，得到最佳配方：每100ml溶液中加苹果醋10ml，加苹果汁8ml，蜂蜜4g，甜菊糖苷0.05g，制得风味独特的天然保健苹果醋饮料。周艳华等（2013）以发芽糙米和苹果为主要原料，研究富含γ-氨基丁酸（GABA）的苹果醋饮料，以填补我国富含GABA保健醋饮料的技术空白。

2. 苹果醋饮料用水的制备

苹果醋饮料生产过程中，水质应符合食品卫生的要求。硬度较大的水未经处理不能作饮料生产和冷却等用水，否则会产生大量水垢，影响产品质量，因此使用前必须进行水的软化处理，使原水的硬度降低。水的软化常用反渗透法。

水分子在压力作用下由浓溶液向稀溶液迁移的过程被称为反渗透现象，反渗透是膜分离技术之一。膜分离技术包括电渗透、超过滤、反渗透、微孔过滤、自然渗透和热渗析等。随着膜分离技术的提高和膜分离的工业化发展，这项技术已经应用到各个领域，并取得了良好效果。用反渗透法进行水处理可除去水中90%以上的溶解性盐类和 99%以上的胶体、微生物、微粒和有机物等，除盐率常在98%～99%，可满足食品、饮料行业对水的纯度的要求。

用反渗透设施生产纯水的关键有两个：一是有选择性的膜，称为半透膜；二是要有一定压力。简单地说，反渗透半透膜上有许多孔，这些孔的大小与水分子的大小相当，如膜孔径在1/10 000～1/5000μm，是大肠杆菌的1/50 000，它对水中的微生物、病毒、重金属、农药等有害物质的去除率达98%以上。在水中的众多杂质中，溶解性盐类是最难清除的。因此，经常根据除盐率的高低来确定反渗透的净水效果。反渗透除盐率的高低主要取决于反渗透半透膜的选择性。现在较高选择性的反渗透膜的除盐率可以高达99.7%。

3. 苹果醋饮料感官修饰技术

感官性状是饮料非常重要的指标之一，消费者在选择产品时，十分看重色、香、味，他们或者保存天然原料的色、香、味，或者加工过程调配改善，以便满足人们的感官需要。苹果醋饮料酸甜可口，颜色诱人，具有一定的滋味和口感，深受人们的喜爱，但在产品调配过程中也要添加必要的感官修饰，通过风味、颜色和质构的改善，发挥饮料营养价值，改进饮料的不良性状，使饮料变得颜色宜人，香气滋味协调，口感舒适，提高人们的饮用兴趣。

（1）苹果醋饮料颜色修饰技术

苹果醋饮料颜色呈现为浅黄色、琥珀色、棕黄色等，黄色给人以芳香、清淡可口的感觉，橙色给人以甘甜醇美的感觉，如红色给人以味浓和成熟的感觉，绿色给人以新鲜清凉的感觉。通过添加色素，赋予饮料以诱人的色泽，刺激人们的食欲和购买欲，提高其产品的商品价值。调色时要充分了解各色素的性质和状态，应根据色素的特性和使用条件选择合适的色素，使色素着色处于最佳着色状态，同时色泽与食品原有色泽应相似。应尽量选用纯度高的色素，色素纯度高，色调的鲜艳性、伸展性就好，且变色和褪色少。根据消费者的喜好，苹果醋饮料在调配过程中添加少量的焦糖色，使产品有醇厚感。

（2）苹果醋饮料风味修饰技术

利用苹果醋中糖、酸主要风味，做到相互协调，相互融合，使二者进入口腔时味觉有所改变。通过不同甜味剂和用量的筛选，达到酸、甜融合的最佳配比。也可通过添加一些风味成分，掩盖或降低酸味（也可以看作一种特殊的杀菌作用），当在苹果醋中添加红枣提取物、当归提取物、玫瑰提取物与苹果醋复合时，苹果醋中的强酸味会受添加物的影响而变淡，同时苹果醋中的酸味也可使添加的甜味、苦味、涩味淡化。可见，醋味可以掩盖玫瑰的涩味，从而起到了对苹果醋风味的修饰作用。

4. 苹果醋饮料的澄清技术

（1）使用澄清剂

澄清剂与苹果醋的某些成分产生物理或化学反应，使苹果醋中的浑浊物质形成络合物，生成絮凝和沉淀而起到澄清的作用。常用的澄清剂包括明胶、膨润土、单宁和交联聚乙烯吡咯烷酮（PVPP）等，各澄清剂可单独使用，多数情况下组合使用。

（2）酶解

加酶澄清法是利用酶制剂水解苹果汁中的淀粉、纤维、果胶等物质，同时使苹果汁的其他胶体失去大分子的保护作用而共同沉淀，达到澄清的目的。苹果醋生产过程中酶解常在醋酸发酵前进行，温度保持在 45～55℃，果胶酶、淀粉酶的酶促反应可降低苹果汁中的大分子物质，有助于发酵。苹果醋饮料中用于澄清的酶制剂通常在苹果醋饮料加热杀菌冷却后加入，澄清完毕后，经过滤工序除去酶制剂。

5. 苹果醋饮料的杀菌、灌装技术

采用硅藻土过滤，高温瞬时杀菌（103℃，处理 2～3min），瓶装、封口，即为成品。

4.7.2 苹果醋饮料的品质调控技术

李曦等（2017）建立苹果醋饮料中 9 种有机酸的分离检测方法，并对 20 种不同品牌的苹果醋饮料样品进行分析。色谱柱：Waters sunfire C18；流动相：0.01mol/L $(NH_4)_2HPO_4$（pH 3.0）；柱温：35℃；流速：0.9ml/min；检测波长：200nm。在优选的色谱条件下 9 种有机酸（草酸、乙酸、柠檬酸、苹果酸、酒石酸、富马酸、马来酸、乳酸和琥珀酸）得到良好分离，每个样品均含有 5 种以上的有机酸，最多可达到 7 种。样品各自的有机酸总量可达到 3.0～8.0g/kg，平均含量 5.6g/kg，以柠檬酸、苹果酸、乙酸平均含量较高，分别可达到 2.66g/L、1.7g/L 和 1.1g/L。20 个样品中只有 2 个样品（原汁发酵产品）符合《苹果醋饮料》（GB/T30884—2014）中对总酸、乳酸、苹果酸和柠檬酸含量的要求，绝大部分产品的苹果酸和柠檬酸含量超出标准要求。魏晋梅等（2017）采用固相微萃取气相色谱-质谱联用法对 4 种市售苹果醋饮料的挥发性风味物质进行了分析。共分离鉴定得到 111 种化合物，其中酮类 10 种、醇类 18 种、酸类 3 种、酯类 39 种、醛类 16 种、烃类 12 种、其他化合物 13 种。相对含量较高的物质是酯类、醛类、醇类和其他杂环类化合物。4 种苹果醋饮料中的化合物分别为 54 种、56 种、32 种和 58 种。乙酸乙酯、乙酸丙酯、3-甲基丁酸乙酯、乙酸异戊酯、2-甲基丁基乙酸酯、3-甲基丁酸戊酯、己醛、苯甲醛和 2,3-二氢呋喃 9 种化合物是 4 个品牌苹果醋饮料中的共有化合物。4 个品牌的苹果醋中，各物质呈现非常不均匀的分布，说明不同厂商生产的苹果醋饮料在挥发性风味物质方面有很大的差异，进而说明不同品牌的产品品质差异很大。

参 考 文 献

包启安. 1999. 食醋科学与技术. 北京：科学普及出版社: 6-9.
曹雪丹, 方修贵. 2009. 柑橘果醋研究进展. 浙江柑橘, 26(1): 32-35.
陈菊, 陈林, 胡涛, 等. 2019. 苹果醋饮料生产过程微生物污染关键点的分析. 食品与发酵工业, 45(21): 195-199.

陈伟, 陈义伦, 马明, 等. 2003. 选育优质醋酸菌酿造苹果醋. 中国调味品, (3): 13-16.
陈义伦, 裘立群, 陈伟, 等. 2004. 原汁苹果醋中的有机酸. 食品与发酵工业, 30(8): 92-95.
陈义伦. 2002. 优质苹果醋酿造技术及主要风味物质研究. 山东农业大学博士学位论文.
邓丽红, 张扬, 润宇, 等. 2005. 采用响应面法优化木糖醇发酵培养基. 食品与发酵工业, 31(6): 59-61.
董书阁, 徐国华, 藏立华, 等. 2008. 果粮混酿双菌共酵生产苹果醋的研究. 发酵科技通讯, (7): 190-192.
董玉新, 郭德智. 2001. 果醋开发及果醋工艺研究. 新产品, 7(2): 123-125.
董振军, 廖小军, 张辉, 等. 2007. 利用苹果皮核开发苹果醋饮料工艺技术研究. 食品工业科技, (10): 12-15.
杜国丰, 朱宝伟, 吴美毅, 等. 2015. 芦荟苹果保健醋饮料的研制. 安徽农业科学, 43(31): 196-199.
段军义. 2008. 液态发酵苹果醋生产技术. 农产品加工, (6): 30-32.
段军义. 2009. 营养保健饮品——果醋. 农产品加工, (7): 32.
符祯华, 陈华勇, 王永华. 2009. 菠萝果醋风味成分的 GC-MS 分析. 中国酿造, (12): 118-120.
高鹏岩, 刘瑞山, 张晓娟, 等. 2019. 酵母对苹果汁发酵果醋不同阶段风味影响的分析. 中国调味品, 44(7): 20-24.
顾小清, 高伟娜. 2007. 液态深层发酵苹果醋关键技术的研究. 中国酿造, (10): 25-28.
郭俊花, 许先猛, 成少宁. 等. 2016. 高膳食纤维苹果醋饮料的研制. 食品与发酵科技, 52(2): 106-110.
贺江, 樊明涛, 包飞. 2008. 多菌种共固定化技术酿造苹果醋研究. 中国食物与营养, (11): 72-75.
贺江. 2008. 多菌种共固定化酿造苹果醋. 西北农林科技大学硕士学位论文.
侯爱香, 谭欢, 周传云. 2006. 果醋的研究进展. 农业工程技术-中国国家农产品加工信息, (2): 52-56.
侯爱香, 谭欢, 周传云, 等. 2007. 优质果醋菌种的分离鉴定. 中国酿造, (10): 66-69.
黄闪闪, 李赫宇, 王磊, 等. 2014. 苹果多酚抗氧化特性研究进展. 食品研究与开发, 35(24): 159-162.
黄仲华. 1991. 论健康调味食品——食醋的功能性. 中国酿造, (2): 10-16.
江英英, 李海星, 曹郁生. 2007. 响应面法优化 γ-氨基丁酸发酵培养基. 食品科技, (5): 44-49.
金蕾. 2008. $NaNO_2$-$Al(NO_3)_3$-NaOH 法测定总黄酮含量的实验条件研究. 海峡药学, 20(3): 66-67.
靳敏, 夏玉宇. 2003. 食品检验技术. 北京: 化学工业出版社, 78-82.
李大锦, 王汝珍. 2007. 有机果醋的开发与设计. 中国酿造, (9): 40-44.
李大鹏, 王明林, 陈义伦, 等. 2007. 顶空固相微萃取分析苹果醋类香气. 食品与发酵工业, 33(8):150-152.
李红光. 2000. 苹果醋固态法发酵技术. 中国酿造, (6): 25-27.
李欢, 毛健, 刘双平, 等. 2019. 醋酸高产菌株的筛选及高酸度苹果醋的酿造. 食品与生物技术学报, 38 (5): 7-13.
李坚, 刘东波, 夏志兰. 2010. 食醋抗氧化性初步研究. 中国酿造, (5): 106-108.
李明星. 2018. 苹果醋生产工艺优化及其抗运动疲劳功能研究. 粮食与油脂, 31(3): 59-64.
李培. 2007. 香蕉皮膳食纤维功能果醋的研究. 中国调味品, (6): 43-46.
李秋, 陶文沂. 2009. 沙棘果醋的工艺研究及其成分分析. 中国调味品, (1): 27-31.

李素云, 杨留枝, 张丽, 等. 2007. 苹果醋饮料研究的现状及发展前景调查研究. 饮料工业, 10(11): 8-10.

李曦, 陈倩, 唐伟. 等. 2017. 苹果醋饮料中的有机酸分析. 食品与发酵工业, 43(2): 220-223.

李湘勤, 钟瑞敏, 门戈阳, 等. 2019. 局部块冰式两级冷冻浓缩制备高浓度苹果醋. 食品与机械, 9(35): 187-191.

刘凤珠, 李晓, 王颖颖. 2010. 水果醋中有机酸成分的分析. 中国农学通报, 26(20): 94-97.

刘耀玺. 2014. 果醋的营养价值与保健功能. 中国调味品, 39(10): 136-140.

卢红梅. 1998. 果粮醋饮料的研制. 四川食品与发酵, 3: 31-34.

鲁周民, 郑皓, 赵文红, 等. 2009. 发酵方法对柿果醋中香气成分的影响. 农业机械学报, 40(9): 148-154.

门戈阳, 李湘勤, 钟平娟, 等. 2019. 苹果醋冷冻浓缩过程有机酸含量变化及抗氧化能力研究. 食品研究与开发, 40(11): 53-59.

乜兰春, 孙建设, 黄瑞虹. 2004. 果实香气形成及其影响因素. 植物学通报, 21(5): 631-637.

彭帮柱, 岳田利, 袁亚宏, 等. 2004. 优良苹果酒酵母的选育. 西北农林科技大学学报, 32(5): 81-84.

彭帮柱, 岳田利, 袁亚宏. 2006. 原生质体融合法构建增香型苹果酒酿造酵母的研究. 中国食品学报, 6(6): 70-76.

乔旭光. 2001. 果品实用加工技术. 北京: 金盾出版社: 17-20.

饶国华, 赵谋明. 2004. 果醋研究开发与工业进展. 食品工业, (5): 29-30.

芮政文. 1995. 残次鲜果加工果醋技术. 山西老年, (10): 40.

邵建宁, 王秉峰, 路等学, 等. 2005. 耐高温耐高酒度醋酸菌突变株的选育. 中国调味品, 319(9): 28-31.

沈尧坤, 于振法, 曹桂英, 等. 1996. 甑桶蒸馏时酒醅中各种微量香味组分蒸出率的初步查定. 酿酒科技, (1): 82.

史伟, 高玲, 夏小乐. 2019. 乙酸胁迫下巴氏醋酸杆菌发酵过程中微环境水平的应答分析. 食品与发酵工业, 45(11): 14-20.

宋娟, 张霁红, 胡生海, 等. 2017. 苹果渣固态发酵苹果醋工艺研究. 甘肃农业科技, (8): 48-53.

宋娟, 张霁红, 康三江, 等. 2019. L-苯丙氨酸对苹果醋发酵乙酸-2-苯乙酯合成途径的影响. 中国酿造, 38(5): 131-135.

孙悦, 赵莺茜, 刘靖宇, 等. 2019. 一种特色猴头菇苹果醋复合饮料的研制. 农产品加工, (8): 1-5.

汪立平, 徐岩, 赵光鳌, 等. 2003. 顶空固相微萃取法快速测定苹果酒中的香味物质. 无锡轻工大学学报, 22(1): 1-6.

汪立平, 徐岩. 2005. 混菌发酵对苹果酒香气物质及发酵效率的影响. 食品科学, 26(10): 151-155.

汪晓琳. 2016. 苹果猕猴桃混合型果醋酿造工艺研究. 食品工业, 37(11): 253-256.

汪雪丽, 姚立霞, 杜先锋. 2008. 宣木瓜果醋发酵工艺的研究. 食品工业科技, 29(4): 188-190.

王博彦. 2000. 发酵有机酸生产与应手册. 北京: 中国轻工业出版社: 98-102.

王恭堂, 孙雪梅, 张葆春. 2000. 葡萄酒的酿造与欣赏. 北京: 中国轻工业出版社: 57-58.

王鸿飞, 李和生, 马海乐, 等. 2003. 果胶酶对草葱果汁澄清效果的研究. 农业工程学报, 19(3): 161-164.

王克明. 1998. 共固定多菌种葡萄糖母液生产食醋的研究. 中国调味品, (10): 11-14.
王乃平, 袁艳, 江海燕, 等. 2011. 液质联用法测定广山楂有机酸含量. 中国实验方剂学杂志, 17(10): 77-78.
王乃馨, 陈尚龙, 李超, 等. 2016. 苹果柚子复合果醋的研制. 中国调味品, 41(1): 90-93.
王沛, 李东, 王鑫, 等. 2017. 不同样品对乙醇脱氢酶体外活性的影响及其抗氧化能力研究. 中国营养学会第十三届全国营养科学. 大会暨全球华人营养科学家大会论文汇编中国营养学会会议论文集, 北京, 405.
王岁楼, 张文叶. 1998. 山楂果醋静置表面发酵技术研究. 中国酿造, (4): 16-19.
王同阳. 2006. 果醋的功能性. 中国调味品, (6): 10-12.
王永斌, 王允祥. 2006. 玉米黑粉菌培养条件响应面法优化研究. 中国酿造, (5): 56-60.
王云阳, 岳田利, 袁亚红, 等. 2005. 苹果醋及果醋饮料的研制. 食品工业科技, 26(4): 118-120.
卫春会, 李娟. 2007. 采用果浆酿制苹果醋工艺研究. 中国酿造, (11): 45-47.
卫春会, 吕嘉枥. 2006. 苹果醋生产中 HACCP 体系的应用探索. 中国酿造, (4): 54-56.
魏晋梅, 刘彩云, 张丽, 等. 2017. 4 种市售苹果醋饮料的挥发性风味物质分析. 中国调味品, 42(2): 147-151.
吴定, 温吉华, 程绪铎, 等. 2005. 固定化酵母菌和醋酸杆菌发酵食醋工艺研究. 中国酿造, 142(1): 20-22.
吴继军, 徐玉娟, 肖更生, 等. 2009. 桑果醋挥发性成分的顶空固相微萃取-气质联用分析. 中国酿造, (2): 148-149.
吴煜樟, 卢红梅, 陈莉. 2019. 果醋的抗氧化成分及功能研究进展. 中国调味品, 44(8): 197-200.
奚惠萍. 1991. 中国果酒. 北京: 轻工业出版社: 19-22.
辛建刚, 苗汉明. 2005. 酶法澄清西番莲果汁的工艺研究. 饮料工业, (4): 22-26.
邢志利. 2005. 果醋的保健功效及加工工艺研究进展. 中国调味品, (4): 42-44.
熊裕堂. 1993. 山西陈醋酯香成分的气相分析. 食品发酵工业, (6): 45-48.
徐清萍, 敖宗华, 陶文沂. 2004. 不同生产时期恒顺香醋 DPPH 自由基清除活性成分研究. 中国调味品, (7): 19-23.
徐清萍. 2005. 镇江香醋抗氧化性研究. 江南大学博士学位论文.
许艳俊, 张海明, 郝林, 等. 2019. 苹果、山楂果粮醋的风味及功能成分分析. 中国调味品, 44(3): 72-75.
薛业敏. 2002. 液态发酵法生产营养果醋的试验研究. 中国调味品, (1): 17-19.
薛永恒, 刘临渭. 2007. 猕猴桃果醋及醋饮料的研究. 中国酿造, (3): 32-35.
埏榜琴, 张建国, 肖国辉, 等. 2012. 苹果醋的保健功能及科学依据. 中国调味品, 37(10): 12-14.
杨萍芳. 2006. 苹果营养醋的工艺研究. 中国食品学报, 6(5): 65-68.
杨小虎, 郭延生. 2010. 红芪、黄芪水提液体外清除自由基作用的研究. 甘肃农业大学学报, 45(4): 42-45.
杨晓英, 丁立孝, 梁美霞, 等. 2008. 苹果酒优良酵母菌株的筛选. 青岛农业大学学报(自然科学版), 25(1): 28-33.
叶杰, 倪莉. 2006. Folin-ciocalteu 法测定黄酒中多酚含量. 福建轻纺, (11): 66-69.
游剑, 杜鹏举, 祝叶蕾. 2019. 全发酵型苹果醋加工工艺及其调配研究. 中国调味品, 44(8): 137-141.
于爱梅, 徐岩, 王栋. 等. 2006. 发酵原料对苹果酒挥发性香气物质影响的分析. 中国农业科学, 29(4): 786-791.
于靖, 吕婕, 季鹏, 等. 2006. 果醋饮料的现状分析及展望. 科技资讯, (8): 222.

余素清, 韩彩之, 周秉辰, 等. 1996. 食醋生产中醋酸菌的乙醇脱氢酶活性研究. 中国酿造, (3): 14-16.
原德树. 2010. 液态深层发酵苹果醋及苹果醋饮料的研制. 现代食品科技, 26(5): 523-526.
曾美麟. 1994. 自由基的基础与临床专辑(二)抗氧化食品. 日本医学介绍, 15(8): 354-355.
张爱民. 2006. 酵母固定化与醋酸菌发酵生产苹果醋工艺的研究. 中国酿造, (11): 34-37.
张宝善. 2000. 果品加工技术. 北京: 中国轻工业出版社: 9-18.
张粉艳, 赵炳鑫, 李志西, 等. 2007. 桑椹醋自回淋发酵生产工艺及其 DPPH 清除能力研究. 西北农林科技大学学报(自然科学版), 35(10): 183-188.
张霁红, 康三江, 李玉梅, 等. 2020. 苹果玫瑰复合果醋饮料配方优化及营养成分测定. 食品工业科技, 41(7): 121-125.
张霁红, 李明泽, 曾朝珍, 等. 2017. 优势醋酸菌株的筛选鉴定及乙醇脱氢酶活性研究. 中国酿造, 36(5): 100-104.
张霁红, 张永茂, 黄玉龙, 等. 2011. 苹果醋清除 DPPH 自由基活性成分的研究. 甘肃农业大学学报, 46(5): 124-127.
张霁红, 张永茂, 康三江, 等. 2012. 果醋中主要风味物质的研究进展. 农产品加工, (11): 47-51.
张霁红, 张永茂, 康三江, 等. 2014. 我国苹果醋产业现状、存在问题及发展趋势. 食品研究与开发, 35(6): 115-118.
张健, 高年发. 2006. 利用响应面法优化丙酮酸发酵培养基. 食品与发酵工业, 32(8): 52-55.
张丽娜, 于涛, 高冷. 2008. 果胶酶对圆枣果汁澄清作用的研究. 长春工业大学学报: 自然科学版, 29(1): 37-40.
张若明, 李经才. 2001. 解酒天然药物研究进展. 沈阳药科大学学报, 18(2): 138-141.
赵芳, 孙国伟, 郭志伟. 2012. 反相高效液相色谱法测定苹果醋中的有机酸. 广州化工, 40(8): 92-93.
赵江, 程彦伟. 2006. 苹果渣发酵制醋最佳工艺条件研究. 河南工业大学学报, 27(2): 41-44.
赵松, 王颉, 刘亚琼. 2013. 不同发酵方法对枣醋游离氨基酸的影响分析. 食品科技, 38(7): 251-254.
赵欣宇. 2008. 金红苹果果醋及果醋饮料加工工艺的研究. 吉林农业大学硕士学位论文.
周建科, 李路华, 岳强. 2005. 离子排斥色谱法测定苹果醋中的有机酸. 中国酿造, (12): 53-55.
周艳华, 李涛, 胡元斌. 2013. 富含 γ-氨基丁酸苹果醋饮料的研制. 粮食与饲料工业, 12: 25-28.
朱宝镛. 1995. 葡萄酒工业手册. 北京: 中国轻工业出版社: 95-98.
Abe K, Arai R, Kushibiki T, et al. 2001. Antitumor-active, neutral, medium-sized glycan from apple vinegar. Food Science & Biotechnology, 10(5): 534-538.
Adachi E, Miyagawa E, Shinagawa E, et al. 1978. Purification and properties of particulate alcohol dehydrogenase from *Acetobacter aceti*. Journal of the Agricultural Chemical Society of Japan, 42(12): 2331-2340.
Ahmadifar E, Dawood M A O , Moghadam M S, et al. 2019. Modulation of immune parameters and antioxidant defense in zebrafish (*Danio rerio*) using dietary apple cider vinegar. Aquaculture, 513: 734412.
Boffo E F, Tavares L A, Ferreira M M, et al. 2009. Classification of Brazilian vinegars according to their HNMR spectra by pattern recognition analysis. LWT- Food Science and Technology, (42): 1455-1460.
Budak N H, Kumbul D D, Savas C M, et al. 2011. Effects of apple cider vinegars produced with different techniques on blood lipids in high-cholesterol-fed rats. Journal of Agricultural and Food Chemietry, 59(12): 6638-6644.

Chukwu U, Cheryan M. 2010. Concentration of vinegar by electrodialysis. Journal of Food Science, 61(6): 1223-1226.

Dávalos A , Bartolomé B, Gómez-Cordovés C. 2004. Antioxidant properties of commercial grape juices and vinegars. Food Chemistry, 93(2): 325-330.

Du G, Zhu Y, Wang X, et al. 2019. Phenolic composition of apple products and by-products based on cold pressing technology. Journal of Food Science and Technology, 56(3): 1389-1397.

Eskander E F, Abdel A , Mahasen A, et al. 2001. Biomedical and hormonal aspects of apple vinegar. Egyptian Journal of Pharmaceutical Sciences, (4): 153-166.

Fushimi T, Tayama K, Fukaya M, et al. 2001. Acetic acid feeding enhances glycogen repletion in liver and skeletal muscle of rats. The Journal of Nutrition, 131(7): 1973-1977.

Gheflati A, Bashiri R, Ghadiri-Anari A, et al. 2019. The effect of apple vinegar consumption on glycemic indices, blood pressure, oxidative stress, and homocysteine in patients with type 2 diabetes and dyslipidemia: A randomized controlled clinical trial. Clinical Nutrition ESPEN, 33: 132-138.

Higashide T, Okumura H, Kawamura Y, et al. 1994. Production of vinegar with high acidity by modified sub-merged culture. Japanese Society for Food Science, 41(12): 913-920.

Hill L L, Woodruff L H, Foote J C, et al. 2005. Esophageal injury by apple cider vinegar tablets and subsequent evaluation of products. Journal of the Academy of Nutrition, 105(7): 1141-1144.

Jeong Y J, Seo J H, Lee G D, et al. 1999. The quality comparison of apple vinegar by two stages fermentation with commercial apple vinegar. Journal of the Korean Society of Food Science & Nutrition, 28(2): 353-358.

Joshi V K, Sharma R, Kumar V, et al. 2019. Optimization of a process for preparation of base wine for cider vinegar production. Proceedings of the National Academy of Sciences, India Section B: Biological Sciences, 89(3): 1007-1016.

Kalaba V , Balaban Z. M. , Kalaba D. 2019. Antibacterial activity of domestic apple cider vinegar. AGROFOR International Journal, 4(1): 24-31.

Karthik A, Gopinath P. 2018. Antibacterial activity of apple cider vinegar against clinical isolates of *Enterococcus* spp. Research Journal of Pharmacy and Technology, 11(8): 3259-3262.

Lam C K, Zhang Z, Yu H, et al. 2008. Apple polyphenols inhibit plasma CETP activity and reduce the ratio of non-HDL to HDL cholesterol. Molecular Nutrition Food Research, 52(8): 950-958.

Lea A G H, Drilleau J F. 2003. Cider making. *In*: Lea A G H, Piggott J R. Fermented Beverage Production. London: Springer US: 59-87.

Liu F, He Y, Wang L. 2008. Determination of effective wavelengths for discrimination of fruit vinegars using near infrared spectroscopy and multivariate analysis. Analytica Chimica Acta, 615(1): 10-17.

Liu Q, Li X, Sun C, et al. 2019. Effects of mixed cultures of candida tropicalis and aromatizing yeast in alcoholic fermentation on the quality of apple vinegar. 3 Biotech, 9(4): 128.

Luu L A, Flowers R H, Kellams A L, et al. 2019. Apple cider vinegar soaks [0. 5%] as a treatment for atopic dermatitis do not improve skin barrier integrity. Pediatric Dermatology, 36(5): 634-639.

Miller J N, Rice-Evans C A. 1997. The relative contributions of ascorbic acid and phenolic antioxidants to the total antioxidant activity of orange and apple fruit juices and blackcurrant drink. Food Chemistry, 60(3): 331-337.

Morales M L, Gonzalez A G, Troncoso A M. 1998. Ion-exclusion chromatograph determination of organic acids in vinegars . Journal of Chromatography A , 822(1): 45-51.

Nordstrom K. 1963. Formation of ethyl acetate in fermentation with brewer's yeast IV: Metabolism of acetyl coenzyme A. Journal of the Institute of Brewing, 69(2): 142-153.

Osada K, Suzuki K, Kawakami Y, et al. 2006. Dose-dependent hypocholesterolemic actions of dietary apple polyphenol in rats fed cholesterol. Lipids, 41(2): 133-139.

Panasyuk A L, Nagaichuk V V, Slavskaya S L. 1990. Immobilized yeasts and quality of apple vinegar. Pishchevaya Promyshlennost', (2): 66-68.

Plessi M, Bertelli D, Miglietta F. 2004. Extraction and identification by GC-MS of phenolic acids in traditional balsamic vinegar from Modena. Journal of Food Composition and Analysis, 19(1): 49-54.

Popov D, Stankov M, Petrov D, et al. 1994. Prevention of diarrhoea in piglets by administering apple vinegar in drinking water. Veterinarski Glasnik, (48): 11-12.

Rubio-Fernández H, Salvador M D, Fregapane G. 2004. Influence of fermentation oxygen partial pressure on semicontinuous acetification for wine vinegar production. European Food Research and Technology, 219(4): 393-397.

Saavedra L, García A, Barbas C. 2000. Development and validation of a capillary electrophoresis method for direct measurement of isocitric, citric, tartaric and malic acids as adulteration markers in orange juice . Journal of Chromatography A, 881(1): 395-401.

Saichana N, Matsushita K, Adachi O, et al. 2015. Acetic acid bacteria: A group of bacteria with versatile biotechnological applications. Biotechnology Advances, 33(6): 1260-1271.

Schmidt M, Spieth H, Haubach C, et al. 2019. MFCA for higher resource efficiency in apple cider vinegar production. *In*: Mario S, Hannes S, Christian H, et al. 100 Pioneers in Efficient Resource Management. Berlin, Heidelberg: Springer Spektrum: 114-117.

Sengun I Y, Kilic G, Ozturk B. 2020. Screening physicochemical, microbiological and bioactive properties of fruit vinegars produced from various raw materials. Food Science and Biotechnology, 29(3): 401-408.

Shimoji Y, Tamura Y, Nakamura Y, et al. 2002. Isolation and identification of DPPH radical scavenging compounds in kurosu(Japanese unpolished rice vinegar). Journal Agricultural and Food Chemistry, 50(22): 6501-6503.

Shoko N, Yoshimasa N, Torikai K et al. 2000. Kurosu, a traditional vinegar produced from unpolished rice, suppresses lipid peroxidation *in vitro* and in mouse skin. Bioscience, Biotechnology, and Biochemistry, 64(9): 1909-1914.

Signore A D. 2001. Chemometric analysis and volatile compounds of traditional balsamic vinegars from Modena. Journal of Food Engineering, 50(2): 77-90.

Song J, Zhang J H, Kang S J, et al. 2019. Analysis of microbial diversity in apple vinegar fermentation process through 16S rDNA sequencing. Food Science & Nutrition, 7(4): 1230-1238.

Srinivasan P, Vadhanam M V, Arif J M, et al. 2002. A rapid screening assay for antioxidant potential of natural and synthetic agents *in vitro*. Int J Oncol, 20(5): 983-986.

Takemura H, Kondo K, Horinouchi S, et al. 1993. Induction by ethanol of alcohol dehydrogenase activity in *Acetobacter pasteurianus*. Journal of Bacteriology, 175(21): 6857-6866.

Trcek J, Mira N P, Jarboe L R. 2015. Adaptation and tolerance of bacteria against acetic acid. Appl Microbiol Biotechnol, 99(15): 6215-6229.

Trcek J, Toyama H, Czuba J, et al. 2006. Correlation between acetic acid resistance and characteristics of PQQ-dependent ADH in acetic acid bacteria.Applied Microbiology and Biotechnology,70(3): 366-373.

Yutaka O, Manabu S, Tomomasa K, et al. 2006. Gene expression analysis of the anti-obesity effect by apple polyphenols in rats fed a high fat diet or a normal diet. Journal of Oleo Science, 55(6): 305-314.

第5章　食用苹果酵素现代生物发酵技术

5.1　酵素概述及发展历程

5.1.1　酵素概述

依据中华人民共和国工业和信息化部颁布的最新行业标准《酵素产品分类导则》（QB/T 5324—2018），酵素（Jiaosu）是以动物、植物、菌类等为原料，添加或不添加辅料，经微生物发酵制得的含有特定生物活性成分的产品。其中食用酵素（edible Jiaosu）是以动物、植物、食用菌等为原料，添加或不添加辅料，经微生物发酵制得的含有特定生物活性成分可供人类食用的酵素产品。其在含有原料本身的多种维生素、酶和矿物质等营养物质的同时，还通过微生物发酵产生新的次生代谢物及活性成分，与直接食用原料相比，酵素中的生物活性成分和有机小分子更为浓缩，而且更容易为人体所吸收，这正是酵素的魅力所在，也是行业内研究的热点。目前市场上的酵素产品越来越多，存在分类不明确、生产工艺不规范、发酵过程控制不科学、功效不精确、故意夸大其营养保健功能、"天价"销售等问题，需逐步发展和规范。

日本酵素营养学专家鹤见隆史（2015）认为，酵素是一种由氨基酸组成的具有特殊生物活性的功能物质，它的分子结构非常小，约为1mm的千万分之一，在电子显微镜下呈水晶状，大多为多边形，也有圆形水晶体，它存在于所有活的动植物体内，是维持机体正常功能、消化食物、修复组织等生命活动的一种必需物质；酵素是生物体细胞产生的一种生物催化剂，能高效地催化各种生物化学反应，促进生物体的新陈代谢；酵素具有维持生命活动的功能，消化、吸收、思考、运动和生殖等一切生命活动都是酵素催化作用的反应过程；酵素是以蛋白质为骨骼而存在的"生命能量"，具有生物和化学两方面的功效，所有的生命活动都是以酵素为中心的活动结果；酵素推动着机体的生化反应，推动着生命现象的进行，若没有酵素，摄入的营养素都将对机体毫无用处，没有酵素，生命将停止。因此，酵素是健康的源泉，也是生命的能量（阎世英，2016）。

5.1.2　酵素的起源与发展历程

酵素起源于人们对发酵机理的逐渐认识，我们的祖先早在几千年前就利用酵素的特性来制造食品和治疗疾病。4000多年前夏禹时代的人们就会酿酒；3000多年前周朝的制饴、制酱技术已经趋于成熟；而在2500年前的春秋战国时期已经会用麴（酿酒的主要原料）治病，“麴子”是一种常用的健胃药，用于治疗消化不良。

18 世纪末至 19 世纪初，人们利用植物提取物可以将淀粉转化为糖，但对其机理并不明确。1833 年佩恩（Payen）和帕索兹（Persoz）从麦芽水的抽提物中用乙醇沉淀得到一种可使淀粉水解生成可溶性糖的物质，称之为淀粉酶，并指出了它的热不稳定性，初步触及了一些酵素的本质问题。在此后的近 100 年中，人们逐渐认识到“酵素是生物体内具有生物催化功能的物质”，但对其化学本质还未完全了解。20 世纪 30 年代，科学家们陆续提取出多种酶的蛋白质结晶，人们开始普遍接受“酵素是具有生物催化功能的蛋白质”这一概念。1926 年美国科学家萨姆纳（J. B. Sumner）通过科学实验证明脲酶是一种蛋白质，并获得了 1946 年的诺贝尔化学奖。20 世纪 80 年代，美国科学家托马斯 • 切赫（T. R. Cech）和奥特曼（S. Altman）发现少数核糖核酸（RNA）也具有生物催化作用。科学界从未终止对酵素的深入研究，1997 年美国、英国、丹麦的三位科学家保罗 • 波耶尔（Panl D. Boyer）、约翰 • 沃克（John E. Walker）、因斯 • 斯寇（Jens C. Skou）因对“酵素可以储藏并转化动能”做了先驱性的研究，再次阐明了酵素对生命与健康的重要作用而同获诺贝尔化学奖。21 世纪以来，因其在美容、减缓衰老、促进人体活力等方面的作用，全球掀起了一股酵素养生的热潮。在欧洲、美国、日本等地区和国家，酵素已成为人们日常生活的重要组成部分；我国台湾地区基于其优越的地理条件，盛产各种水果蔬菜，成为亚洲地区提供优质酵素生产原材料的主要地区，酵素也成为台湾地区百姓调理亚健康的必备食品（何嘉欣，2013）。

2015 年 12 月，经中国生物发酵产业协会批准，中国生物发酵产业协会酵素分会在北京正式成立。酵素分会是中国生物发酵产业协会下属分支机构之一，由从事酵素及相关研究、开发、生产、经营的企业、科研院所、大专院校等单位自愿组成。中国生物发酵产业协会酵素分会成立以来，先后制订出台了《酵素产品分类导则》（T/CBFIA 08001—2016）、《食用酵素良好生产规范》（T/CBFIA 08002—2016）和《食用植物酵素》（T/CBFIA 08003—2017）3 项酵素团体标准，在此基础上，新的《植物酵素》（QB/T 5323—2018）、《酵素产品分类导则》（QB/T 5324—2018）2 项标准已升级为行业标准，由中华人民共和国工业和信息化部正式发布实施。酵素分会的成立为酵素行业的规范和健康有序发展做出了巨大的贡献。

5.2 食用植物酵素的生物发酵及功能特性

5.2.1 食用植物酵素的定义及产品分类

1. 食用植物酵素的定义

近年来，随着人们健康意识的提高，一种以植物为原料的发酵食品——食用植物酵素，因其对人体健康的显著功效盛行于中国、日本、韩国、美国和一些欧洲国家及东南亚地区（Feng et al.，2017）。食用植物酵素是指以可用于食品加工的植物为主要原料，添加或不添加辅料，经微生物发酵制得的含有特定生物活性成分可供人类食用的酵素[植物酵素（QB/T5323—2018）]。其生物活性成分包含来自植物原料和微生物所提供的各种营养素及天然植物中的植物类功能性化学成分（phytochemical），以及发酵生成的一些生理活性物质（张梦梅等，2017），包括多酚、维生素、矿物质、氨基酸、有机酸、低聚糖和多种膳食纤维等（Zulkawi et al.，2017），具有清除自由基、抑制炎症、增强免疫力、调节糖脂平衡、抗菌等多种功能（Chiu et al.，2017）。

食用植物酵素在一些地区也被称为“植物酶”，这可能是由于食用植物酵素在日本以外地区传播时，产品的名称翻译不准确，对食用植物酵素的营养成分和生物活性成分缺乏了解所致。近年来，随着研究的深入，食用植物酵素研究者和生产企业开始重新思考这类产品的恰当定义。部分学者在前人研究的基础上（赵芳芳等，2016；沈燕飞等，2019），将食用植物酵素产品定义为，传统的植物性发酵食品，不包括酱油、葡萄酒、醋、盐渍发酵食品和发酵茶；使用一种或几种原料，如新鲜水果和蔬菜、谷类、豆类、海藻、食用和药用植物及食用菌；发酵过程中添加（或不添加）糖类；发酵温度通常在 20～40℃，涉及多种益生菌；发酵周期较长；一种功能性微生物发酵产品；含有功能性化合物，如代谢物、植物性营养素和益生菌；尤其富含小分子生物活性化合物；有多种健康益处，如调节肠道菌群、抗氧化、抗炎、增强免疫系统和抗肿瘤活性（Dai et al.，2020）。

2. 食用植物酵素的产品分类

食用植物酵素根据产品的形态和工艺可分为不同的种类。按产品形态分类可分为液态酵素、半固态酵素和固态酵素。液态酵素是指产品形态在常温下是液体的产品，如酵素液等；半固态酵素是指产品形态为膏状、胶冻状或胶膜状等，如酵素膏等；固态酵素是指产品形态为粉末、颗粒、片状或块状的产品，如酵素粉、酵素片等。

按发酵工艺分类可分为纯种发酵酵素、群种发酵酵素和复合发酵酵素。纯种发酵酵素是指由人工培养的有明确分类名称的微生物发酵制成的酵素产品，如植物乳杆菌酵素等；群种发酵酵素是指由自然发酵制成的酵素产品，通过原料本身携带的微生物进行发酵，如果蔬自然发酵酵素等，由于未对原料进行高温灭菌处理，有效地保留了原料中具有的营养及活性物质；复合发酵酵素是指以纯种发酵和群种发酵两种工艺制得的酵素产品，如果蔬复合发酵酵素等。

5.2.2　食用植物酵素生物发酵原理

植物原料在微生物的作用下，实现物质间的代谢转化，发酵原料在分子水平上发生分解和结构改变，使一些大分子物质被微生物代谢分解，形成易于被人体吸收的小分子营养素，可直接被人体迅速吸收，参与调节新陈代谢过程，同时产生的次级代谢产物使产品含有丰富的营养物质及活性成分，丰富了酵素产品的营养价值和风味，增加了植物原料的附加值（韩宗元等，2018）。

1. 碳水化合物在食用植物酵素生物发酵中的作用

碳水化合物是微生物生长的重要影响因子，为微生物的生长提供碳源，在食用植物酵素生物发酵过程中起到催化作用，微生物通过消耗碳水化合物加快发酵速度并让发酵过程更充分，从而完成生长代谢的过程（洪厚胜等，2019）；碳水化合物还可以形成高渗环境，使酵素中的杂菌不利于繁殖。但是，碳水化合物添加过多容易产生 Crabtree 效应，发酵液的渗透压增加，生物正常生长代谢受到抑制，发酵进程不能顺利进行；碳水化合物添加过少又会导致微生物营养不够，发酵活力低下，从而影响整个发酵周期及发酵产品的发酵产物（王瑜等，2019）。

2. 微生物在食用植物酵素生物发酵中的作用

食用植物酵素生物发酵所利用的微生物主要由有益微生物组成，包括酵母菌（yeast）、乳酸菌（lactic acid bacteria）、醋酸杆菌（*Acetobacter aceti*）和米霉菌（*Aspergillus oryzae*）等（Sebastian et al.，2020），通过乳酸菌、酵母菌等益生菌的发酵，不仅可以改善发酵基质原有的一些不良风味，更重要的是可以产生一些新的功能成分，增加酵素食品的功能保健作用，并有助于它们的保存和稳定。

（1）酵母菌发酵

酵母菌是一种单细胞真核微生物，最适 pH 为 4.5～5.0，最适生长温度一般在 20～30℃。酵母菌是一种典型的异养兼性厌氧微生物，在有氧和无氧条件下都能够存活，在氧气充足的条件下，通过糖酵解和三羧酸途径将进入酵母细胞的糖类氧化成 CO_2 和水，在缺氧的条件下，把糖分解成乙醇和 CO_2，同时产生一些中间代谢产物，如乳酸、酒石酸和苹果酸等有机酸，适量的乙醇有助于酵素产品的风味品质，在酸性条件下，有机酸与乙醇发生酯化反应产生酯香味。卢冬梅等（2018）筛选酵母菌 RV171 制备火龙果不同种类和部位的酵素，发现红心火龙果的果皮发酵液总黄酮和总酚含量最高，总抗氧化能力、还原能力和羟自由基清除能力最强；樊秋元等（2020）采用葡萄酒专用高活性干酵母发酵的黑加仑果浆，研发出抗氧化活性、有机酸及自由基清除能力均较强的黑加仑酵素产品；也可以利用酵母菌发酵葛根，制备一种高黄酮含量的酵素饮品（朱德艳，2020）；刘维兵等（2019）以葡萄与海棠果为主要原料，研发出一款发酵周期短、成本低、安全性高的酵素产品。

（2）乳酸菌发酵

乳酸菌是发酵糖类主要产物为乳酸的一类无芽孢、革兰氏染色阳性的益生菌，按照《伯杰氏细菌鉴定手册》（*Bergey's Manual of Determinative Bacteriology*）中的生化分类法，乳酸菌可分为乳杆菌属、链球菌属、明串珠菌属、双歧杆菌属和片球菌属 5 个属，大多数乳酸菌的适宜温度为 30～40℃，最适 pH 为 5.5～5.8，通过发酵产生有机酸、特殊酶系、酸菌素等具有特殊生理功能的物质。食用植物酵素主要的发酵菌种以植物乳杆菌居多，Verón 等（2019）采用植物乳杆菌 S-811 发酵梨果仙人掌汁，在保持其有益健康特性的同时，促进了发酵产品的抗氧化机制；植物乳杆菌 Q823 可在人的胃肠道中存活并持续存在，并用于食用植物酵素的发酵（Vera-Pingitore et al.，2016）；植物乳杆菌 DSM10492 和 DSM20174 可将沙棘和苦莓酵素中所有的苹果酸转化为乳酸，而且 DSM10492 发酵的苦莓酵素可减少 9%～14%的黄酮醇含量，以及 20%～24%的羟基肉桂酸含量（Markkinen et al.，2019）。

（3）醋酸菌发酵

醋酸菌属于革兰氏阴性菌，专性好氧菌，氧化各种有机物成有机酸及其他种氧化物，醋酸杆菌属的重要特征是能将乙醇氧化成醋酸，并可将醋酸和乳酸氧化成 CO_2 和 H_2O。醋酸菌生长繁殖的适宜温度为 28～33℃，最适 pH 为 3.5～6.5，能耐受醋酸达 7%～9%，酒精浓度可达到 5%～12%（*V*/*V*），但对食盐的耐受力很差，当食盐浓度超过 1%时就停止活动。因此，生产中当醋酸发酵结束时添加食盐，是调节产品滋味、防止醋酸菌继续作用，将醋酸氧化为 CO_2 和 H_2O 的有效措施。醋酸菌有较强的醇脱氢酶、醛脱氢酶等氧化酶系活力，因此除能氧化乙醇生成醋酸外，还有氧化其他醇类和糖类的能力，生成相应的酸、酮等物质，如丁酸、葡萄糖酮酸、木糖酸、阿拉伯糖酸、丙酮酸、琥珀酸、乳酸等有机酸，以及在次生代谢过程中生成少量的挥发性物质包括乙烷、乙醛、甲酸乙酯、乙酸乙酯、乙酸异戊酯、丁醇、甲基丁醇和 3-羟基-2-丁酮等。醋酸菌在食用植物酵素制备中主要用于与其他发酵菌种共同作用，如以玫瑰花为主要原料，通过添加酵母菌和醋酸菌进行发酵，制备出一种颜色深红、酸甜适中、具有玫瑰花香、总酚含量和 DPPH 自由基清除能力较高的玫瑰酵素产品（李智弟，2019）。

（4）霉菌发酵

霉菌因其可以产生多种酶而被广泛用于酱类、腐乳、米酒等食品的发酵，但在食用植物酵素中的研究应用较少，食物植物酵素生物发酵中常用的霉菌主要为米根霉（*Rhizopus oryzae*）、黑曲霉（*Aspergillus niger*）和米曲霉（*Aspergillus oryzae*）等。米根霉最适生长温度 37℃，能糖化淀粉、转化蔗糖，产生乳酸、丁烯二酸、反丁烯二酸及微量乙醇，丰富产品的风味品质；黑曲霉可生产纤维素酶、木聚糖酶、淀粉酶、蛋白酶、糖化酶、果胶酶、脂肪酶和葡萄糖氧化酶等多种酶，具有不产毒，较强的外源基因表达能力及高效的蛋白质表达、分泌和修饰能力，以及重组具有很高的遗传稳定性等优点；米曲霉是美国食品药品监督管理局（Food and Drug Administration，FDA）公布的安全菌株，具有蛋白酶系丰富、酶活高、不产毒素等诸多优点。苏春雷（2019）研究发现在余甘子酵素前发酵过程中，米根霉和黑曲霉产生了淀粉酶和糖化酶等，使大分子量纤维素等物质发生降解，破坏了余甘子细胞壁，释放出果实细胞中游离氨基酸和游离多酚；张静雯（2015）利用米曲霉作为菌种之一，研究组合菌发酵过程中产生的微生物酵素及其生物活性；高雪和李新华（2014）将以活性干酵母和米曲霉为发酵剂制备的糙米酵素和大豆酵素等量混合加入苹果、橘子、梨 3 种水果制备复合植物酵素，以提高植物酵素淀粉酶活性。

（5）混菌发酵

食用植物酵素的混菌发酵是指人工接种 2 种及以上微生物或者直接利用原料中自然分布的微生物进行发酵，利用微生物之间的互利共生关系发酵得到更加丰富的代谢产物。赵治巧等（2020）采用酵母菌和植物乳杆菌发酵菠萝果实，获得的菠萝酵素总糖、总超氧化物歧化酶活力和总抗氧化能力都较高，营养成分丰富。周颖等（2018）在生姜酵素的制备中用酵母菌、副干酪乳酸菌和醋酸杆菌发酵混菌发酵，使发酵液的 pH 由 5.85 降至 3.51，这可能是由于酵母菌将蔗糖发酵成酒精、葡萄糖、果糖和 CO_2 等，醋酸菌可将酒精转化成乙酸，同时乳酸菌在相对无氧条件下将己糖转化成乳酸等有机酸；而且产品中风味物质的种类也发生明显变化，可能是生姜液在酵母菌、乳酸菌和醋酸菌转化下生成了酯类、酸类和酚类等。Kim 等（2017）采用含曲霉、根霉、酿酒酵母、枯草芽孢杆菌、乳酸菌等的发酵剂发酵柑橘果肉副产品和果皮副产品，产品的槲皮素、柚皮素和橙皮素的浓度及抗氧化活性显著增加。

3. 食用植物酵素生物发酵过程中物质的变化

综合目前的研究成果，食用植物酵素主要的特点是微生物通过发酵可对植物中的天然活性成分进行生物转化或分解，或改变其原有的生物活性，产生新的成分或功效，其作用机理主要表现在 4 个方面。

（1）植物中的活性成分与微生物代谢产物反应可转化为新的成分

苏能能等（2018）发现桑葚中的蛋白质及氨基酸在植物乳酸菌 NCU137 酶系作用下，发生脱羧降解生成醇类，产生新的 20 种香气成分；利用植物乳杆菌、鼠李糖乳杆菌和干酪乳杆菌发酵的接骨木果汁风味更加馥郁，芳香物质增加了

14 种，且总挥发性物质，包括醇类、萜类和异构类异戊二烯、有机酸、酮和酯浓度增加（Ricci et al.，2018）；微生物通过代谢将树莓中复杂的大分子酚类物质转化成酵素液中小分子的酚类物质，使得树莓酵素发酵过程中酚类物质持续增加（蒋增良，2013）。

（2）植物活性成分被微生物分解产生新的成分

张栋健等（2016）的研究结果表明，枳壳在发酵过程中，圣草苷、橙皮苷和新橙皮苷等黄酮成分脱糖基产生圣草酚-7-*O*-葡糖苷、橙皮素-7-*O*-葡萄糖苷、5-去甲基川陈皮素 3 个新生成分；陆雨等（2018）首次从诺丽酵素中分离鉴定出 xylogranatinin、天竺葵酸、1,5,15-tri-*O*-methylmorindol、sesquipinsapol B、（+）-丁香脂素、松脂素、3-甲基-吡咯并哌嗪-1,4-二酮、（2*S*）-3'-hydroxybutan-2-yl-2-hydroxypropanoate、3-异丁基-6-甲基哌嗪-2,5-二酮、吐叶醇、3-（2-羟基-4,5-二甲氧基苯基）丙酸、medioresinol、hydroxychavicol 等化合物，其中化合物 cyclo-（L-Pro-L-Leu）具有较为显著的抑制 HepG-2 和 HeLa 肿瘤细胞活性的作用，化合物（+）-丁香脂素可在一定程度上抑制 HeLa 细胞肿瘤细胞活性；在咖啡果皮酵素自然发酵过程中，微生物利用糖类等营养物质合成乙醇、醋酸、乳酸等成分（陈小伟等，2019）。

（3）微生物利用植物有效成分代谢产生具有新功效的次生代谢产物

罗成等（2017）利用筛选出产乙醛脱氢酶的植物乳杆菌 *Lactobacillus plantarum* FCJX 102 和嗜酸乳杆菌 *Lactobacillus acidophilus* FCJX 104 共同发酵山楂-葛根汁，产生的乙醛脱氢酶活力最高可达 16.083U/g，可将麻痹神经的乙醛转化成无毒的乙酸，从而增强发酵产物醒酒护肝的效果；刘加友（2016）利用筛选出的 *Lactobacillus paracasei* strain T16 和 *Lactobacillus plantarum* strain 7-2 乳酸菌混菌发酵得到富含 γ-氨基丁酸（γ-aminobutyric acid，GABA）的葛根酵素。

（4）植物活性成分与微生物次生代谢产物反应产生新的成分

邢赟（2016）研究发现在覆盆子的发酵过程中，覆盆子中的阿拉伯糖和甘露醇与来自真菌 *Clonostachys rogersoniana* 的聚酮母核结合产生新的聚酮类化合物 TMC 154 和 bionectriol A，说明覆盆子中含有能够促进 *C. rogersoniana* 产生聚酮类化合物的前体物质或者诱导物。

5.2.3　食用植物酵素生物发酵工艺

食用植物酵素通常是将新鲜果蔬、谷类、豆类、食用中药等植物原料经过预处理后，添加或利用原料中的糖类，如蔗糖、红糖或低聚糖，由几种天然或/和接种的微生物，如酵母、乳酸菌和醋酸菌在室温下进行发酵（陈英等，2015；Kuwaki et al.，2012）的产物。目前，传统发酵技术在食用植物酵素生产中占有主导地位，而利用现代生物技术的科学研究和工业化生产才刚刚起步。根据微生物和酵素产品的分类，将食用植物酵素的发酵工艺分为纯种发酵工艺、群种发酵工艺和复合发酵工艺 3 个类型。

1. 纯种发酵工艺

（1）工艺流程

纯种发酵工艺流程：原料选择→清洗→切分或破碎→杀菌→接种→装罐→补充水分→调节 pH 与糖度→发酵→过滤→成品。

（2）操作要点

选择没有病虫害、无腐烂的植物原料，清洗晾干后切分，去除核、梗、芯等不能食用的部分，将植物原料与糖等进行紫外杀菌处理，杀菌条件因原料不同会有差异，如大果山楂酵素制作过程中，紫外杀菌条件为杀菌时间 45min、功率 8W、紫外灯距离 52cm（张巧等，2019），然后在切分好的原料中分别接种不同的菌液，装入无菌的发酵罐中，加糖发酵，糖添加量根据原料的不同有所增减；或者将植物原料破碎后高温高压灭菌，如王振斌等（2016）将热风烘干的葛根丁 60 目粉碎后与蒸馏水按照料液比 1∶15（g/ml）混合均匀，煮沸糖化 1.5h，加入 50g 红糖、30g 蜂蜜，离心取上清液为发酵液并灭菌，然后以植物乳杆菌和酿酒酵母为发酵菌种开展多菌种葛根酵素的制备。

（3）发酵条件

发酵时间、温度、pH、接种浓度、糖添加量及料液比等发酵条件对提高产品质量及其生物活性物质的含量具有重要意义。同时，原料的品种与组成成分对发酵条件的影响也较大。Gupta 等（2010）采用 Box-Behnken 优化出燕麦乳酸菌发酵工艺为燕麦 5.5%、蔗糖 1.25%、接种量 5%；董洁等（2014）采用单因素试验法和正交试验设计优化金丝小枣枣泥酵素发酵最佳工艺参数为发酵温度 30℃、培养基中碳氮比 6∶1、酵母接种量 0.1%、保证完全溶解氧发酵 12h。张淑华等（2016）优化果皮酵素的发酵工艺参数表明：添加量为 25%、发酵时间为 36h、接种量为 6%、发酵温度为 30℃时发酵效果最好；郭伟峰等（2019）优化出的桑葚酵素饮料的发酵工艺为初始糖度 14°Brix、接种量 10%、发酵温度 30℃、发酵时间 24h；杨培青等（2016）优化蓝莓果渣酵素最佳发酵工艺条件为发酵液初始 pH 3.5、发酵温度 30℃、接种量 0.15%、发酵时间 16h。酵母菌发酵 16h 后在 37℃条件下，发酵液 pH 4.0，干酪乳杆菌接种量 0.50%，静置发酵 24h，温度保持在 18～20℃，静置进行 24h 的后发酵，使发酵液产香，品质优良。

2. 群种发酵工艺

（1）工艺流程

群种发酵工艺流程：原料选择→清洗→切分或破碎→装罐→补充水分→调节pH 与糖度→发酵→过滤→成品。

（2）操作要点

群种发酵就是自然发酵，其工艺比较简单。选取新鲜的食用植物原料，切成块或破碎后加入糖或蜂蜜，在室温下密封存放，利用植物原料自身携带的微生物自然发酵成酵素（章苇虹等，2018）。也可以进行二次发酵，取果蔬酵素、植物酵素、谷物酵素和豆类酵素等，并加入多元糖醇在密封罐中常温下进行第 2 次自然发酵，经过 1～3 个月的后熟工艺可得到复合酵素产品。以水果酵素原液与植物酵素原液混合比例为 2∶1 进行二次发酵（艾学东和胡丽娜，2015）。

（3）发酵条件

刺梨酵素群种发酵的最佳条件为糖添加量为 20g、温度 30℃、发酵时间 5 天（林冰等，2018）；张艳明和胡传根（2018）以气调糖化后的牛蒡、紫皮葡萄为原料，经感官评定优化出葡萄牛蒡酵素最佳发酵工艺参数为紫皮葡萄加入量为 5%、发酵温度 25℃、发酵时间 45 天；张越等（2019）以裸燕麦、冰糖、水为发酵原料，在 30℃条件下恒温群种发酵 45 天，对不同糖添加量条件下燕麦酵素发酵参数的动态变化规律进行了研究；以拐枣与混合果蔬的质量比为 1∶4，优化出拐枣果蔬酵素的最优工艺为混合糖（砂糖和红糖质量比为 1∶1）添加量 30%、发酵温度 35℃、四川泡菜水接种量为 4%、发酵时间 15 天，经 30 天后熟后品质优良（肖梦月等，2019）。

3. 复合发酵工艺

（1）工艺流程

复合发酵工艺流程：原料选择→清洗→切分或破碎→装罐→补充水分→调节pH 与糖度→接种→发酵→过滤→成品。

（2）操作要点

复合发酵工艺是纯种发酵和群种发酵共同发酵的一种工艺，预处理结束的植物原料不经过杀菌处理，调整好水分、pH 和糖度等发酵条件，直接接入选好的益生菌进行发酵，是目前最常见的工艺。与前两种工艺相比较，既提高了产品的发酵速率和产物，又不会因为高温高压灭菌损失发酵原料中固有的营养物质。

（3）发酵条件

彭宁等（2019）采用复合发酵工艺对影响猕猴桃酵素品质的主要因素进行了优化研究：发酵时间为5天、发酵温度为30℃、菌种接种量为4%，生产的猕猴桃酵素品质更高；樊秋元等（2020）优化出黑加仑酵素复合发酵最佳工艺条件为发酵时间为96h、酵母菌接种量为0.07%、初始糖度为20%、发酵温度为28℃。在发酵温度33℃、发酵时间为70天、酵母菌与双歧杆菌配比为2∶1、蓝靛果果浆与椰子果浆质量比为5∶1的发酵条件下，得到的蓝靛果椰子复合酵素中花色苷含量为12.17mg/g、总黄酮含量20.31mg/g、SOD酶活力为56.74U/ml、残糖量为4.22mg/ml，产品酸度适宜，香味突出，口味独特（战伟伟等，2017）。

5.2.4 食用植物酵素的功能特性

酵素酸甜适口，中医认为酸味入肝，甘味入脾，故而酵素的味道是比较符合脾胃的需求；而且酵素中含有氨基酸、维生素、酶、次生代谢物、活性成分及各种益生菌等对人体有益的物质，对人体健康有一定的功能和作用。

1. 抗氧化作用

体内过量的自由基与人类自身的衰老和多种疾病的产生都有关，会损伤机体中蛋白质、DNA和细胞脂质等，扰乱体内平衡，导致细胞损伤、死亡，抗氧化就是清除自由基的过程，可以有效克服其带来的危害。食用植物酵素中含有丰富的酶类、酚类、多糖类等酶和非酶抗氧化物质，在清除人体内自由基、保护人体健康方面起到关键性的作用。β-隐黄质具有良好的抗氧化性，在生物体内发挥多种生物活性，发酵后的橙汁中的β-隐黄质能更好地被人体吸收，经常食用有益健康（Hornero-méndez et al.，2018）；嗜热链球菌（*Streptococcus thermophilus*）和干酪乳杆菌（*Lactobacillus casei*）混菌发酵的树莓-石榴复合果汁酵素的总酚和总黄酮含量、•OH、O_2^-•及DPPH自由基清除率等抗氧化能力显著增加（覃引等，2019）；朱会霞和孙金旭（2016）对64种稀有果蔬、草本植物、菌类为原料的酵素的•OH自由基清除率、H_2O_2清除率、DPPH自由基清除率分别为99.29%、98.57%、98.85%，Fe^{3+}还原率为68.56%，具有较好的体外抗氧化作用；冬枣酵素发酵过程中还原力、羟自由基清除率和SOD酶活力均不断升高，说明酵素产品有一定的抗氧化性（贾丽丽等，2014）；陈爽和朱显峰（2017）通过复合酵素对羟自由基、超氧阴离子自由基和DPPH自由基的清除能力及还原力大小的测定，评价、比较了两种酵素产品的体外抗氧化能力。

2. 调节肠胃功能

食用植物酵素中富含植物性膳食纤维、有机酸、低聚糖和多种酶类，有助于胃肠对食物的消化、分解、吸收，参与了人体内上千种的化学反应（Muller et al.，2018；Pan et al.，2018）。食用植物酵素能够调节肠道菌群，改善肠胃功能，增强肠胃的自我修复能力，抑制病原菌，维持肠道内微生态平衡（Vakil，2018）。喂食乳酸菌（保加利亚乳杆菌、嗜热链球菌和嗜酸乳杆菌）发酵的桑叶提取物的大鼠粪便颗粒数、湿重和含水量及肠道和粪便中存活的乳杆菌数量显著增加，且喂食乳酸菌发酵的桑叶提取物对洛哌丁胺诱导的便秘大鼠具有通便作用（Lee et al.，2017）；乳酸菌发酵的果蔬乳饮料也能在一定程度上缓解小鼠便秘症状，其中混合乳酸菌发酵的果蔬乳饮料在促进小鼠排便、抑制肠道病原菌、调节肠动力神经递质上的效果更好（蒋欣容，2017）；模型动物经人参术苓酵素治疗后，明显提高了胃的收缩频率和幅度，并且显著增强了胃排空及小肠的推进功能，有效地恢复了胃正常的机械运动和治疗非溃疡性消化不良，说明人参术苓酵素可有效地调节脾胃功能，健脾胃（蔡爽，2013）。

3. 提高免疫力

酵素可强化细胞、促进细胞新陈代谢和受损组织的修复，具有一定的提高免疫力和抗肿瘤的作用，对人体健康及其神经系统疾病有潜在的影响（Pathan et al.，2016）。例如，糙米酵素能够有效抑制缺氧/复氧处理诱导的海马神经元细胞凋亡，对神经细胞有保护作用（袁周率，2015）；糙米酵素能够诱导 MOLT-4（人急性淋巴母细胞性白血病细胞）凋亡，并能诱导 TNF-α（肿瘤坏死因子-α）的表达对 N13 小胶质细胞发挥免疫活化作用，该表达在对感染的固有免疫应答中起关键作用（Revilla et al.，2013）。Lu 等（2007）观察肿瘤、胸腺和脾脏指数的抑制率，并通过流式细胞术分析细胞凋亡，研究果蔬酵素对人体肝癌 22（H22）小鼠的抗肿瘤作用发现，果蔬酵素能够诱导 SMMC-7721 细胞凋亡和延长 H22 肝癌荷瘤小鼠寿命，具有抗肿瘤特性；自制食用植物酵素具有较强的促进淋巴细胞增殖的能力和较强的清除细胞内 ROS 生成的能力（魏颖等，2015）。

4. 解酒与护肝功能

过量酒精可以导致肝损伤，谷丙转氨酶（ALT）、谷草转氨酶（AST）和碱性磷酸酶（AKP）是评价肝脏损伤的重要指标，当肝细胞膜通透性增加或肝细胞坏死，可导致 ALT、AST 和 AKP 水平升高。食用植物酵素中的乙醇脱氢酶可以分解乙醇，降低谷草转氨酶、谷丙转氨酶和丙二醛等水平，从而达到解酒护肝的效果。发酵提高了木通发酵液中乙醇脱氢酶的活性，从而加快了乙醇的分解，能缓解酒精宿醉和降低血浆乙醇浓度（Jung et al.，2016）；杨志鹏等（2019）以葛根、葛花、丹参等药食同源材料为原料，经复合酶酶解和鼠李糖乳杆菌 217-8 发酵制备成具有解酒护肝功效的酵素；曲佳乐等（2013）研究发现植物酵素明显地降低了酒精中毒小鼠的 AST、ALT 活性，可以延迟醉酒和缩短醒酒时间，具有一定的解酒护肝的作用；秦松等（2016）报道植物酵素饮料可有效地提高乙醇脱氢酶、乙醛脱氢酶和还原型谷胱甘肽水平，降低血清中 AST、ALT 的活性及肝组织中三酰甘油水平，对小鼠酒精性肝损伤有一定的保护作用；果蔬发酵液也可通过阻止活性氧介导的线粒体信号通路，抑制肝细胞凋亡，保护小鼠酒精性肝损伤（谷大为等，2015）；食用植物酵素中丰富的维生素可有效促进酒精在体内分解，并且有一定的自由基清除能力，以消除酒后头痛、头晕现象（熊大艳和刘万云，2017）；Shibata 等（2006）研究发现米曲霉发酵糙米能有效地预防肝炎的发生，提高肉桂色 Long-Evans 大鼠（LEC 大鼠）的存活率；天然发酵的诺丽汁通过减轻大鼠内质网应激、脂质积聚、炎症和纤维化进度，抑制硫代乙酰胺诱导的肝纤维化（Lin et al.，2012）。

5. 减肥作用

糙米酵素液能够降低小鼠血脂水平、肝脏脂肪水平和动脉粥样硬化指数，抑制辅酶 A 还原酶活性，并有效促进总脂质与总胆固醇的排泄（Wang et al.，2014）；糙米酵素还具有一定的降胆固醇活性的作用（Revilla et al.，2009），能够改善与 Zucker 大鼠肥胖相关的一些炎症反应，从而达到减肥效果（Candiracci et al.，2014），这可能是酵素中脂肪酶将摄入脂肪分解成脂肪酸，增强了机体吸收效果，再加上微生物作用，达到降血脂及减肥效果（Justo et al.，2013）；郭爽（2015）研究发现酵素可以有效抑制大鼠体重增长和脂肪积累；嗜酸乳杆菌发酵的梨汁具有潜在的降糖作用（Ankolekar et al.，2012）；发酵后蔬菜汁具有较好的降压效果（Simsek et al.，2014）。

6. 抑菌作用

食用植物酵素经微生物发酵可产生有机酸、细菌素、过氧化氢、胞外多糖等抗菌活性成分（Patten and Laws，2015），可以促进白细胞杀死致病菌，促进新细胞生成，具有一定的抑菌活性（Saelim et al.，2017）。青梅酵素液对金黄色葡萄球菌、大肠杆菌、枯草芽孢杆菌具有较强的抑制作用（王辉等，2018）；董银卯等（2008）也发现膏状及粉状酵素对金黄色葡萄球菌、大肠杆菌、铜绿假单胞菌有抑制作用，对痤疮病原菌有明显的抑制作用；植物乳杆菌 MG208 发酵的西兰花发酵液能显著地抑制幽门螺杆菌的生长，并且降低其黏附活性，可以用作保护胃环境免受幽门螺杆菌感染的功能性饮食（Yang et al.，2015）；以植物乳杆菌 LS5 发酵的甜柠檬发酵液对大肠杆菌 O157：H7 和鼠伤寒沙门氏菌显示出更高的抗菌活性，且对鼠伤寒沙门氏菌的抗菌作用更强（Hashemi et al.，2017）；植物乳杆菌 DW12 发酵的椰子液亦可以抑制食源性致病菌的生长（Kantachote et al.，2017）。

7. 美容美白作用

微生物酵素含有的酶和一些活性物质能消解老化细胞，促进表皮细胞新陈代谢，清洁皮肤及去除油脂，使得皮肤细腻有光泽。有研究表明，糙米酵素能够阻止角质细胞和表皮细胞脂质氧化，防晒系数 4.8±0.3（Santamaría et al.，2010）；李子酵素中的提取物有效地抑制了角化细胞的吞噬作用，显著降低了皮肤黑素指数和色斑（田中清隆等，2014）。

总之，对酵素的功能作用研究也证实了酵素的功效，可作为功能性食品供人们食用，从而调节人体的相关代谢，预防各类相关疾病的发生，对人类健康起到积极的作用，且酵素的保健功能研究将一直是我们研究的重点。

5.3　食用苹果酵素生物发酵技术

5.3.1　食用苹果酵素定义

食用苹果酵素是指以新鲜苹果为主要原料，添加或不添加辅料，经微生物发酵制得的含有特定生物活性成分可供人们食用的产品，可实现纯天然绿色食品功能化增值。利用微生物菌发酵的原理，经过长期反复发酵，实现了综合均衡营养，含有丰富的酶、多种维生素、矿物质和各种代谢产物等营养成分，具有抗氧化、抗菌消炎、调理肠胃功能、增强机体免疫力、修复机体损伤等功能。

5.3.2　食用苹果酵素生物发酵工艺

1. 食用苹果酵素生物发酵生产工艺流程

群种发酵：苹果原料选择→清洗→去核→切分或破碎→装罐→调节糖度、水分→发酵→过滤→成品。

纯种发酵：苹果原料选择→清洗→去核→切分或破碎→装罐→杀菌→调节糖度、水分→接种→发酵→过滤→成品。

2. 食用苹果酵素生物发酵工艺

李飞等（2016）在无菌环境下用无菌水对新鲜苹果和柠檬进行清洗，在超净工作台内自然晾干。冰糖打碎后在紫外灯下杀菌 30min，将苹果切片加到灭菌的玻璃瓶中，将相同质量的冰糖分布在玻璃瓶内，柠檬切片后覆盖在表层，封口后放置在恒温培养箱中 28℃发酵 49 天；杨小幸等（2017）用自来水冲洗黏附在苹果表面的灰尘等杂物，然后用纯净水冲洗苹果表面并晾干。白砂糖用紫外灯辐照处理 45min，按苹果与白砂糖质量比 2∶1 将苹果和白砂糖加入到已灭菌的玻璃瓶中，封口，放在暗处，室温（10～20℃）发酵 28 天；崔国庭等（2018）采用酵母菌进行纯种发酵，接种量为 1.0%、发酵时间为 15h、发酵温度为 30℃时，苹果酵素具有较高的自由基清除和酶活性。

（1）苹果原料选择

原料质量的优劣，是保证产品质量的基础，这已为国内外生产实践所证明。近年来，我国的苹果加工业发展迅速，其中浓缩苹果汁是我国水果加工制品出口的主要种类。但是，长期以来，我国用于加工的苹果质量较差，多为残、次、落果，直接影响了苹果加工品的质量。随着我国人民生活水平的提高和对外贸易的发展，国内外市场对苹果加工品的数量和质量需求必将不断增加，要求苹果生产者适应市场变化，生产出适销对路的苹果产品。食用苹果酵素加工要求选用完好无损，无污染，糖、酸含量高，香味浓的鲜果，剔除腐败霉变的烂果，果实在采收和运输中的任何损害都会影响酵素的质量。对果实的大小和形状没有严格要求，具有广阔的开发前景。由于果品加工受到季节、设备，以及加工品对原料成熟度和新鲜度的影响，对于不能及时处理的原料，必须设法暂时贮存起来，以满足加工的要求；所以，原料的贮存十分重要。选择清洁、阴凉、干燥、通风，不受日晒雨淋的场所，将果箱以“品”字形或“井”字形堆码起来，不受挤压，又方便取用。

（2）清洗

原料清洗的目的是洗去原料表面附着的灰尘、泥沙和大量的微生物及部分残留的化学农药，保证产品的清洁卫生，从而保证产品的质量。最简易、最常见的洗涤方法是手工洗涤。也可在光洁的水池上面，安装水龙头，加水浸泡的果实悬浮于水中，经 1～2 次换水即可冲洗干净。工厂化生产多采用机械洗涤，借机械的力量来激动水流搅动果实，进行洗涤。机器设备种类很多，如转筒洗涤机、振动喷洗机、刷洗机、压气式清洗机等多种类型。清洗用水应符合饮用水标准。

（3）原料的去核、切片

苹果的核和心都较粗糙、坚硬，有的味涩苦，均无食用价值。用具最好是不锈钢的，因为铁质用具与果实中单宁接触，会引起制品变色，铁质用具被腐蚀会增加食品污染的程度。

（4）调节糖度

酵素发酵所用的糖主要有单糖和低聚糖，红糖、黑糖、白糖、冰糖等都属于蔗糖，与麦芽糖一样都是二糖，蜂蜜的主要成分为葡萄糖和果糖，属于单糖。低聚糖在酵素内微生物的作用下，首先分解为单糖，单糖在有氧条件下分解为二氧化碳和水，在无氧条件下生成乙醇或乳酸，乙醇继续在醋酸菌等菌类的作用下分解成醋酸，继续发酵为二氧化碳和水。在不同的发酵阶段，酵素内菌群的数量和种群大小会发生相应的变化，并在发酵结束时达到相对平衡。此时，酵素发酵液中蕴含大量的益生菌、酶及各种有机酸、氨基酸、维生素等菌类代谢物，还有各种有机小分子。各种微生物具有不同的利用各种碳源的能力，绝大多数都需要利用糖类作为碳源，但是它们在分解糖分的能力上有很大差异。从微生物发酵的角度分析，在酵素发酵过程中，糖分一方面被细菌利用，另一方面，形成高渗环境，使杂菌不利于繁殖。

酵素发酵时糖的添加量与是否加水有关。目前，果蔬酵素有无水和加水两种发酵方式，我国台湾与日本都是无水酵素，无水酵素是指糖和物料 1∶1 进行发酵的酵素。无水酵素发酵速度缓慢、不彻底，酒精和糖分含量较高，不利于长期饮用。因此，食用苹果酵素发酵采用加水的发酵方式，即糖、苹果原料和水的比例为 1∶3∶10。在发酵体系中，水是溶剂，各种营养素溶入其中，糖分溶入水里，水果分散在这个高渗环境中，水果细胞里面的糖分、矿物质等营养素就会从细胞里面释放出来，分布在液体里面的酵素菌，就会利用这些营养快速繁殖，它们几乎不到 1min 就繁殖一代。在酵素菌繁殖过程中，会合成和释放许多代谢物，包括纤维素酶、果胶酶等，这些酶会分解植物纤维，使水果进一步被彻底分解，从而释放更多小分子营养素被细菌利用。

（5）发酵

按照 1∶3∶10 将前处理结束的苹果片、糖及水加入到发酵罐中，放置在阴凉通风处常温发酵。发酵初期要多搅拌，让发酵均匀，越搅拌发酵得越好。还要把浮在糖水上的苹果片按到下面，约一个月后不产生气泡时，将容器口密封，继续发酵 2～5 个月即可成熟，密封常温存放。

食用苹果酵素的发酵，首先是发酵容器的选择。从材质安全的角度出发，制备酵素的容器必须具备对酸蚀的分解能力和对酵素的降解能力；从加速发酵养护需求的角度出发，必须具备良好的密封性和微弱的呼吸置换能力。

1）酸蚀分解能力

食用苹果酵素中苹果酸、乙酸等有机酸含量高，pH 通常在 3～4。因此，酵素对容器有很强的酸蚀度和一定的分解能力，尤其是长期贮存的。

2）酵素的降解能力

食用苹果酵素中益生菌和活性酶等活性物质含量高，它具备分解催化能力的同时，也具备一定的降解能力，比如把果胶所含胶原蛋白分解为对人体不利的甲醇，然后再把甲醇慢慢降解掉。酵素在人体和自然界中发挥作用时，是以循环代谢为前提的，分解出有益物质被吸收利用，有害物质部分被分解，部分经循环排出。

3）良好的密封性

食用苹果酵素整个发酵过程中，除了发酵初期需要通过开盖搅拌以适当供氧外，其余过程是以无氧或者缺氧状态为主导的。良好的密封性，是酵素发酵时控氧的基本要求，如果密封性不好，导致长期直接接触空气，就会出现酸腐或过度酸化现象。

4）微弱的呼吸置换能力

食用苹果酵素发酵过程进入中后期时，基本进入无氧或者缺氧的分解阶段，这一阶段容器里的空气和水中可以置换利用的氧气已经被消耗完了，但完全无氧又会导致分解缓慢停滞，所含甲醇、甲酸等有害代谢物无法彻底分解，酵素分解停滞，所分解出的有害代谢物也无法排放，导致酵素发酵数年依然无法安全和成熟。氧气、二氧化碳、氮气等气体分子是远远小于水分子的，容器不漏水不代表气体不会置换，微弱的呼吸置换能力对酵素的养护和熟化是有一定的作用的。

适合酵素发酵的容器主要有以下几种：①高密度聚乙烯（HDPE）：HDPE 容器属于结晶热塑型，原料颜色为微透乳白色，可回收热熔再利用，相对比重 0.93 左右。特点：柔韧性高，耐腐蚀性强，常温下不溶于任何有机酸，抗酸碱腐蚀，抗盐腐蚀；热塑流动性好，所以不需添加塑化剂来提高流动性；硬度不高，易划伤，结构相对比较疏松，但正是基于此，HDPE 容器的透气性较好，恰好满足了材质的微呼吸置换能力的要求；完全符合酵素酿制的材质安全要求。②聚乙烯（PP）：PP 容器属于半结晶热塑型，可回收热熔再利用，透明度较高。特点：熔点高，适合高温环境，不受部分有机酸腐蚀，有一定的耐酸碱性；材质硬度较高，表面光滑度高，不易划伤，适合日常食品接触，可以作为酵素制备的容器。③陶瓷罐子：陶瓷罐子属于自然产物，适合酿制，在材质安全上没有问题，材质本身具有密封性和微呼吸置换能力，是中国传统酿制的首选材质。

（6）过滤

食用苹果酵素的过滤分离分为传统过滤方式和膜分离方式，传统过滤方式包括板框过滤和硅藻土过滤两种。

1）板框过滤

板框过滤适用于浓度 50%以下、黏度较低、含渣量较少的液体做密闭过滤以达到提纯、灭菌、澄清等精滤、半精滤的要求。滤板采用螺纹网状结构，可根据不同过滤介质和生产工艺（初滤、半精滤、精滤）要求，更换不同滤材，直接用微孔滤膜即能达到无菌过滤的目的。用户还可以根据过滤量的大小，相应减少或增加过滤层数，使之适合生产需要；所有密封部件均采用硅橡胶密封圈，耐高温、无毒、无渗漏、密封性能好；滤液损耗少，过滤质量好，效率高，过滤面积大，流通量大。

2）硅藻土过滤

硅藻土过滤是指以硅藻土涂层作为滤层的过滤器，主要利用机械筛除作用处理含有微小悬浮物的水过滤处理工艺过程。过滤器的核心部分是由滤网、支撑网及外框架三部分构成的。每个滤元是一根带孔的管作为骨架，外表面缠丝，丝上涂硅藻土覆盖层。滤元固定在隔板上，隔板上下为原水室和清水室。整个过滤周期分铺膜、过滤和反冲洗三步。对可导致腹泻、呕吐，严重者会死亡的隐孢子虫和贾第鞭毛虫的滤除效率达到 99.99%以上；过滤精度高，达到 2～3μm，硅藻土粒度为 1～10μm。过滤出水水质澄清透明，浊度<0.1NTU；反冲时间短，可节水节电；占地面积小，操作简单、安全。

3）膜分离技术

酵素传统的过滤方式过滤精度较差，无法完全过滤溶液中的细菌、微粒、胶体等大分子物质。因此，膜分离技术在酵素中的应用越来越广泛。膜分离技术是指在分子水平上不同粒径分子的混合物在通过半透膜时，实现选择性分离的技术，半透膜又称为分离膜或滤膜，膜壁布满小孔，根据孔径大小可以分为微滤膜（MF）、超滤膜（UF）、纳滤膜（NF）、反渗透膜（RO）等，膜分离采用错流过滤或死端过滤方式。该技术是一种使用半透膜的分离方法，由于膜分离操作一般在常温下进行，被分离物质能保持原来的性质，能保持食品原有的色、香、味、营养和口感，能保持功效成分的活性，其选择性强，操作过程简单，适用范围广，能耗低，所以可广泛应用于食品的生产中。该技术特点是在常温下进行，有效成分损失极少，特别适用于热敏性物质；无相态变化，保持原有的风味，能耗极低；无化学变化，是典型的物理分离过程，不用化学试剂和添加剂，产品不受污染；选择性好，可在分子级内进行物质分离，具有普遍滤材无法取代的卓越性能；适应性强，处理规模可大可小，可以连续也可以间歇进行，工艺简单，操作方便，易于自动化。

（7）成品

酵素成品应按照《植物酵素》（QB/T 5323—2018）标准或相关企业标准的要求进行检验，符合标准的产品按要求分别装箱，存放在干燥、清洁、避光的环境中。

3. 食用苹果酵素发酵操作要点

（1）灭菌

为了保持苹果中的营养成分，苹果酵素纯种发酵过程中的灭菌是指采用巴氏灭菌法，对混匀后的原料进行灭菌处理，或在 75℃下处理 15min。

（2）菌种的活化和种子液的培养

在适宜条件下培养（乳酸菌：37℃，培养 24h；酵母菌：28℃，培养 72h；醋酸菌：30℃，培养 48h）菌种。液体培养：将经过活化的菌种挑三环接种到相对应的液体培养基中，培养条件同上；扩大培养：吸取培养好的菌液加入到装有 100ml 果汁的 150ml 三角瓶中，培养条件同上，扩大培养后得到种子液。

（3）发酵

按照 1∶3∶10 将前处理结束的苹果片、糖及水加入到发酵罐中，灭菌后接入活化好的菌种，在培养箱中发酵。

5.3.3 食用苹果酵素发酵过程中的影响因素

对食用苹果酵素发酵过程影响较大的因素主要有 pH、糖原、发酵温度、微生物的添加等。

1. pH

pH 主要影响苹果酵素发酵过程微生物的生长繁殖和产物合成（杨培青等，2016）。微生物都有其最适的和能耐受的 pH 范围，大多数乳酸菌生长的最适 pH 为 5.5～7.5，酵母菌最适 pH 3～6，醋酸菌最适生长 pH 5.0～6.5。pH 对苹果酵素发酵的影响主要有：影响酶的活性，当 pH 抑制菌体中某些酶的活性时，会阻碍菌体的新陈代谢；影响微生物细胞膜所带电荷的状态，改变细胞膜的通透性，影响微生物对营养物质的吸收及代谢产物的排泄；影响培养基中某些组分和中间代谢产物的离解，从而影响微生物对这些物质的利用；pH 不同，往往引起菌体代谢过程的不同，使代谢产物的质量和比例发生改变。

2. 糖原

酵素中添加不同的糖原及不同浓度的糖可为微生物生长代谢提供充足的碳源和能源，促进微生物对发酵基质的代谢及部分活性成分的合成，不同的糖原及添加量对酵素发酵过程有很大影响。绝大多数微生物都能利用糖类作为碳源，在各种生物酶的作用下，双糖和多糖转化成单糖，糖浓度不应该太高，会抑制菌体生长；定期测糖浓度，糖浓度太低，会抑制发酵。补充合适的碳源可减缓自然发酵过程中酵母菌生长及乙醇代谢，同时促进乳酸菌的生长，避免造成乙醇含量偏高，并代谢更多有机酸等活性物质（刘毓锋等，2020）。

3. 发酵温度

发酵温度通过影响酵素发酵过程中微生物的代谢速率及发酵基质中营养物质和活性物质的溶出，从而影响发酵周期和酵素产品，是发酵过程中主要的控制参数，发酵过程中最优发酵温度的控制与发酵基质密切相关，大致范围在 28～40℃（李红，2019）。最适发酵温度是既适合菌体的生长，又适合代谢产物合成的温度，它随菌种、培养基成分、培养条件和菌体生长阶段不同而改变。实际生产中，由于发酵液的体积很大，升降温度都比较困难，所以在整个发酵过程中，往往采用一个比较适合的培养温度，使得到的产物产量最高，或者在可能的条件下进行适当的调整。

4. 微生物

优势微生物的添加，可在酵素食品加工体系中快速构建出有益的微生物生态，抑制腐败菌、致病菌等杂菌的生长，同时可以通过生物转化作用形成高活性产物和风味物质（李豆，2018）。目前，常用的优势微生物有乳酸菌、酵母菌、醋酸菌及其混合菌等，可明显提高酵素食品的风味和功能特性。微生物接种量的大小取决于生产菌种在发酵罐中生长繁殖的速度，采用较大的接种量可以缩短发酵罐中菌丝繁殖达到高峰的时间，使产物的形成提前到来，并可减少杂菌的生长机会。但接种量过大或者过小，均会影响发酵。过大会引起溶氧不足，影响产物合成；而且会过多移入代谢废物，也不经济；过小会延长培养时间，降低发酵罐的生产率。通常接种量为细菌 1%～5%，酵母菌 5%～10%，霉菌 7%～15%。接种浓度是指单位体积发酵液中接入菌液的量。无论在科学研究上，还是在工业发酵控制上，它都是一个重要参数。接种浓度的大小，与微生物的生长速率密切相关，对发酵产物的得率也有着重要的影响，在适当的生长速率下，氨基酸、维生素等这些初级代谢产物的得率与接种浓度成正比。但接种浓度过高，则会产生其他的影响，如营养物质消耗过快、发酵液的营养成分发生明显的改变、有毒物质的积累等，就有可能改变微生物的代谢途径，特别是对发酵液中溶氧的影响尤为明显，接种浓度过高引起的溶氧下降，会对发酵产生影响。因此，选择控制适当的浓度，是提高代谢产物产量的重要方法。

5.4　食用苹果酵素的主要代谢产物

酵素成分包含来自植物原料和微生物所提供的各种营养素及天然植物中的植

物类功能性化学成分（phytochemical），以及发酵生成的一些生理活性物质，包括维生素、矿物元素、氨基酸、肽类、多糖和有机酸等代谢物质。

5.4.1 维生素

维生素是人体七大重要营养素之一，虽不为人体提供能量，需要量很少，但却是人体必需的。原因之一就是它和酵素成分之间有着密切的关系。酵素在身体中并不是以单体状态发挥功能，它需要在其他物质的辅助、活化下才能发挥作用，维生素和酵素的基质特异性有关，它如同酵素的伙伴，被称为“辅酵素”或“辅酶”，辅酵素为酵素的活化剂，它是人体中生化反应的辅助因子。主要作为人体中重要代谢的辅酶，如维生素 B_1、B_2 和尼克酸等都是人体能量代谢的氧化还原反应中具有重要作用的酶的辅酶，维生素 B_1 为 α-酮酸氧化脱羧酶的辅酶，维生素 B_2 为黄酶的辅酶，尼克酸在体内可转化成烟酰胺与核糖、磷酸、腺嘌呤等组成脱氢酶的辅酶Ⅰ与辅酶Ⅱ。维生素 B_6 是某些氨基酸脱羧酶的辅酶，泛酸是糖、脂肪、蛋白质代谢中起重要作用的辅酶 A 的组成成分。

维生素负责细胞的平衡，缺乏维生素，酵素类物质的生物活性就会下降或丧失功能、无法正常工作，细胞因此而逐渐衰弱，甚至死亡，一旦波及身体的组织器官，就会诱发疾病。如果体内没有足够多的酵素类物质去催化生化反应，维生素也无法被人体充分吸收利用，二者相辅相成。

1. 维生素 B_1

维生素 B_1 又称硫胺素，它是与体内碳水化合物代谢有关的酵素活化剂，硫胺素可以激活酮转移酵素，这种酵素为葡萄糖代谢的直接氧化途径所必需。有研究表明，焦磷酸硫胺素增强红细胞中转酮醇酶的活性。

2. 维生素 B_2

维生素 B_2 又称核黄素，它参与蛋白质代谢和其他酵素类物质的组成，让这些酵素能直接接收或传递氢原子或正电荷，这些反应是细胞中的葡萄糖和脂肪酸代谢释放能量必需的，所以被称为蛋白质酵素活化剂。而且维生素 B_2 能提升人体中酵素的分解作用，清除同型半胱氨酸。而同型半胱氨酸为诱发心脏病的独立因素。

3. 维生素 B_6

维生素 B_6 能参与脂肪、糖的代谢过程，是多种重要酵素类系统的辅酵素，能激活多种酵素，促进生化反应。维生素 B_6 为高同型半胱氨酸血症的“克星”，坚持每天补充 5mg 的维生素 B_6，能有效预防冠心病。而且，高甲状腺素者、嗜酒者

的血液中维生素 B_6 的水平比较低，很容易导致辅酵素的激活作用下降，所以一定要适当补充。

4. 维生素 B_{12}

维生素 B_{12} 又称钴胺素，在身体中以辅酶的形式存在，能促进蛋白质、核酸等酵素的活性，特别是在肝脏中有近 500 种酵素的合成，需要维生素 B_{12} 作辅助因子。

5. 叶酸

叶酸是正常红细胞和白细胞发育成熟所必需的维生素，缺乏叶酸会影响关键酵素类物质的活性，进而影响基因组织稳定性，诱发基因突变，因为叶酸参与核酸和红细胞的合成。每天口服 400μg 叶酸就能抑制同型半胱氨酸，预防冠心病。

6. 维生素 PP

维生素 PP 又称尼克酸，它能帮助脱氢酶在生理反应的过程中脱氢，并且是多种辅酶的成分。没有尼克酸，人体就无法利用碳水化合物、脂肪、蛋白质产生能量，自然不能合成蛋白质和脂肪。

7. 维生素 K

维生素 K 又称甲萘氢醌，是一种脂溶性维生素，它是肝脏合成凝血酶原和其他凝血因子的重要物质，能防止不正常出血，所以被称为"抗出血维生素"。维生素 K 有激活酵素之功效，它可以在肝脏内合成凝血酶原，在人体出血之后迅速将血液里面的纤维蛋白原转化为纤维蛋白，达到止血的目的。

5.4.2　矿物元素

酵素中的矿物元素来自动植物原料或外添加，钙、磷是身体中含量最多的矿物元素，是维持机体正常运作所不可缺少的。近期研究指出，镁在造骨过程中的重要性要高于钙，同时它也是多种酶的优良辅助因子。锌同样是身体不可或缺的部分，是保持蛋白质合成、细胞分裂正常进行不可缺少的元素。有 70%左右的酶类需要矿物微量元素作为辅助因子里面的辅基，激活、参与构成特殊的化合物，而很多无机矿物质元素在机体中的生理作用就是参与酵素的合成或是酵素活化剂。如果矿物微量元素缺乏，不但会导致酵素活性下降，热稳定性和催化反应速率降低，还可能危害身体健康。

1. 铁

铁是多种酵素的活性中心，也是很多酵素的组成成分和氧化还原反应酵素的激活剂，在人体生化反应过程中发挥着重要作用。铁可以参与血红蛋白、肌红蛋白、细胞色素、细胞色素氧化酵素和触媒的合成，同时激活巯基脱氢酵素、苯丙氨酸羟化酵素、单胺氧化酵素、黄嘌呤氧化酵素、过氧化氢酵素等活性。在人体中，有 2/3 的铁存在于血红细胞内，血红素缺乏，过氧化氢酵素的抗氧化活性就会降低。细胞色素为人体中复杂的氧化还原过程不可或缺的物质，有了它才可以完成电子传递，同时在三羧酸循环的过程中让脱下的氢原子和血红蛋白从肺“运来”的氧生成水，进而确保代谢的正常，并且在这个过程中释放能量，供人体所需。氧化还原反应的过程中产生的过氧化氢等有害物质还能被过氧化氢酵素破坏，进而达到解毒的目的。

2. 锌

锌是组成酵素结构的重要物质，在人体内有 300 多种酵素含锌元素，它不是被放在酵素结构的催化中心就是用来稳定酵素蛋白的主体结构，比如碳酸酐酵素、谷氨酸脱氢酵素、DNA 聚合酵素、RNA 聚合酵素、碱性磷酸酵素、胰腺羟基肽酵素、乳酸脱氢酵素等，锌离子可以激活肠磷酸酵素和肝、肾过氧化氢酵素。一旦锌缺乏，多种酵素都会失活，而且会导致一系列代谢紊乱、病理变化，诱发缬氨酸、蛋氨酸、赖氨酸代谢紊乱，谷胱甘肽的合成量会下降，结缔组织蛋白和肠黏液蛋白合成的过程会受到干扰。尤其是脂肪酵素、肽酵素一定要在锌的作用被激活的时候才可以发挥作用。糖类、脂肪、蛋白质和核酸的合成、分解过程都与含锌酵素良好的生物活性有着密切的关系。锌还是 SOD 酵素的重要辅基，能清除人体自由基，延缓衰老。

3. 硒

硒是构成谷胱甘肽过氧化物酶、烟酸羟化酶等重要的必需活化剂。其中，谷胱甘肽过氧化物酶可以催化还原谷胱甘肽转变为氧化型谷胱甘肽，还能防止大分子发生氧化应激反应而产生自由基，让那些对机体有害的过氧化物被还原成对机体无害的羟基化合物，同时将过氧化氢分解为氧气和水，进而保护细胞膜的结构、功能，防止其受过氧化物伤害和干扰。硒还可以激活淋巴细胞，一旦缺乏硒，谷胱甘肽过氧化物酶的活性就会降低，自由基含量增加，进而损伤心肌细胞。体内处在低硒水平的时候，酵素的活力与硒的摄入量呈正相关，达到一定水平时，这种正相关关系则不成立。

4. 钴

钴是多种酶的辅助因子，它能催化水解、氧化、聚合、水化、转移和脱羧等反应，成为酶活性中心的组成成分。钴为 DNA 聚合酶和转录酶的辅助因子，稳定酶蛋白催化活性所必需的分子构象。不过，过量的钴会抑制酶活性。

5. 磷

磷是核酸、核蛋白、磷脂、其他含磷化合物的重要组成元素，同时也是多种酶和辅酶的重要元素。

6. 铜

铜是人体中 30 多种酶的活性成分和活化剂，如细胞色素 c 氧化酶、尿酸盐氧化酶、赖氨酸氧化酶、某些血浆和结缔组织的单胺氧化酶等。铜是 SOD 的重要组成成分，它能通过 SOD 的催化反应猝灭超氧化阴离子自由基。铜也是铜蓝蛋白的组成成分，相关资料显示，铜蓝蛋白为人类血清中唯一有效的亚铁氧化酶。铜蓝蛋白可以调节血清生物胺、肾上腺素、5-羟色胺酵素的浓度。一旦铜代谢发生障碍，组织结构功能就会出现异常。

7. 钙

α-淀粉酶的分子中多数含钙离子，结晶的钙型 α-淀粉酶通常比结晶的杂离子型 α-淀粉酶活性高 3 倍多。钙能提高 α-淀粉酶的稳定性。

8. 镁

镁离子参与所有能量代谢，激活、催化 300 多个酵素系统，镁通过激活细胞膜上的 Na^{+}-K^{+}-ATP 酵素，保持细胞内钾的稳定，维持心肌神经、肌肉的正常功能。缺镁而导致的缺钾，直接补钾是没有效果的。镁能促进成骨细胞碱性磷酸酶活性和蛋白质分泌，促进骨骼的形成和生长。大部分镁存在于细胞内，钙则多数存在于细胞外，一旦细胞内的镁减少，细胞外面的钙就会转移到细胞内，导致逆转。如果细胞内的钙含量超出允许范围，就会导致细胞异常紧张，诱发痉挛。

9. 碘

碘通过甲状腺素促进蛋白质合成，可以活化 100 多种酶，调节能量代谢。甲状腺素可以加速各种物质的氧化过程，增加机体耗氧量和产生热量。

10. 锰

锰参与人体中多种酶的合成和激活，包括作为 SOD 的辅基，能清除自由基，延缓衰老。金属辅基对酶催化活性起着决定性的作用，锰离子和铜离子、锌离子一样，都能催化超氧阴离子自由基发生歧化反应，而且能维持构象，确保反应的正常。锰还是半乳糖转化酵素、ATP 酵素的成分和活化剂。

11. 钼

钼参与人体中多种酶的合成和激活，除了参与细胞内电子传递外，对人体中的嘌呤代谢也有催化作用。

5.4.3 氨基酸

酵素中的氨基酸主要由来自原料和微生物蛋白质降解所生成，在 20 种氨基酸中有 9 种是人体合成蛋白质所必需的。酵素中的另一有益氨基酸是 γ-氨基丁酸（GABA），是一种在中枢神经系统中起神经传导作用的物质，来自发芽谷物与乳酸菌酵母等微生物，具有抑制血压、促进脑代谢、降血脂、抗氧化、预防动脉硬化、改善睡眠与记忆、抗衰老及活化胃肠功能等作用。糙米、谷物原料经微生物发酵后，GABA 含量可明显增加。此外来自酵母、小麦胚芽的谷胱甘肽（GSH）具有清除自由基、解毒和防止白细胞下降等作用。酵素中的牛磺酸（氨基乙磺酸）是一种含硫氨基酸，主要来自动物原料（鸡肉、乌贼、章鱼、鱿鱼、牡蛎等）及外添加，而在植物性原料及细菌中几乎不能检出。牛磺酸有促进人脑神经细胞的生长发育、延缓衰老和抗疲劳的作用。适当补充牛磺酸可增加神经细胞中 SOD 的活性而有利于清除体内自由基。

5.4.4 肽类

肽类是蛋白质降解的中间产物，除了具有较好的消化性外，有些还有降血压、清除自由基、醒酒、抗疲劳等作用。谷胱甘肽可清除自由基，有解毒、防止白细胞下降等作用。活性肽的发现破译了人体生老病死的关键问题，开辟了人类疾病治疗的新纪元。科学家们在实验中发现，活性肽像一个自动运作的监视器，密切监视细胞的表达、复制过程。当细胞分裂、复制正常时，活性肽就保证细胞的正常分裂和蛋白质的正常合成。当细胞分裂出现错误时，活性肽就立即“命令”错误细胞的复制停下来并对它进行修复。活性肽能及时剪切、剪接和修复异常错误细胞，保证蛋白质的正常合成，保证人体处于健康状态。

5.4.5 多糖

多糖（polysaccharide）是由多个单糖分子缩合、失水而成，是一类分子结构复杂且数量庞大的糖类物质。

活性多糖大多数可以刺激免疫活性，能增强网状内皮系统吞噬肿瘤细胞的作用，促进淋巴细胞转化，激活 T 细胞和 B 细胞，并促进抗体的形成，从而在一定程度上具有抗肿瘤的活性。但对于肿瘤细胞并无直接的杀伤作用。酵母多糖是优质免疫多糖和优质功能膳食纤维。酵母葡聚糖是一种存在于天然营养酵母细胞壁中的免疫多糖。对肿瘤、肝炎、心血管、糖尿病及降血脂、抗衰老等方面均有独特的生物活性。研究发现酵母葡聚糖可作为生命活动中起核心作用的遗传物质，具有控制细胞分裂与分化、调节细胞生长与衰老等多种复杂的功能，目前世界各国，尤其是美国、日本、俄罗斯等国对葡聚糖进行了大量深入的研究。酵素通过特定菌种的发酵，逐步把辅料蔗糖转化为多糖，多糖是健康的“多糖”，可以高效、安全地增强人体免疫力，具有恢复机体自身血糖的平衡能力。

5.4.6 有机酸

有机酸是指一些具有酸性的有机化合物。这些化合物中的一部分参与动植物代谢，有些则是代谢的中间产物，有些具有显著的生物活性，能防病、治病，有些是有机合成、工农业生产和医药工业原料。酵素中丰富的乳酸、琥珀酸、柠檬酸、苹果酸、草酸等多种有机酸，有软化植物纤维和促进糖代谢的作用，同时它能溶解动物食品中的骨质，促进钙、磷吸收。

5.5 食用苹果酵素的功能性成分

酵素的保健功能来自植物原料经发酵后所生成的益生菌和益生元、酶类、多酚、黄酮及外添加的其他功能成分等。

5.5.1 益生菌和益生元

益生菌是指能够通过改善和平衡宿主肠道内菌群而对宿主健康起有益作用的微生物，主要有乳酸菌、双歧杆菌、某些芽孢杆菌、丁酸菌和酵母等，酵素的保健功能很大一部分得益于益生菌，益生菌通过其生长和各种代谢作用，促使肠道菌群正常化，抑制肠道中的腐败菌和病原菌的繁殖。益生菌及其代谢产物能够诱导产生干扰素，活化免疫细胞，促进免疫球蛋白 IgA 的生产，提高机体免疫力和抑制肿瘤发生。有些乳酸菌还可产生胞外多糖，这是由 2～8 个单糖主要是葡萄糖、果糖、半乳糖与鼠李糖构成，不同结构的多糖，具有不同的生理效应，有些乳酸菌多糖在降低胆固醇、抗癌、调节免疫功能方面起着重要作用。益生元也是酵素中主要功能成分之一，所谓益生元是指可以调节肠道中菌群活性而有益于宿主健康的无生命的食物成分，其作用是促进肠道中碳水化合物发酵而抑制肠道腐败作用。酵素中的益生元一部分来自原料，大部分是成品时添加进去的，如非消化性的低聚果糖、低聚木糖、异麦芽糖等，其目的是改善酵素口感，提高酵素的保健效果，防止酵素变质。

5.5.2 功效酶

人体的自由基主要依靠体内的超氧化物歧化酶和过氧化氢酶来清除，因人体随年龄增长这些酶的活性和数量都会降低，以致自由基过多积累，导致人体衰老加快。酵素中的超氧化物歧化酶（superoxide dismutase，SOD）、谷胱甘肽过氧化物酶及过氧化氢酶能够有效保护机体免受氧化伤害，而 SOD 的作用被认为最有效，它可快速将活性氧转化成毒性较小的过氧化氢，再由过氧化氢酶和过氧化物酶将其分解成水和氧，从而将有害的活性氧清除。SOD 主要来自发酵液中的植物原料和微生物，与动物来源 SOD 相比，植物源 SOD 具有稳定性好、吸收率高的优点。同时，酶活是酵素的主要质量指标，蛋白酶、脂肪酶、淀粉酶、超氧化物歧化酶是酵素类食品的主要功效酶。其中 SOD 酶活性是评价酵素品质优劣的重要指标之一，也是各类酵素在保健功效上的宣传重点（陈爽等，2017）。淀粉酶、蛋白酶、脂肪酶等与消化作用有关的酶，主要功能是促进我们对食物的消化吸收；氧化还原酶、脱氢酶等，它们含有辅酶、维生素、核苷酸、金属离子等辅助因子，参与人体的各种新陈代谢。

5.5.3 多酚类

多酚，又称单宁（tannin）或鞣质，存在于常见的植物性食物及中药材中，含量仅次于木质素、纤维素，水果、蔬菜中均富含多酚类物质。

酵素产品经发酵确实提高了原料中多酚类物质的利用率，结合态多酚通过微生物代谢物中的降解酶降解，水解酶（淀粉酶、果胶酶、纤维素酶、半纤维素酶等）水解而被转化成游离态多酚。另外，食品中的结合态多酚经机械破碎、超声后在一定程度上会转化成游离态多酚，一定程度上也会提高原料中游离态多酚，使得抗氧化活性提高。总之，多酚类物质的代谢及其生物学作用研究目前是营养学研究领域内一个新的热点，我们有必要将多酚类物质作为酵素产品的检测指标。食品中多酚的存在形态分为游离态和结合态，游离态多酚是以单体形式被物理吸附或截留于食品基质中的多酚，其游离形态表现出了良好的溶解性，易溶于水或有机溶剂，结合态多酚是经由共价键与食品基质（如细胞壁物质木聚糖、蛋白质等）相结合的多酚。其中游离态多酚可以通过福林酚试剂氧化结构中羟基呈蓝色而被测定出。酵素产品中多酚含量突出的原料主要为富含多酚类物质的果蔬发酵产品，如桑葚、汉百草、诺丽果、人参等。

5.5.4 黄酮类

黄酮类化合物是一类植物次生代谢产物，广泛存在于多种植物中，不仅数量种类繁多，而且结构类型复杂多样。

酵素中的黄酮类化合物具有良好的抗氧化活性和清除自由基的能力。脂质过氧化是一个复杂的过程，黄酮类化合物可通过直接和间接清除自由基两种机制来影响该过程。对茶多酚和茶色素的基础研究表明它们在心血管疾病预防中具有重要意义。通过实验室研究和大样本临床观察均证实茶多酚和茶色素在调节血脂、抗脂质过氧化、清除自由基、抗凝和促纤溶、抑制主动脉脂质斑块形成等多方面发挥作用。高血压及冠心病患者静脉注射葛根素后大脑半球血流量明显增加，血浆儿茶酚胺的含量明显降低、血压下降。葛根素还能通过扩张冠状动脉、降低外侧支冠状动脉的阻力而增加氧的供给，并对抗冠状动脉的痉挛而有明显缓解心绞痛的作用。原花青素保护心血管和预防高血压的作用机制是提高血管弹性，降低毛细血管渗透压。黄酮类化合物的其他生物学作用还包括免疫功能的调节（如葛根素），预防女性骨质疏松和骨流失（如大豆异黄酮），改善皮肤过敏症状及过敏性哮喘（如原花青素）等。

5.6 食用苹果酵素的功能与作用

苹果酵素富含蛋白质、钙、磷、铁、锌、钾、镁、硫、胡萝卜素、维生素 B_1、维生素 B_2、维生素 C、烟酸、纤维素等营养成分。食用苹果酵素在微生物之间的相互作用、微生物与底物之间的相互作用及底物与底物之间的相互作用下，可将大分子活性物质转化为小分子营养成分，不仅含大量的维生素、矿物质、有机酸等发酵原料中原有的营养成分，还含有发酵代谢生成的还原糖、酚类、功效酶等活性成分，具有抗氧化、调理肠胃、促进机体消化吸收、提高免疫力等功效。

5.6.1 抗氧化作用

抗氧化物质只要存在就能有效抑制自由基的氧化反应，其作用机理可以是直接作用在自由基，也可以间接消耗掉容易生成自由基的物质，防止发生进一步反应。苹果酵素发酵过程中产生丰富的抗氧化物质，可以增强自由基清除能力。经天然发酵的苹果酵素具有较好的抗氧化活性，在发酵过程中酵素的还原力呈波动上升的趋势，羟自由基、DPPH 自由基的清除能力呈现逐渐增强的趋势，超氧阴离子清除作用呈现先增强后减弱的趋势（李飞等，2016）；王益莉等（2017）加入活性干酵母进行苹果短期发酵发现，苹果酵素的SOD活力、总酚含量、DPPH和羟基自由基清除能力随着发酵时间的延长逐渐升高，18～36h增长趋势平缓，36h过后略有下降并逐步趋向平稳；当最佳发酵工艺为接种量1.0%、发酵时间15h、发酵温度30℃时，苹果酵素具有羟自由基清除能力（79.6%）、DPPH自由基清除能力（88.7%）、超氧阴离子自由基清除能力（74.3%）和还原力（0.383），其体外抗氧化能力随着贮藏时间的延长有不同程度的降低；而且苹果酵素中含有一定活性的SOD、脂肪酶、淀粉酶等功效酶（崔国庭等，2018）；植物乳杆菌发酵后苹果汁的抗氧化活性较发酵前有所提高，发酵第9天，苹果汁的DPPH和ABTS自由基清除能力最强。而发酵第5天苹果汁的铁离子还原能力最强，比发酵前提高了（37.4±3.7）%。发酵后苹果汁的总酚含量出现明显变化，发酵第9天总酚含量达到最大值，比发酵前增加了（52.1±9.6）%。发酵后苹果汁的总黄酮含量呈下降趋势，发酵至第23天，其含量比发酵前降低了（17.9±6.6）%。植物乳杆菌发酵后苹果汁的抗氧化活性较发酵前有所提高，发酵第9天，苹果汁的DPPH和ABTS自由基清除能力最强，较发酵前分别提高了（35.3±3.3）%和（64.9±3.5）%，总酚含量达到最大值，比发酵前增加了（52.1±9.6）%，而发酵第5天苹果汁的铁离子还原能力最强，比发酵前提高了（37.4±3.7）%（叶盼等，2016）。

5.6.2 调理肠胃

郭乐（2015）使用自制苹果酵素对肠道菌群失调模型小鼠进行干预，研究发现自制苹果酵素对肠道菌群失调小鼠肠道微生态有恢复重建作用，为治疗肠道菌群失调症找到安全、高效的微生态制剂提供理论依据。王婧等（2019）通过研究发现发酵苹果汁显著降低了腹泻小鼠的稀便率，使小鼠小肠绒毛的长度增加。说明苹果酵素可以有效地维持小鼠的肠道健康，缓解腹泻对小鼠肠道黏膜的损害，加强肠道屏障的防御功能。李桃花等（2016）研究发现水果酵素可以增强小鼠胃肠道消化功能，随着水果酵素浓度的增高，小鼠的胃内残留率呈下降趋势，红细胞数与血小板数水平高于对照组，白细胞水平随喂养水果酵素浓度的上升而呈下降趋势。淋巴细胞则相反，水果酵素对小鼠胃肠动力、肠道机械运动功能提升均有促进作用，且随着水果酵素喂养浓度的增加，促进作用逐渐增强。

5.6.3 减肥、降糖作用

马巧灵等（2015）研究发现自制苹果酵素对高脂饮食联合链脲佐菌素（STZ）建立的2型糖尿病小鼠模型具有良好的降血糖作用，能降低血清中TG、TC含量，可改善糖尿病小鼠的糖耐量，对外源性葡萄糖导致的血糖升高有一定的拮抗作用，对2型糖尿病小鼠胰腺具有修复作用。

5.6.4　营养作用

苹果本身含有许多营养物质，微生物在食用苹果酵素的发酵过程中生长繁殖并形成次生代谢产物，pH、总酸、有机酸、糖类、乙醇、总酚含量、DPPH 自由基清除率等物质代谢发生了变化，比如 pH 的下降抑制了有害微生物的生长，乳酸、醋酸、苹果酸、柠檬酸和酒石酸等有机酸及蔗糖、葡萄糖、果糖等作为重要的营养成分，可以改善产品的风味，产品的风味是决定人们喜好的主要因素，也是影响产品品质的重要因素（杨小幸等，2017）。

5.6.5　提高免疫力

食用苹果酵素中含有多种对人体有益的维生素及其他成分，有软化血管、抗感染、增强机体免疫力和抗病毒等作用，在一定程度上也减少了心脑血管疾病的发生，但目前还缺乏临床研究的支持。

参 考 文 献

艾学东, 胡丽娜. 2015. 水果植物复合酵素饮料的研制. 食品与发酵科技, 51(2): 105-108.
蔡爽. 2013. 人参术苓酵素的制备及改善肠胃功能研究. 吉林大学硕士学位论文.
陈爽, 朱显峰. 2017. 两种酵素产品抗氧化活性分析. 食品研究与开发, 38(3): 32-34.
陈爽, 朱忠顺, 高妍妍, 等. 2017. 分光光度法分析水果酵素中功效酶活性的研究. 食品工业科技, 38(8): 218-221+249.
陈小伟, 范昊安, 张婷, 等. 2019. 咖啡果皮酵素发酵过程中代谢产物与抗氧化功能评价. 食品研究与开发, 40(9): 18-25+50.
陈英, 余雄伟, 龚文发, 等. 2015. 植物酵素发酵特征及风味物质变化的研究. 饮料工业, 18(2): 9-12.
崔国庭, 王缎, 刘向丽, 等. 2018. 响应面法优化苹果酵素的发酵工艺及其生物活性初探. 食品工业, 39(6): 187-192.
董洁, 夏敏敏, 王成忠, 等. 2014. 金丝小枣枣泥酵素发酵工艺的研究.食品工业科技, 35(2): 197-200+205.
董银卯, 于晓艳, 潘妍, 等. 2008. 生物酵素抑菌功效研究. 香料香精化妆品, 4: 27-29.
樊秋元, 朱丹, 牛广财, 等. 2020. 黑加仑酵素发酵工艺优化及其体外抗氧化性能. 食品工业, 41(1): 132-137.
高雪, 李新华. 2014. 水果对提高复合植物酵素中淀粉酶活性的作用研究. 食品科技, 39(6): 43-46.
谷大为, 陈志敏, 周明, 等. 2015. 果蔬发酵液对小鼠酒精性肝损伤的保护作用及氧化应激机制. 营养学报, 37(4): 366-371.
郭乐. 2015. 苹果酵素对小鼠肠道微生态的恢复重建作用. 大理学院硕士学位论文.

郭爽. 2015. 敖东酵素保健功能研究. 吉林大学硕士学位论文.
郭伟峰, 王红梅, 邹晓桐, 等. 2019. 桑葚酵素饮料的发酵工艺研究及其质量评价. 食品研究与开发, 40(5): 88-93.
韩宗元, 李晓静, 叶丰, 等. 2018. 固态酵素食品的研究进展. 食品与发酵工业, 44(9): 294-299.
何嘉欣. 2013. 台湾酵素营养保健品产业现状分析.海峡科技与产业, 10: 77-82.
鹤见隆史(日). 2015. 养命酵素. 范洪涛译. 长春: 吉林科学技术出版社.
洪厚胜, 朱曼利, 李伟, 等. 2019. 葡萄果渣酵素的发酵工艺优化及其理化特性. 食品科学, 40(8): 63-72.
贾丽丽, 冀利, 孙曙光, 等. 2014. 冬枣酵素发酵过程中生物学特性和抗氧化活性研究. 食品与发酵科技, 50(4): 30-33.
蒋欣容. 2017. 单一及混合乳酸菌发酵果蔬乳饮料对小鼠润肠通便作用的影响. 扬州大学硕士学位论文.
蒋增良. 2013. 天然微生物酵素发酵机理、代谢过程及生物活性研究. 浙江理工大学硕士学位论文.
李豆. 2018. 新型水果酵素的研制及生物活性研究. 沈阳农业大学硕士学位论文.
李飞, 王凤舞, 潘越, 等. 2016. 苹果酵素抗氧化活性初步研究. 青岛农业大学学报(自然科学版), 33(1): 40-44.
李红. 2019. 苹果酵素的发酵工艺研究. 西南交通大学硕士学位论文.
李桃花, 梁蓉, 唐俊瑜, 等. 2016. 水果酵素对小鼠胃肠道消化功能的影响. 生物技术世界, 3: 10-11.
李智弟. 2019. 玫瑰酵素发酵工艺及生物活性研究. 上海应用技术大学硕士学位论文.
林冰, 孙悦, 何怡, 等. 2018.刺梨酵素的制备及活性测定. 中国食品添加剂, 10: 109-114.
刘加友. 2016. 富含γ-氨基丁酸葛根酵素发酵及其解酒功能的研究. 江苏大学硕士学位论文.
刘维兵, 王舸楠, 王犁烨, 等. 2019. 葡萄海棠果酵素发酵工艺优化及体外抑菌与抗氧化活性的研究. 食品工业科技, 40(16): 118-125.
刘毓锋, 曾嘉锐, 黄文琪, 等. 2020. 外源碳源对葡萄酵素微生物生长代谢及生物活性的调节作用. 食品工业科技, 41(8): 104-110+116.
卢冬梅, 曾靖雅, 潘进权, 等. 2018. 火龙果不同部位发酵后活性成分含量和抗氧化活性. 食品工业科技, 39(10): 149-153.
陆雨, 江石平, 孙冬雪, 等. 2018. 诺丽酵素化学成分及其抗肿瘤活性研究. 中国药学杂志, 53(18): 1552-1556.
罗成, 万茵, 付桂明, 等. 2017. 植物乳杆菌 FCJX 102 和嗜酸乳杆菌 FCJX 104 共发酵山楂-葛根汁产乙醛脱氢酶. 食品与发酵工业, 43(12): 75-80.
马巧灵, 申元英, 杨芳, 等. 2015. 苹果酵素对代谢性疾病模型小鼠的实验研究. 食品研究与开发, 36(16): 14-16.
彭宁, 杨永峰, 鲁云风. 2019. 猕猴桃酵素生产工艺条件优化. 南阳师范学院学报, 18(1): 32-37.
秦松, 王君, 高志鹏, 等. 2016. 奇魅植物酵素对小鼠酒精性肝损伤保护作用的研究. 重庆医学, 45(10): 1323-1325.
曲佳乐, 赵金凤, 皮子凤, 等. 2013. 植物酵素解酒护肝保健功能研究. 食品科技, 38(9): 51-54.
沈燕飞, 聂小华, 孟祥河, 等. 2019. 酵素食品加工微生物与功能特性研究进展. 浙江农业科学, 60(1): 112-116.
苏春雷. 2019. 高压静电场辅助发酵余甘子酵素工艺及其酵素特性研究. 华南理工大学硕士学

位论文.
苏能能, 关倩倩, 彭珍, 等. 2018. 乳酸菌发酵对桑葚浆品质及抑菌性能的影响. 食品与发酵工业, 44(9): 117-124.
覃引, 熊音如, 卢丽, 等. 2019. 不同发酵方式制备树莓-石榴复合果汁酵素的抗氧化活性研究. 中国酿造, 38(10): 105-109.
田中清隆, 王力群, 臼井祐史, 等. 2014. 李子酵素分解物 Clairju 在美白化妆品中的应用研究. 日用化学品科学, 37(11): 31-35.
王辉, 马秀敏, 张鹰. 2018. 青梅酵素的生物活性及体外抑菌作用. 食品工业科技, 39(12): 39-43.
王婧, 李瑞, 王吉祥, 等. 2019. 发酵苹果汁对腹泻小鼠稀便率和小肠组织结构的影响. 山西农业科学, 47(11): 2042-2045.
王益莉, 顾飞燕, 黄怡雯, 等. 2017. 发酵时间对苹果酵素抗氧化活性的影响.中国食品添加剂, 9: 200-204.
王瑜, 李立郎, 杨娟, 等. 2019. 刺梨酵素发酵工艺优化及发酵前后风味与活性成分分析. 食品科技, 44(10): 74-81.
王振斌, 刘加友, 严贤, 等. 2016. 超声辅助多菌种发酵制备葛根酵素的研究. 食品研究与开发, 37(13): 160-165.
魏颖, 倪庆桂, 马勇, 等. 2015. 自制研发酵素与竞品免疫调节和抗氧化能力的比较. 食品科技, 40(11): 24-27.
肖梦月, 曹新志 , 张楷正, 等. 2019. 拐枣果蔬酵素发酵条件的优化. 中国酿造, 38(10): 188-192.
邢赟. 2016. 覆盆子和丹参的真菌发酵改性研究. 云南大学硕士学位论文.
熊大艳, 刘万云. 2017. 药物解酒护肝机制的研究进展. 宜春学院学报, 39(6): 35-38.
阎世英. 2016. 酵素决定健康. 北京: 中国医药科技出版社.
杨培青, 李斌, 颜廷才, 等. 2016. 蓝莓果渣酵素发酵工艺优化. 食品科学, 37(23): 205-210.
杨小幸, 周家春, 陈启明, 等. 2017. 苹果酵素天然发酵过程中代谢产物的变化规律. 食品科学, 38(24): 15-19.
杨志鹏, 周宝琳, 刘新利, 等. 2019. 一种具有潜在解酒护肝功能酵素的开发及其生物活性评价. 食品科技, 44 (1): 154-159.
叶盼, 吴慧, 王德纯, 等. 2016. 发酵苹果汁的抗氧化性能变化. 食品与发酵工业, 42(4): 114-119.
袁周率. 2015. 糙米酵素的研发及其抗细胞凋亡作用的研究. 湖南农业大学硕士学位论文.
战伟伟, 魏晓宇, 高本杰, 等. 2017. 蓝靛果椰子复合酵素发酵工艺优化. 中国酿造, 36(1): 191-195.
张栋健, 李薇, 何庆文, 等. 2016. UHPLC-Q-TOF-MS 分析枳壳炮制前后成分变化. 中国中药杂志, 41(11): 2070-2080.
张静雯. 2015. 组合菌发酵过程中产生的微生物酵素及其生物活性研究. 武汉轻工大学硕士学位论文.
张梦梅, 刘芳, 胡凯弟, 等. 2017. 酵素食品微生物指标与主要功效酶及有机酸分析. 食品与发酵工业, 43(9): 195-200.
张巧, 叶春玲, 商飞飞, 等. 2019. 大果山楂酵素的多菌种发酵工艺研究. 河南工业大学学报(自然科学版), 40(5): 70-76.

张淑华, 叶柳健, 张振鑫, 等. 2016. 果皮酵素的制备及抗氧化活性研究. 长春理工大学学报(自然科学版), 39(4): 63-66.

张艳明, 胡传银. 2018. 葡萄牛蒡酵素的研制. 食品科技, 43(2): 147-151.

张越, 胡跃高, 王小芬. 2019. 糖添加量对燕麦酵素发酵特性的影响. 安徽农业科学, 47(4): 165-169.

章苇虹, 于士军, 张春艳, 等. 2018. 滁菊水果酵素制作工艺研究. 现代农业科技, 3: 256-258.

赵芳芳, 莫雅雯, 蒋增良, 等. 2016. 功能性微生物酵素产品的研究进展. 食品与发酵工业, 42(7): 283-287.

赵治巧, 曾莉, 万玉军, 等. 2020. 酵母菌-植物乳杆菌复合发酵菠萝酵素生物活性的初步研究. 食品与发酵工业, 46(7): 110-115.

中华人民共和国工业和信息化部. 2018. QB/T 5323—2018 植物酵素. 北京: 中国轻工业出版社.

周颖, 韦仕静, 葛亚中, 等. 2018. 生姜酵素发酵过程中生物活性成分含量及其抗氧化活性的变化. 食品工业科技, 39(18): 39-44.

朱德艳. 2020. 酵母菌发酵制备葛根酵素的工艺优化. 食品工业科技, 41(12): 82-87.

朱会霞, 孙金旭. 2016. 大有酵素体外抗氧化效果研究. 山东化工, 45(13): 46-48+53.

Ankolekar C, Pinto M, Greene, et al. 2012. *In vitro* bioassay based screening of anti-hyperglycemia and antihypertensive activities of *Lactobacillus acidophilus* fermented pear juice. Innovative Food Science&Emerging Technologies, 13: 221-230.

Candiracci M, Justo M L, Castano A, et al. 2014. Rice bran enzymatic extract-supplemented diets modulate adipose tissue inflammation markers in Zucker rats. Nutrition, 30(4): 466-472.

Chiu H F, Chen Y J, Lu Y Y, et al. 2017. Regulatory efficacy of fermented plant extract on the intestinal microflora and lipid profile in mildly hypercholesterolemic individuals. J Food Drug Anal, 25(4): 819-827.

Dai J, Sha R Y, Wang Z Z, et al. 2020. Edible plant jiaosu: Manufacturing, bioactive compounds, potential health benefits, and safety. Science of Food and Agriculture, 100(15): 5313-5323.

Feng Y, Zhang M, Mujumdar A S, et al. 2017. Recent research process of fermented plant extract: A review. Trends in Food Science &Technology, 65(9): 40-48.

Gupta S, Cox S, Abu-Ghannam N. 2010. Process optimization for the development of a functional beverage based on lactic acid fermentation of oats. Biochem Eng J, 52(2): 199-204.

Hashemi S, Khaneghah A, Barba F, et al. 2017. Fermented sweet lemon juice (*Citrus limetta*) using *Lactobacillus plantarum* LS5: Chemical composition, antioxidant and antibacterial activities. Functional Foods, 38(A): 409-414.

Hornero-méndez D, Cerrillo I, Ortega A, et al. 2018. β-cryptoxanthin is more bioavailable in humans from fermented orange juice than from orange juice. Food Chemistry, 262(1): 215-220.

Jung S, Lee S, Song Y S, et al. 2016. Effect of beverage containing fermented akebia quinata extracts on alcoholic hangover. Preventive Nutrition and Food Science, 21(1): 9-13.

Justo M L, Candiracci M, Dantas A P, et al. 2013. Rice bran enzymatic extract restores endothelial function and vascular contractility in obese rats by reducing vascular inflammation and oxidative stress. The Journal of Nutritional Biochemistry, 24(8): 1453-1461.

Kantachote D, Ratanaburee A, Hayisama W, et al. 2017. The use of potential probiotic *Lactobacillus plantarum* DW12 for producing a novel functional beverage from mature coconut water. Functional Foods, 32(5): 401-408.

Kim S S, Park K J, An H J, et al. 2017. Phytochemical, antioxidant and antibacterial activities of fermented *Citrus unshiu* byproduct. Food Science and Biotechnology, 26(2) : 461-466.

Kuwaki S, Nakajima N, Tanaka H, et al. 2012. Plant-based paste fermented by lactic acid bacteria and yeast: functional analysis and possibility of application to functional foods. Biochem Insights, 5(1): 21-29.

Lee H J, Lee H, Choi Y, et al. 2017. Effect of Lactic acid bacteria fermented mulberry leaf extract on the improvement of intestinal function in rats. Korean Journal for Food Science of Animal Resources, 37(4): 561-570.

Lin Y L, Chou C H, Yang D J, et al. 2012. Hypolipidemic and antioxidative effects of noni (*Morinda citrifolia* L.) juice on high- fat/cholesterol-dietary hamsters. Plant Foods Hum Nutr, 67(3): 294-302.

Lu M, Toshima Y, Wu X L, et al. 2007. Inhibitory effects of vegetable and fruit ferment liquid on tumor growth in Hepatoma-22 inoculation model. Asia Pacific Journal of Clinical Nutrition, 16(S1): 443-446.

Markkinen N, Laaksonen O, Nahku R, et al. 2019. Impact of lactic acid fermentation on acids, sugars, and phenolic compounds in black chokeberry and sea buckthorn juices. Food Chemistry, 285(16): 204-215.

Muller M, Canfora E E, Blaak E E. 2018. Gastrointestinal transit time, glucose homeostasis and metabolic health: modulation by dietary fibers. Nutrients, 10(3): 275.

Pan L, Farouk M H, Qin G, et al. 2018.The influences of soybean agglutinin and functional oligosaccharides on the intestinal tract of monogastric animals. International Journal of Molecular Sciences, 19(2): 554.

Pathan S B, Madhavi G, Senthilkuma R R, et al. 2016. Probiotics as functional foods: potential effects on human health and its impact on neurological diseases. International Journal of Nutrition, Pharmacology, Neurological Diseases, 7(2) : 23-33.

Patten D A, Laws A P. 2015. Lactobacillus-produced exopolysaccharides and their potential health benefits: a review. Beneficial Microbes, 6(4): 457-471.

Revilla E, Santa-maría C, Miramontes E, et al. 2009. Nutraceutical composition, antioxidant activity and hypocholesterolemic effect of a water-soluble enzymatic extract from rice bran. Food Research International, 42(3): 387-393.

Revilla E, Santa-maría C, Miramontes E, et al. 2013. Antiproliferative and immunoactivatory ability of an enzymatic extract from rice bran. Food Chemistry, 136(2): 526-531.

Ricci A, Cirlini M, Levante A, et al. 2018. Volatile profile of elderberry juice: Effect of lactic acid fermentation using *L. plantarum*, *L. rhamnosus* and *L. casei strains*. Food Research International, 105(3): 412-422.

Saelim K, Jampaphaeng K, Maneerat S. 2017. Functional properties of *Lactobacillus plantarum* S0/7 isolated fermented stinky bean (Sa Taw Dong) and its use as a starter culture. Journal of Functional Foods, 38(A): 370-377.

Santamaría C, Revilla E, Miramontes E, et al. 2010. Protection against free radicals (UVB Irradiation) of a water-soluble enzymatic extract from rice bran. Study using human keratinocyte monolayer and reconstructed human epidermis. Bioactive Dietary Factors and Plant Extracts in Dermatology, 48(1): 83-88.

Sebastian T, Hernán V, Luciana C, et al. 2020. An overview of plant-autochthonous microorganisms and fermented vegetable foods. Food Science and Human Wellness, 9(2): 112-123.

Shibata T, Nagayasu H, Kitajo H, et al. 2006. Inhibitory effects of fermented brown rice and rice bran on the development of acute hepatitis in Long-Evans Cinnamon rats. Oncol Rep, 15(4): 869-874.

Simsek S, El S N, Kilinc A K, et al. 2014. Vegetable and fermented vegetable juices containing germinated seeds and sprouts of lentil and cowpea. Food Chemistry, 156: 289-295.

Vakil N. 2018. Dietary fermentable oligosac charides, disaccharides, monosaccharides, and polyols (FODMAPs) and gastrointestinal disease. Nutrition in Clinical Practice, 33(4): 468-475.

Vera-Pingitore E, Jimenez M E, Dallagnol A, et al. 2016. Screening and characterization of potential probiotic and starter bacteria for plantfermentations. LWT-Food Sci. Technol, 71 (3): 288-294.

Verón H E, Gauffin-Cano P, Fabersani E, et al. 2019. Cactus pear (*Opuntiaficus-indica*) juice fermented with autochthonous *Lactobacillus plantarum* S-811. Food Funct, 10(2): 1085-1097.

Wang Y X, Li Y, Sun A M, et al. 2014. Hypolipidemic and antioxidative effects of aqueous enzymatic extract from rice bran in rats fed a high-fat and-cholesterol diet. Nutrients, 6(9): 3696-3710.

Yang J, Kim K T, Kim S S. 2015. Fermentation characteristics and anti-helicobacter pylori activity of aqueous broccoli fermented by *Lactobacillus plantarum* MG208. Applied Biological Chemistry, 58(1): 89-95.

Zulkawi N, Ng K H, Zamberi R, et al. 2017. In vitro characterization and in vivo toxicity, antioxidant and immunomodulatory effect of fermented foods; Xeniji™. BMC Complement Altern Med, 17(1): 344-355.

第6章 苹果益生菌饮品生物发酵技术

6.1 益生菌及其功能特性

6.1.1 益生菌概述

1. 国外研究概况

益生菌（probiotic）这一概念最早由德国细菌学家 Werner Kollath 提出，这个词源于拉丁文和希腊文，含义是“有益于生命（for life)”（Kollath，1953）。1965年，Lilly D. M.和 Stillwell R. H.在 *Science* 杂志上首次使用“probiotic”一词定义益生菌，并且描述了益生菌的定义：是由微生物产生的，具有刺激和促进其他微生物生长的作用（Lilly and Stillwell，1965）。1974年，美国学者 Paker 将益生菌定义为对肠道微生物平衡有利的菌物。1989年，英国福勒博士（Dr. Roy Fuller）将益生菌定义为，益生菌是额外补充的活性微生物，能改善肠道菌群的平衡而对宿主的健康有益。所强调益生菌的功效和益处必须是经过临床验证的（AFRC，1989）。同年，美国食品药品监督管理局（FDA）及美国饲料管理协会（AAFCO）公布了44种可直接饲喂且通常认为安全的微生物（Generally Recognized as Safe，GRAS）菌种名单，主要有细菌（bacteria）、酵母（yeast）和真菌（fungi）。其中乳酸菌29种（包括乳杆菌属11种、双歧杆菌属6种、肠球菌属2种、链球菌属5种、乳球菌1种、片球菌属3种、明串珠菌属1种）、芽孢杆菌属5种、丙酸杆菌属2种、拟（类）杆菌属4种、酵母菌属1种、假丝酵母属1种、曲霉菌属2种等。表6-1详列了益生菌种类及名称。

表6-1 1989年FDA和AAFCO颁布的可用于食品的益生菌名称

菌种名称	拉丁学名
乳杆菌属	***Lactobacillus***
嗜酸乳杆菌	*Lactobacillus acidophilus*
短乳杆菌	*Lactobacillus brevis*
保加利亚乳杆菌	*Lactobacillus bulgaricus*
干酪乳杆菌	*Lactobacillus casei*
纤维二糖乳杆菌	*Lactobacillus helveticus*
弯曲乳杆菌	*Lactobacillus curvatus*

续表

菌种名称	拉丁学名
德氏乳杆菌	*Lactobacillus delbrueckii*
发酵乳杆菌	*Lactobacillus fermentum*
罗伊氏乳杆菌	*Lactobacillus reuteri*
乳酸乳杆菌	*Lactobacillus lactis*
植物乳杆菌	*Lactobacillus plantarum*
双歧杆菌属	***Bifidobacterium***
青春双歧杆菌	*Bifidobacterium adolescentis*
动物双歧杆菌	*Bifidobacterium animalis*
两歧双歧杆菌	*Bifidobacterium bifidum*
婴儿双歧杆菌	*Bifidobacterium infantis*
长双歧杆菌	*Bifidobacterium longum*
嗜热双歧杆菌	*Bifidobacterium thermophilum*
肠球菌属	***Enterococcus***
粪链球菌（粪肠球菌）	*Enterococcus faecalis*
屎链球菌（屎肠球菌）	*Enterococcus faecium*
链球菌属	***Streptococcus***
嗜热链球菌	*Streptococcus thermophilus*
乳链球菌	*Streptococcus lactis*
乳脂链球菌	*Streptococcus cremoris*
双醋酸乳链球菌	*Strepttococcus diacetylactis*
中链球菌	*Streptococcus intermendius*
片球菌属	***Pediococcus***
乳酸片球菌	*Pediococcus acidilactici*
啤酒片球菌	*Pediococcus cerevisiae*
戊糖片球菌	*Pediococcus pentosaceus*
明串珠菌属	***Leuconostoc***
肠膜明串珠菌	*Leuconostoc mesenteroides*
芽孢杆菌属	***Bacillus***
凝结芽孢杆菌	*Bacillus coagulans*
迟缓芽孢杆菌	*Bacillus lentus*
地衣芽孢杆菌	*Bacillus licheniformis*
短小芽孢杆菌	*Bacillus pumilus*
枯草芽孢杆菌	*Bacillus subtilis*
乳球菌属	***Lactococcus***
乳酸乳球菌	*Lactococcus lactis*

续表

菌种名称	拉丁学名
丙酸杆菌属	***Propionibacterium***
谢氏丙酸杆菌	*Propionibacterium shermanii*
费氏丙酸杆菌	*Propionibacterium freudenreichii*
拟（类）杆菌属	***Bacteroides***
猪拟杆菌	*Bacteroides suis*
多毛拟杆菌	*Bacteroides capillosus*
栖瘤胃拟杆菌	*Bacteroides ruminicola*
产琥珀酸拟杆菌	*Bacteroides succinogenes*
酵母菌属	***Saccharomyces***
酿酒酵母	*Saccharomyces cerevisiae*
假丝酵母属	***Candida***
产朊假丝酵母	*Candida utilis*
曲霉菌属	***Aspergillus***
黑曲霉	*Aspergillus niger*
米曲霉	*Aspergillus oryzae*

1992 年，Havennar 对益生菌定义进行了扩展，定义为一种单一的或混合的活的微生物，应用于人或动物，通过改善固有菌群的性质对寄主产生有益的影响（Havennar，1992）。1998 年，Guarner 和 Schaafsma 对益生菌给出了更通俗的定义：益生菌是活的微生物，当摄入量足够时，能给予宿主健康作用。1999 年，Tannock 做了总结：益生菌是人体（还有高级动物和昆虫）中正常居住者。2001 年 10 月，世界粮食及农业组织（FAO）和世界卫生组织（WHO）专家咨询会就食品益生菌营养与生理功能在阿根廷科尔多瓦召开第一次会议，会议认为有必要建立评价食品用益生菌的系统指南、标准和方法，并制定了一套评价食品用益生菌的系统方法指南。同时，FAO/WHO《食品益生菌评价指南》（*Guidelines for the Evaluation of Probiotics in Food*）对益生菌做了如下定义：食品用益生菌是指“通过摄取适当的量、对食用者的身体健康能发挥有效作用的活的微生物”（吴蜀豫和冉陆，2003）。2002 年，微生物学教授 Savage 宣布：正常菌群是人体的第十大系统——微生态系统。同年，欧洲权威机构欧洲食品与饲料菌种协会（EFFCA）给出了益生菌的最新定义：益生菌是活的微生物，通过摄入足够数量，对宿主产生一种或多种特殊且经论证的功能性健康益处。

近年来，随着生物技术的发展，益生菌的研究越来越引起微生物学家、免疫学家、营养学家的关注和重视，益生菌的定义日趋完善，目前形成了较为共识的定义，即益生菌是含有生理活性的活菌，当被机体经过口服或其他给药方式摄入适当数量后，能够定植于宿主并改善宿主微生态平衡，从而发挥有益作用（郭本恒和刘振民，2017）。

2. 国内研究概况

我国益生菌研究起步较晚，1979年中国开始进行微生态学的研究。1988年2月15日中华预防医学会微生态学分会的成立，创建了学术组织，1988年《中国微生态学杂志》创刊。20世纪80年代初大连医科大学康白教授首先研制成功促菌生（蜡杆芽孢杆菌）（康白，1984）。1992年，我国中医药微生态学建立，杨景云等学者开始对我国传统的中药与微生态关系进行了系统研究。1993年，我国学者张篪教授对世界第五长寿之乡——我国广西巴马地区80岁以上健康老人（以90岁以上为主）体内的双歧杆菌进行采样调查，在提供的30份样品中，其中29份样品含有双歧杆菌，占样品总量的97%，研究还发现双歧杆菌的数量也在肠道厌氧菌中占据优势，进一步说明了广西巴马地区健康老人肠道中双歧杆菌是普遍存在的，并且还拥有一定的数量水平（张篪等，1994）。1999年7月我国农业部发布第105号文件《允许使用的饲料添加剂品种目录》，其中共收录了12种微生物，包括干酪乳杆菌（*Lactobacillus casei*）、植物乳杆菌（*Lactobacillus plantarum*）、粪链球菌（*Enterococcus faecalis*）、屎链球菌（*Enterococcus faecium*）、乳酸片球菌（*Pediococcus acidilactici*）、枯草芽孢杆菌（*Bacillus subtilis*）、纳豆芽孢杆菌（*Bacillus natto*）、嗜酸乳杆菌（*Lactobacillus acidophilus*）、乳链球菌（*Streptococcus lactis*）、啤酒酵母菌（*Saccharomyces cerevisiae*）、产朊假丝酵母（*Candida utilis*）和沼泽红假单胞菌（*Rhodop seudomonas palustris*）等。

2001年3月，我国首次就保健品类益生菌生产与管理做出了规范，印发了《益生菌类保健食品评审规定》（卫法监发〔2001〕84号）。其中明确了益生菌的定义：益生菌菌种必须是人体正常菌群的成员，可以利用其活菌、死菌及其代谢产物；益生菌类保健食品必须安全可靠，即食用安全，无不良反应；生产用菌种的生物学、遗传学、功效学特性明确和稳定。《益生菌类保健食品评审规定》列出了可用于保健食品的益生菌菌种名单，其中，双歧杆菌属5种，乳杆菌属3种，链球菌属1种（表6-2）。

表6-2　2001年我国卫生部颁发可用于食品的益生菌种类

菌种名称	拉丁学名
双歧杆菌属	***Bifidobacterium***
两歧双歧杆菌	*Bifidobacterium bifidum*
婴儿双歧杆菌	*Bifidobacterium infantis*
长双歧杆菌	*Bifidobacterium longum*
短双歧杆菌	*Bifidobacterium breve*
青春双歧杆菌	*Bifidobacterium adolescentis*
乳杆菌属	***Lactobacillus***

续表

菌种名称	拉丁学名
德氏乳杆菌保加利亚种	*Lactobacillus bulgaricus*
嗜酸乳杆菌	*Lactobacillus acidophilus*
干酪乳杆菌干酪亚种	*Lactobacillus casei* subsp. *casei*
链球菌属	***Streptococcus***
嗜热链球菌	*Streptococcus thermophilus*

2003 年 3 月，我国卫生部第 3 号文件批准罗伊氏乳杆菌（*Lactobacillus reuteri*）为可用于保健食品的益生菌菌种，这使得我国可用于保健食品的益生菌菌种增加到 10 种。

2008 年 5 月，由内蒙古农业大学教育部重点实验室“乳品生物技术与工程实验室”主持进行的益生菌 *Lactobacillus casei* Zhang 的全基因组序列测定和图谱绘制全部完成，并向美国 GenBank 核苷酸序列数据库提交。这是我国完成的第一个乳酸菌基因组全序列测定。

2010 年，继国家 2001 年、2003 年发布保健品益生菌名单后，4 月 22 日卫生部办公厅继续发布了《可用于食品的菌种名单》（卫办监督发〔2010〕65 号），10 月 19 日，卫生部第 17 号公告批准将费氏丙酸杆菌谢氏亚种（*Propionibacterium freudenreichii* subsp. *shermanii*）列入第 65 号公告中。至此益生菌菌种增加至 22 种，其中，双歧杆菌属 6 种，乳杆菌属 14 种，链球菌属 1 种，丙酸杆菌属 1 种。

2011 年 1 月，我国卫生部根据《中华人民共和国食品安全法》和《新资源食品管理办法》的规定，将乳酸乳球菌乳酸亚种（*Lactococcus lactis* subsp. *lactis*）、乳酸乳球菌乳脂亚种（*Lactococcus lactis* subsp. *cremoris*）和乳酸乳球菌双乙酰亚种（*Lactococcus lactis* subsp. *diacetylactis*）列入卫生部于 2010 年 4 月印发的《可用于食品的菌种名单》（卫办监督发〔2010〕65 号），2012 年 5 月，又将肠膜明串珠菌肠膜亚种（*Leuconostoc mesenteroides* subsp. *mesenteroides*）列入该名单中，使可用于食品的菌种由 22 种增加至 26 种，详见表 6-3。

表 6-3　目前我国公布可用于食品的菌种

菌种名称	拉丁学名
双歧杆菌属	***Bifidobacterium***
青春双歧杆菌	*Bifidobacterium adolescentis*
动物双歧杆菌（乳双歧杆菌）	*Bifidobacterium animalis*（*Bifidobacterium lactis*）
两歧双歧杆菌	*Bifidobacterium bifidum*
短双歧杆菌	*Bifidobacterium breve*
婴儿双歧杆菌	*Bifidobacterium infantis*
长双歧杆菌	*Bifidobacterium longum*

续表

菌种名称	拉丁学名
乳杆菌属	***Lactobacillus***
嗜酸乳杆菌	*Lactobacillus acidophilus*
干酪乳杆菌	*Lactobacillus casei*
卷曲乳杆菌	*Lactobacillus crispatus*
德氏乳杆菌保加利亚亚种（保加利亚乳杆菌）	*Lactobacillus delbrueckii* subsp. *bulgaricus*（*Lactobacillus bulgaricus*）
德氏乳杆菌乳酸亚种	*Lactobacillus delbrueckii* subsp. *lactis*
发酵乳杆菌	*Lactobacillus fermentum*
格氏乳杆菌	*Lactobacillus gasseri*
纤维二糖乳杆菌	*Lactobacillus helveticus*
约氏乳杆菌	*Lactobacillus johnsonii*
副干酪乳杆菌	*Lactobacillus paracasei*
植物乳杆菌	*Lactobacillus plantarum*
罗伊氏乳杆菌	*Lactobacillus reuteri*
鼠李糖乳杆菌	*Lactobacillus rhamnosus*
唾液乳杆菌	*Lactobacillus salivarius*
链球菌属	***Streptococcus***
嗜热链球菌	*Streptococcus thermophilus*
乳球菌属	***Lactococcus***
乳酸乳球菌乳酸亚种	*Lactococcus Lactis* subsp. *lactis*
乳酸乳球菌乳脂亚种	*Lactococcus Lactis* subsp. *cremoris*
乳酸乳球菌双乙酰亚种	*Lactococcus Lactis* subsp. *diacetylactis*
丙酸杆菌属	***Propionibacterium***
费氏丙酸杆菌谢氏亚种	*Propionibacterium freudenreichii* subsp. *shermanii*
明串球菌属	***Leuconstoc***
肠膜明串珠菌肠膜亚种	*Leuconostoc.mesenteroides* subsp. *mesenteroides*

6.1.2 益生菌的生理功能

益生菌主要有以下几方面的生理功能（Chen，2019）：促进肠道系统健康发育，维持正常的免疫反应、细胞保护，促进健康生长发育；改善肠道微生态环境，预防或改善便秘和腹泻；刺激免疫系统，增强机体免疫力；促进肠道消化系统健康；促进营养物质的吸收；降低血脂、胆固醇，保护心血管系统；预防癌症和肿瘤疾病；改善便秘；减轻体重，改善肥胖；延缓衰老等。胃肠道微生态系统是人体微生态学的最重要组成部分，也是最大最复杂的微生态系统。胃肠道生态空间由食道、胃、小肠、大肠组成。人体内共有2000多种微生物，其中多数微生物位于肠道内，并且大多数不是致病菌（Fujiya and Kohgo，2010）。越来越多的证据表明，益生菌是发展健康肠道系统、促进宿主营养的重要因素。

1. 促进肠道系统健康发育

益生菌菌群在维持正常的免疫反应、保护细胞和调节细胞凋亡过程中对正常肠道的发育具有重要意义（Wagner，2008；Mazmanian et al.，2005）。在早产儿喂养过程中，益生菌能够促进肠胃激素分泌，并且还能增加早产儿胆汁及胃泌素的分泌，加强肠胃蠕动，促进生长发育（刘磊，2019）。Lin 等（2008）在研究发育中的小鼠小肠时发现，益生菌鼠李糖乳杆菌 GG（LGG）可减少化学诱导的细胞凋亡，并参与细胞保护反应的基因表达。de LeBlanc 等（2008）发现，干酪乳杆菌 DN-114001 是通过刺激巨噬细胞和树突细胞来改善肠道免疫应答。这些研究均表明益生菌在肠道发育中起着重要的作用。

2. 改善胃肠道微生态环境

益生菌在调节肠道微生物区系中的作用是通过竞争排挤、产生抗菌化合物、争夺营养物质和黏附位点来实现的。益生菌与肠道内的微生物相互竞争，争夺肠道上皮表面所呈现的有限数量的受体，从而形成一道屏障，阻止致病菌黏附，使得致病菌不能黏附在这些受体上，从而被竞争排除在外（Varavallo et al.，2008）。益生菌通过对肠道的黏附和定植，帮助肠道微生物更新，并阻止致病菌的黏附、毒素产生和入侵上皮细胞。益生菌进入人体肠道内，通过释放抗菌化合物，如有机酸、游离脂肪酸、过氧化氢和细菌素，对病原生物产生拮抗作用，并通过自我生长和各种代谢促进肠道内细菌群的正常化，抑制毒素产生，保持肠道机能的正常。此外，这种代谢物的积累可以降低周围环境 pH，从而直接抑制有害生物的生长。

益生菌对病毒性和细菌性急性肠炎及痢疾、便秘等疾病都有一定的预防和治疗作用。肠易激综合征（IBS）是一种功能性胃肠道疾病，特点是复发性腹痛或不适，不规则的肠运动和排便紊乱，如便秘和腹泻（Mahmoudi et al.，2019）。Nikfar 等（2008）及 McFarland 和 Dublin（2008）研究发现，许多益生菌如乳杆菌、双歧杆菌和酵母菌都可以缓解肠胃胀气、腹痛和腹胀，改善肠易激综合征症状。Zeng 等（2008）研究发现，发酵乳中的嗜热链球菌、保加利亚乳杆菌、嗜酸乳杆菌和长双歧杆菌可以降低肠易激综合征患者的小肠通透性，改善肠道黏膜屏障功能。另外，研究还发现大多数益生菌如乳杆菌、双歧杆菌多为厌氧菌，肠道环境处于缺氧状态有利于益生菌的生长和定植，益生菌在大量繁殖的同时会形成缺氧微环境，而多数致病菌为需氧菌，在氧含量低的环境中生长繁殖受到抑制，同时由于益生菌及其代谢产物会产生具有抑菌活性的物质（如细菌素），从而消灭病原菌，达到重建肠道生态平衡的作用（刘瑞雪等，2016）。

3. 刺激免疫系统，增强机体免疫力

益生菌对免疫应答的作用已得到了广泛研究。目前，体外实验、动物实验和临床实验均认为益生菌可以同时促进特异性和非特异性免疫。肠道益生菌菌群对促进免疫系统成熟和提高免疫系统耐受力的发展至关重要，有利于宿主机体对抗病原体。益生菌的代谢产物导致的免疫调节与胃肠道内的免疫细胞的相互作用有关。代谢物被免疫细胞和上皮细胞的受体所识别，如 Toll 样受体和核苷酸结合寡聚化结构域（nucleotide-binding oligomerization domain，NOD）样受体。被识别后，免疫细胞和上皮细胞开始分泌细胞因子，这些细胞因子可以帮助调节先天和适应性的免疫反应。

益生菌代谢产物还可以刺激非特异性防御机制，以及某些类型的细胞参与的特定免疫反应。结果往往是吞噬细胞活性增加，免疫球蛋白 A 等免疫分子数量增加，这种免疫球蛋白作用于肠道屏障，限制了肠道内潜在致癌化合物与结肠细胞的接触，并提供了一个抗炎环境。

益生菌对机体免疫的影响，主要通过调节分泌参与吞噬功能的一系列细胞因子来实现。当肠道内存在益生菌的时候，人体内的单核细胞和巨噬细胞（吞噬细胞）、嗜中性粒细胞和自然杀伤（natural killer，NK）细胞（多形核白细胞）的活力会被激活。在上述细胞的活动下，大量的活性氧、溶酶体酶、白介素（interleukin，IL）和干扰素（interferon，IFN）等免疫因子产生，从而增强人体免疫力（郝生宏等，2005）。一些免疫介导性疾病如过敏，可通过在婴儿时期用益生菌补充剂调节肠道微生物进行预防（Rutten et al.，2015）。刘素燕（2018）研究了重症手足口病治疗前后 T 细胞簇分化抗原的相对值变化和康复后服用益生菌（双歧杆菌）免疫调节的疗效，结果表明，重症手足口病患儿患有的免疫功能紊乱的疾病与肠道菌群失调有关联。服用常规剂量的双歧杆菌患儿，康复后体内的 T 细胞、TH 细胞、TS 细胞的百分率明显高于未服用任何益生菌患儿，而 B 细胞、NK 细胞的百分率明显低于未服用任何益生菌患儿，但近乎接近正常儿童水平。Link-Amster 等（1994）进行了一个随机和控制的实验，让那些患有湿疹的儿童每天服用 10^{10}CFU/ml 剂量的益生菌鼠李糖乳杆菌 LGG 制剂，结果发现这些儿童体内血清中的抗炎细胞因子 Interleukin10（IL-10）含量大幅增加，从而表明益生菌可以刺激免疫系统，增强机体抗炎能力。

4. 促进肠道消化系统健康

益生菌可以抑制有害菌在肠内的繁殖，减少毒素产生，同时促进肠道蠕动，从而提高肠道机能，改善排便状况。

（1）缓解乳糖不耐症状，促进机体营养吸收

益生菌有助于营养物质在肠道内的消化，可将乳糖分解为乳酸，减缓乳糖不耐受症状。双歧杆菌和乳杆菌不仅可以产生各种维生素，如维生素 B_1、维生素 B_2、维生素 B_6、维生素 B_{12}、烟酸和叶酸等以供机体所需，还能通过抑制某些维生素分解菌来保障维生素的供应。另外，双歧杆菌还可以降低血氨改善肝脏功能。

（2）代谢产物产生生物拮抗，增强人体免疫力

益生菌可产生有机酸、游离脂肪酸、过氧化氢、细菌素等，从而抑制其他有害菌的生长；通过“生物夺氧”使需氧型致病菌大幅度下降，益生菌能够定植于黏膜、皮肤等表面或细胞之间形成生物屏障，这些屏障可以阻止病原微生物的定植，起着占位、争夺营养、互利共生或拮抗作用。并可以刺激机体的非特异性免疫功能，提高自然杀伤（NK）细胞的活性，增强肠道免疫球蛋白 IgA 的分泌，改善肠道的屏障功能。

（3）缓解过敏作用

过敏是一种免疫疾病，是人体内免疫功能失调出现不平衡的状况。有过敏体质的人，当外来物质或生物体刺激免疫系统时，会导致产生的免疫球蛋白（IgE）数量过多，使其释放出一种被称为组织胺的物质从而引发过敏症状。益生菌疗法是目前国内外都很流行的一种辅助治疗过敏的有效方法，这种方法是可以利用益生菌调节体内 IgE 抗体，从而达到缓解过敏的免疫疗法。

5. 促进营养物质的吸收

益生菌的代谢产物对饮食中营养物质的生物利用率、数量和消化率有积极的促进作用。这可能是因为肠道 pH 的下降，肠内乳酸菌的存在和酶的释放而导致的协同作用。在这种作用下，益生菌可以促进如钙、铁、镁等各种营养物质的消化和吸收。降低肠道内的 pH，从而使这些矿物质电离，增加了它们的溶解度，促进了肠黏膜的主动和被动转运和吸收。此外，益生菌在结肠中发酵产物的释放，还可以促进营养物质的消化和吸收。

6. 降低血脂、胆固醇，保护心血管系统

目前研究表明，过量摄入肉类和油炸高脂高热量食品，与肥胖、糖尿病和心血管疾病的高发病率密切相关（Catapano et al.，2016）。大量动物及临床试验已经证明部分益生菌具有降血脂的能力，益生菌可以通过降低低密度脂蛋白胆固醇（LDL-C），从而降低总胆固醇水平。魏玲和娄健（2018）回顾性分析了 64 例非酒精性脂肪肝肥胖患者三盲试验，患者随机分为 2 组，分别服用益生菌制剂或安慰剂，

结果表明，试验组的胆固醇、低密度脂蛋白、甘油三酯及腰围显著降低，安慰剂组各项指标均无显著变化，说明益生菌可以有效降低胆固醇水平。Mikelsaar 等（2015）选择了 164 位有临界水平低密度脂蛋白胆固醇（LDL-C）或高甘油三酯（TG）的健康成年人，随机分为实验组和对照组，实验组每天摄取富含益生菌发酵乳杆菌 ME-3 的开菲尔饮品 200ml（益生菌含量 4×10^7CFU/ml），对照组摄取不含益生菌的开菲尔饮品。8 周后，使用益生菌发酵乳饮料的实验组志愿者血清中的低密度脂蛋白胆固醇（LDL-C）、氧化低密度脂蛋白（ox-LDL）和甘油三酯（TG）含量均降低，说明益生菌发酵乳杆菌 ME-3 与降低血脂有密切的关系。

7. 预防癌症和抑制肿瘤生长

许多研究表明肠道菌群的紊乱与肿瘤的发生和发展有关。肠道菌群失调可介导肠道的慢性炎症，从而可以激活肿瘤细胞的信号传导通路，抑制人体的免疫反应，促进肿瘤组织的生长（郭桂元等，2017）。益生菌可以改良肠道菌群的组成，减少由某些微生物产生的 β-葡萄糖醛酸酶和硝基还原酶等，这些酶可将肠道前致癌物转换为致癌物（Toi et al.，2013）。动物试验证明，益生菌双歧杆菌可以改变肠道微生物菌群的组成，且通过上调 TLR2（toll-like receptor 2）的表达，改善肠黏膜上皮屏障完整性和抑制其凋亡及炎症，进一步降低结肠癌的发生率，缩小肿瘤体积，影响结肠癌（CRC）的发展进程（Kuugbee et al.，2016）。陈赞等（2018）采用四甲基偶氮唑盐（MTT）法观察嗜酸乳杆菌、乳双歧杆菌和长双歧杆菌三种益生菌成分（菌体、菌体壁和细胞质）对人结肠癌 SW-480 细胞的增殖作用。结果表明，与对照组相比，三种益生菌成分均可抑制结肠癌 SW-480 细胞增殖。Ghoneum 和 Gollapudi（2004）评估了酿酒酵母的吞噬作用对人转移性乳腺癌细胞（MCF-7 和 ZR-75-1）和非转移性乳腺癌细胞（HCC70）凋亡的诱导作用。将热灭活的酿酒酵母（*Saccharomyces cerevisiae*）与癌细胞以 10∶1 的比例培养，通过流式细胞术和细胞离心涂片制备测定凋亡癌细胞的百分比。研究发现，在酵母的吞噬作用下，乳腺癌细胞经历了凋亡，并且细胞凋亡的诱导与时间和剂量正相关。相互作用 4h，癌细胞凋亡达到峰值（38%），转移癌细胞比非转移癌细胞更容易受到酵母诱导细胞凋亡的影响。

结肠癌是人体结肠中的结肠细胞发生了体细胞突变引起的，是全球癌症发病率和死亡率最高的第四大癌症。它主要与环境因素（尤其是饮食）有关。大量研究表明，结肠微生物群体在结直肠癌发生中起着重要的作用。益生菌抑制结肠癌发展的机制尚不清楚，但是益生菌培养物可以抑制异常隐窝病灶（结肠癌的生物标志物）的形成，从而降低肿瘤的发生率。研究发现当益生菌在患癌之前使用，比患癌之后再使用时，保护作用更明显（Gill et al.，2009）。益生菌降低结肠癌发生风险的机理可能与增强免疫功能和抑制肿瘤活动有关，表明益生菌诱导的免疫刺激在宿主保护中的重要作用。

8. 改善便秘

引起便秘的因素主要有衰老、饮食变化、摄入水分过少、运动量小、药物摄入、膳食纤维摄入过少、肠道运动减少和情绪波动等。机体摄入益生菌后，可以通过改善肠道蠕动、提高排便频率和软化粪便来改善便秘。通过 Meta 分析显示，给予病患一定剂量 3.3×10^{10}CFU/（ml・d）的益生菌制剂，可使肠道转运时间缩短 12h，大便次数增加 1.5 次/周，显著改善了便秘症状（Dimidi et al.，2014）。

9. 减轻体重

肥胖是一种能量摄入与代谢不平衡所产生的疾病，有研究表明肥胖会引起机体甘油三酯和胆固醇含量增加，从而导致心血管疾病的发生，重度肥胖则会引起 2 型糖尿病的形成（Lin et al.，2016）。Bäckhed 等（2004）将常规饲养小鼠肠道内的微生物群定植在无菌小鼠肠道内，结果表明尽管食物摄入量在减少，但定植后无菌小鼠的体脂含量在增加，这是第一次研究表明肥胖是由肠道微生物菌群的改变而引起的。Bäckhed 等（2007）在后续研究中发现，通过饲喂高脂肪、高糖的饮食后，因体内肠道微生物的缺乏，致使无菌小鼠未发胖，进一步证明了肠道微生物参与脂肪贮存的调节。Liang 等（2018）研究表明，乳杆菌和双歧杆菌混合制剂可有效缓解高脂诱导的肥胖疾病发生，并减轻高脂饮食所产生的肝炎症状。Park 等（2017）研究表明，植物乳杆菌 HAC01 能有效地抑制小鼠肥胖的形成。

10. 延缓衰老

衰老是一个非常复杂的过程，除了受遗传因素影响还受免疫系统功能减退、氧化应激加剧等因素制约。益生菌对减缓机体衰老的作用主要表现为以下两个方面，一方面益生菌的抗氧化能力可以减缓氧化应激反应，有利于维持机体免疫系统平衡，提高免疫调控能力，从而延缓衰老，延长寿命；另一方面益生菌可以抑制肠道内腐败细菌和病原菌生长，减少腐败细菌产生的致癌物质和其他毒性物质，使得人体的衰老过程变得缓慢。目前研究已表明，乳杆菌、双歧杆菌菌体或代谢产物具有抗氧化能力，且不同菌株抗氧化活性差异较大。李桐等（2020）筛选出抗氧化能力较强的乳杆菌，并研究其对模拟胃肠道环境的耐受性及对丙烯酰胺（acrylamide，AA）所致肠道上皮细胞氧化损伤的保护作用，结果表明植物乳杆菌 GBE17 和唾液乳杆菌 GBE29 通过提高细胞内抗氧化酶系的活性，可有效降低肠道上皮细胞的氧化损伤，减缓氧化应激反应。

6.1.3　益生菌的安全性

1. 益生菌的安全性评价

由于益生菌菌种来源的多渠道及种类的多样性、可用于生产食品类别和形式的广泛性、食用人群（婴幼儿、老人、妇女）的敏感性，益生菌产品的安全性越来越受到人们的关注，安全性评价是益生菌筛选和应用的一个重要指征。虽然常用的益生菌属于人体正常肠道菌群的一部分，一般不会对人体产生危害，但是益生菌的安全性仍需得到重视，特别是对于身体状况较差或免疫功能缺陷的人群来说尤其重要。目前对食用级益生菌种（株）安全性的评价已成为国际相关行业组织、各国政府和生产企业关注的焦点，益生菌安全性的评价方法主要有体外评价方法和体内评价方法两种。

（1）体外评价方法

1）益生菌的抗生素抗性

对菌株抗生素最小抑制浓度的测定，是对潜在益生菌菌株体外安全性评价的一个重要指标。有研究表明，乳酸菌和双歧杆菌会向肠道菌群中的共生病原体转移如四环素、红霉素、氯霉素、大环内酯类、链霉素、林可酰胺产生的抗性基因，而这些基因有可能成为人体中病原菌抗性基因的来源（Magro et al.，2014；Gevers et al.，2003；Lin et al.，1996；Tannock et al.，1994）。抗性基因有在人体肠道中发生传递的可能，因此开展对益生菌抗生素抗性基因的检测有重要的意义。目前，常用的检测方法有琼脂稀释法、牛津杯扩散法、抗生素最小抑制浓度测定和16S rRNA分子生物学方法等（Zheng et al.，2017；Wong et al.，2015）。但现有的检测方法仍存在很多弊端，有待于进一步的改进和优化。然而，在考虑到益生菌具有抗药性的同时，我们还应该认识到，抗生素抗性基因并不是益生菌所特有的，因此益生菌菌株不会比自然界的其他乳酸菌在人体内发生抗性基因转移具有更大的风险。

2）致病基因与毒素代谢物的产生

对于益生菌的安全性我们还要考虑到存在耐药基因、致病基因的可能性和有毒代谢产物的分泌。例如，作为益生菌使用的粪肠球菌携带多种致病基因，因此该菌株能否作为益生菌使用，如何使用应谨慎评价（刘勇等，2011）。对此进行检测是益生菌安全性评价的重要指标之一。

3）血小板凝集

某些链球菌、乳杆菌和鼠李糖乳杆菌会引起血小板凝集反应，从而导致患者感染心内膜炎（Boumis et al.，2018；Recio et al.，2017；Conen et al.，2009；Mackay et al.，1999；Presterl and Kneife，2001；Rautio et al.，1999）。血小板凝集反应是分离自心内膜的乳酸菌普遍存在的特征，由感染心内膜炎部位分离得到的菌株比实验室内的菌株具有更高的凝集能力。因此，血小板凝集反应是益生菌安全性评价的重要指标之一。

4）溶血作用

乳酸菌是否具有溶血能力目前尚未明确，但有研究结果表明乳酸菌能够分泌溶血素，给临床使用带来不安全性。目前已有研究在一位婴儿和 6 岁的儿童患者的血液中均发现了鼠李糖乳杆菌（Kunz，2005）。益生菌通常会定植在肠道黏膜内壁，这也许是益生菌能够进入血液的原因（Honeycutt et al.，2007）。故益生菌的溶血能力也是安全性评价的重要指标之一。

5）超敏反应

益生菌发挥益生作用的一个主要过程是促进树突状细胞的活性和细胞因子的分泌，从而引起机体免疫刺激。但有些益生菌在免疫缺陷患者体内会导致不良的炎症反应，甚至引起机体超敏反应，会对人体产生不良影响（Sotoudegan et al.，2019）。因此对益生菌进行超敏反应测试也是安全性评价的重要指标之一。

（2）体内评价方法

与体外研究不同，体内模型是一个复杂的动态系统，存在饲喂益生菌与宿主之间复杂的相互作用。益生菌在投入实际应用之前，必须通过体内实验来检测其安全性。比较常用的体内评价方法是构造动物模型，不同的动物模型有助于人们更好地认识益生菌功能，特别是在研究益生菌的作用机制、对健康的影响及安全方面发挥极大的作用。在益生菌研究中通常使用脊椎实验动物体内模型，最常见的是小鼠和大鼠体内模型。益生菌动物体内模型可以对益生菌代谢产物、抗性基因转移的可能性及对免疫功能缺陷的宿主影响等各个方面进行评价。结肠炎、免疫缺陷和心内膜炎动物模型是益生菌安全性评价最常用的模型，结肠炎动物模型通常用来评价与小肠黏膜屏障相关的抗性基因转移风险；先天性免疫缺陷型及后天诱导模型用来评价益生菌对免疫功能不全的模型的安全性。除此之外，益生菌安全性评价使用的动物模型还有诱导性肝损伤模型、蠕虫易感模型、白介素缺乏型模型和肠切除模型等。

2. 益生菌管理

随着人们对健康问题的日益关注，益生菌产业无论从数量还是从质量，都进入了迅速增长的新时代。关于益生菌法规、益生菌的管理问题也日益突出，不同的国家和组织对益生菌的管理均有一定的差异。

（1）FAO/WHO

2002 年，联合国粮食及农业组织（FAO）和世界卫生组织（WHO）发布了 FAO/WHO《食品益生菌评价指南》，目前被世界各国管理部门、学术界和产业界普遍采用。关于益生菌的健康声称，专家组建议是除了一般性的功能声称，在依据指南中的评价原则，有充足的科学证据时，应允许益生菌产品做出特定的健康声称，从而为消费者提供更多的信息。同时，也要遵循《食品法典声称通则》（CAC/GL1—1979），避免误导性的信息。厂商应通过第三方机构对健康声称进行专家组评估，以确保信息真实、不误导消费者。关于益生菌标识，建议体现微生物属、种和株的名称，保质期内的最少活菌数，健康功能及达到功能作用的有效剂量、贮存条件等信息。

（2）欧盟（EC）

对于益生菌的管理是依据2007年生效的《EC1924/2006营养与健康声称法案》要求，申请提交至欧盟委员会（EC），由欧洲食品安全局（EFSA）评估给出科学意见，再经过欧盟委员会的批准，以官方公报的形式发布。目前，大家对于什么样的产品才能进行健康声称一直存有争议，还没有益生菌产品获得欧盟的健康声称批准。但是EFSA每年都会对可添加至食品及饲料中的微生物实施上市前风险评估，进行安全资格认证（QPS），QPS评估对菌种的综合信息科学有效，并且信息公开透明，全球共享，可为其他研究或监管机构提供必要的参考依据（Dronkers et al.，2018；Kumar et al.，2015）。

（3）瑞士

2018年瑞士联邦食品安全和兽医办公室（FSVO）批准了7种益生菌的健康声称，分别是：乳双歧杆菌HN019（*B. lactis* HN019）、动物双歧杆菌DN-173010（*B. animalis* DN-173010）、动物双歧杆菌乳亚种BB-12（*B. animalis* subsp. *lactis* BB-12）、干酪乳杆菌代田株（*L. casei* strain Shirota）、鼠李糖乳杆菌GG（*L. rhamnosus* GG）、约氏乳杆菌LC1（*L. johnsonii* LC1）、植物乳杆菌LP299V（*L. plantarum* LP299V）。经批准的健康声称包括改善便秘、减少肠道运转时间、减缓腹胀，对维持正常的消化有作用（FSVO/BLV，2018）。

（4）美国

在美国，根据产品的定位，益生菌可归类到膳食补充剂、食品添加剂、化妆品、药品等类别，从而受到该行业相应法规的管制（Hoffmann et al.，2013）。目前，美国还没有正式通过的关于益生菌的健康声称（FDA，2017）。健康声称和支持声称的科学数据必须交由美国食品药品监督管理局存档和评价，而且必须包括副作用的信息。用于益生菌产品的结构/功能性声称包括：提高免疫功能，促进肠道菌群健康平衡，提高机体免疫力等（Saldanha，2008）。

（5）加拿大

加拿大卫生部在2009年发布了《食品中益生菌应用指南》的文件，其中公布了可用于食品的益生菌，主要包括乳双歧杆菌（*B. lactis*）、两歧双歧杆菌（*B. bifidum*）、短双歧杆菌（*B. breve*）、长双歧杆菌（*B. longum*）、嗜酸乳杆菌（*L. acidophilus*）、干酪乳杆菌（*L. casei*）、发酵乳杆菌（*L. fermentum*）、格氏乳杆菌（*L. gasseri*）、约氏乳杆菌（*L. johnsonii*）、副干酪乳杆菌（*L. paracasei*）、植物乳杆菌（*L. plantarum*）、鼠李糖乳杆菌（*L. rhamnosus*）和唾液乳杆菌（*L. salivarius*）13 种（Food Directorate，Health Products and Food Branch，2009）。允许益生菌食品进行结构声称、功能声称和健康声称，如可使用“益生菌帮助建立健康的肠道菌群”等声称。一些有特定功能性的益生菌可提出具体声称，如“针对幽门螺杆菌感染患者可辅助抗生素进行治疗”“缓解急性感染性腹泻”“可降低抗生素相关腹泻（AAD）发生概率”等（Hoffmann et al.，2013）。涉及与治疗疾病相关的声称需要按照天然健康产品的法规进行注册，以获得特定的健康声称批准。申请的益生菌产品若为单一菌株或多菌株配方组合，其批准的声称用语也应多样化，有利于产品根据不同受众人群和市场需求选用不同的声称用语（Reid，2016）。

（6）日本

日本是较早发展功能食品的国家，相应的法规管理也较完善，是目前法定批准功能性食品数量最多的国家。食品的健康声称分为功能声称（FFC）、营养声称（FNFC）和特定保健用食品的声称（FUSH）。日本厚生劳动省于 1991 年出台特定保健用食品（FOSHU）的注册批准程序，目前已有千余种产品获得批准。根据 FOSHU 规定，益生菌的健康声称主要包括有助于维持良好的肠道环境、调节肠胃状况和保持肠道健康等（Shimizu，2012；Amagase，2008）。近年来，日本修订发布了《功能声称食品备案指南》，由食品制造商自行负责产品的安全性和功能有效性，产品在上市前 60 天提交至消费者厅进行备案。备案的产品均在消费者厅网站公布。目前已公布了 971 件功能声称食品，益生菌产品也在其中。例如，含有乳双歧杆菌 HN019（*B. lactis* HN019）的饮用酸奶和膳食补充剂等产品，应带有 FFC 标签，备案的功能声称为“可改善微生物菌群，促进排便，改善便秘”，另外一种具有 FCC 功能的益生菌是长双歧杆菌 BB536（*B. longum* BB536），备案的功能声称为“可缓解腹泻”（Kamioka et al.，2017；Kondo et al.，2013）。

（7）印度

2011 年，印度医学研究理事会（ICMR）发布了“食品益生菌评价指南”。该指南中除了要求益生菌需说明属、种、株、剂量和贮存条件外，还需明确说明基于证据的该种益生菌对健康有益的益生功能（Ganguly et al.，2011）。

（8）巴西

在巴西，益生菌的健康索赔由国家卫生监督机构ANVISA监管。对益生菌的健康声称要求是一种食品补充剂，有助于调节肠道菌群平衡（Stringueta et al.，2012）。

（9）中国

我国的卫生管理部门先后于2010年和2011年发布《可用于食品的菌种名单》（菌种水平）和《可用于婴幼儿食品的菌种名单》（菌株水平）。如不在名单中且在中国没有传统安全食用历史的微生物菌种，按照新食品原料管理，需申报获得批准，增补到菌种名单中才可用于食品。

益生菌食品可通过申报保健食品获得健康声称的批准。首先国家市场监督管理总局对保健食品的益生菌菌种鉴定单位进行确定，确定的菌种鉴定单位名单由国家市场监督管理总局公布。益生菌菌种鉴定需提供产品配方及配方依据中应包括确定的菌种属名、种名及菌株号，菌种的属名、种名应有对应的拉丁学名；菌种的培养条件（培养基、培养温度等）；菌种来源及国内外安全食用资料；国家市场监督管理总局确定的鉴定机构出具的菌种鉴定报告；菌种的安全性评价资料（包括毒理学实验等）；菌种保藏方法；对经过驯化、诱变的菌种，应提供驯化、诱变的方法及驯化剂、诱变剂等资料；以死菌和/或其他代谢产物为主要功能因子的保健食品应提供功能因子或特征成分的名称和检验方法；生产的技术规范和技术保证；生产条件符合《保健食品生产良好规范》的证明文件；使用《可用于保健食品的益生菌菌种名单》之外的益生菌菌种的，还应提供菌种具有功效作用的研究报告、相关文献资料和菌种及其代谢产物不产生任何有毒有害作用的资料。益生菌类保健食品需要进行注册审批，时间长，要求严格，且仅针对最终产品。目前，获得批准的益生菌类保健食品有100多个，批准的功能声称主要有：增强免疫力及肠道健康功能，如调节肠道菌群等。

6.1.4 益生菌的遗传稳定性

益生菌作为长期连续使用的菌种，还应具备优良的遗传稳定性能，以便进一步扩大工业化生产规模。为了达到生存的目的，在生物进化过程中，生命组织就要去适应整个环境，这就是遗传性的变异。在一代代的变异过程中，大部分会出现退化性变异，个别个体会发生进化性变异，微生物菌种也是如此。如果在自然条件下，个别的适应性变异通过自然选择就可以保存和发展，最后成为进化的方向；而在人为条件下，如果没有导向地进行人工选择，大量的自发突变株就会泛滥，最后导致菌种的衰退。这些菌株一旦被用于工业生产，将会导致生产过程中出现连续的低产及产品不稳定等后果。对微生物的遗传稳定性分析包括表型、细胞学、生化性质及分子生物学方面的监测。欧盟食品科学委员会曾明确指出“只有经过培养和分子生物学方法证明具有遗传稳定性的益生乳酸菌才可用于婴幼儿类食品加工”。更有学者认为，益生乳酸菌在连续传代几个月之后，遗传信息不发生任何改变才可被认为是稳定的。

我国关于乳酸菌遗传稳定性的研究起步相对较晚，近些年来相继开展了部分工作。周朝晖等（2004）利用标记技术和高效液相色谱指纹图谱对昂立植物乳杆菌连续传代 15 代后的稳定性进行了检测。刘衍芬等（2005）利用标记技术和聚丙烯酰胺凝胶电泳技术对直投式发酵剂中分离出的乳酸菌传代次数和保存方法进行了探讨，并证明乳杆菌在传代过程中连续转管次数不同时基因组和蛋白质均有变化。刘晓辉等（2008）研究了乳酸菌 Q26 菌株传代过程中在转管不同次数时的形态变化和蛋白质差异，结果发现受试菌株在第 40 代时开始出现蛋白质表达差异。这些研究为揭示益生乳酸菌传代过程中变异产生的分子机理奠定了基础，也用数据证明遗传稳定性在产业化生产过程中不容忽视的地位。

6.2　益生菌筛选

6.2.1　果蔬中的微生物菌群

1. 果蔬中存在的乳酸菌菌群

每种植物都有一种优势的、恒定的微生物区系，菌群的丰度（种群的数量）和均匀度（种群量的大小）很大程度是由该物种特有生理条件和外界营养条件共同影响而决定的。每一种类型的果蔬，在化学组分、营养成分、竞争性生物群等方面都为优势微生物种群提供了独有的生存空间。外界环境如生长环境温度和采收条件等，同样也会影响植物表面附着的微生物菌群类型（Yang et al.，2001）。

果蔬中的微生物菌群主要以酵母菌和真菌为主，由于酵母菌生长繁殖较快，所以酵母菌通常都会成为优势菌群（Nyanga et al.，2007；Rosini et al.，1982）。一般果蔬中酵母菌的菌落数范围基本在 10^2～10^6CFU/g。根据果蔬种类不同，附着在果蔬上的微生物也不尽相同，但基本上以隐球酵母属（*Cryptococcus*）、念珠菌属（*Candida*）、酵母菌属（*Saccharomyces*）、毕赤酵母属（*Pichia*）、汉逊德巴利酵母（*Debaryomyces hansenii*）等为主（Cagno et al.，2013）。

自然界中，乳酸菌在果蔬的微生物菌群中占比较少，大概为 10^2～10^4CFU/g，当出现缺氧、含水量增加、盐浓度增高和温度条件适宜等有利条件时，果蔬可自发进行同型乳酸发酵或异型乳酸发酵，在某些情况下，乳酸菌发酵是与酵母菌发酵同时进行的。

国内外学者对自然发酵中乳酸菌菌群变化做了大量研究。1930 年，Pederson 首次对发酵卷心菜中的微生物活动进行分析，第一次指出发酵初期是由肠膜明串珠菌的异型乳酸发酵启动。随后 Pederson 和 Albury（1953）较为系统地分析了白菜、黄瓜等蔬菜在发酵期间所存在微生物的生长状况及动态变化，研究发现发酵不同阶段存在不同的微生物菌种，发酵早期主要是肠膜明串珠菌（*Leuconostoc mesenteroides*）发酵阶段，该菌具有产酸高、拮抗致病菌的能力，对发酵初期形成酸性环境及抑制腐败菌繁殖生长发挥着重要作用；发酵中期主要是由植物乳杆菌（*Lactobacillus plantarum*）和短乳杆菌（*Lactobacillus brevis*）产生大量乳酸，而后期则由植物乳杆菌完成发酵。1985 年，美国 Fleming 研究小组以圆白菜为原料发酵的酸菜作为研究对象，对其在自然发酵过程中微生物区系进行了系统分析，结果表明乳酸菌在该发酵过程中起关键性作用，被分离鉴定出的乳酸菌主要包括肠膜明串珠菌、戊糖片球菌、短乳杆菌和植物乳杆菌等。Lee 等（2005）以韩国泡菜 Kimchi 为研究对象，对发酵期间泡菜中存在的乳酸菌进行分析鉴定，检测出其主要发酵菌群包括融合魏斯氏菌（*Weissella confusa*）、柠檬明串珠菌（*Leuconostoc citreum*）、清酒乳杆菌（*Lactobacillus sakei*）和弯曲乳杆菌（*Lactobacillus curvatus*），并且发现在发酵初期和发酵末期泡菜的微生物群落结构发生了很大改变。我国学者也对此做了大量研究，钟之绚和郭剑（1995）在研究中国酸白菜中发现，发酵前期检出植物乳杆菌，中期有植物乳杆菌、格氏乳杆菌、弯曲乳杆菌、德式乳杆菌德氏亚种和乳糖亚种，后期有植物乳杆菌和棉子糖链球菌，在发酵过程中，乳酸菌形成优势菌群，调整了微生物种群结构，形成有利于乳酸菌生长的环境，使附着在大白菜上种类丰富的乳酸菌群得以大量萌生。周光燕（2006）从四川地区采集自然发酵泡菜汁样品 34 份，从中分离得到 116 株乳酸菌菌株，包括乳杆菌 94 株，乳酸球菌 22 株。其中杆菌在 75%相似性水平上，94 株乳杆菌被分为 24 个菌群，并且来自同一样品的菌株分散到不同的群中，说明四川地区自然发酵泡菜中的乳杆菌具有种类多样性。

2. 用于发酵果蔬汁饮料的乳酸菌种类

通过对果蔬自然发酵过程中优势乳酸菌菌株的分离筛选，采用人工接种方式制备发酵果蔬汁饮料，不仅可以改善果蔬制品的营养和风味，而且丰富了果蔬制品的种类。目前，用于发酵果蔬汁的乳酸菌种类主要有乳杆菌和双歧杆菌，包括植物乳杆菌、干酪乳杆菌、德氏乳杆菌保加利亚亚种、嗜酸乳杆菌、唾液乳杆菌、短乳杆菌、长双歧杆菌和动物双歧杆菌乳酸菌亚种（Chen，2019）。在乳酸菌发酵果蔬汁的过程中，乳酸菌通过乳酸发酵作用产生乳酸而使饮料具有特殊风味，酸甜适口。乳酸菌发酵的代谢产物除乳酸外，还包括乙酸、乙醛、乙醇、二乙酰、丁二醇、烃类和酯类等一些副产物。果蔬饮料经乳酸菌发酵后的风味与乳酸菌种类及其代谢产物、发酵条件等因素紧密相关。葡萄糖是果蔬中含量较高的一种可发酵糖类，果蔬发酵过程中涉及的乳酸发酵主要是乳酸菌进行的葡萄糖代谢。根据葡萄糖代谢产物不同，可以将乳酸菌代谢葡萄糖的类型分为两类，一类是以乳酸为主要或单一代谢产物的同型乳酸发酵，另一类是异型乳酸发酵，其代谢产物除乳酸外，还有较高比例的乙酸、乙醇和 CO_2。

（1）同型乳酸发酵

通过糖酵解途径代谢葡萄糖产生丙酮酸，丙酮酸直接作为电子受体，经乳酸脱氧酶作用形成乳酸，终产物只有乳酸一种。常见的同型乳酸发酵菌种有植物乳杆菌、干酪乳杆菌、戊糖乳杆菌、嗜酸乳杆菌、乳酸乳球菌等。

（2）异型乳酸发酵

有些乳酸菌因缺乏二磷酸果糖醛缩酶和异构酶等途径的关键酶，葡萄糖先经过戊糖磷酸途径生成磷酸甘油酸和乙酰磷酸，乙酰磷酸还原生成乙酸和乙醇，磷酸甘油酸则生成乳酸。异型乳酸发酵的产物除乳酸外，还包括乙酸、乙醇和 CO_2。常见的异型乳酸发酵菌种有肠膜明串珠菌、短乳杆菌、发酵乳杆菌等。

6.2.2　适宜果蔬汁发酵的益生菌筛选

益生菌发酵果蔬汁的质量不仅取决于原材料本身，更关键的还取决于发酵剂的种类和质量，因此筛选出能在机体内长期定植且发酵风味良好的益生菌意义重大。研究发现有些益生菌可以在人体肠道内定植，但是其发酵风味差且活菌数低，需要对其进行驯化、改良和修饰。发酵风味好的乳酸菌可以赋予产品纯天然的香味和清爽的滋味，优化产品口感，还可以减少香精和香料的添加；有些乳酸菌还可以合成一些维生素，使发酵产品的营养价值更高，且更天然安全。筛选出适宜果蔬汁发酵的专用益生菌菌株，既能使生产效率得到明显提高，又能使产品质量得到更好的保证。

1. 乳酸菌菌株筛选标准

随着健康饮食概念深入人心，乳酸菌发酵食品已日渐成为流行趋势之一，对于商业化乳酸菌发酵食品而言，未经灭菌的果蔬自然发酵，发酵时间过长，且发酵过程难以控制，容易造成发酵失败，产生经济损失。在发酵过程中，通过接入益生菌发酵剂来控制发酵过程，可以有效解决这个问题。总体来说，可以选择使用果蔬自身筛选出的益生菌或者购买商业标准化益生菌这两种方式，将发酵剂直接接入果蔬汁中，来控制发酵过程。

2012 年，Bourdichon 等公布了可用于食品发酵的菌种名单，其中包括适于果蔬发酵的菌种。通常可以根据这些菌种名单来选择适于蔬菜和水果发酵的菌种。然而，由于商业化标准菌种缺乏专一性，可能在使用过程中会存在一些限制。比如，在购买使用过程中，菌株缺乏多样性；菌株发酵过程中，除酸化速度以外，忽略果蔬本身特有的属性和性质；在发酵过程中，对果蔬发酵基质的适应性较差；在菌株生长过程中，存在新陈代谢较为缓慢的问题。能达到工业化要求、高性能的商业化标准菌种非常少。为了能够达到更好的发酵效果，常从水果和蔬菜的原生优势微生物菌群中筛选菌株作为发酵剂，产品可能才会具有更好的感官特性，因为发酵充分，还可延长果蔬的保质期，提高营养价值。

实际上，从果蔬自身筛选出的菌株会比商业/异地标准化菌株拥有更好的发酵属性。但是，并非所有存在于果蔬中的乳酸菌都具备优良的发酵性能。通常选择用于果蔬发酵的菌株一般至少要考察以下三个方面：一是发酵菌株生长速率；二是发酵菌株产酸速率和总产量，这会影响发酵体系 pH 的变化，对果蔬发酵的意义非常重大；三是发酵菌株对环境的适应性。Ojha 和 Tiwari（2016）从理化标准、感官标准和营养/功能标准三个方面更进一步细化了适宜果蔬发酵的乳酸菌筛选原则。其中，理化标准包括生长速度、产酸速率、耐酸性、耐盐性、发酵完全性、产乳酸能力、高浓度多酚耐受性、产细菌素能力和果胶分解能力；感官标准包括异质发酵代谢和芳香前体化合物的合成；营养/功能标准包括游离氨基酸成分、维生素含量、活性肽的释放、产 γ-氨基丁酸能力和产胞外多糖能力。

2. 乳酸菌菌株的分离和纯化

自然条件下，乳酸菌常和其他酵母菌、霉菌等微生物以群落状态共同生长存在，这种群落往往是不同种类微生物群体的混合体，当人们为了研究某种微生物的特性，就必须从这些混杂的微生物群落中筛选出单菌落进行纯培养，从而完成微生物的分离和纯化。通常分离纯化乳酸菌的培养基有 MRS 培养基、溴甲酚绿指示剂培养基、TJA 培养基、M17 培养基、LBS 培养基等。一般采用 10 倍平板稀释法对乳酸菌进行分离纯化。取含有乳酸菌的样液 1ml 进行 10 倍浓度梯度稀释，分别吸取适当稀释度的稀释液 100μl 于制备好的含有碳酸钙的 MRS 固体培养基平板上，涂布均匀后 37℃条件下倒置培养 24～48h，将有明显溶钙圈且生长状况良好的单菌落挑至 MRS 斜面上，置于 37℃培养箱继续培养 24h 后冷藏保存待进行菌种鉴定。平板上生长出的各种单菌落如果过于密集，为防止不同菌落间相互污染，需要将菌落挑出后再进行一次平板分离，确认可以获得比较纯一的单菌落后，接种斜面于 4℃冰箱保存。

3. 乳酸菌的分类鉴定

乳酸菌是益生菌的一个重要组成部分，而乳酸菌在自然界分布广泛，需要掌握它们的特性才能对其进行应用，要甄别出对人类有害的致病菌，筛选出有益菌，因此菌种的鉴定对于益生菌的筛选具有重要意义。目前经常使用的鉴定方法有传统形态鉴定方法、生理生化鉴定方法和分子生物学鉴定方法。

（1）形态鉴定

形态结构观察主要是指用选择性培养基对样品进行培养，对培养基上长出的单菌落进行分离纯化后再鉴定。利用显微镜对被染色的微生物形状、大小、排列方式、细胞结构及染色特性进行镜下直接观察，从而达到区别、鉴定微生物的目的。不同微生物在特定培养基中生长繁殖后所形成的菌落特征有很大差异，而在一定条件下，同一种微生物的培养特征具有一定的稳定性，据此可以对不同微生物加以区别。

（2）生理生化鉴定

微生物生化反应是微生物分类鉴定中的重要依据之一。生化反应是指用化学反应测定微生物的代谢产物，从而鉴别一些在形态和其他方面不易区别的微生物。细菌生理生化试验鉴定方法包括革兰氏染色、酶试验、硝酸盐还原试验、温度试验、产酸试验、糖发酵试验等。虽然这种方法无法立刻鉴定出菌种，且比较耗费时间和人力，但作为菌种鉴定的基础仍是一个不可替代的方法。

（3）分子生物学鉴定

随着时代发展，分子生物学逐渐形成了一个乳酸菌基因鉴定体系，根据菌株 DNA 序列的特异性，运用分子生物学的方法对未知菌株进行鉴定。目前常用的分子生物学鉴定方法有 DNA-DNA 分子杂交技术，recA 基因序列分析、GC%含量分析、16S rRNA 序列分析、长度多态性分析（AFLP）及限制性片段多态性分析（RFLP），核酸分子探针杂交技术等。

1）DNA-DNA 分子杂交技术

DNA-DNA 杂交试验被用来分析菌株之间的亲缘关系，现已成为细菌分类学研究的一个重要指标。DNA 杂交法的基本原理是用 DNA 解链的可逆性和碱基配对的专一性，将不同来源的 DNA 在体外加热解链，并在合适的条件下，使互补的碱基重新配对结合成双链 DNA，然后根据能生成双链的情况，检测杂合百分数。如果两条单链 DNA 的碱基顺序全部相同，则它们能生成完整的双链，即杂合率为 100%。如果两条单链 DNA 的碱基序列只有部分相同，则它们能生成的“双链”仅含有局部单链，其杂合率小于 100%，杂合率越高，表示两个 DNA 之间碱基序列的相似性越高，它们之间的亲缘关系也就越近。核酸探针是一种经过标记、能与其互补序列杂交的单链核酸分子，其靶位是染色体上特定的序列，所选择的靶序列通常是某一属、种或菌株所特有的核酸序列。只要将菌落裂解，使细胞内 DNA 暴露，就可以直接采用探针与该菌落进行原位杂交。对探针采用同位素、酶或荧光素标记后，可以使其容易被检测。

2）recA 基因序列分析

recA 基因负责编码 recA 蛋白质，后者在 DNA 重组、DNA 修复与 SOS 应急反应中具有至关重要的作用。研究表明，recA 基因的一个小片段有望成为一种灵敏性高、能用于种间进化发育亲缘研究的分子标记。Kullen 等（1997）首先将这种方法引入双歧杆菌属的研究，这种分子可以通过 PCR 技术从双歧杆菌典型菌株的肠道分析物中直接获得，引物是针对 recA 基因内特定区域的寡核苷酸，该区域在细菌内具有通用保守性。在该方法中形成的片段长度约为 300kb。这种 recA 基因有望成为一种对人体肠道双歧杆菌分离物进行比较性进化发育研究的有力工具。

3）GC%含量

在 DNA 四种碱基中，鸟嘌呤和胞嘧啶所占的比率称为 GC 含量。研究发现，每一个微生物物种的 DNA 中 GC%的数值是恒定的，不会随着环境条件、培养条件的变化而变化，而且在同一个属不同种之间，DNA 中 GC%的数值不会差异太大，可以以某个数值为中心成簇分布，差异通常不超过 10%～15%（刘文俊等，2009）。一般认为，任何两种微生物在 GC%含量上的差别超过了 10%，这两种微生物就肯定不是同一个种，因此可以用这种方法来鉴别各种微生物种属间的亲缘关系及其远近程度。测定 GC%的方法很多，其中最广泛和通用的方法是以化学法水解 DNA 后，再用电泳或 HPLC 来分析其中的成分。在双链 DNA 中，A 与 T 配对、G 与 C 配对，因此 A 与 T 及 G 与 C 的数量应相同。DNA 的 GC%含量测定已广泛用于微生物鉴定中。

4）16S rRNA 序列分析

16S rRNA 序列分析方法是最常用的乳酸菌鉴定技术。16S rRNA 具有进化和功能性上的同源性，其序列变化频率缓慢，在整体结构上具有一定的保守性，并且序列大小适中，带有足够的生物信息用来进行准确的系统进化分析。在益生菌进化过程中，rRNA 分子的功能几乎保持不变，且分子中某些部位的排列顺序变化非常缓慢，因而得以保留古老祖先的一些序列。16S 或 23S rRNA 序列的 DNA 标记技术利用 PCR 的方法，采用针对 16S rRNA 基因两端通用保守区的引物直接对所分离到的菌株进行 16S rRNA 基因扩增，然后测定整个 PCR 复制子（约 1.5kb）的序列组成，并与 rRNA 数据库进行比较。

5）变性梯度凝胶电泳

变性梯度凝胶电泳（denatured gradient gel electrophoresis，DGGE）是指利用一个梯度变性凝胶来分离 DNA 片段。由于不同 DNA 片段的变性条件不同，可在凝胶上形成不同的泳带。该技术的突出优点是可以分离具有细微差异的基因组片段，通过测序分析来揭示群落成员系统发育的从属关系，并能够同时检测多个样品，使对不同样品进行比较成为可能。Muyzer 等（1993）首次将 DGGE 技术应用于微生物研究，并证实这种方法用于微生物种属鉴定是十分有效的。DGGE 可以用来检测最高温度解链区域以外的所有发生单个碱基变化的 DNA 片段，对益生菌的分类鉴定有极高的准确性。Fasoli 等（2003）运用这种鉴定方式，通过与 16S rDNA 的比较，对商业益生菌酸乳产品中的菌种进行了鉴定，证实发酵乳中的菌种与商品标签中标注的相符；同时，还对一些益生菌冻干粉进行鉴定，纠正了部分鉴定有误的双歧杆菌和芽孢杆菌。

虽然分子生物学鉴定方法具有灵敏、快速的特点，但是还无法单独对未知菌株进行鉴定，快速鉴定方法和分子生物学鉴定方法必须以传统的鉴定方法为基础，需要将分子生物学方法与传统鉴定方法相结合，才能得到准确的鉴定结果。随着菌种鉴定技术的逐渐发展及研究的深入，菌种鉴定的准确性也会越来越高，这也是对菌种安全性评价的基础。

4. 益生菌菌株特性筛选及验证模型

并不是所有的乳酸菌都可以称为益生菌，乳酸菌必须经过特性筛选及益生菌模型验证，才可以定义为益生菌。乳酸菌进入人体后，需要克服两个最主要的生物屏障，人体胃液的酸性环境和十二指肠内分泌的胆盐环境。胃液是人体抵御外源性微生物的重要防线，正常人体胃液 pH 0.8～1.5，通常含氯化氢的溶质质量分数为 0.2%～0.4%。当通过耐酸测试的益生菌经过胃部到达肠道时，肠内还有胆汁、胰液等众多分泌物质。通常，一个正常成年人每天分泌胆汁酸 800～1200ml，当胆汁酸到达结肠后，在肠道细菌作用下会发生一系列化学修饰如脱氢、去葡萄糖磷酸化等。如果要使益生菌在人体胃肠道发挥最佳功效，必须进行耐酸耐胆盐筛选实验，保证益生菌在肠道内能够抵抗胃酸胆盐，有良好的生存能力。胃肠道环境对菌株存活率影响的研究表明，不同菌株对肠道环境的耐受能力不同（贺姗姗等，2019；Grimoud et al.，2010；鲍雅静等，2013）。因此，酸和胆盐耐受能力的筛选是益生菌筛选的重要标准之一，最常用的筛选方法是体外实验，用人工配制的方式模拟胃液、胆汁培养待测菌株，进一步对菌株的存活率进行测定。

黏附是指细菌与机体肠道上皮细胞通过生物化学作用产生的特异性黏连。黏附是定植的第一步，对增加定植抗力和防止易位有重要的生理意义。菌株的黏附作用强弱直接影响到益生菌在肠道内的存活时间，并且益生菌的黏附作用能够有效地诱发免疫反应，同时稳定肠道黏膜屏障，能够竞争性排除致病菌对上皮细胞的黏附（潘伟好，2005）。另外，乳酸菌产生乳酸、细菌素、类细菌素、过氧化氢和某些有机酸等抗菌物质，能抑制肠道中一些致病菌及腐败菌的繁殖。对益生菌黏附能力评价的方式方法有很多，主要包括对肠黏膜和上皮细胞的黏附。细菌的疏水作用被认为是影响细菌和宿主间反应的因素之一，与多种黏附现象如组织表面的黏附、塑料表面的黏附、细菌间的集聚等均有关。细菌的疏水性源于菌体表面静电荷、极性和非极性残基的相对分布。非极性残基能够增强细菌对非极性溶剂的亲和力。测定细菌在恒定电场下的电泳迁移率则可以反映细菌表面净电荷的分布。将不同种双歧杆菌菌悬液分别与十六烷或二甲苯混合，测定其水相的吸光度，可以反映其与黏附力密切相关的疏水性大小（蓝景刚和胡宏，2002）。

研究表明人体胃肠道的环境（胃酸、胆盐、消化酶）及菌株对酸和胆盐的耐受程度均会对益生菌的黏附能力产生影响，并且益生菌对人体肠道的黏附作用并不是普遍存在的，不同的种属间存在着较大的区别（Brassart and Schiffrin，1997）。对菌株体内的黏附能力的筛选主要包括体内和体外两种方法。一般的体内实验是通过对粪便样品中益生菌的含量进行判断，但是这一结果并不足够说明益生菌对肠道的黏附情况，多数筛选方法是通过益生菌菌体对体外模拟人体上皮细胞的黏附能力进行判断。Kosl 等（2003）研究嗜酸乳杆菌 M92 的黏附能力和自凝聚能力之间的联系，发现其对肠上皮细胞具有很强的黏附能力，对二甲苯具有很强的亲和力，这也就说明其表面具有很强的疏水性，同时自凝聚率达到 71.3%，表明黏附能力较高的菌株同时表现出了高疏水性、高自凝聚力等特性。另有一些学者在研究筛选自人体胃肠道的双歧杆菌的性质时，发现具有较强疏水性和自凝聚能力的双歧杆菌对肠上皮细胞表现出了较高的黏附能力（Del et al.，1998），从而再次证实了细菌黏附能力、表面疏水性、自凝聚能力三者之间存在一定的相关性。

6.2.3 益生菌在发酵果蔬汁中的应用

益生菌在发酵果蔬汁中的作用可概括为改善果蔬汁营养成分，提高保健功能；改善果蔬汁风味，赋予发酵风味；低 pH 环境可抑制腐败菌，防止果蔬汁变质，延长保质期。随着果蔬深加工技术的发展，关于益生菌应用于果蔬汁饮料加工中的报道也日益增多。益生菌发酵果蔬汁不仅能满足消费者对食品绿色天然的追求，而且发酵后的果蔬汁还具有保健功能。Offonry 和 Achi（1998）研究甜瓜果肉自然发酵过程中微生物的变化，并从自然发酵中分离出了青霉菌、曲霉、酵母菌等菌株。Sánchez 等（2000）从自然发酵的茄子中分离鉴定出了 149 株乳酸菌，发现发酵初期优势菌群是短乳杆菌和发酵乳杆菌，随着发酵时间的增加，植物乳杆菌逐渐成为优势菌群。

2001 年，日本开发出一款名为“蔬菜的战士”的植物性乳酸菌发酵蔬菜汁饮料产品，其中有大蒜、甘薯、南瓜、番茄等富含胡萝卜素的 8 种蔬菜，风味独特且营养丰富，颇受市场欢迎（周秀琴，2004）。Yoon 等（2004）以番茄为原料，接种嗜酸乳杆菌、植物乳杆菌、卡氏乳杆菌和德氏乳杆菌，在 30℃发酵 24h 后，活菌数达到 1.0×10^9～9.0×10^9CFU/ml，在 4℃贮存 4 周后，活菌数仍有 10^6～10^8CFU/ml。Sheehan 等（2007）研究了干酪乳杆菌、鼠李糖乳杆菌 LGG 和副干酪乳杆菌 NFBC43338 在橙汁、菠萝汁和蔓越莓汁中的耐受能力，结果表明，所有的益生菌在橙汁和菠萝汁中的存活率均高于蔓越莓汁中，12 周后橙汁中活菌数为 10^7CFU/ml，菠萝汁中活菌数为 10^6CFU/ml。Tsen 等（2009）运用响应面分析发酵温度、接种量、料液比和益生菌细胞固定化 4 个因素对嗜酸乳杆菌发酵香蕉泥的影响，结果表明用细胞固定化嗜酸乳杆菌发酵香蕉泥，可以获得具有较好益生效果的产品，同时发现固定化细胞发酵的香蕉泥的适口性消费者是可接受的。近年来，国内关于乳酸菌发酵果蔬汁饮料的研究也在逐步增多。张亚雄等（2004）采用保加利亚乳杆菌和嗜热链球菌混合菌种进行单一果蔬汁及复合果蔬汁发酵，制作果蔬乳酸发酵饮料及果蔬乳酸发酵型果冻。王世强和赵莉（2008）研究了嗜酸乳杆菌在果蔬发酵汁中的生长和存活模式，采用嗜酸乳杆菌进行单一果蔬汁及果蔬牛乳混合汁发酵制作果蔬发酵饮料，发现其生长基本遵循微生物生长规律，并且在 4℃下贮藏时，发酵液中活菌数受温度、酸度、营养多重因素的影响。刘磊等（2015）优化了龙眼乳酸菌发酵的工艺条件，并发现龙眼果浆经乳酸菌发酵后其挥发性风味物质发生了显著变化，其中共有 53 种挥发性物质被检测出：萜烯烃类 15 种、醇类 6 种、酯类 18 种、酮类 7 种、醛类 3 种、酸类 2 种及其他类 2 种，与发酵前相比，龙眼果浆新产生了 18 种挥发性风味物质。

6.3　益生菌发酵苹果饮品生产技术

乳酸菌作为一类益生菌，常用于发酵鲜牛奶制备酸奶。酸奶具有丰富的生理功能，这使得以乳酸菌为活菌补充剂或经乳酸菌发酵的益生菌奶类食品产业得到快速发展。随着乳酸菌在食品工业中的广泛应用，越来越多的食品被用于乳酸菌的发酵中。1994 年，在瑞典马尔默第一次生产了不含奶类基质的乳酸菌的发酵食品——含混合果汁的发酵燕麦粥。这一非奶类食品为发酵基质的尝试，打破了乳酸菌发酵原有的格局，扩大了乳酸菌在食品领域的应用。

苹果营养全面且均衡，素有“百果之王”的美誉，富含糖、蛋白质、钙、磷、铁、锌、钾、镁、硫、胡萝卜素、维生素 B_1、维生素 B_2、维生素 C、烟酸、纤维素等营养成分，还含有丰富的苹果多酚、黄酮等外源性抗氧化物质（Brat et al.,

2006；Lee et al.，2003）。此外，苹果不含乳酸过敏原（乳糖和酪蛋白），这对乳糖不耐受和对牛奶蛋白过敏的人群非常有益。目前已有研究表明苹果汁可作为益生菌发酵的良好基质，Dimitrovski 等（2015）用植物乳杆菌 PCS26 发酵苹果汁，37℃发酵 24h 后，植物乳杆菌 PCS26 活菌数达到 2.5×10^9CFU/ml，李维妮等（2017）用副干酪乳杆菌、动物双歧杆菌、嗜热链球菌、嗜酸乳杆菌混菌发酵苹果汁，发酵 24h 后得到苹果汁的活菌数为 9.85×10^7CFU/ml。这些说明苹果本身所含有的丰富营养物质使得它们可以作为乳酸菌的发酵基质，可以为乳酸菌提供生长代谢所需的基本元素。不仅如此，经乳酸菌发酵的苹果饮品还具有良好的感官风味（Pimentel et al.，2015a）。

6.3.1 益生菌发酵苹果饮品类型

益生菌发酵苹果饮品是一种发酵型饮料，通常以苹果汁、苹果浆、糖等为原料，经破碎、榨汁、杀菌、冷却、接入发酵剂、发酵、灌装而成。一般因其加工处理的方法不同，益生菌发酵苹果饮品可分为活菌型发酵饮料（未经后杀菌）和非活菌型发酵饮料（经后杀菌）两大类。还有另一种分类方法，根据发酵原料中是否添加牛乳，又分为含乳益生菌发酵苹果饮品和不含乳益生菌发酵苹果饮品两大类。

1. 活菌型益生菌发酵苹果饮品

活菌型益生菌发酵苹果饮品是指富含活性益生菌的发酵苹果汁/浆饮品，且活菌数不低于每毫升 100 万个（10^6CFU/ml）。活菌型益生菌发酵饮料，当饮料进入人体后，益生菌便沿着消化道进入大肠，由于它具有活性，可在人体内的肠道中迅速繁殖，同时产酸，从而有效抑制腐败菌和致病菌的繁殖和生长，起到保护肠道和调节肠道功能等作用。这种饮料要求在 2～10℃低温条件下贮存和销售，一般密封包装的活性饮料保质期为 15 天左右。

2. 非活菌型益生菌发酵苹果饮品

非活菌型益生菌发酵饮品，是指经过后杀菌的益生菌发酵饮料，一般不具有活性益生菌，其中益生菌在生产过程中的加热无菌处理阶段时已失活。这种饮料保质期长（常温 6 个月）、成本低、无需冷链运输。该饮料可在常温下贮存和销售，也就不存在活性益生菌进入肠道、调节胃肠菌群等功效。但是，杀菌后的益生菌饮品虽然不含活性益生菌，但经过益生菌发酵产生的小分子功能肽、游离氨基酸、维生素等生理活性物质，同样具有良好的保健功能。目前国际观点普遍认为，在机体内存活或者死亡的益生菌都具有益生功能，只是发挥功能的机理、剂量、安全性等有差异。目前研究结果表明，益生菌死菌体、细胞碎片及其代谢产物，当摄入剂量足够时，同样具备很好的复合免疫作用，可促进肠道中双歧杆菌增殖，调节菌群平衡，有益于宿主健康。死菌细胞不受胃酸、胆汁等影响，不怕加热，故可以作为食品配料用于加工食品。并且，益生菌死菌体同样具备很多优势：菌体可以高密度集中，少量添加即可提供较多菌体；饮品经杀菌处理后，可将污染控制到最低，比活菌保质期更长；几乎可以添加到所有的食品中，特别是水分含量很高、有加热工序的食品。

3. 含乳益生菌发酵苹果饮品

益生菌复合苹果乳发酵饮品是近年来发展起来的一种集营养、保健功能于一体的新型乳饮料。该产品是在发酵乳中加入适量的浓缩苹果汁、苹果浆或在牛乳中直接添加适量的浓缩苹果汁、苹果浆共同发酵后，再通过加糖、稳定剂或香料等调配、均质后制作而成。该产品在保留了苹果和牛奶自有的营养成分的同时，还含有对人体有益的益生菌。益生菌利用果蔬中的可溶性养分进行乳酸发酵，且在发酵过程中会产生多种维生素，发酵后核黄素、硫胺素、吡哆醇、谷氨酸等含量均有增加，营养价值提高，风味独特，更有利于人体健康。

发酵苹果汁乳饮料的生产工艺与酸奶类似，通常为苹果榨汁→添加牛奶→调配→灭菌→冷却→接种→发酵→灌装→冷藏→成品。一般情况下，德氏乳杆菌保加利亚亚种（*Lactobacillus delbrueckii* subsp. *bulgaricus*）、保加利亚乳杆菌（*Lactobacillus bulgaricus*）和嗜热链球菌（*Streptococcus thermophilus*）通常用于苹果汁乳饮料的发酵。这种发酵饮料酸甜适中，口感细腻，具有苹果的清香和乳香味，口味独特、营养丰富（赵蓓和李峰，2015）。

4. 不含乳益生菌发酵苹果饮品

益生菌发酵苹果饮品是以苹果汁、苹果浆为主要原料，由单一乳酸菌或多种乳酸菌单独或混菌发酵而成。目前，乳酸菌发酵果蔬汁作为一种功能性食品，已在日本、韩国、德国等发达国家进行了大量研究，也形成了巨大的市场发展空间。我国果蔬发酵汁研究进展缓慢，市场上产品较少。牛墨和孟祥晨（2012）以苹果山药复合汁为基质，对 37 株来源于发酵植物制品中的乳酸菌进行发酵性能的初筛和复筛，通过测定活菌数和计算产酸速率，从中筛选出性能优良的三株乳酸菌为最佳发酵菌种组合，并通过三因子单形重心设计方法确定三种菌种的最佳使用比例为 4∶1∶2，在 37℃发酵 14h 后，可得到最大产酸量，同时发现其中一株益生菌可以显著改善小鼠的 β-Lg 过敏症状，所以该发酵产品还具有一定的生理功能。叶盼（2016）以苹果汁为发酵基质，初步筛选了适合苹果汁发酵的乳酸菌，并对发酵苹果汁的品质、生理功能及生理活性物质开展了研究。结果表明，植物乳杆菌、嗜酸乳杆菌、副干酪乳杆菌、戊糖片球菌、瑞士乳杆菌及明串珠菌都可发酵风味良好的苹果汁，其中，植物乳杆菌产酸能力最强，DPPH 自由基清除率最高，并且植物乳杆菌发酵有利于提高苹果汁的抗氧化性能。

6.3.2 益生菌发酵苹果饮品的技术要点

益生菌发酵苹果饮品的加工步骤与生产传统苹果汁相似。唯一不同之处就是加入了益生菌，增加了发酵过程。但相比牛奶而言，益生菌在苹果汁中进行发酵要困难很多。因为果汁中没有足够的益生菌生长所必需的多肽和氨基酸，而且苹果汁高酸、高糖，这种环境通常会抑制益生菌生长，从而影响发酵果汁品质。

1. 益生菌菌种选择

不同益生菌菌株耐酸、耐糖和耐氧性能是不同的。乳酸菌较能耐受果汁环境，一般可在 pH 3.7～4.3 的条件下存活；而双歧杆菌耐酸性较差，当果汁环境的 pH<4.6 时，存活率较低。由于对酸性环境的耐受性，植物乳杆菌、嗜酸乳杆菌和干酪乳杆菌等几种菌株都可在苹果汁基质中生长（Perricone et al.，2015）。如果益生菌长期处于 pH<4.5 的环境中，就需要消耗能量来维持菌株细胞内的 pH，导致三磷酸腺苷（ATP）缺失，从而引起细胞死亡（Nualkaekul and Charalampopoulos，2011）。

2. 益生菌添加形式

益生菌的添加形式和数量对益生菌的存活也很重要。一般要将益生菌活化 2～3 代后，以冻干粉形式直投添加。还有一种方式是先将益生菌微胶囊化然后投入添加。微胶囊可为益生菌规避一些不利的生存环境（如氧含量高），并为高酸高糖的发酵环境提供物理屏障（Perricone et al.，2015）。Gandomi 等（2016）研究了不同包埋剂（海藻酸钠和壳聚糖）对鼠李糖乳杆菌 LGG 在 4℃和 25℃条件下贮藏 90 天后益生菌活性的变化。研究表明未经微胶囊处理的益生菌存活率下降了 13.6%。胶囊处理后的益生菌存活率是对照菌的 4.5 倍。

3. 果汁的含氧量

益生菌菌株一般是厌氧或微好氧的，因此，果汁中的含氧量应控制在最低水平，避免益生菌失活，从而丧失益生功能。发酵果汁包装材料的选择方面，应选择隔氧性能较佳的玻璃、金属包装以及铝层压包装。这种包装材料隔绝氧气能力较强，不会透氧造成益生菌失活。Pimentel 等（2015a）研究了益生菌 *L. paracasei* ssp. *paracasei* 发酵苹果汁在不同包装容器中低温贮藏（4℃，28 天）的益生菌活性和品质变化。结果表明，玻璃容器比塑料容器更适于保持益生菌活性，如果要选择塑料包装，应选择耐氧性较强的益生菌菌株。

4. 贮藏温度

活菌益生菌发酵苹果汁最佳贮藏温度是 4～10℃，保质期一般为 14～28 天（Pimentel et al.，2015b；Ding and Shah，2008），还可以采取其他措施提高产品保质期，比如益生菌的微胶囊化、添加益生元等成分或者使用抗氧化剂等。

6.3.3　益生菌发酵苹果饮品生产工艺

1. 原料与设备

（1）原料

苹果、其他果蔬、牛奶（含乳发酵苹果饮品需用）、白砂糖、纯净水、益生菌发酵剂等。

（2）设备

纯净水制取系统、巴氏杀菌机、发酵罐、均质机、高速搅拌缸、缓冲罐、超高温瞬时灭菌机（UHT 系统）、三合一热灌装封口机（冲、灌、封）、高位电控恒温罐、连续倒瓶机、喷淋冷却机、风干机、套标机、喷码机等。

（3）主要原辅材料

所选用的苹果及其他果蔬必须新鲜、无腐败、无虫害；所有工艺用水包括配料用水及相关的管道容器的洗涤用水，必须符合《食品安全国家标准　食品接触用塑料材料及制品》（GB4806.7—2016）的规定；白砂糖要求为食品用一级或优级，无味、颜色均匀、不泛黄，絮凝作用要经过测试，其微生物检测符合相关国家标准；其他食品添加剂符合《食品安全国家标准　食品添加剂使用标准》（GB2760—2014）的规定。

2. 生产工艺流程

（1）原料制备

苹果清洗去核后，切成小块，立即投入柠檬酸溶液（0.5g/kg）中，在 80℃的热溶液中浸泡 6min 进行护色。

（2）果汁澄清

果汁澄清是为了除去胶体物质，增强稳定性，改善果汁感官，从而提高消费者的接受度。首先加入果胶酶和淀粉酶，采用酶澄清法去除大分子果胶、淀粉等物质。该方法一般需将果汁加热至 50℃，充分反应 1～2h。酶处理后，沉淀一般通过过滤或超滤的方式去除。然后在果汁中继续加入凝胶、硅酸盐等澄清剂，进一步促进絮状体沉降后，通过常规过滤方法进行精滤。近年来，这种常规的澄清方法逐渐被膜过滤工艺取代，膜过滤可以同时对苹果汁进行澄清和过滤两步工序，简化传统果汁澄清工艺步骤，可在不改变果汁温度和 pH 的情况下较好地保留果汁原有的风味和营养成分（Uriot et al.，2017）。

（3）杀菌

苹果汁中存在细菌、霉菌和酵母等微生物，杀灭这些微生物或使之钝化的操作都可称为杀菌。杀菌除了可以使微生物失活外，还可起到钝化酶的作用，有研究表明多酚氧化酶、过氧化物酶、果胶酯酶等酶类会影响果汁的感官和营养品质（Petruzzi et al.，2017）。根据热处理的强度可将杀菌分为三类：巴氏杀菌（<100℃）、灌装杀菌（100℃左右）和高温杀菌（>100℃）。在果汁加热杀菌过程中，会发生色泽、口感的变化，造成品质下降。为了既能达到杀菌目的，又尽可能降低对果汁品质的影响，就必须选择适当的加热温度和时间。实验证明，对同一杀菌效果而言，高温短时间杀菌比低温长时间杀菌更能保持果汁品质。因此，超高温瞬时杀菌技术（UHT）得到了普遍应用，是目前果汁企业采用最广泛的一种杀菌技术。一般采用的条件是 132～135℃，1～3s，出料温度控制在（95±2）℃，热灌装温度不低于 85℃。

（4）发酵剂的制备

将益生菌在适宜温度和培养基条件中活化 2～3 代，当达到对数期时，低温离心 15min，离心结束后，将益生菌细胞沉淀洗涤，并计算接种浓度。

（5）发酵

将益生菌接种入苹果汁中，37℃发酵一定时间后，将发酵果汁贮存至 4～10℃环境中。

3. 主要操作要点

（1）车间环境及卫生管理

由于益生菌发酵苹果汁饮品的营养非常丰富，易造成污染，导致品质下降甚至不可食用，因此在生产方面对卫生条件的要求相当高。首先发酵车间和灌装车间要按无菌车间的要求建造，直接从事生产的一线员工也要有良好的个人卫生习惯。生产开始前和结束后都要用热水（85℃以上）冲洗所有的器具包括管道、贮存容器和灌装机械。停产超过 48h 或连续生产 7 天时要进行“五步消毒”，生产车间的地面要保持清洁无积水，杜绝污染源，阻断污染途径，以确保生产的正常进行。

（2）原料质量控制

选取原料时，应注意选取新鲜、无损伤、低农药残留的水果，在榨汁、护色、发酵的过程中，由于这些物料本身的质量或因配制饮料时处理不当，会使饮料在保存过程中出现变色、褪色、沉淀、污染杂菌等。因此，在选择及加入这些原料时应注意保存、杀菌处理。

（3）均质

均质可使混合料液更加均匀、微细化，提高料液黏度，抑制粒子的沉淀，并增强稳定剂的稳定效果。均质压力一般为 15～30MPa，发酵苹果饮品较适宜的均质温度为 60～65℃。

（4）杀菌

将均质后的苹果汁进行杀菌，杀菌温度为 86～88℃，杀菌时间为 15min。

（5）发酵

把经消毒灭菌后的苹果汁温度迅速降至 37℃左右时接种、发酵，之后在发酵罐中恒温 37℃，发酵 8～10h 到达发酵终点，然后快速冷却至 25℃以下。

4. 质量控制

（1）饮料中活菌数的控制

乳酸菌活性饮料要求每毫升饮料中含活的乳酸菌 100 万个以上。为了保持较高活力的益生菌，发酵剂应选用在酸性条件下可以保持较高活力的菌株（如嗜酸乳杆菌、干酪乳杆菌）。

（2）酸度的调整

在活菌数达到最大值时，为了保证活菌数量，可终止发酵。但为了弥补发酵本身的酸度不足，可适量补充柠檬酸，但柠檬酸的添加会导致活菌数下降，所以必须控制柠檬酸的使用量。苹果酸对乳酸菌的抑制作用较小，与柠檬酸并用可以减少活菌数的下降，同时又可改善柠檬酸的涩味，所以可适量添加苹果酸，调整饮料口味。

（3）沉淀

沉淀是含乳发酵苹果汁饮料最常见的质量问题，乳蛋白中有 80%的蛋白质为酪蛋白，其等电点为4.6。通常乳酸菌饮料的pH在3.8～4.2，而此时，酪蛋白处于高度不稳定状态，若加入酸味剂等，由于酸度过大，加酸时混合液温度过高，加酸速度过快及搅拌不匀等，均会引起局部过度酸化而发生分层和沉淀。

（4）杂菌污染

酵母和霉菌是造成乳酸菌饮料酸败的主要因素。酵母菌繁殖会产生二氧化碳，并形成酯臭味和酵母味等不愉快的风味。另外霉菌耐酸性很强，也容易在乳酸中繁殖并产生不良影响。酵母菌、霉菌的耐热性弱，通常温度在60℃，经过5～10min加热处理时即会被杀死，制品中出现的污染主要是二次污染所致。如使用蔗糖、果汁的乳酸菌饮料其加工车间的卫生条件必须符合有关要求，以避免制品发生二次污染。

（5）注意事项

在益生菌发酵苹果汁饮料加工生产过程中，应注意以下几个工艺环节。

1）均质

含乳益生菌发酵苹果汁饮料经均质后的酪蛋白微粒，因失去了静电荷、水化膜的保护，粒子间的引力增强，增加了碰撞机会，容易聚成大颗粒而沉淀。因此，均质必须与稳定剂配合使用，方能达到较好效果。

2）稳定剂

乳酸菌饮料中常添加亲水性和乳化性较高的稳定剂，稳定剂不仅能提高饮料的黏度，防止蛋白质粒子因重力作用下沉，更重要的是它本身是一种亲水性高分子化合物，在酸性条件下与酪蛋白结合形成胶体保护，防止凝集沉淀。此外，由于牛乳中含有较多的钙，在pH降到酪蛋白的等电点以下时以游离钙状态存在，Ca^{2+}与酪蛋白之间发生凝集而沉淀，可添加适当的磷酸盐使其与Ca^{2+}形成螯合物，起到稳定沉淀的作用。

3）蔗糖添加量

蔗糖添加量一般在10%左右，在酪蛋白中添加糖不仅使饮料酸中带甜，而且糖在酪蛋白表面形成被膜，可提高酪蛋白与其他分散介质的亲水性，并能提高密度，增加黏稠度，有利于酪蛋白在悬浮液中的稳定。

4）有机酸的添加

添加柠檬酸、乳酸、苹果酸等有机酸类是引起饮料产生沉淀的因素之一。因此，需在低温条件下添加，添加的速度要缓慢，搅拌的速度要快速，酸液一般以喷雾形式加入。

5）搅拌温度

为了防止沉淀产生，还应注意控制好搅拌发酵乳时的温度。高温时搅拌，凝块将收缩硬化，造成蛋白胶粒的沉淀。

6）益生菌活力

发酵苹果汁中益生菌的活力会受到益生菌菌株类型、培养活化方法、贮藏温度、发酵初始 pH、果汁酸度、水活性、糖酸比、含氧量等因素的影响。在选择益生菌时，应注意选择耐酸、耐氧的益生菌，以保证益生菌的活力。

6.3.4　益生菌发酵对苹果饮品理化和感官特性的影响

益生菌在生长代谢过程中，消耗果汁中葡萄糖等单糖，产生乳酸等有机酸，从而降低发酵体系 pH，增加可滴定酸度。添加益生菌对果汁酸化处理可以延长产品保质期，但过酸的口感会导致消费者接受程度下降，甚至会影响益生菌的存活。发酵可以改变果汁的 pH、可溶性固形物含量、酸度、浑浊度、色泽及口感，添加益生菌可以改变果汁的理化和感官特性。益生菌对发酵果汁 pH 和可滴定酸的影响与产品本身和所使用的菌株有关。有关研究表明，当益生菌添加到橙汁、针叶樱桃汁中，发酵果汁的 pH 和可滴定酸变化不大（Costa et al.，2017），这可能与该果汁具有较强的缓冲能力或某些益生菌（如干酪乳杆菌）能够代谢柠檬酸有关。也有研究认为益生菌的形态也很重要，当益生菌被微胶囊化时，果汁的 pH 保持更稳定，比未微胶囊化的益生菌耗糖速率慢很多（Ding and Shah，2008）。添加益生菌还会影响果汁的色泽和浊度。由于益生菌是以液体状态加入果汁中，造成果汁的稀释，从而引起了色泽和浊度的降低，还有些死亡或溶解的益生菌细胞也会影响果汁的色泽和浊度（Shah et al.，2010）。益生菌发酵清汁通常会引起果汁浊度的增加和色泽的改变（Pimentel et al.，2015a），但对发酵浊汁的色泽和浊度影响不大（Costa et al.，2017）。

益生菌对发酵果汁的感官及理化指标影响各不相同。Nematollahi 等（2016）研究发现，经益生菌发酵的茱萸汁有刺激性气味和涩味，但这种味道是独特的、令人愉悦的，表明益生菌发酵可显著改善果汁的风味。同时研究还发现消费者对益生菌发酵果汁的接受度与对其他饮料产品的接受度接近（Costa et al.，2017；Perricone et al.，2015；Pimentel et al.，2015a）。但也有研究表明，植物乳杆菌会改变发酵果汁挥发性风味物质（香气）的含量和糖酸比（口感），引起消费者不适；某些双歧杆菌发酵后会产生类似醋味的过酸口感，消费者不能接受，比起益生菌发酵果汁，消费者更能接受传统果汁的口感（Luckow and Delahunty，2004a，2004b）。当益生菌发酵果汁的感官口感不能被接受时，可以添加一些如菠萝、芒果等风味浓郁的热带水果修饰发酵后的感官，提高益生菌果汁的接受度。或可将益生菌微胶囊化，可以减少益生菌在发酵果汁中带来的负面感官影响。

6.4 益生菌发酵苹果饮品的品质控制

6.4.1 益生菌发酵苹果饮品的品质控制技术

益生菌发酵苹果饮品的品质控制主要包括以下三个方面：感官品质控制、营养品质控制和安全品质控制。

1. 感官品质控制

感觉是客观事物的不同特性在人脑中引起的反应。在人类产生感觉的过程中，感觉器官直接与客观事物的特性相联系，一种物质的感官特性涉及这种物质组成的一切物理、化学性质，这里的感觉器官包括眼、耳、鼻、口、手。目前被广泛接受和认可的定义源于1975年美国食品科学技术专家学会感官评价分会（Sensory Evaluation Division of the Institute of Food Technologists）的说法：感官评价是用于唤起（evoke）、测量（measure）、分析（analyze）和解释（interpret），通过视觉（sight）、嗅觉（smell）、味觉（taste）和听觉（hearing）而感知到的食品及其他物质的特征或者性质的一种科学方法（马永强等，2005）。其中用得最多的为嗅觉和味觉，即通过人的鼻子和口腔对产品进行感觉。该定义已被各类专业组织中感官评价委员会所接受和认可，如食品技术专家协会、美国材料与试验学会等。评价员在对产品进行感官分析时，首先感觉器官受到刺激，将其转化为神经信号传输到大脑，大脑根据以往的经验将感觉整合为知觉，最终基于主体的知觉而形成反应，并以某些特定的术语进行描述。此外，感官分析还需借助一些特定的软件或程序对结果进行统计分析处理，最终得到对某一物质的较为系统完整的评价结果。所以感官分析不仅是一门技术，同时也是一门系统的学科，涉及心理学、生理学、统计学等多方面的知识（张敏，2006）。研究发现，饮品感官性质的改变直接影响消费者的购买意向，目前国内外对发酵饮料的感官特征研究中，偏好测定、差异测定、接受性测定均被运用于饮料的感官质量评价中（Vélez et al., 1993; Carter and Barros，1988）。

益生菌发酵苹果饮品的食用品质主要包括感官评价，利用人的眼、鼻、口、手等感觉器官，并与心理学、统计学及生理学等专业相结合，对样品进行分析和评价。研究发现乙酸乙酯、丁酸乙酯、酚类、酮类和萜类物质的含量对发酵苹果汁甜味和果香味有很大影响（Xu et al.，2019；Chen et al.，2018）。乳酸菌发酵苹果汁产生了许多新的挥发性成分，如酮（4-庚酮、2-壬酮和4-环戊烯-1,3-二酮）、缩醛、酯和醇，这些物质是发酵苹果汁产品最终风味的主要成分（Chen et al.，2018）。任婷婷等（2019）以苹果浆为原料，采用顶空固相微萃取和气相色谱-质谱联用方法分析苹果浆发酵前后挥发性风味成分的变化。结果经聚类分析，表明苹果浆经乳酸菌发酵后其挥发性风味物质改变显著。苹果浆经益生菌发酵后共检出 27 种挥发性风味物质，其中，醇类 6 种、酯类 10 种、酮类 5 种、醛类 2 种等。与发酵前相比，苹果浆发酵后新产生 15 种挥发性风味物质。发酵后酯类、醇类和酮类挥发性风味物质相对含量呈增加趋势，而醛类挥发性风味物质呈降低趋势。Ellendersen 等（2012）采用化学、微生物学和定量描述性分析（感官分析）的方法，通过测定颜色、香气、有机酸和酯类物质，评价干酪乳杆菌和嗜酸乳杆菌发酵富士苹果汁和嘎拉苹果汁的口感和质地。

2. 营养品质控制

只要食物中的可食用部分不含有害物质，都可以被称为有营养的食物。每种食物所含的营养素的含量不同。营养素（nutrient）是指能够给人体提供能量、身体和组织修复构成及具有生理调节功能的化学成分。通常将能保持人体健康和提供生长、发育和机体运动所需求的各种物质都称为营养素。蛋白质、脂类、糖类、维生素、水、无机盐（矿物质）和膳食纤维（纤维素）七类为人体所必需的营养素，还含有许多非必需营养素。宏量营养素是指碳水化合物、蛋白质、脂类和水等每日需求量较大的营养物质；而维生素和矿物质这两种每日需求量较小的物质，则被称为微量营养素。如果要保持身体的健康状态与预防相关疾病，一定要做到摄入营养与消耗能量两者的平衡状态，保持一定的平衡状态下才能保证身体的健康。

益生菌发酵苹果汁营养丰富，含有有机酸、碳水化合物、蛋白质、维生素等人体必需的营养物质，目前常用作发酵苹果饮料的益生菌主要为乳酸菌，乳酸菌中不含有可以分解蛋白质和纤维素的酶系统，因此用于果蔬饮料发酵的乳酸菌，不会过多地影响果蔬产品本身的营养情况，另外也不会破坏植物细胞中所含有的物质。相反，我们无法忽略的是经益生菌发酵后还能够使最终产品在营养价值方面得到进一步的提升。生理生化代谢方面，乳酸菌代谢产物含有一定的可溶性物质，可使部分脂肪降解产生对人体健康有益的脂肪酸。在发酵过程中乳酸菌会消耗一部分维生素进行代谢，利用并合成叶酸等 B 族维生素。乳酸菌代谢产生的有机酸不仅能够降低 pH，提高 B 族维生素的稳定性和功效，还能将钙、磷等元素转变为离子态，更有利于人体吸收利用，促进骨骼发育，从而达到预防缺铁、钙所引起的贫血病和软骨病等疾病的目的。

作为日常饮食中最常见的一类食物，水果、蔬菜是人们膳食中水溶性维生素 C 和 B 族维生素、脂溶性维生素 A、植物甾醇、膳食纤维、矿物元素及植物素等营养物质的主要来源。这些营养元素对维持人体健康起着非常重要的作用，它们的缺乏会导致机体发生病变，如维生素 B_1 的缺乏可能会诱发多发性的神经炎症，导致心脏器质性变化，从而影响其功能。有科学实验表明，水果蔬菜的摄入有利于预防慢性疾病，如高血压、冠状动脉心脏病等疾病，降低中风的概率。世界卫生组织（WHO）和联合国粮食及农业组织（FAO）认为人们每日的果蔬摄入量要达到400g（马铃薯和其他淀粉块茎蔬菜除外）以上，才可充分补充这些营养元素。新鲜的水果蔬菜保质期较短，很容易受到微生物污染而腐败，这使得人们摄入果蔬的方式除了直接食用外，大部分都经加工形成水果罐头、果干、果蔬汁、果酱及汤调味品等产品。但在这些果蔬产品的加工过程中，为防止病原菌的污染，常常又会使用到高温烹制、巴氏杀菌及添加防腐剂等技术手段，这些加工技术通常会改变食物的物理特性和化学成分，对果蔬本身的营养造成损失。由于我国对果蔬的加工利用率低，造成了极大浪费，而果蔬发酵饮料则为果蔬资源的加工利用提供了一条有效的解决途径。乳酸菌进行苹果酸-乳酸发酵，不仅赋予果蔬汁更好的发酵风味，而且使果蔬汁具有能调节人体肠道微环境的功效，并提高矿质元素的吸收利用，增强免疫力等。相关研究表明，通过乳酸菌发酵果蔬汁可产生一些功能性物质，如与抗氧化作用密切相关的多酚类化合物、含量极低且不可缺少的维生素等。

（1）有机酸

苹果中含很多种营养成分，苹果酸是其中最主要的有机酸，除此以外还有乳酸、奎宁酸、柠檬酸、莽草酸、琥珀酸、酒食酸和丙酮酸等，是良好的生理碱性食品。

苹果汁中含量最多的就是苹果酸，现代医学证明，苹果酸可以增强消化功能，降低有害胆固醇的水平，增强心脏功能，降低血压（维持正常的血压），维持正常的血糖水平，防止癌细胞的生成，使皮肤增白，保持皮肤的光滑滋润，清除体内重金属等。乳酸菌在发酵苹果汁的过程中，不但利用苹果酸合成乳酸等多种物质，还可利用其他物质合成苹果酸。

乳酸是发酵苹果汁中重要的有机酸，乳酸能抑制有害细菌的生长和繁殖，维持肠内生态平衡和肠道的正常机能，还能刺激肠道蠕动，增加粪便含水量，润肠通便，而且它对溃疡、下痢、腹泻、便秘也有显著治疗效果。乳酸还有抗菌作用，能抑制腐败菌，如可杀灭李斯特菌、葡萄球菌和明串珠菌，抑制和消灭革兰氏阴性菌、过氧化氢酶阳性菌、大肠杆菌和沙门氏菌等。在苹果汁的发酵过程中，发酵初期乳酸含量变化不大，随着乳酸菌的数量增多，在乳酸菌进行苹果酸-乳酸发酵过程中，苹果酸向乳酸转变，且苹果汁中的葡萄糖经糖酵解途径降解成丙酮酸，后者在乳酸脱氢酶的作用下，直接被还原为乳酸，从而导致乳酸含量不断升高，发酵结束时，乳酸含量达到最高值。

奎宁酸具有强效的杀菌作用，是苹果汁中含量较高的高等植物特有的脂环族有机酸，在苹果汁中的含量仅次于苹果酸。发酵开始后，奎宁酸含量迅速上升，至发酵结束浓度达最大值，较发酵前含量显著升高。

柠檬酸具有防止和消除皮肤色素沉着的作用，更鲜为人知的是柠檬酸的祛痰功效。柠檬酸是三羧酸循环的中间代谢产物，含量在发酵过程中处于动态变化中，一般于发酵开始至12h达最大值，之后又逐渐下降，由于苹果酸-乳酸发酵过程中乳酸菌将柠檬酸分解成丙酮酸和乙酸，也有转化为乳酸的现象，其代谢中间产物还能产生双乙酰等风味化合物，这些物质对苹果汁的风味有较大影响。

莽草酸有明显抗血栓形成作用，可抑制动、静脉血栓及脑血栓形成。莽草酸代谢存在于大量高等植物和微生物中，以莽草酸作为中间体，在生物体内合成分解，生成其他物质。莽草酸在苹果汁中含量较低，发酵过程的变化趋势较平稳，发酵结束时含量较发酵前含量显著升高。

琥珀酸可以促进血液循环，提高人体免疫力。琥珀酸在苹果酸-乳酸途径中，一方面，可通过部分丙酮酸氧化为乙酸和H^+，H^+再将延胡索酸还原得到琥珀酸。另一方面，也可通过酒石酸分解而生成，但生成量较少。研究表明，乳酸菌能够利用三羧酸循环产生的柠檬酸合成琥珀酸，同时还会产生乳酸等有机酸，直接影响果汁的酸味。

酒石酸在苹果汁中发酵6h达最高值，之后呈下降趋势，酒石酸能够被乳酸菌降解生成乳酸和乙酸，使挥发酸含量增加。发酵结束时，酒石酸含量较发酵前显著升高。

丙酮酸在三大营养物质的代谢联系中起着重要的枢纽作用，是糖酵解、苹果酸-乳酸发酵、三羧酸循环等生物体基本代谢途径的中间产物。发酵6h后达到最大值，之后呈下降趋势，这可能是由于在厌氧条件下，所有的乳酸菌都能代谢丙酮酸而产生乙酸、乳酸和双乙酰等产物，丙酮酸在发酵结束时较发酵前含量显著升高。

苹果汁经接种益生菌发酵后，能够大量产生乳酸等有机酸，降低果汁pH，使pH在4.0以下，而细菌最适生长pH在6.0～7.0。大量的有机酸可以很好地抑制一些肠道致病菌和腐败菌，调节人体肠胃菌群，促进人体健康。有机酸具有多种保健功能，如抑制有害微生物繁殖，促进胃肠蠕动，提高某些矿物质的利用率，也可使苹果汁更加清爽，增加了产品的爽口性。目前有机酸含量检测分析的方法主要有高效液相色谱法、离子色谱法等，最常用的是高效液相色谱法。Herrero等（1999）研究两种不同温度下酵母菌和乳酸菌混合发酵苹果汁，受到温度的影响，苹果酸在发酵过程中被完全代谢，且在苹果酸下降结束后乳酸也开始下降，而乙酸则大量生成。Diering等（2013）将酵母菌和乳酸菌混合发酵苹果酒，当酵母衰亡后，乳酸菌活菌数达到最大，在酒精发酵阶段苹果酸被完全消耗，而乳酸发酵过程中一直有乳酸生成。李维妮等（2017）以红富士苹果为原料，进行乳酸菌发酵苹果汁工艺条件优化并分析发酵期间苹果汁有机酸的变化。利用高效液相色谱法对发酵过程中苹果汁有机酸的变化情况进行分析，结果表明：经过发酵后，苹果酸和琥珀酸含量下降明显（$P<0.05$），而乳酸、奎宁酸、柠檬酸、酒石酸、丙酮酸和莽草酸含量均显著提高（$P<0.05$）。

（2）苹果多酚

酚类化合物影响植物源食物的颜色、口感、风味和新陈代谢，是公认的对人体健康有利的成分。并且，酚类可以抑制DNA、脂质和蛋白质等生物分子的氧化损伤，因此可以预防心血管疾病和某些癌症。苹果中酚类化合物可以分为六大类：黄酮醇苷类（类黄酮、槲皮素和槲皮素轭合物）、花青素类、二氢查尔酮类（根皮素和根皮苷）、儿茶素和表儿茶素类、酚酸类（苹果酸和绿原酸）及原花青素类。其中，类黄酮（约60%）和酚酸类（约30%）是含量较高的两大主要类别。

叶盼（2016）选取植物乳杆菌（*Lactobacillus plantarum*）对苹果汁进行发酵，发酵后总酚含量出现明显变化，发酵第9天总酚含量达到最大值，比发酵前增加了52.1%±9.6%。发酵后苹果汁的总黄酮含量呈下降趋势，发酵至第23天，其含量比发酵前降低了17.9%±6.6%。沈燕飞（2019）利用植物乳杆菌发酵苹果原浆，并对发酵工艺进行了优化。单因素试验评价了起始pH、菌添加量、温度和时间等工艺参数对植物乳杆菌发酵苹果原浆的影响。综合考虑发酵能力、抗氧化活性和感官评价，得到的发酵苹果原浆pH为2.58，总酚含量由4.95mg/100ml提高至6.42mg/100ml，DPPH自由基清除能力提高了1.5倍，且具有良好的感官特性。

（3）氨基酸含量

氨基酸是既含氨基（—NH_2）又含羧基（—COOH）的有机化合物。天然蛋白质是由不同的α-氨基酸通过肽键结合而成的复杂聚合物，结构和构成十分复杂。饮料（如果汁、葡萄酒、啤酒）中通常包含丰富的氨基酸，在发酵苹果汁过程中，益生菌通过新的生物合成途径产生几种氨基酸，在脂类和碳水化合物的代谢及短链脂肪酸的产生中起着重要作用（Feng et al.，2018）。一方面，益生菌利用糖类发酵，所分泌的蛋白酶也有能力分解残余的多肽、蛋白质，生成游离氨基酸、酚类、内酯和吲哚；另一方面，糖酵解的系列中间产物在有关酶系统的作用下，也变成相应的氨基酸。益生菌分解碳氢化合物，这意味着食物被分解成最基本的元素。通过这种方式，益生菌可显著提高整体营养水平，促进细胞的快速生长和发育。益生菌还产生许多重要的酶，促进维生素和营养物质的吸收利用，特别是维生素B、维生素K、乳酸酶、脂肪酸和钙。

（4）B族维生素

维生素（vitamin）主要参与人体内各种酶的组成，也是维持人体正常代谢活动和某些独特的生理功能不可或缺的低分子有机化合物，因不同的理化性质和结构，而具有不同的生理生化功能。在维持人体正常新陈代谢的维生素种类中，有一部分维生素是在人体无法合成或合成的数量不能够满足人体正常生活所需求的，必须由体外摄入食物来供给，如 B 族维生素。B 族维生素是一种水溶性维生素，其中大部分是酶的辅基和酶的组成部分。若体内缺乏 B 族维生素，可能会导致多种疾病的产生。人体正常进行的新陈代谢所需要的许多酶都需要 B 族复合维生素（作为辅酶）的配合才能发挥作用。在发酵过程中，益生菌通过生长代谢可以产生一定量的 B 族维生素，如薛氏丙酸杆菌（*Propionibacterium shermanii*）能够产生维生素 B_{12}、丙酸和其他有益的代谢产物（Piwowarek et al.，2018），双歧杆菌属（*Bifidobacterium*）可以产生维生素 B_6（Markowiak and Slizewska，2017），罗伊氏乳杆菌（*Lactobacillus reuteri*）能够产生维生素 B_{12}（Mohammed et al.，2014）等。除此之外，益生菌还可产生 B 族复合维生素，如维生素 B_1、维生素 B_6、烟酸、叶酸和苯丙胺等（Capozzi et al.，2011）。

（5）粗蛋白含量

蛋白质作为人体和动物体中最重要的一类大分子，在生物体内占有独一无二的地位，一切生命活动的物质基础都是蛋白质。蛋白质是人体正常生长所必不可少的食物，且在食品口感、加工、营养功能方面有着至关重要的作用。

蛋白质能够分解为氨基酸，同时氨基酸的重要生理功能之一是作为蛋白质、多肽合成的原料，是蛋白质或多肽物质的基本构成单位。蛋白质在人体内有结构组成、催化调节、防御与运输存贮功能，对人体的健康发展起着至关重要的作用，也是人体的必需营养物质之一。有研究表明，经益生菌接种发酵后的胡萝卜原浆中粗蛋白含量有所增加，表明微生物作用所产生的代谢物和微生物菌体自身增加了部分粗蛋白含量。蛋白质对温度处理比较敏感，能直接影响蛋白质的功能特性，在果汁、果浆热加工杀菌过程中部分蛋白质容易受热变性，影响了其活力和含量。但在乳酸菌接种发酵过程中，菌体能通过代谢或自身也能增加果浆的蛋白质含量，由此增加了果蔬原浆的营养价值，提高了益生菌发酵果蔬浆的营养品质（王升万，2015）。

（6）抗氧化能力

乳酸菌的抗氧化作用已在体内外测试研究中被证实，其主要通过清除自由基、调控氧化还原系统等方式发挥其抗氧化活性功效。针对这些抗氧化活性功效，利用乳酸菌开发天然抗氧化剂和抗衰老保健品已成为各领域研究的热点。例如，Kwaw 等（2018）以桑葚汁为原料，利用植物乳杆菌、嗜酸乳杆菌和副干酪乳杆菌等发酵制备得到发酵桑葚汁，发酵后桑葚汁颜色由深紫色转化为深红色，酚类物质含量由 6.51mg/ml 提高到 8.34mg/ml，DPPH 自由基清除能力从 59.17%提高到 73.64%。Simsek 等（2014）采用植物乳酸菌对番茄、胡萝卜、甜菜根、莴苣和辣椒等混合蔬菜汁进行发酵，发酵产品表现出较强的葡糖苷酶抑制作用和凝血活性，对血管紧张素转化酶抑制率增加了 2～8 倍，与胆酸的结合能力为对照组（未发酵蔬菜汁）的 4.3 倍，从而减少对胃黏膜的损伤。另外，利用植物乳杆菌、鼠李糖乳杆菌和干酪乳杆菌发酵接骨木果汁的风味更加馥郁，芳香物质增加了 14 种，且总挥发性物质浓度得到增加，包括醇类、萜类、异构类异戊二烯、有机酸、酮类和酯类。沈燕飞（2019）系统研究了原料品种对植物乳杆菌发酵苹果原浆过程中基本组分和抗氧化活性的影响，嘎拉、红富士、黄元帅、青蛇果等苹果原浆经发酵后总酚含量较发酵前提高了 1.33～2.24 倍；对 DPPH、ABTS 自由基清除能力及铁离子还原能力，在发酵 0～5 天内缓慢增加或有所下降，但 5～10 天后明显升高，于第 10 天时得到显著提高。发酵 10 天后，各发酵体系对 DPPH 自由基清除能力提高 1.67～2.31 倍，对 ABTS 自由基清除能力提高 1～1.63 倍，铁离子还原力提高了 1.5～1.59 倍，其中嘎拉发酵体系和红富士发酵体系的抗氧化活性增幅明显。

3. 安全品质控制

苹果益生菌发酵饮品的安全品质控制要符合《食品安全国家标准 饮料》（GB7101－2015）等相关产品标准的要求，主要包括污染物限量、真菌毒素限量、农药残留限量、微生物限量四个方面的要求。

（1）污染物限量

污染物限量应符合《食品安全国家标准 食品中污染物限量》（GB2762—2017）的要求。标准规定了果蔬汁（肉）饮料（包括发酵型产品）中铅、镉、汞、砷、锡、镍、铬、亚硝酸盐、硝酸盐、苯并[a]芘、*N*-二甲基亚硝胺、多氯联苯、3-氯-1,2-丙二醇的限量指标。

（2）真菌毒素限量

真菌毒素限量应符合《食品安全国家标准 食品中真菌毒素限量》（GB2761—2017）的要求。该标准规定了果蔬汁（肉）饮料（包括发酵型产品）中黄曲霉毒素 B_1、黄曲霉毒素 M_1、脱氧雪腐镰刀菌烯醇、展青霉素、赭曲霉毒素 A 及玉米赤霉烯酮的限量指标。

（3）农药残留限量

农药残留限量应符合《食品安全国家标准 食品中农药最大残留限量》（GB2763—2016）的要求。该标准中规定了果蔬汁（肉）饮料（包括发酵型产品）中 2,4-D 等 433 种农药 4140 项最大残留限量。

（4）微生物限量

微生物检测主要包括了 5 种致病菌的检测，其中沙门氏菌和金黄色葡萄球菌的检测应符合《食品安全国家标准 食品中致病菌限量》（GB29921—2013）的规定。菌落总数、大肠菌群、霉菌、酵母应符合《食品安全国家标准 饮料》（GB7101—2015）的微生物限量要求。

6.4.2　益生菌发酵苹果饮品的质量规格及检测

1. 益生菌发酵苹果饮品的质量规格

益生菌发酵苹果饮品要求是发酵的，浆状或者非浆状，适合直接消费饮用的饮料。可以是浓缩的或非浓缩的，也可以加水、食用糖或蜂蜜；益生菌发酵苹果浆饮品，其中未进行后杀菌工艺流程的饮料，要求益生菌活菌数≥10^6CFU/ml；饮品中苹果汁或苹果浆的成分不应少于总体成分的 50%；可以含有一种或多种食品营养法典委员会定义的糖分，包括食品级白砂糖、蜂蜜；可以添加柠檬果汁或酸橙果汁作为酸化成分，但添加量以不影响发酵苹果饮品主体风味为原则；在室温为 20℃的条件下，用折光仪检测未调节酸度的苹果发酵饮料中的可溶性固形物，其读数不应超过 20%（质量分数）；饮品中的乙醇含量不应超过 3g/kg；可以含有一些符合国家标准或其他法规的食品添加剂；益生菌发酵苹果饮料应装至其容器的水体积的 90%（体积分数）以上，这里的水体积是指 20℃时用蒸馏水充满整个容器时水的体积。

2. 益生菌发酵苹果饮品的检测方法

益生菌发酵苹果饮品的检测方法包括实验、测量、观察、工艺验证、提供合格证明文件等。应根据具体的产品特性（苹果汁饮品、苹果浆饮品、富含活菌饮品、无活菌饮品），在验收准则的制定中对不同的产品规定不同的检验方法。一般来说，益生菌发酵苹果汁包括组批、抽样、出厂检验和型式检验项目全部合格，判定该批产品合格；检验项目如有不合格项（微生物除外），应加倍抽样复检。复检如仍不合格，则判该批产品为不合格；微生物项目有一项不合格，则判该批产品不合格，不得复检。

参 考 文 献

鲍雅静, 王水泉, 何秋雯, 等. 2013. 具有潜在益生特性发酵乳杆菌的筛选. 中国食品学报, 13(5): 17-23.

陈赞, 林朗, 杨宗哨, 等. 2018. 益生菌抑制人结肠癌细胞 SW-480 细胞增殖的机制研究.健康研究, 38(3): 301-304.
郭本恒, 刘振民. 2017. 益生菌. 北京: 化学工业出版社: 1-3.
郭桂元, 黄子成, 林婵婵, 等. 2017. 结肠癌根治术后肠道菌群及益生菌干预对结肠癌预后的影响. 第三军医大学学报, 39(23): 2293-2298.
郝生宏, 佟建明, 萨仁娜, 等. 2005. 益生菌对宿主免疫功能的调节作用. 黑龙江畜牧兽医, 3: 61-62.
贺姗姗, 鲍志宁, 林伟锋, 等. 2019. 降胆固醇和耐酸耐胆盐益生菌的筛选研究. 现代食品科技, 35(8): 198-206.
康白. 1984. 促菌生的研究总结报告. 大连医学院学报, 6(1): 1-10.
蓝景刚, 胡宏. 2002. 双歧杆菌的免疫调节作用研究进展(上). 中国微生态学杂志, 14(2): 122-125.
李桐, 吴思琪, 曹鑫, 等. 2020. 具有抗氧化功能的益生菌菌株筛选及其对丙烯酰胺诱导肠上皮细胞氧化损伤的保护作用研究. 食品科学, 41(02): 173-180.
李维妮, 张宇翔, 魏建平, 等. 2017. 益生菌发酵苹果汁工艺优化及有机酸的变化. 食品科学, 22: 80-87.
刘磊. 2019. 益生菌联合早期微量喂养对早产儿营养及肠道菌群的影响. 深圳中西医结合杂志, 29(10): 94-95.
刘磊, 汪浩, 张名位, 等. 2015. 龙眼乳酸菌发酵工艺条件优化及其挥发性风味物质变化. 中国农业科学, 48(20): 4147-4158.
刘瑞雪, 李勇超, 张波. 2016. 肠道菌群微生态平衡与人体健康的研究进展. 食品工业科技, 37(6): 383-387.
刘素燕. 2018. 益生菌对重症手足口病的免疫功能的影响. 中国处方药, 16(12): 90-91.
刘文俊, 乌日娜, 张和平. 2009. 益生菌 *L. casei* Zhang 的多项分类鉴定. 中国乳品工业, 39(2): 14-18.
刘晓辉, 冀宝营, 高晓梅, 等. 2008. 直投式酸奶发酵剂乳酸菌种遗传稳定性的研究. 中国酿造, 7: 37-39.
刘衍芬, 高学军, 张明辉, 等. 2005. DVS 乳酸菌种菌株传代过程中遗传稳定性分析. 生物技术, 2: 50-52.
刘勇, 张勇, 张和平. 2011. 世界益生菌安全性评价方法. 中国食品学报, 11(06): 141-151.
马永强, 韩春然, 刘静波. 2005. 食品感官检验. 北京: 化学工业出版社: 6-13.
牛墨, 孟祥晨. 2012. 复合发酵苹果山药果蔬汁优良乳酸菌菌株的筛选. 食品工业科技, 14: 242-254.
潘伟好. 2005. 具有粘附性双歧杆菌的筛选及相关特性研究. 中国农业大学硕士学位论文.
任婷婷, 岳田利, 魏欣, 等. 2019. 益生菌发酵苹果浆工艺优化及发酵前后挥发性风味成分分析. 食品科学, 40(8): 87-93.
沈燕飞. 2019. 乳酸菌发酵苹果原浆过程中的基本组分与抗氧化活性变化. 浙江工业大学硕士学位论文.
王升万. 2015. 益生菌发酵果蔬原浆在加工过程中主要营养成分变化的研究. 南昌大学硕士学位论文.
王世强, 赵莉. 2008. 嗜酸乳杆菌在果蔬发酵汁中的生长和存活模式研究. 食品研究与开发, 29(5): 8-11.
魏玲, 娄健. 2018. 益生菌对肥胖儿童和青少年非酒精脂肪肝的影响. 中国食物与营养, 24(1):

69-71.
吴蜀豫, 冉陆. 2003.FAO/WHO《食品益生菌评价指南》. 中国食品卫生杂志, 15(4): 377-379.
叶盼. 2016. 植物乳杆菌发酵苹果汁的生理活性探究. 华东理工大学硕士学位论文.
张篪, 郑海涛, 杜小兵, 等. 1994. 巴马健康老人食物结构与肠道双歧杆菌关系的初步研究. 食品科学, 9: 47-49.
张敏. 2006. 感观分析技术在橙汁饮料质量控制中的应用. 西南大学硕士学位论文.
张亚雄, 李伟, 胡滨, 等. 2004. 果蔬发酵饮料的研制. 中国乳品工业, 32(8): 19-21.
赵蓓, 李锋. 2015. 发酵型复合果蔬乳饮料的制备工艺研究. 食品技术研究, 2: 131-134.
钟之绚, 郭剑. 1995. 酸白菜发酵中乳酸菌群岛分析. 微生物学报, 35(1): 74-76.
周朝晖, 范小兵, 傅昌年, 等. 2004. 昂立植物乳杆菌发酵及其稳定性能的研究. 中国微生态学杂志, (6): 39-41.
周光燕. 2006. 四川地区自然发酵泡菜中乳酸菌的生理特性研究. 四川农业大学硕士学位论文.
周秀琴. 2004. 国内外新型的蔬菜饮品. 农产品加工, 11: 27.
AFRC R F. 1989. Probiotics in man and animals. Journal of Applied Bacteriology, 66(5): 365-378.
Amagase H. 2008. Current marketplace for probiotics: A Japanese perspective. Clinical and Infectious Diseases, 46(S2): 73-75.
Bäckhed F, Ding H, Wang T, et al. 2004. The gut microbiota as an environmental factor that regulates fat storage. Proceedings of the National Academy of Sciences, 101(44): 15718-15723.
Bäckhed F, Manchester J K, Semenkovich C F, et al. 2007. Mechanisms underlying the resistance to diet-induced obesity in germ-free mice. Proceedings of the National Academy of Sciences, 104(3): 979-984.
Boumis E, Capone A, Galati V, et al. 2018. Probiotics and infective endocarditis in patients with hereditary hemorrhagic telangiectasia: A clinical case and a review of the literature. BMC Infectious Diseases, 18 (1): 65.
Bourdichon F, Casaregola S, Farrokh C, et al. 2012. Food fermentations: Microorganisms with technological beneficial use. International Journal of Food Microbiology. 154: 87-97.
Brassart D, Schiffrin E J. 1997. The use of probiotics to reinforce mucosal defence mechanisms. Trends in Food Science & Technology, 8: 321-326.
Brat B, Grorgé S, Bellamy A, et al. 2006. Daily polyphenol intake in France from fruit and vegetables.The Journal of Nutrition, 136(9): 2368-2373.
Cagno R D, Coda R, Angelis M D, et al. 2013. Exploitation of vegetables and fruits through lactic acid fermentation. Food Microbiology, 33(1): 1-10.
Capozzi V, Menga V, Digesu A M, et al. 2011. Biotechnological production of vitamin B_2-enriched bread and pasta. Journal of Agricultural and Food Chemistry, 59(14): 8013-8020.
Carter R D, Barros S M. 1988. Flavor evaluation of Florida frorida frozen concentrated orange juice blended from concentrates produced with varying extraction yields. Journal of Food Science, 53(1): 165-167.
Catapano A L, Graham I, DE Backer G, ct al. 2016. 2016 ESC/EAS guidelines for the management of dyslipidaemias. European Heart Journal, 37(39): 2999-3058.
Chen C, Lu Y, Yu H. 2018. Influence of 4 *lactic acid bacteria* on the flavor profile of fermented apple juice. Food Bioscience, 27: 30-36.
Chen W. 2019. Lactic Acid Bacteria. Singapore: Springer Nature Singapore Pte Ltd. and Science Press: 181-209.
Conen A, Zimmerer S, Trampuz A, et al. 2009. A pain in the neck: Probiotics for ulcerative colitis.

Annals of Internal Medicine, 151(12): 895-897.
Costa G M, Silva J V C, Mingotti J D. 2017. Effect of ascorbic acid or oligofructose supplementation on *L. paracasei* viability, physicochemical characteristics and acceptance of probiotic orange juice. LWT-Food Science and Technology, 75: 195-201.
de LeBlanc A de M, Dogi C A, Galdeano C M, et al. 2008. Effect of the administration of a fermented milk containing *Lactobacillus casei* DN-114001 on intestinal microbiota, and gut associated immune cells of nursing mice and after weaning until immune maturity. BMC Immunology, 9(1): 27.
Del R B, Busetto A, Vignola G, et al. 1998. Autoaggregation and adhesion ability in a *Bifidobacterium suis* stain. Letters in Applied Microbiology, 27: 307-310.
Dierings L R, Braga C M, Silva K M D, et al. 2013. Population dynamics of mixed cultures of yeast and *lactic acid bacteria* in cide conditions. Brazilian Archives of Biology and Technology, 56(5): 837-847.
Dimidi E, Christodoulides S, Fragkos K C, et al. 2014. The effect of probiotics on functional constipation in adults: A systematic review and meta-analysis of randomized controlled trials. The American Journal of Clinical Nutrition, 100: 1075-1084.
Dimitrovski D, Velickova E, Langerholc T, et al. 2015. Apple juice as a medium for fermentation by the probiotic *Lactobacillus plantarum* PCS 26 strain. Annals of Microbiology, 65: 2161-2170.
Ding W K, Shah N P. 2008. Survival of free and microencapsulated probiotic bacteria in orange and apple juices. Food Research International, 15: 219-232.
Dronkers T M G, Krist L, Van O F J, et al. 2018. The ascent of the blessed: Regulatory issues on health effects and health claims for probiotics in Europe and the rest of the world. Beneficial Microbes: 9(5): 1-8.
Ellendersen D S N, Granato D, Bigetti Guergoletto K, et al. 2012. Development and sensory profile of a probiotic beverage from apple fermented with *Lactobacillus casei*. Engineering in Life Sciences, 12(4): 475-485.
Fasoli S, Marzotto M, Rizzotti M. 2003. Bacterial composition of commercial probiotic products as evaluated by PCR-DGGE analysis. International Journal of Food Microbiology, 82: 59-70.
Feng W, Ao H, Peng C. 2018. Gut microbiota, short-chain fatty acids, and herbal medicines. Front Pharmacol, 9: 1-12.
Fleming H P, McFeet R F, Daeschel M A. 1985. Bacterial Starter Cultures for Foods. Boca Raton: CRC Press: 97-118.
Food Directorate, Health Products and Food Branch. 2009. Guidance document – the use of probiotic microorganisms in food. Health Canada, April: 1-8.
Fujiya M, KohgoY. 2010. Novel perspectives in probiotic treatment: The efficacy and unveiled mechanisms of the physiological functions. Clinical Journal of Gastroenterology, 3: 117-127.
Gandomi H, Abbaszadeh S, Misaghi A, et al. 2016. Effect of chitosan-alginate encapsulation with inulin on survival of *Lactobacillus rhamnosus* GG during apple juice storage and under simulated gastrointestinal conditions. LWT Food Science and Technology, 69: 365-371.
Ganguly N K, Bhattacharya S K, Sesikeran B, et al. 2011. ICMR-DBT guidelines for evaluation of probiotics in food. Indian Journal of Medical Research, 134(1): 22-25.
Gevers D, Danielsen M, Huys G, et al. 2003. Molecular characterization of tet(M) genes in *Lactobacillus* isolates from different types of fermented dry sausage. Appled and Environmental Microbiology, 69: 1270-1275.
Ghoneum M, Gollapudi S. 2004. Induction of apoptosis in breast cancer cells by *Saccharomyces cerevisiae*, the baker's yeast, *in vitro*. Anticancer Research, 24(34): 1455-1463.
Gill H S, Grover S, Batish V K, et al. 2009. Immunological effects of probiotics and their significance

to human health. *In*: Charalampopoulos D, Rastall R A. Prebiotics and Probiotics Science and Technology. New York, NY: Springer: 901-948.

Grimoud J, Durand H, Courtin C, et al. 2010. *In vitro* screening of probiotic lactic acid bacteria and prebiotic glucooligosaccharides to select effective synbiotics. Anaerobe, 16(5): 493-500.

Havennar R H J. 1992. The Lactic Acid Bacteria. London and New York: Elserier Applied Science Press Inc: 121-123.

Herrero M, Garcia L A, Diaz M. 1999. Organic acids in cider with simultaneous inoculation of yeast and malolactic bacteria: Effect of fermentation temperature. Journal of the Institute of Brewing, 105(4): 229-232.

Hoffmann D E, Fraser C M, Palumbo F B, et al. 2013. Science and regulation. Probiotics: Finding the right regulatory balance. Science, 342(6156): 314-315.

Honeycutt T C B, Khashab M E, Wardrop R M, et al. 2007. Probiotic administration and the incidence of nosocomial infection in pediatric intensive care: A randomized placebo-controlled trial. Pediatric Critical Care Medicine, 8(5): 452-458.

Kamioka H, Tsutani K, Origasa H, et al. 2017. Quality of systematic reviews of the foods with function claims registered at the consumer affairs agency web site in Japan: A prospective systematic review. Nutrition Research, 40: 21-31.

Kollath W. 1953. Nutrition and the tooth system; general review with special reference to vitamins. Dtsch Zahnärztl Z, 8: 7-16.

Kondo J, Xiao J Z, Shirahata A, et al. 2013. Modulatory effects of *Bifidobacterium longum* BB536 on defecation in elderly patients receiving enteral feeding. World Journal of Gastroenterology, 19: 2162-2170.

Kosl B, Suskovic J, Vukovic S, et al. 2003. Adhesion and aggregation ability of probiotic strain *Lactobacillus acidphilus*. Journal of Applied Microbiology, 94: 981-987.

Kullen M J, Brady L J, O'Sullivan D J. 1997. Evaluation of using a short region of the recA gene for rapid and sensitive speciation of dominant *Bifidobacteria* in the human large intestine. FEMS Microbiology Letters, 154: 377-383.

Kumar B V, Vijayendra S V N, Reddy O V S. 2015. Trends in dairy and non-dairy probiotic products—a review. Journal of Food Science and Technology, 52(10): 6112-6124.

Kunz A N. 2005. *Lactobacillus* sepsis associated with probiotic therapy. Pediatrics, 116(2): 517.

Kuugbee E D, Shang X, Gamallat Y, et al. 2016. Structural change in microbiota by a probiotic cocktail enhances the gut barrier and reduces cancer via TLR2 signaling in a rat model of colon cancer. Digestive Diseases and Sciences, 61(10): 2908-2920.

Kwaw E, Ma Y, Tchabo W, et al. 2018. Effect of *lactobacillus* strains on phenolic profile, color attributes and antioxidant activities of *Lactic-acid*-fermented mulberry juice. Food Chemistry, 56(1): 11-19.

Lee J S, Heo G Y, Lee J W, et al. 2005. Analysis of kimchi microflora using denaturing gradient gelelectrophoresis. International Journal of Food Microbial, 10(2): 143-150.

Lee K W, Kim Y J, Kim D O, et al. 2003. Major phenolics in apple and their contribution to the total antioxidant capacity. Journal of Agricultural and Food Chemistry, 51(22): 6516-6520.

Liang Y, Lin C, Zhang Y, et al. 2018. Probiotic mixture of *Lactobacillus* and *Bifidobacterium* alleviates systemic adiposity and inflammation in non-alcoholic fatty liver disease rats through Gpr109a and the commensal metabolite butyrate. Inflammopharmacology, 26(4): 1051-1055.

Lilly D M, Stillwell R H. 1965. Probiotics: growth - promoting factors produced by microorganisms. Science, 147: 747-748.

Lin C F, Fung Z F, Wu C L, et al. 1996. Molecular characterization of a plasmid-borne (pTC82) chloramphenicol resistance determinant (cat-TC) from *Lactobacillus reuteri* G4. Plasmid, 36: 116-124.

Lin P W, Nasr T R, Berardinelli A J, et al. 2008. The probiotic *Lactobacillus* GG may augment intestinal host defense by regulating apoptosis and promoting cytoprotective responses in the developing murine gut. Pediatric Research, 64(5): 511-516.

Lin Y, Chen Y, Hsieh H, et al. 2016. Effect of *Lactobacillus mali* APS1 and *L. kefiranofaciens* M1 on obesity and glucose homeostasis in diet-induced obese mice. Journal of Functional Foods, 23: 580-589.

Link-Amster H, Rochat F, Saudan K Y, et al. 1994. Modulation of a specific humoral immune response and changes in intestinal flora mediated through fermented milk intake. FEMS Immunology and Medical Microbiology, 10: 55-64.

Luckow T, Delahunty C. 2004a. Which juice is healthier? A consumer study of probiotic non-dairy juice drinks. Food Quality, 15: 751-759.

Luckow T, Delahunty C. 2004b. Consumer acceptance of orange juice containing functional ingredients. Food Research International, 37: 805-814.

Mackay A D, Taylor M B, Kibbler C C, et al. 1999. *Lactobacillus* endocarditis caused by a probiotic organism. Clinical Microbiology and Infection, 5(5): 290-292.

Magro D O, Oliveira L M R D, Bernasconi I, et al. 2014. Effect of yogurt containing polydextrose, *Lactobacillus acidophilus* NCFM and *Bifidobacterium lactis* HN019: A randomized, double-blind, controlled study in chronic constipation. Nutrition Journal, 13: 75.

Mahmoudi L, Shafiekhani M, Dehghanpour H, et al. 2019. Community pharmacists, knowledge, attitude, and practice of Irritable Bowel Syndrome(IBS): The impact of training courses. Advances in Medical Education and Practice, 10: 427-436.

Markowiak P, Slizewska K. 2017. Effects of probiotics, prebiotics, and synbiotics on human health. Nutrients, 9: 1021.

Masuda M, Ide M, Utsumi H, et al. 2012. Production potency of folate, vitamin B_{12}, and thiamine by *lactic acid bacteria* isolated from Japanese pickles. Bioscence Biotechnology and Biochemistry, 76: 2061-2067.

Mazmanian S K, Liu C H, Tzianabos A O, et al. 2005. Animmunomodulatory molecule of symbiotic bacteria directs maturation of the host immune System. Cell, 122: 107-118.

McFarland LV, Dublin S. 2008. Meta-analysis of probiotics for the treatment of irritable bowel syndrome. World Journal of Gastroenterology, 14(17): 2650-2661.

Merja R, Hannele J S, Heikki K, et al. 1999. Liver abscess due to a *Lactobacillus rhamnosus* strain indistinguishable from *L. rhamnosus* strain GG. Clinical Infectious Diseases, 5: 1159.

Mikelsaar M, Sepp E, Štšepetova J, et al. 2015. Regulation of plasma lipid profile by lactobacillus fermentum (probiotic strain ME-3 DSM14241) in a randomised controlled trial of clinically healthy adults. BMC Nutrition, 1: 1-11.

Mohammed Y, Lee B, Kang Z, et al. 2014. Capability of *Lactobacillus reuteri* to produce an active form of vitamin B_{12} under optimized fermentation conditions. Journal of Academia and Industrial Research, 2: 617.

Muyzer G, Dewall E C, UitterlindenA G. 1993. Profiling of complex microbial populations by denaturing gradient gel electrophoresis analysis of polymerase chain reaction-amplified gens coding for 16S rRNA. Applied And Environmental Microbiology, 59(3): 695-700.

Nematollahi A, Sohrabvandi S, Mortazavian A M. 2016. Viability of probiotic bacteria and some chemical and sensory characteristics in cornelian cherry juice during cold storage. Electronic Journal of Biotechnology, 21: 49-53.

Nikfar S, Rahimi R, Rahimi F, et al. 2008. Efficacy of probiotics in irritable bowel syndrome: A meta-analysis of randomized, controlled trials. Diseases of the Colon & Rectum, 51: 1775-1780.

Nualkaekul S, Charalampopoulos D. 2011. Survival of *Lactobacillus plantarum* in model solutions and fruit juices. International Journal of Food Microbiology, 146(2): 111-117.

Nyanga L K, Nout M J R, Gadaga T H, et al. 2007. Yeasts and lactic acid bacteria microbiota from masau (*Ziziphus mauritiana*) fruits and their fermented fruit pulp in Zimbabwe. International Journal of Food Microbiology, 120: 159-166.

Offonry S U, Achi O K. 1998. Microbial populations associated with the retting of melon pods (*Colocynthis citrullus* L.) during seed recovery. Plant Foods for Human Nutrition, 52: 37-47.

Ojha K S, Tiwari B K. 2016. Novel Food Fermentation Technologies Food Engineering Series. Switzerland: Springer International Publishing Switzerland.

Park S, Ji Y, Jung H Y, et al. 2017. *Lactobacillus plantarum* HAC01 regulates gut microbiota and adipose tissue accumulation in a diet-induced obesity murine model. Applied Microbiology and Biotechnology, 101(4): 1-10.

Pederson C S, Albury M N. 1953. Factors affecting the bacterial flora in fermenting vegetables. Food Research, 18: 290-300.

Perricone M, Bevilacqua A, Altieri C, et al. 2015. Challenges for the production of probiotic fruit Juices. Beverages, 1: 95-103.

Petruzzi L, Campaniello D, Speranza B, et al. 2017. Thermal treatments for fruit and vegetable juices and beverages: a literature overview. Comprehensive Reviews in Food Science and Food Safety, 16: 668-691.

Pimentel T C, Madrona G S, Garcia S, et al. 2015a. Probiotic viability, physicochemical characteristics and acceptability during refrigerated storage of clarified apple juice supplemented with *Lactobacillus paracasei* ssp. *paracasei* and oligofructose in different package type. LWT-Food Science and Technology, 63: 415-422.

Pimentel T C, Madrona G S, Prudencio S H. 2015b. Probiotic clarified apple juice with oligofructose or sucralose as sugar substitutes: Sensory profile and acceptability. LWT Food Science and Technology. 62: 838-846.

Piwowarek K, Lipińska E, Hać-Szymańczuk E, et al. 2018. *Propionibacterium* spp. source of propionic acid, vitamin B_{12}, and other metabolites important for the industry. Applied Microbiology Biotechnology, 102: 515-538.

Presterl E, Kneife W. 2001. Endocarditis by *Lactobacillus rhamnosus* due to Yogurt Ingestion? Scandinavian Journal of Infectious Diseases, 33(9): 710-714.

Rautio M, Jousimies-Somer H, Kauma H, et al. 1999. Liver abscess due to a *Lactobacillus rhamnosus* strain indistinguishable from *L. rhamnosus* strain GG. Clinical Infectious Diseases, 28: 1159-1160.

Recio R, Chaves F, Reyes C A, et al. 2017. Infective endocarditis due to *Lactobacillus rhamnosus*: risks of probiotic consumption in a patient with structural heart disease. Enfermedades Infecciosas Microbiologia Clínica, 35(9): 609-610.

Reid G. 2016. Probiotics: definition, scope and mechanisms of action. Best Practice & Research Clinical Gastroenterology, 30(1): 17-25.

Rosini G, Federici F, Martini A. 1982. Yeast flora of grape berries during ripening. Microbial Ecology, 8: 83-89.

Rutten N B M M, Gorissen D M W, Eck A, et al. 2015. Long term development of gut microbiota composition in a topic children: Impact of probiotics. PLoS One, 10(9): 1-17.

Saldanha L G. 2008. US Food and Drug Administration regulations governing label claims for food products, including probiotics. Clinical Infectious Diseases, 46(S2): 119-121.

Sánchez I, Palop L, Ballesteros C. 2000. Biochemical characterization of lactic acid bacteria isolated from spontaneous fermentation of "Almagro" eggplants. International Journal of Food Microbiology, 59: 9-17.

Schweizerische Bundesamt für Lebensmittelsicherheit und Veterinärwesen (FSVO/BLV). 2018. Zugelassene gesundheitsbezogene Angaben gemäss Art. 29g der Verordnung über die Kennzeichnung und Anpreisung von Lebensmitteln (LKV).

Shah N P, Ding W K, Fallourd M J. 2010. Improving the stability of probiotic bacteria in model fruit juices using vitamins and antioxidants. Journal of Food Science, 75: 278-282.

Sheehan V M, Ross P, Fitzgerald GF. 2007. Assessing the acid tolerance and the technological robustness of probiotic cultures for fortification in fruit juices. Innovative Food Science & Emerging Technology, 8(2): 279-284.

Shimizu M. 2012. Functional Food in Japan: current status and future of gut-modulating Food. Journal of Food and Drug Analysis, 20(1): 213-216.

Simsek S, El S N, Kancabas K A, et al. 2014. Vegetable and fermented vegetable juices containing germinated seeds and sprouts of lentil and cowpea. Food Chemistry, 156(156): 289-295.

Sotoudegan F, Daniali M, Hassani B, et al. 2019. Reappraisal of probiotics' safety in human. Food and Chemical Toxicology, 129: 22-29.

Stringueta P C, Da M, Amaral P H D, et al. 2012. Public health policies and functional property claims for food in Brazil. Rijeka: Intech Publisher: 307-336.

Tannock G W, Luchansky J B, Miller L, et al. 1994. Molecular characterization of a plasmid-borne (pGT633) erythromycin resistance determinant (ermGT) from *Lactobacillus reuteri* 100-63. Plasmid, 31: 60-71.

Toi M, Hirota S, Tomotaki A, et al. 2013. Probiotic beverage with soy isoflavone consumption for breast cancer prevention: A case-control study. Current Nutrition&Food Science, 9(3): 194-200.

Tsen J H, Lin Y P, King V A E. 2009. Response surface methodology optimisation of immobilized *Lactobacillus acidophilus* banana puree fermentation. International Journal of Food Science and Technology, 44(1): 120-127.

Uriot O, Denis S, Juniua M, et al. 2017. Streptococcus thermophilus: from yogurt starter to a new promising probiotic candidate? Journal of Functional Foods, 37: 74-89.

US Food and Drug Administration (FDA). 2017. Authorized Health Claims that Meet the Significant Scientific Agreement (SSA) Standard.

Varavallo M A, Thomé J N, Teshima E, et al. 2008. Aplicação de bactérias probióticas para profilaxia e tratamento de doenças gastrointestinais. Semina: Ciênc Biol Saúde, 29: 83-104.

Vélez C, Costell E, Orlando L, et al. 1993. Multidimensional scaling as a method to correlate sensory and instrumental data of orange juice aromas. Journal of the Science of Food and Agriculture, 61(1): 41-46.

Wagner R D. 2008. Effects of microbiota on G I health: gnotobiotic research. G I Microbiota and Regulation of the Immune System: 41-56.

Wong A, Ngu D Y S, Dan, et al. 2015. Detection of antibiotic resistance in probiotics of dietary supplements. Nutrition Journal, 14: 9.

Xu X, Bao Y, Wu B, et al. 2019. Chemical analysis and flavor properties of blended orange, carrot, apple and Chinese jujube juice fermented by selenium-enriched probiotics. Food Chemistry, 289: 250-258.

Yang C H, Crowley D E, Borneman J, et al. 2001. Microbial phyllosphere populations are more complex than previously realized. Proceedings of the National Academy of Sciences, 98(7): 3889-3894.

Yoon K Y, Woodams E E, Hang Y D. 2004. Probiotication of tomato juice by lactic acid bacteria. Journal of Microbioly, 42(4): 315-318.

Zeng J, Li Y Q, Zuo X L, et al. 2008. Clinical trial: effect of active lactic acid bacteria on mucosal barrier function in patients with diarrhea - predominant irritable bowel syndrome. Alimentary Pharmacology&Therapeutics. 28: 994-1002.

Zheng M, Zhang R, Tian X, et al. 2017. Assessing the risk of probiotic dietary supplements in the context of antibiotic resistance. Frontiers in Microbiology, 8: 90.

第 7 章　苹果加工副产物开发利用技术

苹果是世界上产量最大的水果，在苹果加工特别是苹果浓缩汁加工过程中会产生大量的工业副产物，统称为苹果渣，占原料总量的 25%左右。据估计，全球每年将产生数百万吨的苹果渣，我国浓缩苹果汁产业年产苹果渣已达 120 万 t，但其综合利用率很低，只有少量可以得到合理利用，如用作饲料、燃料和提取果胶，而剩余的大部分都被当作废弃物处理。苹果渣含水量最高达 80%左右，固体部分主要包含果核、果皮和残余果肉，丢弃的果渣会在短时间内腐烂，变酸变臭，严重污染环境，造成资源浪费，甚至危害公众健康。苹果渣含有大量不同种类的重要营养成分，如碳水化合物、酚类化合物、膳食纤维和矿物质等。这些功能性化合物可以从苹果渣中提取回收，甚至有可能在部分食品原料生产中会使用到经过初步加工后的苹果渣。苹果渣可用于食品或动物饲料中，提高其健康效应和商业价值。

7.1　苹果渣饲料化利用概述

7.1.1　苹果渣饲料化利用技术

我国作为农业大国，在生产大量农产品的同时，也会产生数量可观的副产物。然而我国对副产物的利用却并不完全，需要更多新的思路和治理方案改善副产物利用不彻底的现状。据联合国粮食及农业组织估计，2018 年全球粮食浪费高达 16 亿 t，其中可食用部分达 13 亿 t，从经济学角度看，这相当于 1 万亿美元的损失（Lee et al.，2019），从而导致粮食浪费与资源短缺之间的矛盾日益加深。近年来，全球苹果产量持续增长，但其消费份额相对稳定，用于新鲜消费的苹果占世界总产量的 70%～75%，其余 25%～30%加工成各种增值产品，包括果汁、果酒、果酱和干制品。然而，苹果汁仍然是苹果需求量最大的产品，占苹果加工总量的 65%以上。一般来说，果汁加工过程中能够榨取苹果鲜重的近 75%，剩余部分作为废弃物苹果渣来收集。为了减少废弃苹果渣带来的环境问题，苹果汁生产企业应采用专业的回收处理方法。2017 年，全球的苹果产量达 7420 万 t，高产的同时，在水果产品的加工过程中会产生数百万吨的废物，其中包括 25%～30%的固体渣和 5%～10%的液体污泥，而果汁加工厂在排放果渣之前没有进行很好的处理，导致果渣随意排放之后污染了土壤。但是在果渣中也有许多营养物质的残留，如苹果渣中富含碳水化合物和其他营养素，水分高达 70%～75%，且苹果渣的化学需氧量较高，为 250～300g/kg，具有较高的生物降解性（Dhillon et al.，2013），如果能够再次利用果渣，如用发酵的方法处理果渣制作成饲料，不仅能够解决果渣处理的难题、缓解对环境的污染，还能在资源日益短缺的情况下解决饲料业原料不足的问题，保证饲料业的高质量发展（Beigh et al.，2015）。

1. 苹果渣营养成分分析

苹果渣是苹果汁生产过程中产生的加工废弃物，约占原果的 25%。这种固体残留物由果皮和果肉（95%）、种子（2%～4%）、花萼和茎（1%）的非均质混合物组成（Vendruscolo et al.，2008）。苹果渣属于高纤维素、低蛋白的饲料原料（马宝月等，2016）。经测定，在苹果渣中，果皮果肉占 93%～96.2%，果籽占 2.5%～3.1%，果梗占 0.6%～0.8%；水分含量 74%～90%，干物质 21.8%～33.6%，碳水化合物 9.5%～22%，粗纤维 4.3%～10.5%，蛋白质 1.03%～1.82%，脂肪 0.82%～1.43%，灰分 0.56%～2.27%，钾 0.2%～0.6%，磷 0.4%～0.7%，果胶 1.5%～2.5%；燃烧热值 4420J/g；能量 400～800J/g。

（1）鲜苹果渣

鲜苹果渣的水分、微量元素和氨基酸的含量较高，含多糖 7.05%、果糖 1.144%、葡萄糖 0.421%、总糖 8.848%。另外，鲜苹果渣的酸度也较高，含有单宁、苹果酸、果胶等抗营养因子（李义海和黄坤勇，2011）。

（2）干燥苹果渣

干燥苹果渣含粗纤维 14.72%、粗蛋白 4.78%和粗脂肪 4.11%。干燥后的苹果渣中多糖含量与鲜苹果渣相比变化不大，为 7.918%，而果糖、葡萄糖和总糖含量有明显上升，分别为 13.78%、6.274%和 34.619%（李义海和黄坤勇，2011）。除碳水化合物外，苹果渣中还含有一些矿物质，如磷（0.07%～0.076%）、钙（0.06%～0.1%）、镁（0.02%～0.36%）和铁（158.0～299.0mg/kg）。苹果渣中富含多种营养成分，通过生物技术或提取分离技术进行加工处理，可实现其资源化利用，包括利用苹果渣发酵生产各类蛋白饲料、酒精、果胶和膳食纤维，目前利用苹果渣发酵生产饲料为其主要的利用途径。

2. 发酵苹果渣饲料分类

苹果渣在发酵过程中，除了注重提高蛋白质的含量，一些活性因子也越来越受到关注，其中活性因子主要是不同的酶，这些酶会对苹果渣中的抗营养因子进行降解。除此以外，利用不同的发酵制剂可以得到含有小分子肽、乳酸和益生菌等活性因子的饲料。因此可将苹果渣饲料分为苹果渣多酶饲料、苹果渣蛋白饲料和苹果渣活性蛋白饲料等几类（张高波，2014）。

3. 发酵苹果渣营养成分的影响因素

（1）菌种

苹果渣中的纤维素含量较高，如果直接作为饲料，则不利于非反刍动物消化吸收，因此需要微生物对苹果渣进行降解。主要从单一菌种和混合菌种的角度进行研究（任雅萍等，2017）。单菌种发酵时黑曲霉 HF3 发酵产物的总酚含量、纤维素酶活性和蛋白酶活性均为最高，因此可以将黑曲霉 HF3 作为发酵苹果渣饲料的优良菌株（杨志峰等，2015）。运用混合菌种发酵时，由于不同菌种的最适条件不同，需要将各种条件进行综合考虑，以免影响发酵效果。选择混合菌种时，可将黑曲霉作为主要菌种之一，再与其他菌种复合进行发酵（薛祝林和黄必志，2014）。刘壮壮等（2015）研究表明在 21.3%的黑曲霉中分别加入 30.2%木霉、24.3%白地霉和 24.3%米曲霉，实验结果良好，粗蛋白的含量比单菌种接种发酵时显著提高。还有报道指出，将黑曲霉与产朊假丝酵母结合共同发酵苹果渣不仅可以提高粗蛋白的含量，还可以提高游离氨基酸和多肽的含量，从而大大提高其营养价值。

（2）复合原料

研究表明，将相同比例的油渣及豆粕分别加入苹果渣中，其蛋白质含量均高于单一苹果渣发酵，添加油渣的组合中酵母菌数及蛋白质含量高于添加豆粕的混合发酵组合。由于油渣的植物蛋白含量较高，且加入油渣可提高纤维素酶的活性，由蛋白酶分解油渣可产生大量不同种类的氨基酸，以提供更多的营养给酵母菌，从而使得酵母菌的数量增加，提高发酵效率与品质（罗文等，2017；朱新强等，2016）。加入玉米浆可为微生物发酵提供更优质的营养环境，能促使发酵产物中氨基酸总量及水溶性氨基酸含量有较大幅度提升，实验表明，接种白地霉+黑曲霉复合发酵剂时，在原料中添加 10%玉米浆可使发酵产物中必需氨基酸含量增加 11.8%~32.4%（陈姣姣等，2014）。

（3）基质湿度

在低湿度（水：料为 1：1）条件下发酵，纯蛋白的含量发酵增率为 103.0%～160.2%，在高湿度（水：料≥2：1）条件下发酵水溶性蛋白质的含量发酵增率为 33.8%～72.2%；且高浓度发酵水溶性蛋白质增率低于低浓度的水溶性蛋白质增率，说明低浓度条件下优于高浓度条件下发酵（陈姣姣，2014）。

（4）pH

当 pH 为 7 时，发酵苹果渣蛋白质含量最高，当 pH 分别降低和升高时，蛋白质含量均有所下降，且 pH 为 5、6、7、8 时，蛋白质含量分别为 11%、12%、14%、9%（薛祝林和黄必志，2014）。因此在生产发酵苹果渣饲料时，应当注意控制 pH 在 7.0 左右。

（5）灭菌

发酵原料是否灭菌对于发酵产物中水解酶的活性有影响，自然条件下发酵产物的蛋白酶活性为 42.1～132.9U，灭菌条件下发酵产物的蛋白酶活性为 55.7～246.05U，原料灭菌后蛋白酶的活性高于自然条件下发酵。发酵产物中的蛋白酶可增强动物消化道酶系作用，降解蛋白质成为易被吸收的氨基酸等小分子物质，增强动物的消化吸收能力（任雅萍等，2016）。

4. 固态发酵苹果渣工艺及优化

苹果渣的蛋白质含量很低，所以一般不会直接作为动物饲料进行饲喂（Joshi and Gupta，2000），但是经过固态发酵之后，干燥的苹果渣粉末富含维生素 C、脂肪和蛋白质（Joshi and Sandhu，1996），可直接饲喂动物。以苹果渣为基质制作动物饲料一般采用固态发酵。苹果渣的一般发酵流程为苹果渣处理、灭菌、接种菌种、发酵、烘干、粉碎、成品（王来娣和邵丹，2012）。

（1）固态发酵苹果渣工艺

固态发酵工艺是指将扩大培养的菌种接种到固态的培养基上，在适宜条件下培养一段时间后，将菌体的底物、代谢产物及菌体本身回收的工艺，固态发酵的优点有：能耗低，技术简单；代谢产率高；产生的废物很少，环境污染较少；发酵过程不需要严格的无菌环境和连续的通风。

国内学者以苹果渣为基质做了大量的研究，刘壮壮等（2015）研究了产朊假丝酵母和不同丝状真菌，包括黄曲霉、斜卧青霉、里氏木霉和黑曲霉混合固态发酵苹果渣的工艺。研究发现，产朊假丝酵母与黑曲霉组合效果最佳，可以提高苹果渣中纯蛋白、多肽、粗蛋白和游离氨基酸的含量，其质量分数可分别达到 208.85g/kg、40.35g/kg、292.86g/kg 和 0.65g/kg，丰富了苹果渣饲料的营养价值。

（2）固态发酵苹果渣工艺的优化

宋鹏和陈五岭（2011）研究了白地霉和枯草芽孢杆菌绿色木霉混合发酵苹果渣的工艺，菌种配比为 3∶2∶1，马铃薯蔗糖培养基中马铃薯∶蔗糖∶酵母浸膏比例为 40∶4∶1，固体发酵培养基中苹果渣∶啤酒渣∶麸皮∶米糠比例为 2∶1∶1∶1，混合菌种 2%接种量接种到固体培养基，30℃发酵，之后分别对发酵时间、含水量和料层厚度对苹果渣发酵产蛋白质的影响进行了优化。结果显示发酵时间为 48h，料层厚度为 30mm，发酵物含水量为 50%时最佳。李宏涛等（2012）以 EM 菌液为发酵剂，通过正交设计试验和单因素试验对苹果渣固体发酵进行了优化，结果显示最佳发酵条件为含水量 30%，接种量 0.8%，蔗糖添加量 3%，培养温度 25℃，发酵 4 天，粗蛋白含量从 5.82%提高至 21.28%。

5. 苹果渣作为饲料的应用方式

苹果渣作为饲料的应用方式有直接饲喂、鲜苹果渣青贮和生产蛋白饲料饲喂等方式。

（1）直接饲喂

鲜苹果渣的水分高，直接饲喂简单易行，但是如果存放不当极易腐坏变质，且鲜苹果渣酸度大，适口性差，因此在饲喂之前，需要向鲜苹果渣中加入碱性物质以中和酸度，并且将鲜苹果渣与其他饲料配合使用效果更佳。鲜苹果渣含有丰富的果胶，果胶是多糖类物质，动物的肠胃不容易吸收。应在直接饲喂之前，保证苹果渣不腐坏变质的情况下，将鲜苹果渣放置一段时间，利用鲜苹果渣中的天然果胶酶将果胶分解，从而使得鲜苹果渣更容易被动物消化吸收（王来娣和邵丹，2012）。

（2）鲜苹果渣青贮

利用青贮技术制作苹果渣饲料可以保持苹果渣新鲜多汁，提升适口性，在制作鲜苹果渣青贮饲料时需要新鲜的苹果，不可以有霉变和农药污染等，因此要尽量随贮随运，不可以长时间放置（石勇，2011）。青贮苹果渣的方法有两种，可以用聚乙烯塑料袋或青贮池，用聚乙烯塑料袋简便易行，但是塑料袋会造成环境污染，因此不推荐用塑料袋（邵丽玮等，2015）。青贮的方式可以是单独青贮，也可以是混合青贮。张一为等（2015）研究了苹果渣青贮与玉米秸秆青贮的混合效应，苹果渣的含水量较高，营养物质丰富，而玉米秸秆的水分较低，且营养单一，将二者混合，既解决了玉米秸秆燃烧对环境的污染，又降低了饲料的成本。从结果看，苹果渣青贮与玉米秸秆青贮混合后，营养更为多样化，混合的效应优于单一的青贮发酵饲料。

（3）生产蛋白饲料饲喂

直接饲喂生物蛋白饲料营养丰富，用苹果渣生产蛋白饲料进行饲喂不仅解决了苹果渣的污染问题，并且可以提高苹果渣的利用率，降低普通饲料的成本，提高经济价值（宋鹏和陈五岭，2011）。

6. 发酵苹果渣饲料开发研究进展

国内外对苹果渣的分析研究越来越多，其中对苹果渣发酵饲料的研究主要集中在苹果渣的营养成分，优化发酵饲料中蛋白质的含量，从而提高发酵苹果渣饲料的品质。通过近几年的研究发现，加入不同的有益物质均能提高苹果渣发酵的效率和蛋白质的含量。但是影响苹果渣发酵饲料质量的因素十分复杂，包括苹果的产地、水分、加工工艺、发酵剂、菌种、pH 等，除了单因素，复合因素对苹果渣的发酵也有不同的影响，如单菌种发酵的效率和品质低于混合菌种发酵的效率，不同发酵剂的组合也有不同的影响，然而这些影响并不十分确切，还需要进一步具体详细的分析，才能将苹果渣发酵饲料的工艺进一步完善（王剑，2016）。

7.1.2　苹果渣饲料的营养价值与功效

苹果榨汁后残留的苹果渣中仍有一定的营养物质，然而苹果渣纤维素含量较高，作为饲料很难消化，因此采用微生物发酵的方法去除纤维素，提高纯蛋白的含量，丰富发酵苹果渣的营养，为原料日渐短缺的饲料业提供新的思路，除了苹果渣，还可以研发其他果渣，为饲料提供丰富的原料（张凯等，2015；邵丽玮等，2015）。以果渣作为饲料将是一个有广阔市场前景的发展方向，不仅可以节省成本，增加经济效益，还可以帮助处理果渣残留问题，改善环境污染（杜娟，2014）。但是全国各地区的苹果产量、品质不同，实验的条件和物料比不同，导致实验结果差异较大，并且实验多在理想条件下进行，与实际的规模化生产还有一定差距，因此需要进一步优化苹果渣的发酵条件。各地区应因地制宜，根据实际情况，合理安排苹果渣的利用，做到应用尽用，并根据不同养殖动物的特性和所需营养探究适合动物生长规律的营养饲料，将副产物综合利用与经济发展结合，找到一条可持续发展的新道路（张凯等，2015）。

1. 作为鱼饲料的应用价值

Davies 等（2020）研究了苹果渣发酵的沙丁鱼饲料，结果表明，有机酸或碳水化合物和乳酸菌发酵生产的鱼青贮饲料是水产养殖饲料中鱼粉的有效替代。邵丽玮等（2015）研究显示，在鱼饲料中加入 4%的苹果渣饲料，鱼的存活时间更长，没有农药残留，十分安全，且鱼可以增重 7.5%。逐渐增加鱼饲料中的发酵苹果渣的量，鱼的各项机能没有显著变化，但是肝胰脏的胆固醇转运加快，当加入过量的苹果渣时，鱼的肝胰脏会受到损伤。因此，建议在鱼饲料中不宜加入过多的发酵苹果渣饲料，添加量 4%即可。

2. 作为家禽饲料的应用价值

在鸡饲料中每日加入 2%～4%的苹果渣饲料饲养雏鸡，加入 5%～10%用以饲养成鸡效果最佳。每日加入 6%的苹果渣饲料的饲养效果明显差于加入 4%的发酵苹果渣饲料（廖云琼和胡建宏，2014）。Akhlaghi 等（2014）研究表明苹果渣饲料可以显著提高育龄公鸡的精子特征、精交联酶、生育力和孵化率。有研究表明，发酵苹果渣饲料能够提高断奶猪仔、牛犊和雏鸡的生长性能，且发酵苹果渣对动物增加体重的效果显著提高（高印，2016；杨志峰等，2015）。

3. 作为反刍动物饲料的应用价值

在奶牛饲料中添加 10%的发酵苹果渣饲料，能够使得奶牛的繁殖率和乳脂率分别提高 4.5%和 13%。每日在饲料中加入苹果渣饲料则可有利于牛犊的生长，增强牛犊的体质。有实验研究以羊为实验对象，用发酵苹果渣饲料代替精饲料，结果显示对照组的羊比实验组的羊增重低了 2.08%（张琨，2013）。以奶牛为实验对象，用发酵苹果渣饲料代替甜菜粕，奶牛可增奶 1.89kg/d，若将发酵苹果渣饲料与甜菜粕同时使用，则可增奶 1.9kg/d（张英杰和杨增，2016）。

4. 作为獭兔饲料的应用价值

发酵苹果渣饲料可以显著增强獭兔的养分消化率和生长性能，降低了獭兔的腹泻率，改善獭兔小肠黏膜形态，从而增加小肠的吸收能力，促进小肠摄入更多营养（吴灵丽等，2019；宋献艺等，2018）。

7.2 苹果渣发酵加工技术

7.2.1 苹果渣发酵加工利用现状

一般来说，每加工 1000t 苹果，可产生约 300t 苹果渣，经烘干晾晒处理后可产生 75t 左右的干果渣。苹果渣具有水分含量高、无氮浸出物和纤维素含量相对较多，以及蛋白质含量较低等特点。贺克勇等（2004）对苹果湿渣进行检测发现：干物质 20.2%、粗蛋白 1.1%、粗纤维 3.4%、粗脂肪 1.2%、无氮浸出物 13.7%、粗灰分 0.8%、钙 0.02%及磷 0.02%。杨福有等（2000）对来自陕西省 10 个果汁厂的苹果渣样品进行了营养成分检测分析，结果显示：鲜渣含水量为 77.8%；干渣中总糖、粗蛋白、粗脂肪、粗纤维及粗灰分的含量分别为 15.08%、6.2%、6.8%、16.9%和 2.3%，钙 0.06%、磷 0.06%、微量元素 Cu、Fe、Zn、Mn、Se 分别为 11.8mg/kg、158.0mg/kg、15.4mg/kg、14.0mg/kg、0.08mg/kg，富含维生素，其中维生素 B_1 可达到 0.9mg/kg，维生素 B_2 可达到 3.8mg/kg（是玉米粉的 3.5 倍）。

一些苹果果汁生产企业，湿苹果渣的数量庞大，因未能及时处理，导致苹果渣腐败变质。随苹果产量的增加，苹果加工业随之而起，苹果渣这些下脚料造成的浪费成了困扰苹果加工企业环境治理的一大难题。苹果渣内糖分、含水率都比较高，其中的营养物质容易滋生细菌繁殖，易发酸变臭，造成环境污染。而如果将苹果渣当作发酵原料，研究开发苹果渣的发酵产品，就能够将废渣变废为宝，变成可以二次利用的清洁能源及食品原料。对此，可以采取生物发酵的办法，发酵后的苹果渣，其蛋白质含量和热值均有较大的提高，是很好的畜牧业饲料。苹果渣经过适宜的发酵贮藏过程后，可产生 15%以上的含有机酸的浸出液，发酵产品主要含醋酸、酒精、苹果酸及多酚和黄酮类等抗氧化物质，具有一定的保健功能。

7.2.2　苹果渣发酵酒精技术

1. 苹果渣酒精发酵的机理

酒精发酵是指在无氧条件下，微生物（如酵母菌、乳酸菌等）通过分解蔗糖、葡萄糖等有机物，经历单纯乳酸发酵即酵解过程产生的丙酮酸在无氧条件下由 NADH 还原为乳酸，经历单纯乙醇发酵即丙酮酸在无氧条件下脱羧形成乙醇的过程，产生乙醇、丙酮酸、乳酸、二氧化碳等不彻底氧化产物，同时释放出少量能量的过程。在高等植物中，存在酒精发酵和乳酸发酵，并习惯称之为无氧呼吸。从发酵工艺来看，既有发酵醪中的淀粉、糊精被糖化酶作用，水解生成糖类物质的反应；又有发酵醪在蛋白酶的作用下，水解生成小分子的蛋白胨、肽和各种氨基酸的反应。这些水解产物，一部分被酵母菌吸收合成菌体，另一部分则发酵生成了乙醇和二氧化碳，还会产生部分副产物如杂醇油、甘油等。酒精发酵在酒精工业、酿酒工业和食品工业中都有大量应用，如葡萄酒、果酒、啤酒等都是利用酒精发酵制成的产品。在泡菜腌制过程中也存在着乳酸发酵和酒精发酵，不过酒精产量较低，为 0.5%～0.7%，这对蔬菜腌制过程中的主发酵过程——乳酸发酵影响不大还能起到增香、增加风味物质的作用。

Madrera 等（2013）将苹果渣烘干保存，在每 100kg 的苹果干渣中添加 300L 无菌水，接种 *Saccharomyces cerevisiae*、*Hanseniaspora uvarum*，在 16℃下发酵 28 天，经二次蒸馏得到了酒精度为 60.0%±0.53%（*V/V*）、具有芳香成分、甲醇含量低的苹果白兰地，体现了利用苹果渣进行酒精发酵具有一定的商业价值，证明了苹果渣可以资源化生产苹果蒸馏酒等发酵产物。黄蓓蓓等（2015）研究了苹果渣热处理时间、酶解条件及酒精发酵条件的最佳工艺技术参数。确定苹果渣热处理最佳工艺参数为常压蒸煮 25min，果胶酶酶解初始 pH 3.0，果胶酶添加量 0.2%，酶解温度 55℃，处理时间 2h；纤维素酶酶解最佳处理工艺参数为初始 pH 5.0，纤维素酶添加量 0.7%，酶解温度 50℃，酶解时间 12h；苹果渣酒精发酵的最佳工艺参数为发酵液初始 pH 4.0，发酵温度 25℃，酵母菌接种量为 11%，稻壳添加量为 20%。在此条件下，苹果渣发酵可产生 6.72%的酒精。谢静静等（2011）以浓缩苹果汁厂的苹果渣为原料，利用单因素试验及正交试验确定了苹果渣蒸煮、果胶酶酶解及纤维素酶酶解 3 种处理工艺的优化条件。结果表明，常压蒸煮 30min 即可最大限度地提高还原糖的含量；果胶酶最适宜作用条件是 45℃，初始 pH 3.6，酶解时间 2.5h，果胶酶添加量为 0.2%；纤维素酶最适宜添加量为 0.6%。在此工艺条件下，苹果渣还原糖的得率为 53.0%，乙醇得率为 302.5ml/kg 干渣。

2. 苹果渣发酵制取酒精的工艺流程及要点说明

（1）苹果渣发酵制取酒精的工艺流程

苹果渣→蒸煮处理→酶解处理→调整→灭菌→接种→发酵（酵母，扩大培养）→蒸馏→酒精。

（2）关键工艺要点

1）粉碎

将干、湿苹果渣通过粉碎机等进行分类、粉碎，准确称取干果渣充分吸水膨胀备用。

2）苹果渣蒸煮热处理

对苹果渣进行热处理，即蒸煮，是为了让其更松软多汁，提高糖化率。容器内加入准确称取粉碎后的干苹果渣 100kg，然后加蒸馏水 3 倍即 300kg，搅拌均匀后封口，静置 30min 使苹果渣充分吸水膨胀，备用。吸水膨胀后的苹果渣，进行常压蒸煮处理，处理时间为 40min 左右。

3）苹果渣酶解处理技术

将常压蒸煮 40min 后的果渣进行酶解，调整苹果渣液 pH 3.0～3.3，果胶酶添加量 0.2%～0.4%，45℃酶解时间 3h；然后进行纤维素酶解，调整苹果渣 pH 5.0 左右，纤维素酶添加量 0.7%～0.9%，酶解温度 50℃，酶解时间 13～15h。

4）灭菌

将上述处理后的苹果渣放入高压灭菌设备中进行灭菌处理。

5）调整

将上述苹果渣液调整水分含量、pH，添加适当氮源等至适宜范围。

6）接种

微生物实验室保藏酵母菌采用 PDA 培养基 28℃培养 2～3 天，活化备用。活化好的酵母转接至事先灭菌的 10～15°Bé 苹果汁中进行扩大培养，酵母菌细胞浓度达到 10^5～10^6 个/ml 即可，镜检无杂菌污染后备用。按酵母菌接种量为苹果渣体积的 8%～10%（*V/V*）对灭菌后的苹果渣进行接种。

7）酒精发酵

调整苹果渣酒精发酵初始 pH 3.3～4.0，发酵适宜温度为 20～25℃，酵母接种量为 8%～13%，稻壳添加量为 15%～20%。在此条件下经过 20～30 天的发酵，视每个批次苹果渣的总质量来定，至苹果渣可溶性固形物测定为小于 1%，即为苹果渣发酵酒精结束。发酵初期主要为酵母菌繁殖阶段，因酵母移植于苹果渣中，需经过适应阶段，液面最初平静，随后有零星的气泡产生，表明酵母菌已开始繁殖；发酵中期主要为酒精发酵阶段，苹果渣甜味降低，酒味增加，品温逐渐升高，有大量二氧化碳气体放出，果渣上浮结成一层帽盖，高潮时，刺鼻熏眼，品温升到最高，酵母菌细胞数保持一定水平。随后，发酵势头逐渐减弱，表现为气体放出逐渐减弱至接近平静，品温由最高逐渐下降至室温，糖分减少至 1%以下，酒精积累接近最高，汁液开始澄清，苹果皮渣酵母开始下沉，酵母细胞数逐渐死亡减少，即为主发酵结束；发酵后期应控制品温在 30℃以下，高于 30℃，酒精易挥发，成品的品质会下降，高于 35℃，容易产生醋酸发酵，使发酵液酸度增加，酒精发酵进程受阻。

8）蒸馏

工业生产一般采用卧式或立式蒸馏釜设备，间歇蒸馏工艺，掐头去尾，酒尾转入下一锅蒸馏，卧式或立式蒸馏釜设备通蒸汽加热蒸馏，蒸馏初始阶段蒸汽压力为 0.4MPa，此阶段低沸点的杂质较多，一般应去掉 5～10kg 酒头，蒸馏中间阶段 0.15～0.5MPa，此阶段应保持火力均匀，接取中间阶段酒精温度在 27～29℃最佳，蒸馏最后阶段速度较慢时的酒尾另行接取转入下一锅蒸馏釜继续蒸馏。

（3）影响苹果渣酒精发酵条件及过程的因素

1）发酵温度对发酵过程的影响及控制

每种微生物都有自己适宜的生长温度范围，温度越高，酶反应速度越快，微生物的生长繁殖速度加快，对代谢产物的合成速度越快，当温度高于每种微生物适宜的生长温度后，酶反应速度、微生物的生长繁殖速度及代谢产物的合成速度变慢；影响发酵温度的因素有发酵热、生物热、搅拌热、辐射热等；苹果渣酒精发酵前期应采取加温等措施提高苹果渣温度，以利于孢子的萌发和酵母菌的生长、繁殖。

2）初始 pH 对发酵过程的影响及控制

酵母菌最适 pH 3.3～6.0，pH 会影响酵母菌的生物活性和形态，pH 的改变会引起某些酶的激活或抑制，使生物合成途径、代谢产物产生变化；pH 的调控方法包括加入缓冲物质、加入不同的氮源、改变搅拌速度以改变氧溶解量、温度调节改变酵母菌代谢速度、调节苹果渣原料含糖量等。

3）溶解氧对发酵过程的影响及控制

酵母菌利用苹果渣中的养分和氧气进行生长繁殖，当物料中的氧耗尽时，酵母菌基本停止繁殖，进入酒精发酵阶段。

4）苹果渣浓度对发酵过程的影响及控制

苹果渣原料浓度对发酵代谢影响较大，控制苹果渣原料合适浓度能提高发酵酒精的产量，苹果渣原料浓度过高不利于初期酵母菌的生长繁殖，苹果渣原料浓度过低影响发酵酒精的产量；通过发酵中间阶段连续或不连续流加等方法补充灭菌后的苹果渣以维持酵母菌生长和代谢产物所需要的营养物质；补充的物质包括苹果渣、氮源、碳源、水等。

5）SO_2添加量对发酵过程的影响及控制

SO_2是一种杀菌剂，它能抑制多种发酵微生物的繁殖，高浓度 SO_2能杀灭多种微生物，SO_2 具有抗氧化作用，可有效防止苹果渣发酵过程中的杂菌污染和色泽的氧化变色，SO_2有提高苹果渣 pH 酸度的作用。不同 SO_2添加量对苹果渣酒精发酵有一定的影响，添加 SO_2的主要作用为抑制酵母菌以外的其他杂菌的生长，添加量为 50mg/L 时，可以达到酵母菌正常生长繁殖而其他杂菌不生长的目的。

6）泡沫对发酵过程的影响及控制

苹果渣在榨汁生产的过程中会产生大量的泡沫，过量的泡沫对苹果渣发酵过程极为不利，会侵占发酵罐空间，影响物料装载量和发酵产率；过多的泡沫“顶罐”导致杂菌污染，影响溶解氧的含量，导致发酵异常和酒精产量下降，必须合理控制苹果渣在发酵过程中的泡沫，具体方法可添加化学消泡剂如食用油脂类、聚醚类、醇类等，物料消泡是靠机械外力打碎泡沫或改变发酵罐的压力使泡沫破裂。

7）苹果渣含水量对发酵酒精产量的影响

侯红萍和庞全海（1998）对苹果渣固态发酵酒精进行研究表明，酵母菌利用苹果渣中的养分和氧气进行生长繁殖，当物料中的氧耗尽时，酵母菌基本上停止繁殖，进入酒精发酵阶段。对发酵期间的酒精浓度进行方差分析，高含水量苹果渣中的酒精含量高，低含水量苹果渣中的酒精含量相对来说较低，这是因为营养物质的吸收和产物的排出都需要以水为媒介，生成的酒精溶于水，及时均匀地分散开，减少了酒精对酵母的毒害，避免酵母早衰。同时，高的含水量减少了培养物料中的空隙，使酵母菌能在很好的厌氧环境中发酵，使物料发酵充分彻底，故而酒精产量较高。

7.2.3 苹果渣发酵果醋技术

1. 苹果醋的研究开发现状

随着人们生活水平的不断提高，对食品内在的品质要求也越来越高，不仅要营养美味，还能够对健康起促进作用。食醋的使用在我国有悠久的历史，中国是世界上用谷物酿醋最早的国家。食醋是我国传统的酸性调味料，传统的食醋酿造大多以粮食（薯类、高粱、大米、玉米等）为主要原料，粮食中含有 70%以上的淀粉，这些淀粉经液化、糖化、酒精发酵、醋酸发酵等工艺过程酿制而成，这要浪费约占全国粮食总产量 1/10 的粮食，而且劳动强度大，工艺复杂。采用苹果渣为原料制作苹果醋不仅可以降低粮食消耗，还可以让苹果渣变废为宝。目前，用于苹果渣酿醋的主要微生物是酵母菌和醋酸菌。酵母菌能分泌酒化酶系，在无氧条件下将葡萄糖转化为酒精；其最适培养温度为 28～30℃，最适 pH 4.5～5.5。醋酸菌主要作用是氧化酒精生成醋酸，某些醋酸菌种能继续氧化醋酸，使其分解为二氧化碳和水。最适生长温度为 25～30℃，灭活温度为 65℃（5～10min）。醋酸菌对酸的抵抗力因菌种不同而不同，一般含醋酸 1.5%～2.5%时，醋酸菌的繁殖即完全停止，但也有些菌种在 6%～7%的醋酸浓度中尚能繁殖，醋酸菌耐酒精的浓度也因菌种不同而异，一般耐酒精浓度为 5%～12%，若超过其限度即停止发酵。醋酸菌氧化乙醇生成醋酸的过程是一个严格需氧过程，必须通入空气，供给充足的氧气。

在菌种应用方面，国外常用的有醋酸杆菌（*Acetobacter aceti*）、许氏醋酸杆菌（*A. schutzenbachii*）以及奥尔兰醋酸杆菌（*A. orleanense*）。纹膜醋酸杆菌是日本酿醋的主要菌株，在 14%～15%的高浓度酒精中发酵缓慢，能耐 40%～50%的葡萄糖，产醋酸的最大量可达 8.75%，能分解醋酸为 CO_2 和 H_2O。许氏醋酸杆菌是德国有名的速酿醋菌种，也是目前制醋工业非常重要的菌种，该菌产酸高达 11.5%，特点是对醋酸不能进一步氧化。奥尔兰醋酸杆菌是法国奥尔兰地区用葡萄酒进行醋酿造的主要菌株，产醋酸能力弱并可以产生少量的酯，但可将葡萄糖氧化产生约 5.3%的葡萄糖酸，且耐酸能力较强。国外有些工厂采用混合醋酸菌共发酵的方式生产醋，该方式下除能快速完成醋酸发酵外，还能形成其他有机酸和脂类等成分，从而增加成品的香气和固形物成分。国内生产果醋常用的醋酸菌有 AS.1.41 醋酸菌、巴氏醋酸杆菌沪酿 1.01（*Acetobocter pasdeuriurr*）、恶臭醋酸杆菌（*A. rancens*）以及葡糖醋杆菌属（*Gluconacetobacter*）。其中，AS.1.41 是我国酿酒制醋常用菌株之一，其生长繁殖适宜温度为 28～33℃，最适 pH 为 3.5～6.0，耐受酒精浓度 8%（*V/V*），最高产醋酸 7%～9%，产葡萄糖酸能力较弱，可以将醋酸进一步氧化分解为 CO_2 和 H_2O。沪酿 1.01 是我国食醋工厂常用菌种之一，该菌由酒精产醋酸的转化率平均达 93%～95%。恶臭醋酸杆菌是我国醋厂使用的菌种之一，一般产酸 6%～8%。有的菌株可以副产 2%的葡萄糖酸，具有进一步氧化醋酸的能力。

2. 苹果渣发酵果醋工艺技术

（1）苹果渣醋酸发酵果醋的机理

苹果渣酿造果醋是一个复杂的生化反应过程，包括糖化过程、酒精发酵、醋酸发酵三个阶段，糖化过程是指苹果渣在果胶酶及纤维素酶的作用下将果胶、纤维素等成分分解为葡萄糖等单糖的过程。酒精发酵是苹果渣原料在酵母菌作用下，把上述糖化过程分解的葡萄糖等可发酵糖类在水解酶和酒化酶的作用下，分解为酒精和二氧化碳的过程。醋酸发酵是指酒精在醋酸菌氧化酶的作用下氧化生成醋酸的过程。

（2）关键工艺流程及要点说明

1）苹果渣发酵制取苹果醋的工艺流程

干（或湿）苹果渣→粉碎、吸水膨润处理、蒸煮处理→酶解→调整→灭菌、蒸煮处理→接种酵母菌→酒精发酵→接种醋酸菌→醋酸发酵→淋醋→灭菌、配置成品。

2）关键工艺要点说明

苹果渣制作苹果醋的方法有固态发酵法、固稀发酵法、液态发酵法，生产上多采用液态发酵法制作苹果醋。

醋酸发酵：是指酒精在醋酸菌氧化酶的作用下氧化生成醋酸的过程。调整苹果渣酒精发酵液初始 pH 为 3.3～4.0，发酵适宜温度为 32～35℃，醋酸菌接种量为 8%～10%，稻壳（或麸皮、谷壳或米糠等疏松剂）添加量为 15%～20%（采用固态发酵工艺），再加入培养好的醋酸菌扩大培养液 15%～20%，充分搅拌均匀，装入醋化缸中，缸上稍加覆盖，使苹果渣进行醋酸发酵阶段，控制品温 30～35℃，若温度超过 35℃时，应取出醋胚翻拌散热，每日翻拌两到三次，供给空气，促进醋化，经过 8～10 天当连续 2 天测定发酵液酸度不再上升且醋酸味较浓时即醋酸发酵结束，加入 2%～3%的食盐防止醋酸菌过度氧化，搅拌均匀即成醋胚。

淋醋：采用陶瓷淋缸或耐酸性水泥池，缸或池安装木篦子，底部设漏口或阀门，一般采用三套循环法工艺流程。苹果醋产品质量指标：淡黄色，具有浓郁的苹果香味，醋体酸味柔和、微甘，澄清、透明、无沉淀和悬浮物；可溶性固性物≥10g/100ml；酸度（以醋酸计）≥3.5 或 5.0g/100ml；氨基态氮（以氮计）≥0.5g/100ml；还原糖（以葡萄糖计）≥1.0g/100ml；微生物指标符合国家食醋标准。

灭菌和配置成品：苹果渣发酵苹果醋灭菌温度控制在 80℃以上，新淋出的醋为半成品，出厂前按质量标准进行调配，一级食醋（含醋酸≥5%）不需加防腐剂，二级食醋（含醋酸≥3.5%）需添加 0.05%～0.1%的苯甲酸钠或山梨酸钾作防腐剂。

3）影响苹果渣醋酸发酵过程的因素

温度对苹果渣醋酸发酵影响较大，在发酵过程中当发酵胚（或液）温度高于 35℃时应采取措施降低品温。醋酸菌利用苹果渣酒精发酵的产物和氧气进行生长繁殖，此阶段需要充足的氧气，属于放热阶段，因此品温上升很快，适当的搅拌有利于醋酸菌与底物充分作用，有利于降低品温，当物料中的氧耗尽时，醋酸菌基本上停止繁殖，醋酸发酵结束。

7.2.4　苹果渣发酵柠檬酸、乳酸技术

1. 苹果渣发酵柠檬酸、乳酸技术概况

国内的柠檬酸均是以玉米、木薯、大米等多种淀粉质粮食作物为原料进行发酵生产的，成本较高。以苹果渣为原料，通过固态发酵生产柠檬酸，不但可以有效地利用苹果渣资源，降低柠檬酸的生产成本，经发酵后的苹果渣还可用于果胶酶的提取。杨保伟（2004）以苹果渣为原料，对柠檬酸的固态发酵过程进行了比较系统的研究；李文哲等（2000）利用纤维素酶将苹果渣酶解成葡萄糖，进而制备柠檬酸；吴怡莹等（1994）通过试验得出以苹果渣为原料固态发酵生产柠檬酸的最佳工艺条件；杨辉等（2017）采用苹果渣与新鲜苹果复配浸提汁液进行乳酸发酵。

2. 苹果渣发酵生产柠檬酸、乳酸关键工艺流程

（1）苹果渣发酵制取柠檬酸的工艺流程

干（或湿）苹果渣→粉碎、吸水膨润处理、蒸煮处理→酶解→灭菌、蒸煮处理、调整→接种黄曲霉→柠檬酸发酵→发酵液→柠檬酸提取→柠檬酸粗品→纯化→成品。

（2）苹果渣发酵制取乳酸菌工艺流程

干（或湿）苹果渣→粉碎、吸水膨润处理、蒸煮处理→酶解→调整→灭菌、蒸煮处理→接种复合乳酸菌→乳酸发酵→测定活菌数等指标→乳酸菌发酵原液。

3. 苹果渣发酵生产柠檬酸、乳酸关键工艺要点说明

粉碎、膨润：将干、湿苹果渣通过粉碎机等设备进行分类、粉碎，称量干、湿果渣充分吸水膨胀备用。

苹果渣蒸煮热处理：对苹果渣进行热处理，即蒸煮，是为了让苹果渣更松软多汁，提高糖化率。容器内加入准确称取粉碎后的干苹果渣 100kg，然后加蒸馏水 3 倍即 300kg，搅拌均匀后封口，静置 30min 使苹果渣充分吸水膨胀，备用。吸水膨胀后的苹果渣，进行常压蒸煮处理，处理时间为 40min 左右。

苹果渣酶解处理技术：调整苹果渣液 pH 3.0～3.3，果胶酶添加量 0.2%～0.4%，45℃酶解时间 3h；纤维素酶酶解处理时调整苹果渣 pH 至 5.0 左右，纤维素酶添加量 0.7%～0.9%，酶解温度 50℃，酶解时间 13～15h，进行后续处理。

灭菌、调整：将上述苹果渣放入高压灭菌设备中进行灭菌处理，并调整水分

含量、pH、添加适当氮源等至适宜范围。

柠檬酸发酵：是酒精在黄曲霉的作用下氧化生成柠檬酸的过程，黄曲霉接种量为1%～1.5%（*V/V*）、初始pH为5、发酵温度为33～34℃、甲醇添加量为2%～2.5%（*V/V*）、发酵时间 4～5天。

乳酸发酵：乳酸发酵是糖化液在乳酸菌、乳杆菌等复合发酵剂的作用下氧化生成乳酸的过程。将糖化液灭菌待冷却后添加0.6～1.0g/L的果胶酶，50℃下酶解4h，过滤得到澄清浸提液。取苹果渣水提取液 100kg，按 4%～5%接入提前准备好的活菌数在10^8CFU/ml的乳酸菌扩大培养液，于pH 6.3、温度37～39℃条件下发酵 36～48h。然后，对发酵液进行乳酸菌计数，菌液分离后，测定总滴定酸、耗糖量，以发酵液中活菌数为主要指标，残糖和总酸为参考指标，对发酵液进行测定，合格的即为乳酸发酵原液。

柠檬酸粗品提取、纯化及发酵成品：工业生产通常采用钙盐法加离子交换法对柠檬酸粗品进行提纯成成品。苹果渣发酵乳酸菌饮料灭菌温度控制在 80℃以上，新生产的乳酸发酵原液，出厂前按质量标准进行调配勾兑，一般乳酸菌饮料需添加0.05%～0.1%的苯甲酸钠或山梨酸钾作防腐剂。

苹果渣发酵乳酸常用菌种有嗜酸乳杆菌（L9）、保加利亚乳杆菌（L10）、鼠李糖乳杆菌（L20）、植物乳杆菌（L60）、双歧杆菌（BB28）、嗜热链球菌（L70），苹果渣发酵乳酸常用培养基有MRS琼脂培养基、MRS肉汤、M17培养基等；闫晓哲（2018）针对接种量、发酵液初始 pH、碳源添加量、氮源添加量等因素对乳酸发酵条件进行优化试验研究，对最适乳酸发酵菌剂配方进行了研究；并对菌剂生产中的冻干保护剂进行了探索；杨辉等（2017）采用苹果渣与新鲜苹果复配浸提汁液进行乳酸发酵，对影响因素初始pH、接种量、蔗糖添加量、玉米浆添加量，以总酸及乳酸醪液单位体积活菌数含量为主要指标对乳酸发酵菌种进行了选择；王茜等（2020）研究了不同比例的嗜热链球菌和保加利亚乳杆菌对酸奶品质的影响发现，改变乳酸菌的比例可以调节酸奶的风味和货架期；卢兆芸等（2011）利用保加利亚乳杆菌和嗜热链球菌通过乳酸新型发酵工艺发酵紫红薯酸牛奶，其产品风味芳香、营养丰富、口感好；安兴娟等（2016）优化了植物乳杆菌发酵枸杞和红萝卜混合汁的工艺，并得到了色泽均匀、口感酸爽柔和的果味饮品。

7.3 苹果渣的功能性有效成分和提取技术

苹果渣含有丰富的糖类、蛋白质、纤维素、维生素、脂类、有机酸、多酚类、矿物质及黄酮类物质等营养成分，可作为功能性食品和药用生物活性化合物的重要来源。苹果渣中的多糖具有多种生物学活性，如降低血糖、降低胆固醇、抗氧化、增强免疫力、抗病毒、抗凝和抑制肿瘤等功效；苹果膳食纤维被誉为“第七大营养元素”，可直接添加到多种食品中制作高纤维食品食用，或进一步制成膳食纤维粉，应用比较广泛；果胶是一种异型分支多糖，是苹果渣重要的水溶性膳食纤维，既有稳定剂和增稠剂的作用，还具有降低血糖、血脂和胆固醇的能力，在苹果渣利用中占有重要地位。果皮中酚类物质含量相对较高，苹果渣中酚类化合物（如黄酮类化合物、羟基肉桂酸或二氢查耳酮）的功能活性主要基于其抗氧化、抗炎和抗菌特性。苹果籽和果肉均含有酚类、鞣质类、多糖及苷类、氨基酸、多肽、蛋白质、挥发油和油脂、有机酸等多种成分，但苹果渣种子中含有生物碱成分，而果肉中没有；果肉中含有黄酮及其苷类等多种成分，而种子中不含；种子中氨基酸、多肽和蛋白质含量均比果肉中的高（盛义保等，2005）。苹果渣中的这些功能化合物在食品、药物、化妆品、化工产品等领域都有广阔的应用前景。

7.3.1　苹果渣多糖

1. 苹果渣多糖的成分分析

植物多糖近年来一直是研究的热点，由于其独特的生物活性和理化性质而受到研究人员的青睐。不同类型多糖的主链由于糖单元的组成不同，其生物学活性方面不同。例如，多糖具有抗肿瘤、抗病毒、抗氧化、消炎、消除疲劳等生物学活性，且这些生物学功能与其结构密切相关。多糖主要包括可溶性糖、淀粉、果胶、纤维素、半纤维素等，但大多数都不溶于水，在苹果榨汁后残留于果渣之中。因此，苹果渣已经成为获得和研究苹果多糖功能活性的常用原料。由于诸如分子量、残基类型、连接方法、链内和链间氢键连接的差异等因素的影响，多糖可形成多种一级或高级结构。结构效应关系的研究是一项非常复杂的任务。

马惠玲等（2003）比较了酸提取果胶工艺对果胶多糖的提取效果，该工艺以苹果汁浓缩液制备后的苹果副产品为原料，通过多步提取工艺生产苹果多糖。分析了多糖组分的体外清除自由基活性，并事先通过 FTIR 确定了其结构。透析是多糖脱色的最佳方法，用三氯乙酸脱蛋白后，苹果残渣多糖提取物沉淀 3 次，脱蛋白率为 23.87%，多糖损失率仅为 0.40%，脱色后使多糖溶液的透光率提高 20.70%。水提取苹果多糖（WMPP）、酸提取苹果多糖（HAMPP）和酸提取苹果果胶（HAMPPE），对 DPPH•自由基具有特定的清除能力，且在一定浓度范围内呈正相关趋势。对提取多糖的成分（干基）进行检测得出总糖 46.7g/kg、淀粉 222.2g/kg、果胶 136.3g/kg、半纤维素 78.6g/kg、纤维素 91.5g/kg、木质素 95.7g/kg、单宁 12.3g/kg、全氮 8.0g/kg、蛋白质含量 45.1g/kg。Schieber 等（2003）发现其组分中含中性多糖 60.0%、蛋白质 4.0%、脂类物质 1.0%、半乳糖醛酸 5.0%、多酚 11.8%；中性多糖的单糖分别由 53.1%的阿拉伯糖、4.9%的葡萄糖和 2.0%的鼠李糖组成。Renard 等（1995）对苹果渣提取果胶后的残渣进行碱液浸泡提取后，实验结果得到以木葡聚糖为主的多糖产物。Mehrländer 等（2002）采用酶解法对苹果渣进行液化，并通过水提醇沉法获得 9.7%～19.6%的黏性多糖。

2. 苹果渣多糖的活性分析

随着分子生物学研究和免疫化学物质研究的发展，人们逐渐发现了一个事实，即各种来源的多糖具有广泛而复杂的生物活性，而糖在生物体中的作用更为重要。不仅作为能源资源和结构材料，还涉及生命现象中细胞的不同活动。多糖和低聚糖越来越多地用于医学和保健领域，尤其是多糖，对人体具有增强免疫力、抗肿瘤、抗衰老、降血糖和降脂、抗辐射、抗氧化剂等广泛的作用。

多糖与其他外源抗氧化剂相比，抗氧化作用也是其重要的应用领域之一，具有低毒性、高安全性和来源广泛等特性。其原理主要是基于直接去除具有物理、化学和生物来源（如$\cdot O_2^-$、$\cdot OH$、$R\cdot$和其他自由基）的几种活性氧；重要的金属离子可促进 SOD 从细胞表面释放，增强抗氧化酶（SOD、CAT、GSH-Px 和其他酶）的活性。马文杰等（2009）对其他关于苹果多糖抗氧化活性的研究表明，苹果多糖对羟基自由基和过氧化物的清除效果极佳，并具有一定的还原能力。实验结果反映了在 2mg/ml 的浓度下，不同分子量的苹果多糖对羟基自由基的清除能力不同，可产生最大影响的是分子量小于 1 万，其与维生素 C 的清除能力接近，其次是 30 万以上的，其后是 3 万～10 万和 1 万～3 万的，10 万～30 万的最差，几乎没有作用。因超滤后所得分子量 30 万以上的部分最多而 1 万以下部分数量偏小，并且 30 万以上部分的自由基清除能力与 1 万以下部分接近，因此对不同浓度的 30 万以上部分对羟基自由基的清除能力进行了研究。结果表明，30 万以上部分对羟基自由基的清除能力随着浓度的增大而不断提高，当浓度达到 1.5mg/ml 后其清除能力几乎不再提高，其变化趋势与维生素 C 略有不同。李锦运和郭玉蓉（2010）采用超声辅助方法分离纯化得到了三种苹果渣多糖，分别为蒸馏水洗脱的峰 APPS-H_2O、0.3mol/L 氯化钠洗脱的峰 APPS-0.3M、0.9mol/L 氯化钠洗脱的峰 APPS-0.9M，经鉴定均为纯品，不含有蛋白质与核酸类等物质；它们的比旋光度分别为+164.9、+129.8、+121.9，重均分子量分别为 1.82×10^5、1.67×10^5、1.12×10^5；在相同条件下，三种苹果多糖的表观黏度的大小为 APPS-H_2O>APPS-0.3M>APPS-0.9M，表观黏度都比较低并表现出典型非牛顿流体特性。三种多糖均有清除$\cdot O_2^-$、DPPH•、•OH 自由基的能力，清除•OH 基和 DPPH•的能力与一定范围内的多糖浓度呈正相关，即浓度越高其清除能力随之增强；三种多糖对超氧阴离子的清除能力都普遍较弱；同时三种不同的多糖在实验中均表现出较弱的还原力。APPS-H_2O 清除•OH 自由基的半抑制浓度为 5.72mg/ml，APPS-0.3M 为 6.45mg/ml、APPS-0.9M 为 6.31mg/ml，清除•OH 自由基能力顺序为 APPS-H_2O>APPS-0.9M>APPS-0.3M；

APPS-H_2O 清除 DPPH•的半抑制浓度为 6.51mg/ml，APPS-0.3M 为 9.23mg/ml，APPS-0.9M 为 17mg/ml，说明 APPS-H_2O 清除 DPPH•自由基能力强于 APPS-0.3M、APPS-0.9M。利用红外光谱法测定三种多糖的主要官能团和单糖组分及摩尔比，通过分析 GC 检测结果与单糖标品的 GC 图对比，结果表明：APPS-H_2O、APPS-0.3M、APPS-0.9M 均为杂多糖。

3. 苹果渣多糖的提取技术

多糖是重要的生物大分子化合物，通常由 10 个以上通过糖苷键连接的单糖组成，广泛存在于动物、植物和微生物细胞中。植物多糖是由具有 α-或 β-糖苷键的多个相同或不同的单糖组成的化合物。苹果多糖包括葡萄糖、果糖、蔗糖、淀粉、果胶、纤维素、半纤维素和木质素，除纤维素和淀粉外，其余的多糖都是无定形的。根据实验得知：苹果的蔗糖、葡萄糖、果糖含量分别为 6.2%～26.8%、19.0%～43.5%、43.7%～55.5%（梁俊等，2011）。苹果榨汁后，大多数残留在苹果渣中的多糖，因为它们主要存在于皮肤和果肉组织中，并且大多数不溶于水。因此，苹果多糖的提取是苹果渣开发利用中的重要环节，主要的提取技术包括溶剂提取、酸碱提取、复合酶辅助提取、超声辅助提取和微波提取。

（1）溶剂提取法

通过溶剂提取法提取苹果渣中多糖时，可利用的提取溶剂有：乙醚、乙醇、石油醚等，苹果渣碎片脱脂后，将其磁力搅拌以浸出热水，过滤并离心。浓缩上清液，随后进行醇沉淀，沉淀和真空干燥，以获得水溶性多糖产物。单因素试验确定了提取温度、提取时间、料液比对苹果渣中多糖提取率的影响。随着温度的升高多糖溶解度增加，但温度过高时，多糖的热不稳定性又使其发生分解从而降低了提取率，因此提取温度在 80℃左右为宜；提取时间超过一定范围或过短时，提取率表现均不高，选择提取 3h 左右为宜；随料液比的减小，提取率增大，但当料液比小于 1∶50 时，提取率反而呈现下降趋势，这是由于固液两相存在溶解平衡和吸附平衡的缘故，故提取料液比为 1∶40（g/ml）左右为宜。通过 sevage 法、TCA 法和 sevage+TCA 法三种方法对苹果多糖进行脱蛋白质研究，结果表明：用 sevage+TCA 法时，蛋白质脱除率达到 51.68%，多糖损失率仅为 11.49%，在三种方法中效果最好。对苹果多糖流变特性进行分析时，随着温度的升高，多糖黏度下降；随着 pH 的增加多糖黏度降低；质量分数的增加，多糖黏度随之降低；但盐离子浓度对多糖黏度的影响不大（马文杰等，2009）。

（2）酸碱提取法

碱提取：将一定量的苹果残渣（2g）脱脂，以 1∶40 的料液比添加特定浓度的 NaOH 溶液，过滤得到浸提溶液，以 4000r/min 的速度离心 5min 除去残渣，上清液减压蒸馏浓缩后置于透析袋中，自来水透析 48h，蒸馏水透析 24h。然后加入 2 倍体积的 95%乙醇沉淀，4℃下静置过夜，离心 10min，收集沉淀后用热蒸馏水复溶，测定总糖含量。

酸提取：将一定量的苹果残渣（2g）脱脂，以 1∶40 的进料比添加一定浓度的盐酸溶液，过滤后的提取液进行离心分离。以上述相同方式获得酸提取的多糖复合物溶液后，测量总糖含量。

（3）复合酶辅助提取法

苹果渣多糖的提取，可使用酶辅助法（常用的酶主要有果胶酶、α-淀粉酶和纤维素酶等）。苏钰琦等（2008）通过分别加不同量的酶，在 50℃、pH 4 的条件下，浸提 2h，苹果渣多糖的提取率随酶浓度的增加而增加，并在达到一定值后呈下降趋势，得出所加果胶酶、α-淀粉酶、纤维素酶的最佳浓度分别为 3%、5%、3%，复合酶组合比单一酶具有更高的提取率。不同的酶添加顺序对多糖提取率也有一定影响，实验表明：以 3%果胶酶、3%纤维素酶、5%的 α-淀粉酶为先后顺序依次加入为最佳复合酶组合，每步加完后放于 50℃下保温 2h。当苹果多糖的提取采用酶促水解时，果胶酶、淀粉酶和纤维素酶的含量均超过 3%，并且与水提取和酸提取相比，单步提取显著提高了产量。在提取过程中，多步提取水—碱酸或水—碱后，残留的水再次反应，所得多糖仅占总收率的 12.7%～16.4%，与酶的投入成本相比不经济。建议从生产的多步提取中省略酶提取步骤。当采用水提取—酸提取—碱提取—酶提取和水提取—碱提取—酸提取—酶提取对苹果多糖的提取进行分类时，其结果优于每种单一提取方法的提取效率，可以有效地改善苹果渣利用率。

（4）超声辅助提取法

超声辅助提取苹果总多糖工艺流程一般为原料处理→溶剂浸泡→超声提取→抽滤→离心滤液→醇沉→抽滤→洗涤→干燥→苹果总多糖。

粗多糖的提取与纯化：称取一定量的样品，用 50%乙醇 125 倍超声波提取 20min 后过滤，滤渣加 50%乙醇 125 倍超声提取 20min 后再过滤，通过超声将滤渣加 125 倍 50%乙醇萃取 20min，并将三种滤液合并。浓缩（室温下 80℃），离心后除去沉淀物，以获得粗提取物。将 10ml 的 10%三氯乙酸加入粗提取物中充分混合，放置在冰箱中静置 24h 后离心除去沉淀，浓缩后上清液用 4 倍体积的无水乙醇进行沉淀，抽滤获得粗多糖。再将粗多糖溶解于水中，加入一定量的活性炭，过滤以吸附色素，改变多糖颜色，加热至 70℃并将滤液浓缩至约 25ml，再加入 4 倍体积的乙醇进行沉淀，静置后抽滤，再将沉淀分别用无水乙醇、丙酮、乙醚洗涤 3 次，在 60℃的低温下干燥而获得白色无定形粉末，称重并计算产率。

在单因素试验结果的基础上设计了正交试验，确定了采用超声法提取苹果渣中总多糖的最佳提取工艺为提取时间 20min、超声温度 45℃、料液比 1∶125、乙醇浓度 50%。在此条件下苹果渣多糖提取率最高达到 55%以上。李锦运和郭玉蓉（2010）以冷破碎苹果皮渣为原料，采用超声辅助方法，对苹果皮渣中的多糖进行提取，并探究了冷破碎苹果皮渣多糖提取率的主要影响因素，结果表明，超声波时间对冷破碎苹果皮渣中多糖的提取影响最显著，超声功率为 200W、温度为 70℃、超声时间 120min 为超声波提取冷破碎苹果皮中多糖的最佳工艺条件。当料液比为 1∶40 时，保持其他条件不变，苹果皮残留多糖的提取率为 95.3mg/g。筛选出脱除多糖中蛋白质及色素类物质的方法，并优化了苹果皮渣多糖除杂的工艺条件。其中苹果皮渣以 HCl 法脱蛋白质效果最好，脱除率高达 80.2%，多糖损失仅为 9.7%。

（5）微波提取法

微波萃取是一种新型的高效萃取技术，细胞内的极性分子由于微波加热而不断吸收微波的能量，所以当产生热量时细胞内的温度会升高。细胞膜和细胞壁被液态水蒸发产生的压力破坏，细胞壁内水分减少，使得细胞皱缩、表面破裂。孔或裂缝的存在使细胞外液进入细胞，使其更易于溶解和释放细胞内产物（张自萍，2006）。欧阳小丽等（2004）采用复合酶法微波辅助提取茶薪菇菌丝体多糖，结果表明，微波辅助提取具有最佳的提取效果，有效缩短了提取时间，加快了提取速度。采用活性炭和树脂对苹果渣多糖溶液脱色时，在活性炭脱色的最佳条件下，脱色率和多糖保留率分别为 71.31%和 62.79%；在树脂漂白的最佳条件下，脱色率和多糖保留率分别为 82.69%和 63.77%（马文杰，2009）。

7.3.2 苹果渣膳食纤维

膳食纤维（dietary fiber，DF）是植物来源的成分，如纤维素、半纤维素、果胶等是天然纤维素成分，树胶和藻类多糖等水胶体还包含一些聚葡萄糖等人工合成的成分。膳食纤维被称为人类的“第七大营养素”，具有预防冠状动脉疾病、降低血糖、治疗便秘等多种生理功能，有很高的研究价值。通过测定苹果渣基本成分含量，可知苹果渣富含膳食纤维，分为水溶性膳食纤维和不溶性膳食纤维。苹果渣可溶性膳食纤维（soluble dietary fiber，SDF）的分子链在排列上和空间上的变化，形成了不同的大分子物质，赋予了 SDF 特别的理化性质（吸水溶胀、机械隔离、网孔吸附、离子交换及菌群调节作用）和生理功能（抗炎症、抗氧化）。此外，SDF 还有其他生理功能，如 SDF 具有碳水化合物性质，可有效防治结肠癌；可影响葡萄糖代谢和脂代谢，进而控制血糖；显著降低胆固醇的吸收率和胆汁酸的重吸收率，明显地减少血液中的脂肪。也可以通过增加饱腹感来实现体重减轻，促进肠蠕动并帮助消化。武凤玲（2014）以苹果渣为原料，采用碱法提取了苹果渣膳食纤维，探究了苹果渣膳食纤维的挤压改性工艺条件，并制备了苹果渣膳食纤维咀嚼片。赵明慧等（2013）采用纤维素酶法提取苹果渣中 SDF 时，在一定条件下苹果渣水溶性膳食纤维得率为 18.21%，且其具有一定抗氧化活性。张欣萌等（2019）以酸法提取苹果渣中的果胶提取液，采用盐析法制备的果胶物质作为原料，发现其对清除自由基和抑制脂质过氧化有显著效果。李列琴（2018）以高碘酸钠为氧化剂制备了持水性良好的苹果渣氧化纤维素。

1. 苹果渣膳食纤维的提取技术

膳食纤维中不溶性膳食纤维（insoluble dietary fiber，IDF）与 SDF 的比例对 DF 活性的发挥有很大影响。在 DF 组合物中，SDF 与总膳食纤维（total dietary fiber，TDF）的比率高于 10%，被称为高质量 DF；否则填充饲料只能用作纤维。苹果渣膳食纤维中 SDF 得率只有 3%左右，远远达不到高品质膳食纤维的要求，所以需要通过一些手段来提高其含量，主要有物理、化学、生物技术处理等方法。使用螺杆挤压技术使苹果粉膳食纤维在螺杆作用下，在机筒中经受“三高”（高温、高压、高剪切力）变形，破坏多糖中的糖苷键，从而使低聚糖释放并最终增加 SDF 的含量。单螺杆挤压机容易出现进料困难、物料堵塞和套筒表面结焦的问题，不适宜用于工业化推广。双螺杆挤压机具有匀速进料、使物料充分混合、双螺杆互相啮合过程自动清洁螺杆的优点。

焦凌霞等（2008）探究了酸水解法提取 SDF 的制备工艺，以水解温度、水解时间、pH、加水比为变量因素，进行单因素试验，随后采用正交试验对 SDF 的制备工艺进一步优化，得到提取苹果皮渣中膳食纤维的最佳工艺参数。同时，使用酶法和化学法比较了提取的 IDF 的产量和功能特性，结果显示酶法制备的膳食纤维的保水能力和膨胀性优于化学法制备的 IDF 性能指标。此外，与碱性方法相比，酶法提取条件温和，不需要高温高压，节省能源，易于操作，环保，但成本较高。牟建楼等（2012）用微波提取和纤维素酶提取苹果渣中的 SDF，通过正交试验优化了微波提取的最佳工艺条件，通过响应面分析优化了酶提取的最佳工艺，比较了产量和两种方法制得的 SDF 的功能特性，结果表明，用酶法制得的 SDF 的持水能力和溶胀能力优于用微波提取法的。纤维素酶从苹果渣中提取 SDF 时，可以将不溶性纤维素通过酶水解以获得可溶的多糖，如半纤维素和聚右旋糖。同时，大分子分解后，可释放出可溶性分子较小的膳食纤维。由于这两个方面的影响，酶提取效率更高。比较研究结果，纤维素酶的提取技术在 SDF 的提取率和功能特性方面优于微波提取。耿乙文等（2015）在果汁工厂使用了不同 pH 和浓度的过氧化氢溶液来处理苹果渣，对膳食纤维的组成和含量、物理和结构特性影响进行了研究。物理性质包括苹果渣的保水能力、溶胀能力、堆积密度、颜色和结构特性。结构特性包括苹果渣的热稳定性、超细结构和改性苹果渣中残留的过氧化氢的检测。研究表明，过氧化氢的 pH 对苹果渣碎片的物理和化学结构有重要影响，特别是当过氧化氢的浓度相同时，用酸性和中性过氧化氢处理过的苹果渣碎片具有总的膳食纤维含量和水力，溶胀力和保持力都提高到了不同的水平，用碱性过氧化氢处理过的苹果渣的残余物显著增加了 SDF 的含量，物理性能如保水能力、溶胀力和色泽也得到了很大改善。随着过氧化氢浓度的增加，苹果渣中 SDF 的含量从 3.30%逐渐增加到 19.02%～28.32%，过氧化氢残留量的检测结果表明，在处理过程中过氧化氢可以被完全分解和去除。麻佩佩（2013）采用纤维素酶法显著提高了苹果渣中 SDF 得率，正交试验结果表明：SDF 在酶解温度 50℃、pH 4.0、酶解时间 4h、加酶量 8%时得率最高为 11.58%。对于挤出的副产物，当酶解温度 60℃、酶解时间 4h、pH 5.5、加酶量 12%时，苹果渣中 SDF 的得率为 26.79%。根据扫描电子显微镜可以看出，从未经加工的副产物中提取的 SDF 具有致密的结构和粗糙的表面，而从挤出的副产物中提取的 SDF 的表面除少量碎屑外是光滑而平坦的。可得出采用挤压处理后，可以显著提高苹果渣中 SDF 含量，正交试验结果显示，对 SDF 含量影响最大的因素是物料的粒度、添加的水量和螺杆转速。在最佳工艺条件（物料粒度 20 目、加水量 30%、螺杆转速 600r/min）下原料果渣中 SDF 的含量提高至 16.96%，其增量为 388.76%，脱色果渣中 SDF 的含量也从 9.45%提高到 22.55%；根据扫描电子显微镜扫描结果得知，当苹果渣经过挤压改性处理后，苹果渣中的 SDF 在其表面结构、大小形状等特性方面均发生了显著的变化。

2. 苹果渣纤维的活性分析

苹果纤维具有降低胆固醇、降低饲料能值、减少蛋白质的吸收等作用。Sly 等（1989）用苹果渣对猩猩的喂养实验及 Egashira 和 Sanada（1993）用苹果渣对小白鼠的饲喂实验结果表明苹果渣具有降低胆固醇的作用。Leontowicz 等（2001）通过实验证明了苹果渣具有脂质降解的特性，以 10%的干苹果渣加 0.3%的胆固醇饲喂 Wistar 雄鼠 40 天，结果表明由于苹果渣的加入原生质脂质含量明显降低（$P<0.05$），原生质胆固醇总量降低了 20%，HDL 胆固醇降低了 32.6%，并降低了总磷酸酯的浓度，而未加胆固醇组分苹果渣的饲喂组别对以上指标无显著改变，对脂类过氧化物的含量无作用。对于食用胆固醇的小鼠组别，这一特性更加明显。研究表明，食用水溶性纤维可以减少餐后血糖的产生和血液中胰岛素的升高。主要是由于膳食纤维的黏度降低了碳水化合物的迁移率和吸收率，因此碳水化合物基质在细胞或组织水平被纤维基质包裹，减少了对碳水化合物的消化吸收。未消化的碳水化合物在结肠发酵过程中产生短链脂肪酸，并影响整个人体的葡萄糖和脂质代谢，因此碳水化合物的发酵可以增强对人体肝脏中葡萄糖生成的抑制作用，

并抑制非脂质脂肪酸的水平，它可以降低空腹血糖水平并改善葡萄糖耐量。膳食纤维的生理功能与其理化特性有关，理化特性又与其化学结构有关。人们在对膳食纤维的不断了解中发现：膳食纤维虽然不能给人体提供能量，但却具有重要的生理功能，如可降低血糖和血液中胆固醇含量，也可有效预防便秘和降低结肠癌的发病率。

7.3.3 苹果渣果胶

1. 苹果渣果胶的成分分析及生理功能

果胶是一种天然的功能因子，常将其添加到食品中，作为稳定剂、乳化剂、增稠剂，还具有降血糖、降血脂、降胆固醇的功效，是苹果渣综合利用中最有意义的一项，而且早在20世纪初就有研究。随着技术的革新，各种提取果胶的方法应运而生，从最初的酸水解法，到如今的盐析法、微波法等，各种提高果胶提取率的方法都为果胶工业化生产开辟了道路。

果胶主要是由半乳糖醛酸和与 α-1,4 糖苷键连接的中性糖组成的聚合物。由于果胶具有良好的乳化、浓缩、稳定性和胶凝性等优点，所以广泛用于食品、纺织、印染、烟草、冶金等领域。在抗菌、止血、消肿、解毒、降血脂和抗辐射等方面也表现出一定的特性，是药物制剂的极佳原料。国内外专家对果胶的医学功效进行的最新研究表明，果胶对高血压和便秘等慢性疾病具有特定作用，可以降低血糖、血脂和胆固醇，并帮助人体直接释放放射性成分。果胶由增效的药用胶囊制成，“铋果胶”是治疗胃肠道疾病的良药，低脂胶可有效去除汞、砷、钡和铅等有害物质（田玉霞，2010）。

2. 苹果渣果胶的提取技术

果胶通常是通过热酸提取，但如今创新的技术如超声波、微波辅助、酶辅助、电场辅助或超临界水萃取逐步被应用，以改善提取果胶的技术和功能特性（Adetunji et al.，2017）。工业生产常用酸法提取果胶，果胶的提取率低且对环境污染高，传统的果胶酸提取会导致果胶分子水解和分解，果胶产量低且影响质量。另外，存在提取时对乙醇的需求量大，提取物黏度高、时间长、能耗高的缺点。酶提取方法具有提取温度低、提取时间短、操作条件温和、安全且无污染、提取能耗小等优势。用于果胶酶提取的酶在溶剂提取过程中会分解植物组织细胞壁中的纤维素、半纤维素和蛋白质，破坏细胞壁的结构并降低细胞壁和细胞间材料的抗性。研究表明，使用单酶方法（如纤维素酶和半纤维素酶）可以提高果胶的产量。据报道，从向日葵和柑橘皮等原料中提取果胶产品时使用复合酶效果优于单一酶，筛选确定的复合酶及其比例为7%的纤维素酶、9%的木聚糖酶、5%的酸性蛋白酶；使用响应面优化设计获得最佳酶解条件：pH 4.1，温度 54℃，时间 1.3h，固液体积比 1g∶16ml，该条件下，苹果渣中果胶粗品收率为 40.66%。与传统方法提取的粗制果胶收率相比，增加了 51.49%。对最佳工艺条件下获得的果胶产品性能进行测量表明：果胶可用作生产一系列低脂胶的原料（王艳翠等，2019）。邸铮等（2007）采用酸水解法、纤维素酶法、半纤维素酶法对苹果皮渣的提取效果进行了比较，提取后利用高效阴离子交换色谱-脉冲安培检测法测定果胶中单糖的组成和含量，研究结果表明选用纤维素酶和半纤维素酶可提高果胶的得率，比酸法提高了 2～3 倍。不同方法提取的果胶成分主要是半乳糖醛酸，另外还包括岩藻糖、鼠李糖、阿拉伯糖、半乳糖、葡萄糖、甘露糖、果糖和木糖。选用纤维素酶和半纤维素酶都可以提高果胶的得率，而且得率是传统酸法提取的 2～3 倍，半乳糖醛酸含量也有所提高，特别是纤维素酶的提取效果十分明显。这也说明，酸法提取仅能将植物细胞壁中的原果胶转变为果胶提取出来，还有很大一部分存在于纤维素基质中，通过纤维素酶对纤维素的降解，可以释放出更多的可溶性果胶（半乳糖醛酸）。

高聚合物果胶具有优异的凝胶特性，在工业上用于制造超速离心膜和电渗析膜。田玉霞（2010）采用超声波辅助法二次通用旋转组合设计提取苹果皮渣中的果胶，并应用超滤技术分离苹果果胶，研究苹果果胶分子量与其理化性质的关系，并探讨不同分子量对苹果果胶流变性的影响。研究结果表明提取苹果渣果胶的试验中，影响最显著的是料液比，其次是 pH、超声功率、时间，影响最小的因素是温度，得到了提取苹果皮渣中果胶的最佳工艺条件；随着剪切速率的增高，苹果果胶溶液表观黏度逐渐降低，随浓度增大而增大，为典型的剪切力非牛顿流体；果胶液表观黏度与其分子量成正比，与溶液温度成反比；蔗糖对苹果果胶液的黏度起促进作用，而盐会明显降低果胶液的表观黏度，因此实际生产中应考虑这些因素，以免引起果胶液黏度的显著改变。王欣（2014）采用亚临界水法提取果胶的工艺路线，利用响应面优化苹果渣果胶的最优工艺条件，并对最优条件下提取的苹果渣果胶品质进行全面的分析，同时研究不同亚临界条件及果渣原料对果胶品质的影响规律。采用响应面法得到最优提取工艺参数：提取温度为 138.8℃，提取时间为 5.25min，提取料液比为 1∶13.95 时，苹果渣果胶的理论提取得率为 17.76%，验证试验结果为 17.55%。经统计学分析，理论值与实测值差异不显著（P>0.05），确定优化模型准确性较好。亚临界水法制备苹果渣果胶（APP）与柑橘皮果胶（CPP）品质比较：在亚临界水法提取温度范围内，CPP 和 APP 的提取得率分别达到 19.21%～21.95%和 10.05%～16.88%，其果胶提取得率均优于传统方法所得。亚临界水的提取温度对两种来源的果胶品质也具有显著影响，APP 果胶纯度随着提取温度的升高而下降，其较低的半乳糖醛酸及较高的中性糖含量，主要是部分纤维素和半纤维素降解混入而造成；而 CPP 中由于原料中含有较高的有机酸，并未出现该现象，同时当提取温度为120℃时，CPP品质最优。

7.3.4 苹果渣多酚

1. 苹果皮渣多酚的成分分析及生理功能

苹果多酚是苹果在生长过程中产生的次生代谢产物，是从苹果皮渣中提取的天然活性物质，可通过磷酸戊糖途径、莽草酸途径和苯丙素类二次代谢途径产生（Randhir et al.，2004），在植物中主要作用于防御系统，帮助建立生态关系并参与植物的形态发育和生理过程（Mierziak et al.，2014）。酚类化合物是具有高抗氧化活性的化合物，同时也具有如抗炎、抑制细菌活性、降低细胞毒性等多种生物功能。已有研究证实积极地摄入富含多酚类物质的食物可降低慢性疾病的发病率，以改善健康（Costa et al.，2017）。

酚类化合物是一类结构复杂、分布广泛的化合物组分，已鉴定的结构超过8000种。尽管它们的结构复杂，从简单的分子变化（如酚酸）到高度聚合的化合物（如单宁），所有酚类物质都呈现至少一个羟基取代基的芳香环。通常，植物酚类含有不止一个酚环，因此被称为多酚（Bravo，2009）。多酚类化合物的生物活性可用其化学性质来解释其属性，如抗氧化活性与中和自由基的能力（通过离域稳定自由基）相关联，是由于羟基和苯环对电子的相互作用，这些相对稳定自由基的形成调节自由基介导的氧化过程，这是其作为抗氧化剂的一个重要方面。因此，具有邻位羟基的酚类化合物是强抗氧化剂（Parr and Bolwell，2000）。

酚类化合物有不同的分类系统，但最常用的一种是基于类黄酮和非类黄酮化合物的简单划分（图7-1）。从结构上看，根据B环所在C环上的碳位数来定义类黄酮的亚类。例如，如果B环附着在C3上，就形成了异黄酮结构；反过来，如果B环与C4相连，则形成的化合物是类黄酮；否则，如果B环连在C环的2位上，不同种类的化合物的产生可能取决于C环的结构特征，如双键数目或氧化程度。这些亚群包括：总黄酮、黄酮醇、黄烷酮、双氢黄酮醇、黄烷醇或儿茶素、花青素和类化合物（Panche et al.，2016）。

在苹果果渣中酚类化合物的种类丰富，其中黄烷醇（儿茶素、二聚体和低聚原花色素）是苹果多酚的主要成分（71%～90%）。采用高效液相色谱也检测到其他亚类包括羟基肉桂酸衍生物（4%～18%）、黄酮醇（1%～11%）、二氢查耳酮（2%～6%）和花青素（1%～3%）（Vrhovsek et al.，2004）。不同品种间酚类含量也存在差异（表7-1）。

在法国进行的一项研究发现用来做苹果酒的苹果品种比普通栽培品种含有更多的多酚类物质，如金冠苹果（Sanoner et al.，1999），这可能表明，从制作苹果酒中获得的果渣生产装置可能是酚类萃取的较好选择。多酚主要包括儿茶素、原

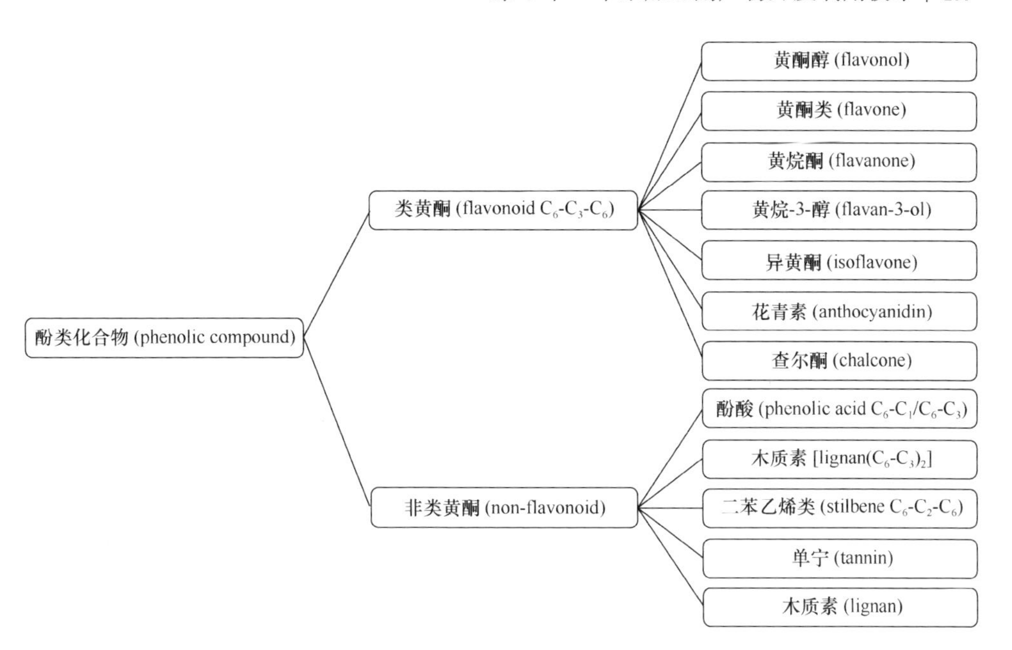

图 7-1　酚类化合物的分类（Barreira et al.，2019）

表 7-1　不同苹果品种果渣酚类含量的变化（Barreira et al.，2019）

化合物	浓度（g/kg DM）
酚酸类	
原儿茶酸	0.03～0.26
咖啡酸	0.02
对香豆酰奎宁酸	0.09
对香豆酸	0.02
阿魏酸	0.02
绿原酸	0.03～0.04
咖啡酸	0.28
黄酮类	
表儿茶酸	0.02～0.64
儿茶酸	0.12
原花青素 B_2	0.18～0.45
槲皮素-3-半乳糖苷	0.57～1.61
槲皮素-3-葡萄糖苷	0.25～0.87
金丝桃苷	0.11～0.23
异槲皮素+芦丁	0.06～0.16
丁香通	0.02～0.08
广寄生苷	0.09～0.26
槲皮苷	0.09～0.19

续表

化合物	浓度（g/kg DM）
二氢查耳酮	
3-羟基根苷	0.27
根皮素-2′-木糖苷	0.02～0.40
弗罗利辛	0.01～2.00

资料来源：Barreira et al.，2019

氰胺、氢肉桂酸、二氢查耳酮、黄酮醇和花青素等。该物质与促进健康活动有关，具有生物学功能，如抗氧化、降低血压、降低血糖、抑制铅排泄、抑制细菌活性和花粉过敏。

苹果多酚的生理功能是茶多酚的 100 倍，并且苹果多酚的主要成分取决于多样性和成熟度。研究表明，苹果多酚具有很强的抗氧化性能，可以添加到食品和化妆品中，还可以防止衰老，抗肿瘤、过敏和龋齿，抑制高血压和高脂血症。随着居民生活水平的提高和工作节奏的加快，处于亚健康状态的人群数量不断增加，因此开发抗疲劳和抗衰老的保健食品具有广阔的市场前景（汪浩明等，2012）。苹果多酚可以更好地阻止油脂的脂质过氧化，用乙醇提取苹果汁得到的苹果多酚与 BHT（二丁基羟甲基苯）1∶1 混合，以 0.02%的比例添加到灌肠剂中，可将灌肠的保存期限延长半年，并具有明显的抗氧化性能。

苹果多酚具有降压和降糖的功效。降压作用主要是由于抑制血管紧张素转移酶（ACE），防止血管收缩，是预防高血压的有效物质。苹果多酚中的儿茶素、缩合单宁均具有抑制 ACE 活性的作用，缩合单宁具有强大的功能和活性，因此被称为“天然降压剂”。苹果多酚是一种天然的自由基清除剂，提取物可改善由少量链脲佐菌素引起的 1 型糖尿病大鼠的血糖水平。通过向小鼠提供高脂饲料，建立了糖尿病模型，并设置高、中、低 3 个剂量组将苹果多酚灌胃试验大鼠。结果发现，通过向链脲佐菌素诱导的糖尿病小鼠饲喂不同剂量的苹果多酚，可显著降低糖尿病小鼠的血糖并改善其糖耐量（$P<0.05$）。其降血糖机制与抑制 α-葡萄糖苷酶的活性和改善葡萄糖向周围细胞的转运有关。苹果多酚可以通过抑制牙周病原体的活性、抑制细菌的活性及抑制变形链球菌的致病性来有效地抑制口腔疾病。苹果多酚对细菌具有很强的抑制作用，但对测试的真菌和酵母没有明显的抑制作用，对大肠杆菌和金黄色葡萄球菌的最低抑制浓度（MIC）为 0.015%；在 pH 5～6 的条件下具有最佳的抗菌效果。Kishi 等（2005）证实从未成熟的苹果中提取分离的缩合单宁能起到抗敏作用，可以减轻花粉过敏症状。

2. 苹果皮渣多酚的提取技术

目前，多种不同的技术用于提取苹果皮渣中的酚类化合物，包括传统的浸泡法和索氏提取法（Rabetafika et al.，2014），现代辅助提取方法包括超声波辅助萃取、超临界流体萃取、微波提取、水力空化和脉冲电场。酚类提取物通常需要进行净化和预浓缩步骤，然而再使用超临界流体提取或微波辅助提取等创新方法。超高压提取苹果多酚的最佳工艺条件为压力 200MPa，保持压力 3min，提取溶剂 80%乙醇，固体比 1∶5。溶剂萃取法目前主要用于苹果多酚的分离与提取，也有吸附分离、超临界 CO_2 萃取和超声萃取的相关报道。

用乙醇提取苹果多酚的结果发现，乙醇浓度为 62%，乙醇溶液体积与苹果泡沫的体积比为 14∶1，温度为 69.7℃，提取时间为 5.9h。提取乙醇分数为 30%的苹果多酚后，通过单因素和正交试验确定最佳工艺条件如下：料液比 1∶6，温度 70℃，提取时间 45min，苹果多糖苯酚提取量为 9.032mg/g。将捣碎的苹果置于甲醇溶剂中，并在 80℃下提取 3 次，一次 2h，合并提取液，真空浓缩，通过柱色谱法纯化，然后在真空下干燥，以获得苹果多酚。汪浩明等（2012）从苹果皮渣中提取苹果多酚采用了有机溶剂提取法，研究了提取溶剂乙醇体积分数、提取温度、料液比、提取时间对苹果多酚提取量的影响。根据单因素试验及正交试验结果，确定提取苹果多酚的最佳工艺条件为提取溶剂乙醇体积分数 70%、提取温度 30℃、提取时间 40 min、料液比 1∶25（g/ml），在此条件下苹果多酚的提取量为 2.982mg/g。根据正交试验结果表明，各因素对多酚提取量的影响大小依次为提取温度>料液比>乙醇体积分数>提取时间。随着提取温度的升高，导致部分苹果多酚的氧化损耗，使部分乙醇在高温下挥发，从而降低多酚提取量；但苹果多酚在溶剂中的溶解度及扩散系数均会增大，有利于苹果多酚的浸出。有机溶剂和水的混合物破坏了多酚与蛋白质、多糖等的结合键，促使以共价键与植物组织分子相连的酚类降解溶出，因此，增加一定的溶剂量有助于溶解苹果多酚，但溶剂比例过高反而会降低多酚提取量。

在超临界萃取中，需要添加 95%的乙醇作为混合物，以提高苹果多酚在超临界流体中的溶解度。超临界 CO_2 萃取苹果多酚的最佳工艺条件为萃取压力 35MPa，萃取温度 50℃，萃取时间 3h，物料粒度 40 目，夹带剂 95%乙醇，进料比 1∶1（g/ml），CO_2 流量 45kg/h，收率 0.1%。超临界 CO_2 提取方法适合工业生产，但一次性投资较大。随着进一步的研究和对苹果多酚市场需求的扩大，超临界二氧化碳萃取将被用作工业生产中的最佳方法。提取苹果多酚的研究中利用超声波的较多，它主要采用超声空气化学法来改善传质并加快萃取。频率对提取率的影响效果不显著，但功率对提取率有较大的影响。最终优化的最佳结果为超声波频率 40kHz，功率 200W，提取温度 70℃，时间 30min，pH 3，液料比 10∶1，物料粒度 1.19mm 的条件下，提取率高达 2375.60mg/kg。白雪莲等（2010）使用微波辅助萃取来优化苹果多酚的反应表面，并基于单因素试验建立了该过程的二阶多项式数学模型，以研究微波输出、萃取时间、乙醇体积分数和进料。比较萃取过程中这四个因素的作用和相互关系。试验结果表明，影响苹果多酚收率的顺序为微波功率>料液比>提取时间>乙醇体积分数，最佳工艺条件为微波功率 650W、提取时间 53s、乙醇体积分数 60%、料液比 1∶20（g/ml），多酚得率达 61.8286mg/100g 干果渣。由模型系数的显著性检验数据可知，微波功率的一次项对多酚得率的影响达极显著水平（$P<0.01$），二次项的影响呈显著水平（$P<0.05$）；提取时间的一次项和二次项对多酚得率的影响均达显著水平（$P<0.05$），乙醇体积分数的二次项对多酚得率的影响达极显著水平（$P<0.01$），料液比的一次项和二次项对多酚得率的影响均达显著水平（$P<0.05$），各因素的交互项对多酚得率的影响均不显著。并对苹果多酚粗提液进行柱层析分离，表明多酚化合物中原花青素 B_2 清除 DPPH•和•OH 的能力最强，其次是金丝桃苷、绿原酸、表儿茶素。苹果多酚清除自由基的能力与总酚含量相关，原花青素 B_2、绿原酸、金丝桃苷、表儿茶素等化合物是影响苹果多酚发挥其体外抗氧化活性的重要因素。

吸附分离法使用柱色谱法从苹果残渣中分离多酚和果胶。分离后，可以同时获得多酚和果胶产品，提高苹果渣的利用率，大大提高果胶的质量。使用 XDA-5 大孔树脂研究了多酚和果胶的分离。最佳分离条件如下：样品溶液的 pH 为 2.0，最大样品体积为 5BV，样品流速为 3.0ml/min。样品洗脱的最佳乙醇浓度为 60%，以 1.5ml/min 的速度洗脱时，洗脱结束时的洗脱液量为 2.5BV。苹果多酚用 AB-8 大孔树脂萃取，洗脱液为 60%乙醇。裴海闰等（2009）使用反应性表面优化纤维素酶方法从苹果残渣中提取了多酚，通过单因素试验选取影响因素与水平，优化了提取工艺，设计了苹果渣多酚纤维素酶提取数学模型并进行了验证。通过二次回归方程式的求解，最佳酶水解条件为酶的添加量 125U/g，酶水解温度 50℃，酶水解时间 22min，此时苹果渣多酚的提取量达到最大，最大值为 3.433mg/g。与传统水提取多酚的方法比较，经过酶法可以提取总酚 5.679mg/g，传统水提取总酚 4.47mg/g，经过纤维素酶处理法提取多酚比传统提取方法提取多酚提高 27%，其原因可能是由于在酶的作用下使细胞壁破坏，其残渣中仍然存留一部分可提取多酚（有待进一步的研究），因此经过对残渣的再提取，可以显著增加多酚的提取量，酶法提取具有用时更短、效率更高、条件更温和等优点，为果渣的综合利用开辟了一条新途径。

7.3.5 苹果渣类黄酮

类黄酮是植物重要的一类次生代谢产物，是广泛存在的多酚化合物，具有很强的自由基清除能力。苹果渣中含有的黄酮类物质具有多种生理调节功能，如调节免疫力、抗氧化抗衰老、预防心血管疾病、调节内分泌系统、抑菌抗病毒、清热解毒、消炎、降压等（东莎莎，2017）。苹果中大量的类黄酮物质主要集中在果皮部位，果实果心处含量较少，且野生苹果的黄酮含量低于人工种植苹果的（李红和张元湖，2003）。果肉中含量为 15～605.6mg/kg，而果皮中黄酮含量为 834.2～2300.3mg/kg（Tsao et al.，2003）。苹果渣中类黄酮的提取方法有：有机溶剂提取法、超声辅助提取法和微波辅助提取法。

1. 有机溶剂提取法

提取液制备：取苹果皮粉末 2g，用一定体积分数和体积的乙醇溶液于一定温度回流提取一定时间，抽滤提取液，弃滤渣收集滤液并离心，再将提取液置于 25ml 容量瓶中测定其吸光值。

制作芦丁标准曲线：制 0.1mg/ml 的芦丁标准液备用。分别准确吸取芦丁标准溶液 0.00ml、2.50ml、5.00ml、7.50ml、10.00ml、12.50ml、15.00ml 于 25ml 容量瓶中。先加入 5%亚硝酸钠溶液 1.00ml，摇匀放置 6min；再加入 10%硝酸铝溶液 1.00ml，摇匀放置 6min；加入 1.0mol/L 氢氧化钠溶液 5.00ml，用 70%乙醇溶液定容至 25ml，摇匀放置 10min。以空白液作参比，用分光光度计测定其在 510nm 波长处的吸光度。所得标准曲线为芦丁质量浓度和吸光度的关系，根据所得数据，得到线性回归方程，再运用公式计算黄酮得率。

$$\text{总黄酮含量计算得率（\%）}=\frac{C\times V\times N}{m}\times 100$$

式中，C 为测量液总黄酮质量浓度（mg/ml）；N 为稀释倍数；V 为粗体液体积（ml）；m 为原料质量（g）。

薛蒙伟等（2013）在单因素试验的基础上运用响应面优化法建立了二次多项式模型，所得回归模型的显著性较高，各因素对苹果皮总黄酮得率的影响程度顺序依次为乙醇体积分数>提取温度>提取时间>料液比；苹果中总黄酮提取的最优工艺条件为乙醇体积分数 65%、提取温度 45℃、提取时间 210min、料液比 1∶45（g/ml），在此条件下总黄酮得率为 3.52%。

2. 超声辅助提取法

超声波辅助从苹果皮中提取黄酮类化合物，在单因素试验中，超声波温度、乙醇浓度、料液比和超声输出量均影响苹果皮中类黄酮的提取率。总黄酮的提取：准确称取一定质量的苹果渣粉末倒于 100ml 三角烧瓶中，分别加入一定量的提取溶剂，在一定温度、功率下超声波提取两次。合并萃取液，加入 30%乙醇溶液，并在 50ml 容量瓶中稀释为测试溶液。取适量液体在 25ml 容量瓶中进行测试，确定 510nm 处的吸光度，并计算总黄酮含量。

标准曲线图：采用亚硝酸钠-硝酸铝分光光度法。准确称量 50.0mg 芦丁标准品，用 70%乙醇溶解，稀释至 200ml 容量瓶中，摇匀即得到 0.250mg/ml 芦丁标准溶液。分别吸取 0ml、0.5ml、1.0ml、1.5ml、2.0ml、3.0ml、4.0ml、5.0ml 精确测量常规标准溶液，将每种标准溶液置于 25ml 容量瓶中，分别加入水 6ml，并添加 1ml 的 5%亚硝酸钠溶液 6min。混合 1h，添加 1ml 的 10%硝酸铝溶液，混合 6min，添加 4% NaOH 溶液 10ml，用 30%乙醇稀释至刻度，摇匀 15min，在 510nm 下测量吸光度并绘制标准曲线。

单因素试验结果分析中，乙醇浓度过高或过低均会导致黄酮的提取效果不高；随着提取温度和超声浸提时间的增加，黄酮提取率升高，从经济效益的角度考虑，黄酮超声提取时间 30～45min 为宜，提取温度 70℃。超声功率增大，黄酮提取率也升高，考虑到能源的节省，可适当使用较低功率提取于 350～500W。考察各因素对类黄酮提取率影响顺序是：乙醇浓度>提取时间>功率>料液比。为了从苹果果皮中最佳提取类黄酮，叶英香等（2018）使用了基于单因素测试的响应面优化方法，超声时间 40min，料液比 1∶25（g/ml），乙醇浓度 60%，超声功率 350W。

3. 微波辅助提取法

用微波辅助法提取苹果渣中总黄酮的方法：精确称取 1.00g 苹果残渣粉末至 250ml 锥形瓶中，以料液比为 1∶20（g/ml）加入 20%乙醇溶液，并用保鲜膜密封，在功率 300W 下微波提取 2min 加入乙醇，定容至 30ml 作待测液（张晓静等，2015）。

标准曲线的绘制：采用亚硝酸钠-硝酸铝分光光度法。精密量取 0ml、0.5ml、1.0ml、1.5ml、2.0ml、3.0ml、4.0ml、5.0ml 芦丁标准液，将其分别置于 25ml 容量瓶中，将 70%的乙醇添加至 6ml，然后添加 5%的亚硝酸钠溶液 1ml，充分混合，静置 6min。加入 1ml 的 10%硝酸铝溶液，充分混合后静置 6min。加入 10ml 的 4%NaOH 溶液，用 70%的乙醇稀释至 25ml，充分摇动并放置 15min。使用试剂空白作为参照，用 1cm 的比色杯测量 510nm 波长的吸光度（林燕铃和周文富，2011）。

当检查单个因素对类黄酮提取率的影响时，乙醇的体积分数、微波温度、微波时间和料液比都会影响苹果皮中总类黄酮的提取率。乙醇浓度变化对提取率变化影响较大，当乙醇浓度增加时，提取率增加；而当乙醇浓度达到 70%，乙醇浓度再增加时，总黄酮提取率降低。这是因为高乙醇浓度会增加醇溶性杂质和强亲脂性成分。杂质、黄酮类化合物竞争与乙醇水分子溶液体系结合，使得提取率降低。因此，乙醇浓度过高或过低都无法产生最佳的提取率，总黄酮提取的最佳浓度为 70%。微波操作时间或微波提取功率不能太高或太低，以使乙醇提取达到最佳。微波功率为 350W 时，总黄酮的得率最高；微波功率低时，由于对细胞膜的损伤小，分子运动不强，因此类黄酮的浸出率不高。当微波功率增加时，分子运动细胞膜的分解程度增加，微波的选择性加热性能起一定作用，类黄酮的浸出率也增加，但是如果微波输出太大，则膜会无限制地破裂而不会破坏微波内部物质的选择性加热性能。两者之间的差异减小，一些易溶于水的物质首先溶解，从而降低了类黄酮的产量。电磁提取的频率对类黄酮的提取速率影响很小，因此通常一次提取就足够了。微波法提取苹果渣中总黄酮的提取率影响因素为乙醇浓度>微波功率>料液比>微波提取时间（林燕铃和周文富，2011）。基于张晓静等（2015）的单因素试验，响应面优化用于获得微波辅助从苹果皮中提取总黄酮的最佳工艺条件：微波温度 50℃，乙醇体积分数 70%，微波时间 3min，料液比 1∶50（g/ml）。

7.3.6　苹果渣的其他营养成分

苹果营养成分丰富，如环磷酸腺苷、有机酸、矿物质、色素、维生素、芳香型物质等都是产业加工废弃物果渣中含有的生物活性成分。

1. 环磷酸腺苷

环磷酸腺苷（cyclic adenosine monophosphate，cAMP）由三磷酸腺苷（adenosine triphosphate，ATP）在腺苷活化酶催化下生成的生物活性物质。cAMP 在动植物细胞和微生物中微量分布，可以调节细胞的生理活性和新陈代谢，被称为细胞中的第二信使。激活依赖性蛋白激酶 A，以磷酸化各种蛋白质底物，调节 cAMP 反应元件结合蛋白的活性，调节脂质的生物合成，促进脂肪酸 β-氧化，调节基因转录，并发挥广泛的生物学功能（Miao et al.，2006；杨夏等，2011）。cAMP 可以通过水提法和乙醇来提取，检测方法包括纸色谱、薄层色谱、蛋白质结合放射免疫分析和高效液相色谱。薄层色谱法具有操作简便、设备简单、显色性强、显影速度快的特点，优于纸色谱法，但常用于样品分析。

水萃取：以 1∶20（g/ml）的比例添加蒸馏水，均匀混合，在 40℃水浴环境中萃取 24h，每 8h 搅拌一次，萃取完成后，将提取液于（50±5）℃、0.096MPa 的条件下真空浓缩并定容至 50ml，冷却至室温后放入冰箱保存。

乙醇提取：以 1∶20（g/ml）的进料速度添加 20%乙醇溶液，在 40℃水浴环境中提取 24h，每 8h 搅拌一次，提取完成后，将提取液于（50±5）℃、0.096MPa 的条件下真空浓缩并定容至 50ml，冷却至室温后放入冰箱保存。

HPLC 检测：通过时间保留方法对 cAMP 进行定性检测，用 cAMP 标准溶液绘制标准曲线，横坐标记录 cAMP 浓度的色谱图，纵坐标记录 cAMP 峰面积。使用公式 cAMP 质量含量（μg/g）= VC/M 计算 cAMP 的含量。式中，V 为制备样品溶液浓缩后定容后的体积（ml）；C 为 HPLC 测定样品溶液中 cAMP 浓度（μg/ml）；M 为用于制备样品溶液的样品质量（g）（冉仁森等，2013）。

2. 有机酸

有机酸可以有效地促进消化、增加食欲、消除疲劳和降低胆固醇（汪景彦，

1991）。苹果含有多种有机酸，其中苹果酸可以参与人体新陈代谢；酒石酸可用作饮料添加剂、抗氧化剂、增效剂和阻滞剂；柠檬酸可用作缓冲剂、增溶剂和胶凝剂等（聂继云，2013）。

3. *矿物质*

苹果中含有多种矿物质（如氮、磷、钾、钙和镁）和微量元素（如铁、硼、铝、锰和锌）。微量元素中铁含量高达约 70%（顾曼如等，1992）。钾、钙、镁含量从果皮到果肉、果心逐渐增加（关军锋，2001）。

4. *神经酰胺*

测定苹果渣中神经酰胺含量为 0.01～0.94mg/g（Lee et al.，2009）。神经酰胺是一种信号跨膜，是细胞间基质的主要组成部分，主要存在于真核细胞中。由于其具有很强的结合水分子的能力，因此与细胞的增殖、分化、凋亡、细胞周期抑制等有关（Kessner et al.，2008）。神经酰胺作为化妆品的成分，则具有保湿、修复等作用（Futerman and Riezman，2005）。

5. *科罗索酸*

科罗索酸是一类三萜类化合物，苹果皮中含有大量的三萜类化合物（李海艳等，2011）。据研究结果显示，科罗索酸能够促进细胞对葡萄糖的吸收与利用，具有抗肥胖、消炎、抗氧化应激及抗肿瘤等生物活性（Kim et al.，2000）。科罗索酸的生物活性决定了其广泛用途，而苹果渣可成为科罗索酸廉价又丰富的来源。

6. *色素*

苹果含有天然色素，如叶绿素、胡萝卜素和花青素。天然纯正，安全无毒，具有一定的利用价值，且苹果渣中含有大量紫色色素，用溶剂浸提法可从苹果渣中提取颜色品质优良、天然纯正的色素，多用于食品加色及苹果深加工产物的着色（毕艳红等，2014c；麻明友等，1998）。

7. *芳香性物质*

苹果渣中还存有一定的挥发性芳香性物质，特定的实验装置可用于回收植物挥发性芳烃用于食品添加剂、制造香料等。

7.4 苹果籽的提取利用技术

据统计，在苹果汁生产中苹果籽约占湿苹果渣质量的 3%，目前我国潜在的苹果渣产量为 120 多万 t，因此可得到 3 万多 t 的苹果籽。苹果籽中含油率达 20%以上，高于一般大豆的含油率，随着对特种植物油料资源的日益关注，将苹果籽加以综合利用，不仅可以避免资源的浪费，还能减少对环境的污染，有助于提高苹果产业的附加值，提高经济效益。目前关于苹果籽油的研究多集中于其提油工艺的优化和脂肪酸组成分析，而对于脂肪酸的位置分布及甘油酯的组成研究则较少。

7.4.1　苹果籽的成分分析

1. 苹果籽的物理特征

苹果含籽个数以 7～9 粒出现的频率最多，含籽率为 0.206%。苹果籽的长、宽、高的平均值分别为 8.21mm、4.32mm、2.3mm，变异范围分别为 8.00～8.44mm、3.42～4.44mm、2.18～2.40mm，变异系数分别为 0.41、0.24、0.39。千粒重为 37.79g，苹果籽水分含量 10.2%，含仁率为 67.7%，籽含油率在 19%～28%。苹果籽的长度和高度变异幅度较大，在苹果籽原料精选过程中已采用长孔筛进行分选、除杂。

2. 苹果籽油的组成成分

近年来国内外对水果籽油的研究报道较多，尤其是对葡萄籽油的研究已比较深入，但对苹果籽油的研究还比较少，主要集中在营养成分组成、理化性质和提取工艺的优化等方面。李志西（2007）采用常规仪器分析的方法对苹果籽的主要营养成分、氨基酸组成、苹果籽油的脂肪酸组成和理化指标进行了分析测定。结果表明：苹果籽含油 27.7%，油中含有 5 种脂肪酸，其中不饱和脂肪酸含量高达 89.33%，苹果籽含蛋白质 34.0%、水分 10.2%、氨基酸总量 31.81%，并含有多种微量元素，是一种理想的保健食品，具有较好的开发利用前景。洪庆慈等（2004）对苹果籽的甲醇提取物进行了定性试验，提出其很可能含有酚性的还原物质和糖苷等物质。对于苹果籽油中的不饱和脂肪酸组分，Lu 和 Foo（1998）做了更深一步的研究，通过对苹果籽的正己烷提取物进行 GC-MS 分析，发现其主要成分为脂肪酸（80.9%），其中挥发性组分亚油酸比例最高，亚油酸、棕榈酸、亚麻酸、硬脂酸、油酸所占比例分别为 51.15%、10.5%、5.6%、4.3%和 4.1%，非脂肪酸组分中角鲨烯、二十九碳烷、其他分别为 3.4%、3.59%、12.1%。说明苹果籽油可能具有促进胶原蛋白及组织蛋白合成、除皱、防老化、去疤痕和促进细胞再生、恢复皮肤组织的功能，是化妆品和护肤用品一种很好的原料。

7.4.2　苹果籽油提取技术

苹果籽中含有多种营养活性成分，其油脂含量近 30%。苹果籽油主要由不饱和脂肪酸组成，对人体有一定的保健作用，可以作为优质保健油使用。目前，苹果籽油的提取方法主要有溶剂浸提法、水酶法、超声提取法、超临界 CO_2 萃取法、复合酶法等。

1. 超临界提取苹果籽油

工艺流程：苹果籽→粉碎→过筛→称量，装料→加入提取溶剂→控制条件、超临界提取→苹果籽油。

杨继红等（2007）通过实验，得出了苹果籽油的 CO_2 超临界萃取的最佳条件为萃取压力 30～35MPa、萃取温度 30～35℃、CO_2 流量 20～25kg/h、原料破碎度为 50～60 目、萃取时间为 90min。

2. 超声波辅助提取苹果籽油

工艺流程：苹果籽→粉碎→过筛→称量，装料→加入提取溶剂→控制条件、超声波法提取→抽滤→浓缩。

超声波辅助提取苹果籽油操作要点：用多功能破碎机将苹果籽打碎，然后用 30 目、40 目、50 目、60 目、70 目的标准筛制备 30 目、40 目、50 目、60 目、70 目的苹果籽颗粒。称取 10.00g 预处理好的苹果籽颗粒，放入钢化玻璃杯中按液料比向其中加入石油醚，然后置于特定的超声波环境中辅助提取苹果籽油，提取结束后用循环水真空泵抽滤法分离除去混合液中的杂质，用旋转蒸发仪旋转蒸发分离液中的石油醚，到石油醚基本挥发完后，将其置于 60℃的恒温箱中直至恒重，称取其重量。根据称量瓶的重量，即可获得苹果籽油的重量，苹果籽油的重量（g）=瓶油的总重量（g）–瓶的重量（g），根据下列公式分别计算出油率和提取率。试验重复 3 次，以平均值表示。

出油率（%）=苹果籽油的质量（g）/苹果籽的质量（g）×100%

提取率（%）=超声波法出油率（%）/索氏提取法出油率（%）×100%

毕艳红（2014a）采用超声波辅助酶法提取苹果籽油，通过单因素试验和响应面法对提取工艺进行优化，并利用气相色谱-质谱联用法测定苹果籽油的脂肪酸组成；罗仓学等（2007）通过试验得到了超声波辅助提取苹果籽油的最优条件，并使苹果籽油的提取率提高到 26.5%。

3. 水酶法提取苹果籽油的工艺研究

工艺流程：苹果籽→实验用苹果籽仁→苹果籽仁粉末→实验用苹果籽仁粉末→全价苹果籽仁浑浊液→苹果籽仁乳状液→酶解液（残渣、水解酶，上清液）→苹果籽油。

张郁松等（2007）通过试验，优化了酶法提取苹果籽油的提取工艺参数为苹果籽粉碎 3min、加水比为 1∶8、酶添加量 0.8%、酶处理时间 8h，在上述提取条件下，苹果籽出油率可达 21.44%。酶法处理条件温和，生产安全，油脂得率高，而且饼粕蛋白变性小，可利用价值提高，也有助于后续的生产。酶预处理工艺产生的工业废水与传统工艺相比污染较小。水酶法工艺易与现行的设备配套，不需要额外添加设备。在试验中，选用蛋白酶对苹果籽仁乳液进行酶解，其主要目的是利用蛋白酶的水解作用来破坏苹果籽仁乳液中的脂蛋白复合物，使苹果籽油脂更好地被释放出来，以提高油脂提取率。据资料报道，蛋白酶作用于底物蛋白质的反应条件为最适温度范围 50～60℃，最适 pH 8.0～11.5。

4. *水浸提法提取苹果籽油的方法*

水浸提法提取苹果籽油工艺流程为苹果籽仁→粉碎→苹果籽仁粉末加水调浆→全价苹果籽仁浑浊液→苹果籽仁乳状液，调节 pH→水浴保温→水提液（残渣、水解酶，上清液）→离心、分离→苹果籽油。

陈晓冬（2007）对苹果籽油水浸提法最优条件进行研究，得到水浸提法提取苹果籽油的最优工艺参数为过筛目数为 60 目，浸泡温度为 60℃，浸泡时间为 5h，溶液 pH 值为 11.0，液固比 5∶1，油脂提取率为 35.5%。大量资料报道，在酶解前，对油料进行预处理的方法大致有三种，一是油料粉碎，加水调浆；二是油料经浸泡后磨浆；三是油料粉碎加水浸提后磨浆，并分离出固体残渣。一般采用油料粉碎加水浸提后磨浆的方法，即水浸提法作为酶解前苹果籽的预处理方法，不仅可使油料充分破碎，创造有利的酶解条件，而且这种方法的水磨过滤可将油料中的固体纤维素等残渣除去，从而在酶解时省去了使用价格昂贵的纤维素酶类。研究表明，在水浸提植物油脂时，影响提取效果的因素主要有浸提温度、浸提 pH、固液比、浸提时间和水磨过滤数目等。

5. *溶剂萃取法提取苹果籽油*

工艺流程：实验用苹果籽仁→粉碎、过筛、研磨和挤压→加萃取溶剂→真空蒸馏→苹果籽油→萃取溶剂的回收利用。

实验室常用无水乙醇、丙酮、石油醚、正己烷、氯仿做萃取试剂，溶剂萃取起源于 1870 年欧洲的分批法，科技进步促成了连续溶剂萃取工艺体系的发展，现代的溶剂萃取工艺在用正己烷萃取之前通常包括对原料预粉碎、过筛、研磨和挤压这些过程，被提取过油脂的物料会通过密闭的管道被送到一个密封的装置之中；然后是在密封的装置中通过真空蒸馏的方法将正己烷挥发掉并同时完成正己烷的回收。

7.4.3　苹果籽油的精炼工艺

苹果籽油作为一种新型开发的功能油脂，还需进一步研究油脂的精炼工艺，包括脱胶、脱酸、水洗干燥、脱色、脱臭等过程。于修烛（2004）对苹果油的精炼工艺进行了简单、初步的试验研究，但发现精炼后的苹果籽油氧化稳定性较未精炼的苹果籽粗油差，货架期亦较短。杨会林等（2006）对葡萄籽油精炼工艺的上述各过程进行了研究，得出适宜的工艺条件为碱炼初温 45℃，碱液浓度 18.5%，超碱用量 0.4%，水化加水量 4%，水化时间分别为 1.0/0.5h；二次脱色工艺为活性脱色白土比第一次加量 4%；脱色时间 30min，脱色温度 90℃。第 2 次加量 3%，脱色时间 15min，温度 85℃，真空度 0.1MPa；真空度 0.08MPa、温度 130℃、脱臭时间 1.5h 条件下可以脱除葡萄籽油中的臭味成分，保留葡萄籽的固有香味。另外，王馥等（2006）研究发现碱炼是葡萄籽油精炼中的关键步骤，同时采用二次水化、二次脱色和真空水蒸气蒸馏脱臭方法对葡萄籽油进行精炼，得出了适宜的工艺条件。与董海洲等（2005）的工艺相比较，处理步骤及方法相同，仅在碱炼浓度、超碱用量、白土加量等方面有较小差异，可能是原料存在差异性及不同提取溶剂极性不同而导致葡萄籽油成分有差异，同时说明，这些步骤比较适合籽油的精炼工艺，可以借鉴用于苹果籽油精炼研究。参照葡萄籽油及其他油脂的精炼工艺，苹果籽油的精炼过程还需进一步的试验研究，以得到品质较好、贮藏性能较好的成品油。

7.4.4 苹果籽油的功能性质

苹果籽油中含有丰富的不饱和脂肪酸，其中亚油酸含量接近 50%。近年来大量试验证明，共轭亚油酸具有调节物质代谢、增强免疫调节、预防动脉粥样硬化、抑制前列腺素 E2 合成、促进淋巴细胞及白细胞介素 2 生成、激活过氧化物酶体增生因子受体 α、诱导肿瘤细胞系 PPAR 响应的 MRNAS 的积累等功能。因此，苹果籽油可能在抗氧化、免疫调节、抑癌、预防动脉粥样硬化和降脂减肥等方面具有潜在的生理作用。另外，同样作为水果籽油的葡萄籽油已被验证具有抗动脉粥样硬化、降血脂及抗氧化等作用。于修烛等（2007）做了苹果籽油的急性毒性试验，发现试验期间各组小鼠饮食及活动正常、生长发育良好、未见明显的中毒反应，因此认为苹果籽油属无毒级物质。葛邦国等（2010）做了苹果籽油的超临界 CO_2 萃取及其抗氧化性和毒理性的研究试验，采用超临界 CO_2 萃取苹果籽油，最佳萃取条件为超临界压力 30MPa，温度 35℃，CO_2 流量 20kg/h，萃取时间 90min，得率为 21.73%；进行了苹果籽油抗氧化研究，结果表明苹果籽油能够降低血清、肝脏组织中脂肪的含量，提高超氧化物歧化酶、谷胱甘肽过氧化物酶的活性，具有抗氧化作用；大鼠急性经口毒性试验结果显示，苹果籽油无毒性。苹果籽油的其他功能性评价研究还未见有报道，其是否具有延缓衰老等生理功能还需要参考保健食品功能性评价和检验方法等来确定。

7.4.5 苹果籽壳色素提取技术

天然食用色素是指从植物、动物和微生物材料中，用物理方法提纯而得到的天然着色物质，具有来源广泛、可再生、生物相容性好、易于降解、无毒无害、对皮肤无过敏性等特点。此外，某些天然色素还具有特殊的药理作用，如抗菌、抗病毒、抗氧化、抗衰老、抗肿瘤等。由于合成色素存在的安全性问题，被许可使用的合成色素种类及限量越来越严格，寻找和开发更多种类的天然色素已成为发展趋势。国内外对苹果籽的开发利用研究主要集中在苹果籽油的提取、苹果籽蛋白的利用及多酚等抗氧化物质的开发等方面，而作为占苹果籽一定比重的苹果籽壳的研究和应用至今鲜有报道。目前从果壳或种壳类物质中提取天然色素的研究日益增多，国内外许多研究也表明，果壳类物质中含有大量的天然色素及其他活性成分，具有很高的利用价值和开发前景。

以苹果籽壳为原料，苹果籽壳色素的提取工艺主要包含苹果籽壳粉碎、过筛、提取、粗提液、调 pH 至中性（0.5mol/L 的 HCl）、50℃减压浓缩等。常采用石油醚、乙酸乙酯等分别萃取。毕艳红（2014b）以苹果籽壳为原料，采用溶剂提取法提取其中的色素，研究了不同的提取剂、料液比、温度、提取时间对苹果籽壳粗色素提取效果的影响，确定了适宜的提取工艺条件。红外光谱分析表明，2 种纯化后的色素含有芳香环及酚羟基，且酸沉色素中存在亚甲基和酯羰基结构，而醇沉色素中不存在这些结构，2 种色素的芳香环上的取代基团也各不相同。结合色素的化学性质鉴定，苹果籽壳色素为含有苯环和邻二酚羟基的多酚类物质，不属于典型的黄酮类色素。

7.4.6 苹果籽油提取甾醇技术

甾醇是食物中天然存在的微量成分，主要包括 β-谷甾醇、豆甾醇、菜籽甾醇和菜油甾醇。甾醇具有降低血脂和胆固醇、消炎退热、清除自由基、抗肿瘤及护养皮肤等多种生理功效，在医药、食品、化妆品及饲料行业中的应用日益广泛。大量的研究表明，摄入甾醇可以降低人群许多慢性病的发病率，如冠状动脉硬化性心脏病、癌症、良性前列腺肥大等疾病。目前，甾醇主要从大豆油脱臭馏出物中提取，从苹果籽油中提取甾醇的工艺参数及苹果籽油甾醇的分离分析方法、功能性评价等研究都鲜见报道。

在苹果籽甾醇的提取方面，王峰等（2012）采用响应曲面法建立了苹果籽油植物甾醇提取的二次多项数学模型，以植物甾醇提取率为响应值作响应面和等高线，考察了液料比、碱浓度、皂化温度和皂化时间对植物甾醇提取率的影响，优化了提取工艺。结果表明：提取苹果籽油植物甾醇的最佳工艺参数为液料比 4.39∶1、碱浓度为 0.59mol/L、皂化温度 86.18℃和皂化时间 122.54min，在此最优条件下，模型预测值植物甾醇提取率为 90.56%。

在苹果籽油甾醇的分离及纯化技术研究方面，刘海霞（2009）研究认为碱浓度、液料比对苹果籽油甾醇提取的影响高度显著；皂化温度和液料比对苹果籽油甾醇的提取影响显著。通过 Box-Behnken 响应曲面设计法分析，得到了苹果籽油甾醇提取试验的最佳技术参数，其提取率为 90.25%±0.59%，响应值的实验值与回归方程预测值吻合良好。

参 考 文 献

安兴娟, 张瑶, 姬阿美, 等. 2016. 植物乳杆菌发酵枸杞胡萝卜汁工艺的优化. 天津科技大学学报, 31(3): 20-24.

白雪莲, 岳田利, 章华伟, 等. 2010. 响应曲面法优化微波辅助提取苹果渣多酚工艺研究. 中国食品学报, 10(4): 169-177.

毕艳红, 王朝宇, 陈晓明, 等. 2014a. 超声波辅助酶法提取苹果籽油工艺优化及其脂肪酸组成分析. 中国油脂, 39(10): 19-23.

毕艳红, 王朝宇, 王晓莉, 等. 2014b. 苹果籽壳色素的提取分离及成分分析. 食品与发酵工业, 40(12): 210-215.

毕艳红, 王朝宇, 赵立, 等. 2014c. 天然苹果籽壳色素的提取及稳定性研究. 山东农业大学学报(自然科学版), 45(05): 641-645.

陈姣姣. 2014. 苹果渣发酵饲料不同形态蛋白质、氨基酸及酶活性影响研究. 西北农林科技大学硕士学位论文.

陈姣姣, 来航线, 马军妮, 等. 2014. 发酵剂及玉米浆对苹果渣发酵饲料氨基酸含量及种类的影响. 饲料工业, 35(6): 42-46.

陈晓冬. 2007. 苹果籽油提取工艺研究. 华中农业大学硕士学位论文.

邸铮, 付才力, 李娜, 等. 2007. 酶法提取苹果皮渣果胶的特性研究. 食品科学, 28(4): 133-137.

东莎莎. 2017. 苹果渣的营养价值及综合利用. 中国果菜, 37(2): 15-18.

董海洲, 刘传富, 万本屹, 等. 2005. 提取方法对葡萄籽油理化特性及营养成分的影响. 食品与发酵工业, 31(12): 134-136.

杜娟. 2014. 苹果渣饲料在畜牧生产中应用的研究进展. 黑龙江畜牧兽医, (4): 46-49.

高印. 2016. 发酵苹果渣对断奶仔猪生产性能、血清指标和肠道微生物与结构的影响. 西北农林科技大学硕士学位论文.

葛邦国, 吴茂玉, 崔春红, 等. 2010. 苹果籽油的超临界 CO_2 萃取及其抗氧化性和毒理性的研究. 中国粮油学报, 25(07): 77-79.

耿乙文, 哈益明, 靳婧, 等. 2015. 过氧化氢改性苹果渣膳食纤维的研究. 中国农业科学, 48(19): 3979-3988.

顾曼如, 束怀瑞, 曲桂敏, 等. 1992. 红星苹果果实的矿质元素含量与品质关系. 园艺学报, 19(4): 301-306.

关军锋. 2001. 果品品质研究. 石家庄: 河北科学技术出版社.
贺克勇, 薛泉宏, 来航线, 等. 2004. 苹果渣饲料的营养价值与加工利用. 饲料广角, (4): 26-28.
洪庆慈, 汪海峰, 杨晓蓉, 等. 2004. 苹果籽营养成分测定. 食品科学, 25(7): 148-151.
侯红萍, 庞全海. 1998. 苹果渣固态酒精发酵的研究.酿酒, (5): 43-44.
黄蓓蓓, 员冬梅, 员司雨. 2015. 苹果渣发酵制取酒精工艺研究. 食品安全导刊, (36): 173-176.
焦凌霞, 胡翠青, 李刚, 等. 2008. 利用苹果皮渣制备膳食纤维的工艺研究. 贵州农业科学, 36(2): 155-157.
李海艳, 徐燕丰, 辛海量, 等. 2011. 科罗索酸对 SMMC-7721 细胞生长抑制作用的初步研究. 山东医药, 51(52): 44-46+135.
李红, 张元湖. 2003. 苹果果实中总黄酮的提取方法优化研究. 山东农业大学学报(自然科学版), 34(4): 471-474.
李宏涛, 王丽丽, 曲淑岩. 2012. 苹果渣发酵生产菌体饲料蛋白的工艺条件研究. 化学工程师, 26(1): 45-48.
李锦运, 郭玉蓉. 2010. 超声波辅助提取冷破碎苹果皮渣中多糖的工艺优化. 农产品加工(学刊), (10): 30-32.
李列琴. 2018. 苹果渣纤维素的氧化改性及其水凝胶的制备研究. 陕西科技大学硕士学位论文.
李文哲, 宋纪蓉, 张小里. 2000. 苹果渣酶解制备柠檬酸. 应用化学, (5): 547-549.
李义海, 黄坤勇. 2011. 苹果渣的营养成分及在饲料中的应用. 饲料与畜牧, (2): 35-37.
李志西. 2007. 苹果渣资源化利用研究与实践. 西北农林科技大学博士学位论文.
梁俊, 郭燕, 刘玉莲, 等. 2011. 不同品种苹果果实中糖酸组成与含量分析. 西北农林科技大学学报(自然科学版), 39(10): 163-170.
廖云琼, 胡建宏. 2014. 苹果渣对肉鸭生产性能的影响. 黑龙江畜牧兽医, (4): 32-33.
林燕铃, 周文富. 2011. 微波提取苹果渣中总黄酮的工艺研究. 应用化工, 40(2): 311-314.
刘海霞. 2009. 苹果籽油甾醇的分离、提取及其功能性评价. 陕西师范大学硕士学位论文.
刘壮壮, 李海洋, 韦小敏, 等. 2015. 混菌固态发酵对苹果渣不同氮素组分的影响. 西北农业学报, 24(9): 104-110.
卢兆芸, 陈海婴, 彭冬英, 等. 2011. 保加利亚乳杆菌和嗜热链球菌发酵紫红薯酸牛奶.中国乳品工业, 39(12): 39-40+49.
罗仓学, 张勇, 王旭, 等. 2007. 苹果籽油提取工艺研究. 食品工业科技, (7): 143-145.
罗文, 王晓力, 朱新强, 等. 2017. 固态发酵豆渣和苹果渣复合蛋白饲料的研究. 粮食与饲料工业, 12(2): 44-48.
麻明友, 麻成金, 姚俊, 等. 1998. 苹果渣色素的提取及其稳定性的研究. 吉首大学学报(自然科学版), 19(3): 46-48.
麻佩佩. 2013. 苹果渣膳食纤维的制备. 陕西科技大学硕士学位论文.
马宝月, 王珊珊, 杨玉红, 等. 2016. 苹果渣饲料蛋白研究综述. 饲料研究, (6): 9-11.
马惠玲, 岳田利, 盛义保, 等. 2003. 不同类型苹果渣有效成分的变化及其利用对策. 西北林学院学报, 18(4): 120-122.
马文杰, 郭玉蓉, 魏决. 2009. 应用二次回归旋转正交组合设计提取水溶性苹果多糖的工艺研究. 食品科学, 30(20): 105-108.
马文杰. 2009. 苹果皮渣中水溶性多糖的提取及其性质研究. 甘肃农业大学硕士学位论文.
孟梅娟. 2015. 非常规饲料营养价值评定及对山羊饲喂效果研究. 南京农业大学硕士学位论文.

牟建楼, 王颉, 李慧玲. 2012. 不同提取方法对苹果渣中可溶性膳食纤维的影响. 中国食品学报, 12(9): 115-120.
聂继云. 2013. 苹果的营养与功能. 保鲜与加工, 13(6): 56-59.
欧阳小丽, 张晓昱, 王宏勋, 等. 2004. 茶薪菇菌丝体多糖提取方法的研究.中国食用菌, (5): 35-37.
裴海闰, 曹学丽, 徐春明. 2009. 响应面法优化纤维素酶提取苹果渣多酚类物质. 北京农学院学报, 24(3): 50-54.
冉仁森, 刘永峰, 郭玉蓉, 等. 2013. 不同浸提方式下HPLC测定苹果渣中cAMP的研究. 食品工业科技, 34(24): 57-60.
任雅萍, 郭俏, 来航线, 等. 2016. 发酵条件对苹果渣发酵饲料中 4 种水解酶活性的影响. 西北农林科技大学学报(自然科学版), 44(7): 193-201.
任雅萍, 郭俏, 来航线, 等. 2017. 氮素及混菌发酵对苹果渣发酵饲料纯蛋白含量和氨基酸组成的影响. 饲料工业, (1): 62-65.
邵丽玮, 赵国先, 冯志华, 等. 2015. 苹果渣作为饲料资源开发利用的研究. 饲料广角, (18): 41-44.
盛义保, 马惠玲, 许增巍. 2005. 苹果渣活性成分预试及其黄酮含量研究.中成药, 27(4): 494-496.
石勇. 2011. 苹果渣的开发利用. 农产品加工, (9): 32.
宋鹏, 陈五岭. 2011. 苹果渣发酵生产生物蛋白饲料工艺的研究. 粮食与饲料工业, 12(2): 49-50.
宋献艺, 张宁, 刘洋, 等. 2018. 发酵苹果渣对獭兔生长性能、被毛品质、血液抗氧化指标以及血清生化指标的影响. 中国畜牧杂志, 54(8): 92-95.
苏钰琦, 马惠玲, 罗耀红, 等. 2008. 苹果多糖提取的优化工艺研究. 食品工业科技, (5): 198-201.
田玉霞. 2010. 苹果渣中果胶的超声波辅助提取及基于不同分子量级的特性表征. 陕西师范大学硕士学位论文.
汪浩明, 陈洁, 黄行健, 等. 2012. 苹果渣中苹果多酚的提取工艺优化. 化学与生物工程, 29(8): 76-78.
汪景彦. 1991. 果品食疗. 北京: 科学普及出版社.
王峰, 赵丽莉, 杨琦. 2012. 响应曲面法优化苹果籽油植物甾醇的提取工艺. 农业机械, (33): 49-52.
王馥, 刘颖, 张玮玮. 2006. 葡萄籽油的提取和精炼工艺研究.哈尔滨商业大学学报(自然科学版), (2): 50-54.
王剑. 2016. 苹果渣饲用价值浅析. 农业科技与信息, (25): 133.
王来娣, 邵丹. 2012. 苹果渣作为饲料资源的开发与利用. 中国饲料, (3): 43-45.
王茜, 陈明君, 王宝维, 等. 2020. 保加利亚乳杆菌、嗜热链球菌及双歧杆菌共生关系和对搅拌型酸乳特性的影响. 中国乳品工业, 48(2): 18-23.
王欣. 2014. 亚临界水法提取果渣果胶及其品质研究. 西北农林科技大学硕士学位论文.
王艳翠, 卢韵朵, 史吉平, 等. 2019. 复合酶法提取苹果渣中的果胶及产品性质分析. 食品与生物技术学报, 38(5): 30-36.
吴灵丽, 张凯, 宋献艺, 等. 2019. 发酵苹果渣对獭兔生长性能、养分消化率、小肠黏膜形态及分泌型免疫球蛋白 A 浓度的影响. 动物营养学报, 31(4): 1857-1863.
吴怡莹, 张苓花, 明静文, 等. 1994. 以苹果渣为原料固态发酵生产柠檬酸的研究. 大连轻工业学院学报, 13(2): 72-77.
武凤玲. 2014. 苹果膳食纤维的挤压改性及压片成型.陕西科技大学硕士学位论文.
谢静静, 马兴科, 邓楠, 等. 2011. 苹果渣酶解发酵制取燃料酒精的工艺研究. 酿酒科技, (7): 98-101.
薛蒙伟, 江海涛, 扶庆权, 等. 2013. 响应面法优化苹果皮中总黄酮的提取工艺. 食品科学, 34(2): 131-135.
薛祝林, 黄必志. 2014. 混合菌种发酵苹果渣生产蛋白饲料的工艺参数优化研究. 中国畜牧兽医, 41(3): 128-131.
闫晓哲. 2018. 苹果渣乳酸发酵综合利用及其发酵动力学研究. 陕西科技大学硕士学位论文.
杨保伟. 2004. 苹果渣基质柠檬酸产生菌株的选育及固态发酵条件研究. 西北农林科技大学硕士学位论文.
杨福有, 祁周约, 李彩风, 等. 2000. 苹果渣营养成分分析及饲用价值评估.甘肃农业大学学报, (3): 340-344.
杨辉, 闫晓哲, 蒲鹏飞, 等. 2017. 苹果渣浸提液乳酸发酵剂的研究. 陕西科技大学学报, 35(5): 139-144.
杨会林, 陈卫航, 张婕, 等. 2006. 葡萄籽油的提取方法及精炼工艺研究进展. 河南化工, (5): 5-6.
杨继红, 李元瑞, 蒋晶. 2007. 苹果籽油的超临界 CO_2 萃取及其脂肪酸含量分析. 西北农林科技大学学报(自然科学版), (3): 195-199.
杨夏, 彭生, 刘功俭. 2011. cAMP/PKA/CREB 信号通路及相关调控蛋白 PDE-4 和 ERK 对学习记忆的影响. 医学综述, 17(15): 2241-2243.
杨志峰, 李爱华, 李耀忠. 2015. 苹果渣发酵剂载体组分及菌种配比研究. 农业科学研究, 36(2): 22-26.
叶英香, 王茜, 姚芳, 等. 2018. 超声波辅助提取苹果皮中类黄酮的研究. 安徽农学通报, (12): 13-14.
于修烛, 张莉, 杜双奎. 2007. 复合酶法提取苹果籽油工艺研究. 西北农林科技大学学报, 355(5): 189-198.
于修烛. 2004. 苹果籽及苹果籽油特性研究. 西北农林科技大学硕士学位论文.
张高波. 2014. 发酵苹果渣生产活性蛋白饲料研究. 西北农林科技大学硕士学位论文.
张凯, 路佩瑶, 宋献艺, 等. 2015. 苹果渣作为饲料资源的研究与应用进展. 饲料研究, (15): 5-7.
张琨. 2013. 干苹果渣不同添加量对内蒙古细毛羊育肥效果的研究. 东北农业科学, (5), 66-68.
张晓静, 龚婷, 扶庆权, 等. 2015. 响应面法优化微波辅助提取苹果皮中总黄酮的工艺研究. 甘肃农业大学学报, 50(6): 148-155.
张欣萌, 吕春茂, 孟宪军, 等. 2019. 盐析法制备寒富苹果渣果胶及其抗氧化性研究.食品工业科技, 40(8): 170-176+183.
张一为, 孙少华, 赵国先, 等. 2015. 苹果渣青贮与全株玉米青贮组合效应研究.中国饲料, (17): 28-30+35.
张英杰, 杨增. 2016. 苹果渣和葡萄渣在反刍动物上的应用. 饲料工业, 37(10): 1-3.
张郁松, 寇炜材, 贾颖周. 2007. 水酶法提取苹果籽油的工艺研究. 粮油加工, (4): 49-51.
张自萍. 2006. 微波辅助提取技术在多糖研究中的应用. 中草药, (4): 630-632.
赵明慧, 吕春茂, 孟宪军, 等. 2013. 苹果渣水溶性膳食纤维提取及其对自由基的清除作用.食品科学, 34(22): 75-80.

朱新强, 魏清伟, 王永刚, 等. 2016. 固态发酵豆渣、葡萄渣和苹果渣复合蛋白饲料的研究. 饲料研究, (4): 54-59.

Adetunji L R, Adekunle A, Orsat V, et al. 2017. Advances in the pectin production process using novel extraction techniques: A review. Food Hydrocolloids, 62: 239-250.

Akhlaghi A, Ahangari Y J, Zhandi M, et al. 2014. Reproductive performance, semen quality, and fatty acid profile of spermatozoa in senescent broiler breeder roosters as enhanced by the long-term feeding of dried apple pomace. Animal Reproduction Science, 147(1-2): 64-73.

Barreira J C M, Arraibi A A, Ferreira I C F R. 2019. Bioactive and functional compounds in apple pomace from juice and cider manufacturing: Potential use in dermal formulations. Trends in Food Science & Technology, 90: 76-87.

Beigh Y A, Ganai A M, Ahmad H A. 2015. Utilisation of apple pomace as livetock feed: A review. The Indian Journal of Small Ruminants, 21(2): 165-179.

Bravo L. 2009. Polyphenols: Chemistry, dietary sources, metabolism, and nutritional significance. Nutrition Reviews, 56(11): 317-333.

Costa C, Tsatsakis A, Mamoulakis C. 2017. Current evidence on the effect of dietary polyphenols intake on chronic diseases. Food and Chemical Toxicology, 106: 978-990.

Davies S J, Guroy D, Hassaan M S, et al. 2020. Evaluation of co-fermented apple-pomace, molasses and formic acid generated sardine based fish silages as fishmeal substitutes in diets for juvenile European sea bass (*Dicentrachus labrax*) production. Aquaculture, 521: 735087.

Dhillon G S, Kaur S, Brar S K. 2013. Perspective of apple processing wastes as low-cost substrates for bioproduction of high value products: A review. Renewable & Sustainable Energy Reviews, 27: 789-805.

Egashira Y, Sanada H T. 1993. Effect of dietary fibers derived from apple pomace on the cholesterol metabolism and antioxidative enzymatic system in rats. Japanese Journal of Nutrition, 51(4): 207-214.

Futerman A H, Riezman H . 2005. The ins and outs of sphingolipid synthesis. Trends in Cell Biology, 15(6): 312-318.

Joshi V K, Gupta K. 2000. Production and evaluation of fermented apple pomace in the feed of broilers. Journal of Food Science & Technology, 37(6): 609-612.

Joshi V K, Sandhu D K. 1996. Preparation and evaluation of an animal feed byproduct produced by solid-state fermentation of apple pomace. Bioresource Technology, 56(2-3): 251-255.

Kessner D, Ruettinger A, Kiselev M A, et al. 2008. Properties of ceramides and their impact on the stratum corneum structure. Part 2: stratum corneum lipid model systems. Skin Pharmacol Physiol, 21(2): 58-74.

Kim Y K, Yoon S K, Ryu S Y. 2000. Cytotoxic triterpenes from stem bark of *Physocarpus intetmedius*. Planta Med, 66 (5): 485-486.

Kishi K, Saito M, Saito T, et al. 2005. Clinical efficacy of apple polyphenol for treating cedar pollinosis. Bioscience Biotechnology & Biochemistry, 69(4): 829-832.

Lee J K, Patel S K S, Sung B H, et al. 2019. Biomolecules from municipal and food industry wastes: An overview. Bioresource Technology, 298: 122346.

Lee M K, Ahn Y M, Lee K R, et al. 2009. Development of a validated liquid chromatographic method for the quality control of *Prunellae spica*: Determination of triterpenic acids. Analytica Chimica Acta, 633(2): 271-277.

Leontowicz M, Gorinstein S, Bartnikowska E, et al. 2001. Sugar beet pulp and apple pomace dietary fibers improve lipid metabolism in rats fed cholesterol. Food Chemistry, 72(1): 73-78.

Lu Y, Foo L Y. 1998. Constitution of some chemical components of appleseed. Food Chemistry, 61(1-2): 29-33.

Madrera R R, Bedriñana R P, Hevia A G, et al. 2013. Production of spirits from dry apple pomace and selected yeasts. Food & Bioproducts Processing, 91(4): 623-631.

Mehrländer K, Dietrich H, Sembries S, et al. 2002. Structural characterization of oligosaccharides and polysaccharides from apple juices produced by enzymatic pomace liquefaction. Journal of Agricultural and Food Chemistry, 50(5): 1230-1236.

Miao J, Fang S, Bae Y. 2006. Functional inhibitory cross-talk between constitutive androstane receptor and hepatic nuclear factor-4 in hepatic lipid/glucose metabolism is mediated by competition for binding to the DR1 motif and to the common coactivators, GRIP-1 and PGC-1alpha. Journal of Biological Chemistry, 281(21): 14537-14546.

Mierziak J, Kostyn K, Kulma A. 2014. Flavonoids as important molecules of plant interactions with the environment. Molecules, 19: 16240-16255.

Panche A N, Diwan A D, Chandra S R. 2016. Flavonoids: An overview. Journal of Nutritional Science, 5: e47.

Parr A J, Bolwell G P. 2000. Phenols in the plant and in man. The potential for possible nutritional enhancement of the diet by modifying the phenols content or profile. Journal of the Science of Food and Agriculture, 80: 985-1012.

Rabetafika H N, Bchir B, Blecker C, et al. 2014. Fractionation of apple byproducts as source of new ingredients: Current situation and perspectives. Trends in Food Science and Technology, 40: 99-114.

Randhir R, Lin Y T, Shetty K. 2004. Phenolics, their antioxidant and antimicrobial activity in dark germinated fenugreek sprouts in response to peptide and phytochemical elicitors. Asia Pacific Journal of Clinical Nutrition, 13(3): 295-307.

Renard C M G C, Lemeunier C, Thibault J F. 1995. Alkaline extraction of xyloglucan from depectinised apple pomace: optimisation and characterisation. Carbohydrate Polymers, 28(3): 209-216.

Sanoner P, Guyot S, Marnet N, et al. 1999. Polyphenol profiles of French cider apple varieties (*Malus domestica* sp.). Journal of Agricultural and Food Chemistry, 47(12): 4847-4853.

Schieber A, Hilt P, Streker P, et al. 2003. A new process for the combined recovery of pectin and phenolic compounds from apple pomace. Innovative Food Science & Emerging Technologies, 4(1): 99-107.

Sly M, Robbins D, Walt W, et al. 1989. Evaluation of apple pomace as a hypocholesterolemic agent in baboons given a high-fat diet . Nutrition Reports International, 40(3): 465-476.

Tsao R, Yang R, Young J C, et al. 2003. Polyphenolic profiles in eight apple cultivars using high-performance liquid chromatography (HPLC). Journal of Agricultural and Food Chemistry, 51(21): 6347-6353.

Vendruscolo F, Albuquerque P M, Streit F, et al. 2008. Apple pomace: a versatile substrate for biotechnological applications. Critical Reviews in Biotechnology, 28(1): 1-12.

Vrhovsek U, Rigo A, Tonon D. 2004. Quantitation of polyphenols in different apple varieties. Journal of Agricultural and Food Chemistry, 52(21): 6532-6538.